CHEMIE DER ORGANISCHEN FARBSTOFFE

VON

PROFESSOR DR. FRITZ MAYER

DRITTE UMGEARBEITETE AUFLAGE

ZWEITER BAND
NATÜRLICHE
ORGANISCHE FARBSTOFFE

SPRINGER-VERLAG BERLIN HEIDELBERG GMBH

ISBN 978-3-662-01767-8 ISBN 978-3-662-02062-3 (eBook)
DOI 10.1007/978-3-662-02062-3

ALLE RECHTE, INSBESONDERE
DAS DER ÜBERSETZUNG IN FREMDE SPRACHEN,
VORBEHALTEN.
COPYRIGHT 1935 BY SPRINGER-VERLAG BERLIN HEIDELBERG
URSPRUNGLICH ERSCHIENEN BEI JULIUS SPRINGER IN BERLIN. 1935
SOFTCOVER REPRINT OF THE HARDCOVER 3RD EDITION 1935

Vorwort.

In der Vorrede zum ersten Band der dritten Auflage wurde bereits die Absicht ausgesprochen, in einem zweiten Band die natürlichen Farbstoffe, welche in der zweiten Auflage noch eine sehr stiefmütterliche Behandlung erfahren hatten, ausführlicher zu besprechen. Folgende Gesichtspunkte sind dabei leitend gewesen: Es ist versucht worden die Herkunft, Eigenschaften, Konstitution und Darstellung aller Farbstoffe, soweit sie als chemische Individuen in der Literatur beschrieben sind, zu einem anschaulichen und übersichtlichem Bilde zusammenzufassen. Die Begrenzung lag dabei in dem Charakter des Buches als Lehrbuch. Darüber hinaus ist aber die neuere Literatur sorgsam zusammengetragen worden, so daß die Hoffnung berechtigt ist, daß das Buch auch bei der Planung und Aufnahme neuer Arbeiten vielleicht von Nutzen ist.

Wenn der erste Band durch die Läuterung des Inhaltes in drei Auflagen gewonnen haben sollte, so dürften diesem Bande die Erfahrungen aus dem von mir geschriebenen Abschnitt in V. Meyer-Paul Jacobsons Lehrbuch der organischen Chemie über nichtglykosidische natürliche Farbstoffe und aus langjährigen Vorlesungen über natürliche Farbstoffe zugute gekommen sein. Ich bin mir aber bewußt, wie schwierig die faßliche Darstellung eines so verzweigten und ungleichmäßigen Gebietes ist und welche Bedenken einer stärkeren Kritik an manchen hier übernommenen Arbeiten entgegenstehen. Um so größer wird die Freude an dem Fortschritt auf so vielen wichtigen Gebieten neuzeitlicher Forschung sein.

Frankfurt a. M., 24. November 1934.

Fritz Mayer.

Inhaltsverzeichnis.

	Seite
Einleitung	1
Carotinfarbstoffe (Polyenfarbstoffe, Lipochrome)	2
Diaroylverbindungen	58
Isocyclische Verbindungen	61
1. Benzochinonverbindungen	61
2. Naphthochinonverbindungen	66
3. Anthracenfarbstoffe	71
Anhang: Phenanthrenfarbstoffe	97
Heterocyclische Verbindungen	99
1. Sauerstoffhaltige Verbindungen	99
a) Farbstoffe mit fünfgliedrigen Ring	100
b) Flavon und Isoflavonfarbstoffe (Anthoxanthine)	104
c) Noch nicht völlig aufgeklärte Farbstoffe von Flavoncharakter	127
d) Pyryliumfarbstoffe (Anthocyane)	134
e) Rot- und Blauholzfarbstoff	150
f) Xanthonfarbstoffe	161
g) α-Pyronfarbstoffe	163
2. Stickstofffreie Farbstoffe unbekannter Konstitution	163
a) Farbstoffe aus Blüten	163
b) Farbstoffe aus Blättern usw.	164
c) Farbstoffe aus Holz und Rinden	165
d) Farbstoffe aus Flechten	168
e) Farbstoffe aus Harzen und Drogen	169
f) Farbstoffe aus Pilzen	174
3. Stickstoffhaltige Verbindungen	176
a) Abkömmlinge des Pyrimidin	176
b) Abkömmlinge des Pyrrol	180
c) Abkömmlinge des Pyridin	210
d) Abkömmlinge des Pyrazin	211
Lyochrome	212
e) Farbstoffe unbekannter Konstitution	221
Zusätze und Berichtigungen zu Band I	223
Sachverzeichnis	225

Berichtigungen.

S. 18 Z. 3 v. o. ,,Absorptionsbanden" statt ,,Adsorptionsbanden".

S. 18 ist das rechte Ende der Formel des γ-Carotin abzuändern in:

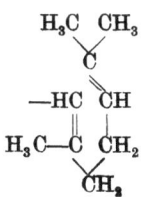

S. 22 Anm. 2 ,,Rudolph" statt ,,Rudolf".

S. 39 Z. 11 v. o. ,,dar" statt ,,da".

S. 42 Z. 9 v. u. ,,$C_{18}H_{22}$" statt ,,$C_{18}H_{12}$".

S. 46 Unterschrift unter der letzten Formel ,,1-4-8-Tri-" statt ,,1-4-8-Tetra".

S. 181 Z. 7 v. o. Die Seitenkette der Formel des Prodigiosin ist abzuändern in

$$H_3C—H_2C—H_2C—H_2C—H_2C—$$

S. 189 Anm. 5, S. 192 Anm. 1, S. 194 Anm. 1 ,,Baumgartner" statt ,,Baumgarten".

S. 196 Z. 22 v. o. ,,Absorptionsbanden" statt ,,Adsorptionsbanden".

S. 196 Z. 26 v. o. ,,Absorptionsspektrum" statt ,,Adsorptionsspektrum".

S. 222 Z. 12 v. u. ,,1934" statt ,,1924".

S. 224 Z. 2 v. u. ist ,,dort in der Formel ein Druckfehler" zu streichen.

Einleitung.

Im ersten Bande sind der Betrachtung der künstlichen organischen Farbstoffe eine Reihe allgemeiner Gesichtspunkte — insbesondere über Farbe und Konstitution — vorangestellt worden, welche sinngemäß auch für die natürlichen organischen Farbstoffe gelten. Denn die Natur bedient sich zur Darstellung farbiger Verbindungen der gleichen Atomgruppen, mit denen der Farbstoffchemiker im Laboratorium Moleküle aufbaut oder welche er in Moleküle einfügt. Hat doch die Synthese jeder organischen Verbindung als Vorbedingung die Erkenntnis, welche uns aus dem Studium der in der Natur vorkommenden organischen Stoffe erwachsen ist. Jedoch sind die Methoden, welche die Natur verwendet, andere und nur in wenigen Fällen ist es gelungen, den Schleier ein wenig zu lüften. Die Anordnung für die Darstellung der natürlichen Farbstoffe ist in der Weise erfolgt, daß die allgemeinen Grundsätze der Klassifizierung organischer Verbindungen soweit als möglich befolgt wurden. Hieraus ergaben sich in botanischer Hinsicht gewisse unvermeidbare Härten.

Die natürlichen Farbstoffe sind weniger in technischer Beziehung (schon mit Rücksicht auf die Entwicklung der Chemie der künstlichen Farbstoffe) interessant als hauptsächlich in biologischer Hinsicht. Die Beobachtungen der letzten Jahre haben wertvolle Zusammenhänge zutage gefördert.

Carotinfarbstoffe (Polyenfarbstoffe, Lipochrome)[1].

Zu den lebenswichtigen Farbstoffen, welche der Organismus der Säugetiere mit der Nahrung aufnimmt, und von denen einzelne als Vorstufen der Vitamine erkannt worden sind, gehören die Lipochrome[2] und Lyochrome. Der Name Lipochrome deutet auf das gemeinsame Vorkommen mit Fettstoffen hin, der Name Lyochrome auf die Wasserlöslichkeit.

Ältere Namen für die Carotinfarbstoffe sind: Luteine, Chromolipoide und Lipoxanthine. Der Name Polyenfarbstoffe bezieht sich auf die Zugehörigkeit zur Polyenreihe („en" bedeutet eine Doppelbindung nach der Genfer Nomenklatur). Die Gegenüberstellung der wichtigsten Eigenschaften der Lipochrome und Lyochrome (über letztere siehe später) zeigt folgendes Bild[3]:

	Lyochrome	Lipochrome
Zusammensetzung	stickstoffhaltig	stickstofffrei
Löslichkeit	wasserlöslich	unlöslich in Wasser[4]
Farbe der Lösungen	gelb bis orange	gelb bis rot
Fluorescenz	stark grün	schwachgelb bis grün[5]
Prosthetisch gebunden an	Polysaccharid, Eiweiß	nur in den Farbstoffen des Hummers und anderen Crustaceen an Eiweiß
Säuren	sehr beständig	sehr empfindlich
Alkalien	empfindlich	beständig
Oxydationsmittel	sehr beständig	sehr empfindlich
biologische Beziehung zu	Vitamin B_2 und Oxydationsferment	Vitamin A
Tagesdosis pro Ratte	5 γ Lactoflavin	5 γ α- oder β-Carotin; 2,5 γ β-Carotin

Die Carotine sind Vorstufen des A-Vitamin (Provitamine), die Lyochrome vermutlich Vorstufen von Oxydationsfermenten.

---

[1] Allgemeine Literatur: Ältere Werke: F. G. Kohl: Untersuchungen über das Carotin und seine physiologische Bedeutung in der Pflanze. Leipzig 1902. — M. Tswett: Die Chromophylle in der Pflanzen- und Tierwelt. Warschau 1910 (russ.). — R. Willstätter u. A. Stoll: Untersuchungen über Chlorophyll, Methoden und Ergebnisse. Berlin 1913. — R. Willstätter u. A. Stoll: Untersuchungen über die Assimilation der Kohlensäure. Berlin 1918. — L. S. Palmer: Carotinoids and related Pigments. New York 1922. — V. N. Lubimenko u. V. A. Brilliant: Färbung der Pflanzen. Leningrad 1924 (russ.); F. Mayer: Carotinoide in V. Meyer u. P. Jacobson: Lehrbuch der organischen Chemie, II, 5, 1, S. 164. Berlin und Leipzig 1929. — L. Zechmeister: Carotinoide höherer Pflanzen in Klein: Handbuch der Pflanzenanalyse. Berlin 1932. — E. Lederer: Les Caroténoides des Plantes. Paris 1934. — L. Zechmeister: Carotinoide. Berlin 1934. — H. Willstaedt: Bakterien und Pilzfarbstoffe, Carotinoide. Stuttgart 1934. —
[2] Der Name Carotinoide ist von Tswett 1911 vorgeschlagen worden. Kuhn u. Grundmann [Ber. dtsch. chem. Ges. **65**, 1880 (1932)] weisen darauf hin, daß Carotinoide nur die dem Carotin verwandten Farbstoffe sind; der Name Carotinfarbstoffe faßt Carotin selbst mit den Carotinoiden zusammen; über einen anderen nicht beachteten Vorschlag: Vogel, Stohl: Ber. dtsch. chem. Ges. **66**, 1066 (1933). Zur biologischen und chemischen Nomenklatur für die Carotinoide: Science (N.Y.) **79**, 488 (1934). — [3] Kuhn, György, Wagner-Jauregg: Ber. dtsch. chem. Ges. **66**, 1034 (1933). — [4] Eine Ausnahme bildet das Crocin des Safran, in dem das wasserunlösliche Crocetin glucosidisch gepaart ist. — [5] Carotin und Lycopin fluorescieren trotz widersprechender Literaturangaben, wenn auch schwach.

Schon frühzeitig haben sich Botaniker und Chemiker — von Berzelius an — mit den Carotinfarbstoffen beschäftigt und ein reichhaltiges Material über ihr Vorkommen, ihre physikalischen Eigenschaften und ihren Nachweis gesammelt. Erst Willstätter[1] und seinen Mitarbeitern gelang es, reine Individuen aus den Pflanzen zu isolieren und ihre Zusammensetzung festzulegen, wobei ersterer aber schon begründete später zur Wahrheit gewordene Zweifel an der Einheitlichkeit seiner Präparate äußerte. Die von ihm geschaffenen Methoden bilden heute noch die Grundlage der Forschung. Ein weiterer großer Fortschritt wurde durch Zechmeister[2] erzielt, der durch die katalytische Hydrierung des Carotin zeigte, ,,daß Carotin im wesentlichen aliphatische Struktur besitze". Fast gleichzeitig kam Karrer[3] zu solchen Vorstellungen beim Crocetin. Aber erst die inzwischen erfolgte Darstellung von künstlichen Polyenverbindungen mit aromatischen Resten am Anfang und Ende der Kette durch Kuhn[4] und ihre Ähnlichkeit mit Carotin[5], ferner die Untersuchung der Absorption und das Verhalten gegen Benzopersäure und Chlorjod[6] gab den Anstoß, den Carotinfarbstoffen Polyenstruktur zuzuweisen. In den letzten Jahren ist dann insbesondere durch Karrer, Kuhn und auch Zechmeister die Chemie der Carotinfarbstoffe in den wesentlichen Punkten geklärt worden.

Die Unterschiede zwischen den künstlichen und natürlichen Polyenen sind nicht groß. Die Natur baut aus Isopren:

$$CH_2=C-CH=CH_2$$
$$|$$
$$CH_3$$

Kohlenwasserstoffe und Abkömmlinge auf, so kommt es, daß man einerseits an Stelle einfacher Methinketten Methylseitenketten in 1-5-Stellung findet, wie dieses dem Aufbauelement des Isopren entspricht. Die Endstellen der natürlichen Polymethine sind andererseits durch Terpenringe aus Isopren, Methyl- oder Carbonylgruppen stabilisiert, während die Polyene von Kuhn Phenylreste tragen. Ein Vergleich beider zeigt die Ähnlichkeit:

Diphenyl-hexadeca-octaen (blaustichig kupferrot)

β-Carotin (dunkelviolett)

---

[1] Willstätter, Mieg: Liebigs Ann. **355**, 1 (1907); vgl. auch Zechmeister: Die Forschungen Richard Willstätters auf dem Gebiete der Carotinoide. Naturwiss. **20**, 608 (1932). — [2] Zechmeister, v. Cholnocky, Vrabély: Ber. dtsch. chem. Ges. **61**, 566 (1928); vgl. auch Liebermann, Mühle: Ber. dtsch. chem. Ges. 48, 1653 (1915); Herzig, Faltis: Monatsh. Chem. **35**, 997 (1914). — [3] Karrer, Salomon: Helvet. chim. Acta **11**, 87, 116, 123, 144 (1928). — [4] Kuhn, Winterstein: Helvet. chim. Acta **11**, 87, 116, 123, 144 (1928). — [5] Am 22. 4. 1927 hatte R. Kuhn bereits auf die Ähnlichkeit des Carotin mit den Polyenen hingewiesen. — [6] Pummerer, Rebmann: Ber. dtsch. chem. Ges. **61**, 1099 (1928).

Danach beruht die Farbe der Carotinfarbstoffe auf einer langen Reihe konjugierter Doppelbindungen. Die Unbeständigkeit der Verbindungen mit Polyenketten ist bei den künstlichen wie natürlichen Polyenen durch stabile Reste abgefangen. Wie wichtig die fortlaufende Konjugation ist, geht daraus hervor, daß z. B.

$$\text{C}_6\text{H}_5\text{—CH=CH—CH=CH—CH=CH—CH=CH—C}_6\text{H}_5$$

Diphenyloctatetraen [1]

grünstichig chromgelb ist,

$$\text{C}_6\text{H}_5\text{—CH}_2\text{—CH=CH—CH=CH—CH=CH—CH=CH—CH}_2\text{—C}_6\text{H}_5$$

Dibenzyloctatetraen

dagegen farblos. Auch die Verwandlung von Bixin in das Dihydrobixin (Bixin trägt als Endreste Carboxylgruppen) bewirkt Farbaufhellung von Rot nach Gelb [2].

Eine den Polyenketten angeschlossene Carboxyl- oder Phenylgruppe entspricht einem Zuwachs [3] von annähernd $1^1/_2$ aliphatischen Doppelbindungen in bezug auf Farbvertiefung. Die obige Formel des β-Carotin zeigt aber, daß die beiden mittleren Methylseitenketten nicht in 1-5-Stellung:

$$\underset{\underset{\text{CH}_3}{|}}{\text{CH}_2\text{=C—CH=CH}_2} \longleftrightarrow \underset{\underset{\text{CH}_3}{|}}{\text{CH}_2\text{=C—CH=CH}_2}$$

sondern in 1-6-Stellung zueinander stehen, wodurch die Farbstoffe einen symmetrischen Bau erhalten. Man muß daher annehmen, daß zwei Isoprenreste in der folgenden Weise zusammentreten:

$$\underset{\underset{\text{CH}_3}{|}}{\text{CH}_2\text{=C—CH=CH}_2} \longleftrightarrow \underset{\underset{\text{CH}_3}{|}}{\text{CH}_2\text{=CH—C=CH}_2}$$

Abkömmlinge des Isopren könnten sich in der Pflanze auf dreierlei Art bilden:

1. durch unmittelbare Addition der C_5H_8-Reste, die zu Terpenen führt; so könnte man sich die Bildung der „Eckpfeiler", soweit sie Terpenkohlenwasserstoffreste sind, erklären;

2. durch Addition und gleichzeitige Hydrierung [4], wie sie bei der Bildung des Phytol (s. unter Chlorophyll) anzunehmen ist:

$$4\,C_5H_8 + H_2O + 3\,H_2 = C_{20}H_{40}O$$

3. durch Addition und Dehydrierung, wobei Polyenketten mit konjugierten Doppelbindungen entstehen [5]:

$$8\,C_5H_8 - 4\,H_2 = C_{40}H_{56}$$

Die Bildung der Carotinfarbstoffe mit 40 Kohlenstoffatomen könnte über das Phytol erfolgen, jedoch haben einzelne Untersuchungen [6] gezeigt, daß die in den Pflanzen vorhandene Phytolmenge nicht ausreicht.

---

[1] Kuhn, Winterstein: Helvet. chim. Acta 11, 123 (1928). — [2] Karrer, Helfenstein, Widmer, van Itallie: Helvet. chim. Acta 12, 741 (1929). — [3] Kuhn, Winterstein: Helvet. chim. Acta 12, 899 (1929). — [4] Willstätter, E. W. Mayer, Hüni: Liebigs Ann. 378, 73 (1910). — [5] Kuhn, Winterstein, Helvet. chim. Acta 11, 427 (1928). — [6] Kuhn, Brockmann: Z. physiol. Chem. 206, 41 (1932). — Kuhn, Grundmann: Ber. dtsch. chem. Ges. 65, 1886 (1932).

Weiter ist bei den Polyenen cis- und trans-Isomerie möglich, bisher sind aber nur in 2 Fällen in Pflanzen Isomere aufgefunden worden; meist scheint die stabile Transform[1] vorzuherrschen.

Bis jetzt sind in der Natur angetroffen worden:
1. Kohlenwasserstoffe.
2. sauerstoffhaltige Verbindungen.
a) solche mit Hydroxylgruppen oder Ketogruppen in den Terpenresten.
b) solche mit Carboxylgruppen.
c) solche mit noch unbekannter Funktion des Sauerstoffatom.

Die Verbindungen vom Typus 2a und wohl vorläufig auch 2c werden unter dem Sammelnamen Xanthophylle zusammengefaßt. Es sind bis jetzt bekannt:

Kohlenwasserstoffe: α-Carotin, β-Carotin, γ-Carotin und δ-Carotin (bis jetzt nur spektralanalytisch nachgewiesen) mit der Formel $C_{40}H_{56}$.
Lycopin $C_{40}H_{56}$.
Sauerstoffhaltige Verbindungen:

Gruppe a und c	Gruppe b
Astacin $C_{40}H_{48}O_4$	Crocetin $C_{20}H_{24}O_4$
Rhodoxanthin $C_{40}H_{50}O_2$	Bixin $C_{25}H_{30}O_4$
Kryptoxanthin $C_{40}H_{56}O$	Azafrin $C_{27}H_{38}O_4$
Rubixanthin $C_{40}H_{56}O$	
Lutein $C_{40}H_{56}O_2$	
Zeaxanthin $C_{40}H_{56}O_2$	
Flavoxanthin $C_{40}H_{56}O_3$	
Violaxanthin $C_{40}H_{56}O_4$	
Taraxanthin $C_{40}H_{56}O_4$	
Fucoxanthin $C_{40}H_{54}O_6$ oder $C_{40}H_{56}O_6$	
Capsanthin $C_{40}H_{58}O_3$	
Capsorubin $C_{40}H_{58}O_4$ ($\pm H_2$)	

Kuhn und Winterstein[2] nehmen an, daß auch der natürlichen Bildung der niedriger molekularen Polyencarbonsäuren z. B. bei Crocetin das Auftreten eines Carotinfarbstoffes mit 40 Kohlenstoffatomen vorangehe, welcher erst sekundär unter Verlust von Kettenteilen zu einer Polyensäure abgebaut wird. Über die Form, in welcher die Carotinfarbstoffe in der Pflanze vorhanden sind, ist abgesehen von dieser Annahme zu sagen, daß die Farbstoffe mit Hydroxylgruppen vielfach mit Fettsäuren verestert sind. Man bezeichnet solche Ester wegen des niedrigen Schmelzpunktes und der Konsistenz der Krystalle als Farbwachse[3]. Zuerst wurde das Physalien, der Farbstoff der Judenkirsche als Farbwachs erkannt und zwar als der Dipalmitinsäureester[3] des Zeaxanthin. Auch Estergemische aus verschiedenen Säuren sind anzutreffen z. B. beim Capsanthin[4]. Anderseits liegt das Crocetin, der

---

[1] Kuhn, Winterstein: Ber. dtsch. chem. Ges. **65**, 646 (1932). — [2] Kuhn, Winterstein: Ber. dtsch. chem. Ges. **65**, 646 (1932); **67**, 344 (1934). — Kuhn, Brockmann: Ber. dtsch. chem. Ges. **65**, 894 (1932). — Kuhn, Grundmann: Ber. dtsch. chem. Ges. **65**, 1880 (1932). — Kuhn, Deutsch: Ber. dtsch. chem. Ges. **66**, 883 (1933). — [3] Kuhn, Winterstein, Kaufmann: Naturwiss. **18**, 418 (1930); Ber. dtsch. chem. Ges. **63**, 1489 (1930). — Zechmeister, v. Cholnoky: Z. physiol. Chem. **189**, 159 (1930); Liebigs Ann. **481**, 42 (1930). — [4] Zechmeister, v. Cholnoky: Liebigs Ann. **509**, 269 (1934).

Farbstoff des Safran als Digentiobiosid[1] vor also als Glucosid, der einzige bisher bekannte Fall eines Glucosides.

Über die Bildung[2] der Carotinfarbstoffe in der Pflanze weiß man sonst wenig, es scheint, daß die Synthese im Dunkeln verlaufen kann, wie das Beispiel der Mohrrübe beweist. Ob unter Lichtabschluß entwickelte, chlorophyllfreie sog. etoilierte Blätter Carotinfarbstoffe enthalten, ist beim Bohnenblatt verneint, beim Maisblatt bejaht worden[3]. Über die Anschauungen, welche man über die Farbstoffe der herbstlichen Blätter hat (Vergilben), wird später bei den Xanthophyllen berichtet.

Reifende Früchte verdanken den Farbumschlag von Grün nach Gelb oder Rot manchmal nur dem Verschwinden des Chlorophyll, welches vorhandenen Carotinfarbstoff verdeckt z. B. bei den Bananen; vielfach verschwinden zunächst nicht nur Chlorophyll, sondern auch Carotinfarbstoffe, so daß man eine fast farblose Phase feststellen kann, worauf erneute Bildung der Carotinfarbstoffe eintritt. Licht, Luftsauerstoff, Temperatur und Enzyme sind die treibenden aber offenbar in der Wirkung ungleichen Kräfte. Sauerstoffbedarf wurde wiederholt festgestellt, Überschreiten einer gewissen Temperatur z. B. bei der Tomate läßt diese nicht rot, sondern gelb werden. Die Rolle der Carotinfarbstoffe bei dem pflanzlichen Stoffwechsel ist nicht klargestellt, möglicherweise kommt Lichtschutz in Frage.

Die im tierischen Organismus[4] aufgefundenen Carotinfarbstoffe scheinen mit Ausnahme des Astacin alle pflanzlichen Ursprungs zu sein. In vielen Teilen des Körpers sind sie anzutreffen. Der Zusammenhang zwischen Carotin und Vitamin wird beim Carotin selbst erörtert.

In der Pflanze[5] findet man die Carotinfarbstoffe als Bestandteile der im Plasma eingebetteten Chromatophoren, in den grünen ist ihre Farbe durch Chlorophyll verdeckt, in den chlorophyllfreien erscheint gelbe bis rote Farbe. Meist ist der Farbstoff in Lipoiden kolloid gelöst oder mit Fettstoffen vermengt oder als Farbwachs vorhanden, seltener in Krystallform (Mohrrübe). Typisch sind die Absorptionsspektra[6], welche vielfach wesentliche Dienste bei der Erforschung geleistet haben, ebenso wie die Bestimmung des Gehaltes in Lösungen mittels colorimetrischer Methoden[7].

Zur Abscheidung des Farbstoffes (geringe Mengen mit viel Ballaststoffen sind hier typisch) dient die Entmischungsmethode, welche zuerst von Stokes 1864 angegeben und von Willstätter[8] in seinen klassischen

---

[1] Karrer, Miki: Helvet. chim. Acta 12, 985 (1929). — [2] Vgl. die Zusammenstellung bei Zechmeister in Klein: Handbuch der Pflanzenanalyse, III, 2, S. 1245, der auch das folgende im wesentlichen entnommen ist, ferner Zechmeister: Carotinoide S. 21. — [3] R. Willstätter u. A. Stoll: Assimilation der Kohlensäure, S. 134. — [4] Literatur bei Zechmeister: in Klein: Handbuch der Pflanzenanalyse, III, 2, S. 1245; ferner Zechmeister: Carotinoide S. 272. — [5] Nachweis siehe Zechmeister in Klein: Handbuch der Pflanzenanalyse III, 2, S. 1255 und Zechmeister: Carotinoide S. 78; berühmt ist die kornblumenblaue Färbung, welche die Farbstoffe mit konzentrierter Schwefelsäure geben (Marquardt 1835); die Reaktion ist aber nicht ganz spezifisch, ebenso wie die Reaktion mit Antimontrichlorid (Carr-Pricesche Reaktion). — [6] Vgl. hierzu Bd. I, S. 9 und insbesondere S. 14. — [7] Kuhn, Brockmann: Z. physiol. Chem. 206, 41 (1932), und zwar S. 51. — [8] R. Willstätter u. Stoll: Untersuchungen über Chlorophyll, S. 154, 231; dort sind z. B. genannt Borodin, Kraus und Sorby; ferner Kuhn, Brockmann: Z. physiol. Chem. 206, 41 (1932).

Arbeiten ausgebaut wurde. Danach verteilt man den Farbstoff zwischen zwei miteinander nicht mischbaren Lösungsmitteln ungleich, als solche wählt man 70—90%igen Methylalkohol, Äthylalkohol, Aceton als untere Flüssigkeitsschicht, als obere Petroläther, Benzin oder Äther. So gehen die Kohlenwasserstoffe und Farbwachse in die obere Schicht, während hydroxylhaltige Farbstoffe in der unteren Schicht verbleiben.

Man nennt bei der Verteilungsprobe z. B. Benzin/90%iger Methylalkohol im Alkohol (unten) bleibend: hypophasisch, im Benzin (oben) bleibend epiphasisch[1].

Die weitere Reinigung der Farbstoffe, namentlich die Zerlegung von Isomerengemischen, aber auch die Trennung von nahestehenden Individuen ist nur möglich mit Hilfe der chromatographischen Adsorptionsmethode[2], das ist ein Durchtropfenlassen der Lösungen durch eine Säule eines Adsorptionsmittel, wobei man je nach der Adsorptionskraft der einzelnen Verbindungen verschiedene Zonen erhält. Man zerschneidet dann die Säule und trennt so die einzelnen Farbstoffe. Ein Farbstoff kann erst dann als einheitlich gelten, wenn er bei der chromatographischen Analyse sich nicht mehr zerlegen läßt[3]. Bei veresterten Polyenalkoholen hängt die Adsorptionsaffinität[4] nicht nur von dem Grad der Ungesättigtkeit des Polyenmoleküles ab, sondern noch von dem Einfluß der Acylgruppe. Verestert man ein Gemisch von Polyenalkoholen künstlich mit einer bestimmten Fettsäure, so gelingt die chromatographische Trennung in jedem bisher untersuchten Falle. Möglicherweise wird die Aufteilung von natürlichem Farbwachs dadurch verzögert, daß die Kettenlängen der sauren Bestandteile ungleich sind, auch können ungesättigte Säurereste Störungen verursachen. Man kann deshalb das Polyenwachs verseifen und mit einer einheitlichen Säure wieder esterifizieren und dann die chromatographische Analyse durchführen (z. B. bei Capsanthin geschehen).

Die Ermittlung der Konstitution der Carotinfarbstoffe erfolgt einmal durch die Ermittlung der Zahl der Doppelbindungen und zwar durch Hydrierung[5], durch Anlagerung von Halogen[6], wobei festgestellt wurde, daß Chlorjod fast immer alle Doppelbindungen[7,8], im Gegensatz zu z. B. Brom erfaßt, ferner durch Sauerstoffaddition mit Benzopersäure[8]. Weiter stellt man Hydroxylgruppen nach der Methode von Zerewitinoff[9] fest, Methoxygruppen mittels der Zeiselschen Methode, Carboxylgruppen durch Titration[10]; Methylseitenketten können mittels Oxydation

---

[1] Kuhn, Lederer, Deutsch: Z. physiol. Chem. **220**, 229 (1933). — Trennungsgang bei Kuhn, Brockmann: Z. physiol. Chem. **206**, 41 (1932). — [2] Tswett: Ber. dtsch. bot. Ges. **24**, 316, 384 (1906); **29**, 630 (1911). — Kuhn, Lederer: Naturwiss. **19**, 306 (1931); Ber. dtsch. chem. Ges. **64**, 1349 (1931). — Kuhn, Winterstein, Lederer: Z. physiol. Chem. **197**, 141 (1931). — Kuhn, Brockmann: Z. physiol. Chem. **200**, 255 (1931); ausführliche Darstellung: Winterstein, Stein: Z. physiol. Chem. **220**, 247, 263 (1933); dort die Adsorptionsreihe der Carotinfarbstoffe. — [3] Kuhn, Lederer: Z. physiol. Chem. **200**, 108 (1931). — [4] Zechmeister, v. Cholnocky: Liebigs Ann. **509**, 269 (1934). — [5] Katalytische Mikrohydrierung: Kuhn, Möller: Angew. Chem. **47**, 145 (1934). — [6] Vgl. z. B. Zechmeister, Tuzson: Ber. dtsch. chem. Ges. **62**, 2226 (1929). — [7] Pummerer, Rebmann: Ber. dtsch. chem. Ges. **61**, 1099 (1928). — [8] Pummerer, Rebmann, Reindel: Ber. dtsch. chem. Ges. **62**, 1411 (1929). — [9] Methodik bei Karrer, Wehrli, Helfenstein: Helvet. chim. Acta. **13**, 268 (1930). — [10] Vgl. z. B. Kuhn, Winterstein, Wiegand: Helvet. chim. Acta **11**, 716 (1928).

durch Kaliumpermanganat[1] in alkalischer Lösung, besser durch Chromsäure[2] in Form von Essigsäure nachgewiesen werden. Mit Chromsäure kann man auch größere Spaltstücke[3] erfassen, wobei ein besonderes Verfahren[4] zu diesem Zweck ausgearbeitet wurde. Ferner hat man aus Polyenen, welche Ringsysteme enthalten, mittels Kaliumpermanganat charakteristische Abbauprodukte und zwar aliphatische Säuren[5] (Dimethylmalonsäure, α-α-Dimethylbernsteinsäure, Geronsäure und Isogeronsäure) erhalten, welche wertvollen Einblick in die Konstitution geben. Endlich läßt sich der Abbau mit Ozon durchführen, wobei kleinere[6] und größere[7] Spaltstücke[5,7] gewonnen wurden.

Die thermischen Veränderungen von Carotinfarbstoffen sind mannigfaltig und spielen sich meistens gleichzeitig auf folgende Weise[8] ab:

1. Cyclisierung ohne Abbau (z. B. Tricyclocrocetin[8]).

2. Bildung einkerniger aromatischer Kohlenwasserstoffe (Toluol, m-Xylol)[9].

3. Bildung einkerniger aromatischer Carbonsäuren (m-Toluylsäure aus den Enden der Ketten der Carotinoidcarbonsäuren z. B. bei Bixin und Azafrin[10]).

4. Bildung zweikerniger aromatischer Kohlenwasserstoffe[11] (2-6-Dimethylnaphthalin) aus entsprechend größeren Bruchstücken der Kette unter gleichzeitiger Dehydrierung.

5. Vereinigung endständiger Gruppen[8], die nach Schema 2 auftreten (Kettenverkürzung).

Allerdings sind hier die Ausbeuten sehr gering.

Auch die Synthese hat der Konstitutionsbestimmung gedient: So ist z. B. das Perhydronorbixin[12] und das Perhydrocrocetin[13] und ein Abbauprodukt[14] des letzteren synthetisiert worden.

Carotin. Zuerst hat Berzelius[15] aus herbstlichem Laub einen gelben Farbstoff gewonnen, den er Blattgelb oder Xanthophyll nannte. Aber auch in den grünen Blättern begleiten große Mengen gelber Verbindungen das Chlorophyll. Arnaud[16] hat in den Jahren 1885—1887 einen

---

[1] Kuhn, Winterstein, Karlowitz: Helvet. chim. Acta **12**, 64 (1929). — Mikrobestimmung von Acetyl-, Benzoyl- und C-Methylgruppen: Kuhn, Roth: Ber. dtsch. chem. Ges. **66**, 1274 (1933). — [2] Kuhn, L'Orsa: Ber. dtsch. chem. Ges. **64**, 1732 (1931); Z. angew. Chem. **44**, 847 (1931). — Kuhn, Roth: Ber. dtsch. chem. Ges. **66**, 1274 (1933). — Kuhn, Livada: Z. physiol. Chem. **220**, 235 (1933). — [3] Kuhn, Brockmann: Ber. dtsch. chem. Ges. **65**, 894 (1932); **67**, 885 (1934). — Kuhn, Grundmann: Ber. dtsch. chem. Ges. **65**, 898 (1932). — [4] Kuhn, Brockmann: Ber. dtsch. chem. Ges. **66**, 1319 (1933). — [5] Vgl. z. B. Karrer, Helfenstein, Wehrli, Wettstein: Helvet. chim. Acta **13**, 1084 (1930). — Karrer, Morf: Helvet. chim. Acta **14**, 1033 (1931). — [6] Vgl. z. B. Karrer, Bachmann: Helvet. chim. Acta **12**, 285 (1929). — [7] Karrer, Morf, v. Krauß, Zubrys: Helvet. chim. Acta **15**, 490 (1932). — [8] Kuhn, Winterstein: Ber. dtsch. chem. Ges. **66**, 1733 (1933). — [9] Vgl. z. B. van Hasselt: Chem. Weekbl. **6**, 480 (1909). — Kuhn, Brockmann: Ber. dtsch. chem. Ges. **65**, 1873 (1932); **66**, 429 (1933). — [10] Kuhn, Winterstein: Ber. dtsch. chem. Ges. **65**, 1873 (1932). — [11] Kuhn, Winterstein: Ber. dtsch. chem. Ges. **66**, 429 (1933); vgl. auch Kuhn, Deutsch: Ber. dtsch. chem. Ges. **65**, 43 (1932). — [12] Karrer, Benz, Morf, Raudnitz, Stoll, Takahashi: Helvet. chim. Acta **15**, 1399 (1932). — [13] Karrer, Benz, Stoll: Helvet. chim. Acta **16**, 297 (1933). — [14] Karrer, Lee: Helvet. chim. Acta **17**, 543 (1934). — [15] Berzelius: Liebigs Ann. **21**, 257 (1837). — [16] Arnaud: C. r. Acad. Sci. Paris **100**, 751 (1885); **102**, 1119, 1319 (1886); **104**, 1293 (1887); **109**, 911 (1889); Bull. Soc. chim. France **48**, 64 (1887).

krystallisierten Chlorophyllbegleiter untersucht und gefunden, daß dieser wahrscheinlich mit dem Farbstoff der Möhre (Daucus carota) identisch ist. Auch Hansen[1] hat die Übereinstimmung vermutet und Monteverde[1] hat sie bestätigt. Carotin wurde aus der Mohrrübe zuerst von Wackenroder[1] gewonnen und von Zeise[2] näher beschrieben. Endlich hat sich noch Husemann[3] mit Carotin insbesondere analytisch beschäftigt. Willstätter und Mieg[1] haben dann ein reines Präparat mit der richtigen Formel $C_{40}H_{56}$ beschrieben. Als Schmelzpunkt geben sie 174⁰ an, es hat sich aber bei der weiteren Forschung gezeigt, daß solches Carotin ein Isomerengemisch ist. Mit Hilfe der in der Einleitung geschilderten Methoden lassen sich folgende Isomere in reiner Form darstellen:

1. α-Carotin[4]. Es bildet violette Prismen vom Smp. 187—188⁰, hat die Konstante $(\alpha)\frac{18}{Cd} = +380^0$ (Benzol) und das Absorptionsspektrum 478—447,5—423 mμ (Benzin Sdp. 70—80⁰).

2. β-Carotin[4]. Es bildet dunkelviolette Prismen vom Smp. 184⁰, hat die Konstante $(\alpha)\frac{20}{Cd} = \pm 0^0$ (Benzol) und das Absorptionsspektrum 483,5—452—424 mμ (Benzin Sdp. 70—80⁰).

3. γ-Carotin[5]. Es bildet violette Prismen vom Smp. 178⁰, hat die Konstante $(\alpha)\frac{20}{Cd} = \pm 0^0$ (Benzol) und das Absorptionsspektrum 495—462—431 mμ (Benzin Sdp. 70—80⁰).

Die drei Carotine finden sich: β-Carotin vielfach fast allein in der Natur, α- und γ-Carotin im Gemisch mit β-Carotin. Mit γ-Carotin ist der Farbstoff identisch, welchen Winterstein und Ehrenberg[6,7] in Convallaria majalis, dem Maiglöckchen fanden; der gleiche Farbstoff befindet sich auch in den Früchten von Gonocaryum pyriforme und obovatum neben dem δ-Carotin[7], das bisher nur spektroskopisch nachgewiesen werden konnte (526—490—457 mμ in Schwefelkohlenstoff).

Die durchschnittliche Zusammensetzung[8] untersuchter Carotinpräparate ist 15% α-, 85% β- und 0,1% γ-Carotin, ein Bild der Leistungsfähigkeit der chromatographischen Analyse.

---

[1] Willstätter, Mieg: Liebigs Ann. **355**, 1 (1907) oder R. Willstätter und A. Stoll: Untersuchungen über Chlorophyll, S. 23; dort die Literatur. — [2] Heise: Liebigs Ann. **62**, 380 (1847). — [3] Husemann: Liebigs Ann. **117**, 200 (1861); Arch. Pharmaz. 2. Reihe **129**, 30 (1867). — [4] Kuhn, Lederer: Naturwiss. **19**, 306 (1931); Ber. dtsch. chem. Ges. **64**, 1349 (1931). — Kuhn, Lederer: Z. physiol. Chem. **200**, 246 (1931). — Kuhn, Brockmann: Z. physiol. Chem. **200**, 255 (1931). — Karrer, Helfenstein, Wehrli, Pieper, Morf: Helvet. chim. Acta **14**, 614 (1931). — Rosenheim, Starling: Meeting Biochem. Soc. Oxford, 16. Mai 1931. — Karrer, Walker: Helvet. chim. Acta **16**, 641 (1933). — Brockmann: Z. physiol. Chem. **216**, 245 (1933). — Zechmeister, Tuzson: Ber. dtsch. chem. Ges. **67**, 154 (1934). — [5] Kuhn, Brockmann: Naturwiss. **21**, 44 (1933); Ber. dtsch. chem. Ges. **66**, 407 (1933); vgl. van Stolk, Guilbert, Pénau: Chim. et Ind. **27**, Sonder-Nr., 3 bis 550 (1932). — [6] Winterstein, Ehrenberg: Z. physiol. Chem. **207**, 25 (1932). — Winterstein: Z. physiol. Chem. **215**, 51 (1933); vgl. auch Lubimenko: Rev. gén. Bot. **25**, 474 (1914). — [7] Winterstein: Z. physiol. Chem. **219**, 249 (1933). — [8] Kuhn, Brockmann: Ber. dtsch. chem. Ges. **66**, 407 (1933).

Die in der älteren Literatur als Erythrophyll[1], Chrysophyll[2], Etiolin[3] und Xanthocarotin[4] aufgeführten Verbindungen sind wahrscheinlich Carotinpräparate, nicht aber das Chrysophyll von Hartsen[5], das als Xanthophyll anzusprechen ist.

Die Trennung der Carotine ist durchgeführt worden: durch fraktionierte Krystallisation[6], durch fraktionierte Fällung mit Jod[7], durch chromatographische Analyse mit Fasertonerde[7], mit Fullererde[8], mit Calciumhydroxyd[9] und mit hochaktiviertem Aluminiumoxyd[10].

Isocarotin[11], Smp. 192—193°, violette Prismen mit Absorptionsbanden 543—504—472 mμ (Schwefelkohlenstoff) entsteht aus dem Tetrajodid des β-Carotin durch Stehenlassen in Benzol, Schwefelkohlenstoff oder Aceton und Schütteln der Lösung mit Thiosulfatlösung, ist also ein künstliches Produkt. Die Umwandlung vollzieht sich in 10—20 Minuten. Die Elementaranalysen stimmen auf $C_{40}H_{56}$, schließen aber nahe Verwandte wie $C_{40}H_{54}$ nicht aus. Das Isocarotin erweist sich bei der chromatographischen Analyse als einheitlich.

Über die physikalischen Eigenschaften der Carotine ist zu sagen, daß die Farbstoffe ein großes Krystallisationsvermögen besitzen. Die Farbe der verdünnten Carotinlösungen ist in den meisten Lösungsmitteln gelb, wässerigen Bichromatlösungen ähnlich, konzentriertere Lösungen sind tief orangefarbig. Chemisch kommt der Charakter eines ungesättigten Kohlenwasserstoffes zum Ausdruck durch die allmähliche Ausbleichung[12] der Krystalle an der Luft unter Aufnahme von Sauerstoff, dabei tritt ein schwacher Geruch nach Jonon auf.

Die Konstitution und das Verhältnis der Isomeren zueinander hat sich folgendermaßen ermitteln lassen: Die Hydrierung[13] des Carotin, zuerst noch an Isomerengemischen ausgeführt, ergab die Aufnahme von 22 Wasserstoffatomen und ein Reaktionsprodukt von der Zusammensetzung $C_{40}H_{78}$, während Benzopersäure[14] nur 8 Doppelbindungen und Chlorjod 8—11$^{1}/_{2}$ Doppelbindungen anzeigt. Letztere Verfahren geben daher mit Vorsicht zu verwertende Ergebnisse. Später ist dann noch der Versuch z. B. für reines β-Carotin[15] wiederholt worden und auch die

---

[1] Bougarel: Bull. Soc. chim. France 27, 442 (1877). — [2] Schunck: Proc. roy. Soc., Lond. 44, 448 (1888). — [3] Pringsheim: Untersuchungen über Chlorophyll, I. Abt. Berlin 1874. — [4] Tschirch: Ber. dtsch. bot. Ges. 14, 76 (1896); 22, 414 (1904). — [5] Hartsen: Arch. Pharmaz. 3. Reihe 7, 136 (1875). — [6] Kuhn, Helfenstein, Wehrli, Pieper, Morf: Helvet. chim. Acta 14, 614 (1931). — [7] Kuhn, Lederer: Ber. dtsch. chem. Ges. 64, 1349 (1931). — [8] Kuhn, Brockmann: Z. physiol. Chem. 200, 255 (1931). — [9] Karrer, Schöpp: Helvet. chim. Acta 16, 625 (1933). — [10] Kuhn, Brockmann: Ber. dtsch. chem. Ges. 66, 407 (1933). — [11] Kuhn, Lederer: Naturwiss. 19, 306 (1931); Ber. dtsch. chem. Ges. 65, 637 (1932). — Karrer, Schöpp, Morf: Helvet. chim. Acta 15, 1158 (1932). — [12] Willstätter, Escher: Z. physiol. Chem. 64, 47 (1910). — v. Euler, Karrer, Rydbom: Ber. dtsch. chem. Ges. 62, 2445 (1929); reine Präparate sind länger haltbar als unreine. — [13] Zechmeister, v. Cholnocky, Vrabély: Ber. dtsch. chem. Ges. 61, 566, 1534 (1928). — [14] Pummerer, Rebmann: Ber. dtsch. chem. Ges. 61, 1099 (1928). — [15] Zechmeister, v. Cholnocky, Vrabély: Ber. dtsch. chem. Ges. 66, 123 (1933); hierzu die nicht stichhaltigen Einwände von J. H. C. Smith: J. of biol. Chem. 96, 35 (1932); vgl. auch Karrer, Helfenstein, Wehrli, Pieper, Morf: Helvet. chim. Acta 14, 614 (1931), und zwar S. 623. — Karrer, Schöpp, Morf: Helvet. chim. Acta 15, 1158 (1932), und zwar S. 1161, sowie J. H. C. Smith: J. of biol. Chem. 102, 157 (1933), wo der Versuchsfehler zugegeben ist.

Frage des Einflusses des Lösungsmittels auf die Hydrierung studiert worden. Da für ein Paraffin die Formel $C_{40}H_{82}$ erforderlich wäre, geht aus dem Versuch hervor, daß aliphatische ungesättigte Ketten in Verbindung mit Ringsystemen vorliegen; letztere können für die Differenz von vier Wasserstoffatomen verantwortlich gemacht werden.

Weiteren Aufschluß ergab die Oxydation, die anfänglich an dem Isomerengemisch, mit fortschreitender Erkenntnis an den reinen Isomeren ausgeführt wurde. Die erste Beobachtung[1] zeigte Jonon und dessen Oxydationsprodukte α-α-Dimethylbernsteinsäure, α-α-Dimethylglutarsäure und wenig Dimethylmalonsäure, ferner 4 Mol Essigsäure. Nun steht fest, daß bei der Oxydation von Polyenfarbstoffen, die aus Isoprenresten bestehen, nur die Gruppe: $HC-\underset{\underset{CH_3}{|}}{C}=$ vollständig zu Essigsäure abgebaut wird. Aus diesen Beobachtungen ergab sich schon eine Formel, eine Kette von 4 Isoprenresten und mindestens einem Jononrest. Weiter wurde beim Ozonabbau Geronsäure[2] als Abbauprodukt gefunden, so daß sich folgende Reihe der Abbauprodukte ergab:

[formulas: Jononrest → Geronsäure → α-α-Dimethylglutarsäure → α-α-Dimethylbernsteinsäure → Dimethylmalonsäure]

Daraus hätten sich unter der Annahme, daß zwischen Carotin und Lycopin (s. dort) gewisse Beziehungen bestehen und daß das Carotinmolekül vielleicht aus dem Lycopinmolekül durch Ringschluß entsteht, für beide folgende Formelbilder ergeben:

[Strukturformel: alte überholte Formel für Lycopin.]

[Strukturformel: alte überholte Formel für Carotin.]

---

[1] Karrer, Helfenstein: Helvet. chim. Acta **12**, 1142 (1929). — Karrer, Wehrli, Helfenstein: Helvet. chim. Acta **13**, 268 (1930), und zwar S. 270. Zur Oxydation mit Kaliumpermanganat vgl. Kuhn, Winterstein, Karlowitz: Helvet. chim. Acta **12**, 64 (1929). — Karrer: Helvet. chim. Acta **12**, 558 (1929). — [2] Karrer, Helfenstein, Wehrli, Wettstein: Helvet. chim. Acta **13**, 1084 (1930); vgl. auch J. H. C. Smith, Spoehr: J. of biol. Chem. **86**, 755 (1930); Strain: J. of biol. Chem. **102**, 137 (1933).

Mit dieser Formulierung lassen sich aber folgende Tatsachen nicht vereinen:

1. Aus Kohlenstoffring I der Carotinformel müßte bei der Oxydation mit Kaliumpermanganat Pentan-2-2-5-tricarbonsäure (II) oder Butan-2-2-4-tricarbonsäure (III) entstehen:

$$\begin{array}{cc} \text{CH}_3 & \text{CH}_3 \\ | & | \\ \text{HOOC—C—CH}_2\text{—CH}_2\text{—CH}_2\text{—COOH} \quad & \text{HOOC—C—CH}_2\text{—CH}_2\text{—COOH} \\ | & | \\ \text{COOH} \quad \text{(II)} & \text{COOH} \quad \text{(III)} \end{array}$$

2. Die Carotinformel[1] verlangt für den Abbau mit Kaliumpermanganat 5—5$^1/_2$ Mol Essigsäure, tatsächlich entstehen nur 4,4 Mol, für den Abbau mit Chromsäure verlangt die Formel 7 Mol Essigsäure, tatsächlich werden nur 6 Mol erhalten[2]. Es hat sich daraus die Notwendigkeit ergeben, die Lycopinformel (s. dort) und die Carotinformel an beiden Enden symmetrisch anzuordnen, so daß zwei Methylseitenketten in 1-6-Stellung statt in 1-5-Stellung zu stehen kommen und zwar in der Mitte. Diese Auffassung ist beim Lycopin noch näher begründet.

Carotin, spätere Formel für β-Carotin (I)
1-18-Bis-(2-2-6-trimethylcyclohexen-(6)-yl)-3-7-12-16-tetramethyl-octadecanonaen

Eine neue Schwierigkeit tauchte auf, als festgestellt wurde, daß Carotin aus Isomeren besteht, und zwar ist α-Carotin optisch aktiv, β-Carotin optisch inaktiv. Danach kann man β-Carotin die Formel (I) zuerteilen[3], welche kein asymmetrisches Kohlenstoffatom aufweist. Es lassen sich nun drei weitere Formeln aufstellen, welche optische Isomerie gestatten.

(II)

---

[1] Die obige Lycopinformel verlangt 5$^1/_2$—6 Mol Essigsäure, tatsächlich entstehen nur 4,2—4,6 Mol: Karrer, Helfenstein, Wehrli: Helvet. chim. Acta **13**, 88 (1930). — [2] Für die Lycopinformel werden verlangt 8 Mol Essigsäure, erhalten werden nur 6 Mol. — [3] Karrer, Helfenstein, Wehrli, Pieper, Morf: Helvet. chim. Acta **14**, 614 (1931), dort auch die Widerlegung der Auffassung von J. H. C. Smith: J. of biol. Chem. **90**, 596 (1931). Die Konstitution von γ-Carotin und Isocarotin wird später erörtert.

```
H₃C  CH₃                                                            H₃C  CH₃
  \ /                                                                 \ /
   C        CH₃       CH₃       CH₃       CH₃                          C
H₂C  *CH—C=C—C=C—C=C—C=C—C=C—C=C—C=C—C=C—C=C—C  CH₂
 |    |   H H   H H H   H H H H   H H H   H H  ‖
H₂C  C—CH₃                                      H₃C—C  CH₂
  \\                                                  |
   CH                                                CH₂
              (III)
```

```
H₃C  CH₃                                                            H₃C  CH₃
  \ /                                                                 \ /
   C        CH₃       CH₃       CH₃       CH₃                          C
H₂C  *CH—C=C—C=C—C=C—C=C—C=C—C=C—C=C—C=C—C=C—CH*  CH₂
 |    H   H H H   H H H H   H H H   H H         |
H₂C  C—CH₃                                      H₃C—C  CH₂
  \\                                                  ‖
   CH                                                CH
              (IV)
```

Beim oxydativen Abbau mit Kaliumpermanganat müssen die vier Isomeren I, II, III und IV die gleichen Abbauprodukte, nämlich α-α-Dimethylglutarsäure, α-α-Dimethylbernsteinsäure und Dimethylmalonsäure geben, I und III mit Ozon Geronsäure, III und IV mit Ozon Isogeronsäure (näheres darüber später).

Die Formel I für β-Carotin ist weiter sichergestellt durch den Abbau[1] eines völlig reinen optisch inaktiven Präparates von β-Carotin mit Ozon, das eine solche Menge Geronsäure ergab, daß sie annähernd zwei β-Iononringen entspricht.

```
H₃C  CH₃          H₃C  CH₃
  \ /               \ /
   C                 C
  / \               / \
H₂C  COOH        H₂C  CH₂
 |    |           |    |
H₂C  CO—CH₃      H₂C  CO—CH₃
  \ /               \ /
   CH₂              COOH
Geronsäure       Isogeronsäure
```

Schließlich ist es gelungen, durch schonende Anwendung der Chromsäure solche Oxydationsprodukte[2] des β-Carotin zu fassen, die nur durch den Angriff des Oxydationsmittels an den endständigen Doppelbindungen des konjugierten Systems entstanden sind. Man erhält so bei Anwendung sehr verdünnter Lösungen unter Beobachtung bestimmter Vorsichtsmaßregeln mit einer auf 3/2 Sauerstoffatome berechneten Chromsäuremenge das Semi-β-carotinon $C_{40}H_{56}O_2$, carmoisinrote, viereckige Blättchen vom Smp. 118—119°, dem die Formel:

```
H₃C  CH₃                                                            H₃C  CH₃
  \ /                                                                 \ /
   C        CH₃       CH₃       CH₃       CH₃                          C
H₂C  CH—C=C—C=C—C=C—C=C—C=C—C=C—C=C—C=C—C=C—C  CH₂
 |   ‖   H H   H H H   H H H H   H H H   H H  ‖
H₂C  C—CH₃                                      O
  |                                             |
  CH₂                                         H₃C—C  CH₂
                                                  ‖
                                                  CH₂
```

zukommt.

---

[1] Karrer, Morf: Helvet. chim. Acta **14**, 1033 (1931); vgl. auch Pummerer, Rebmann, Reindel: Ber. dtsch. chem. Ges. **64**, 492 (1931). — [2] Kuhn, Brockmann: Ber. dtsch. chem. Ges. **65**, 894 (1932); **66**, 833, 1319 (1933); vgl. auch Kuhn, Brockmann: Z. physiol. Chem. **213**, 1 (1932).

Es bildet ein Monoxim, also tritt nur eine Ketogruppe ein. Durch weitere vorsichtige Oxydation läßt sich Semi-β-carotinon in β-Carotinon $C_{40}H_{56}O_4$, karmoisinrote Blättchen vom Smp. 174—175°, Absorptionsbanden 538—499—466 mμ (Schwefelkohlenstoff) überführen, das auch durch unmittelbare Oxydation von β-Carotin mit einer auf vier Sauerstoffatome berechneten Chromsäuremenge erhalten wird. Die Konstitution des β-Carotinon läßt sich durch folgende Formel ausdrücken:

$$\begin{array}{c}
H_3C\ CH_3 \\
\diagdown / \\
C \\
H_2C \diagup \diagdown C - C = C - C = C - C = C - C = C - C = C - C = C - C = C - C \diagup \diagdown CH_2 \\
\| \quad H\ H \quad H\ H\ H \quad H\ H\ H\ H \quad H\ H\ H \quad H\ H \quad \| \\
O \quad \quad CH_3 \quad CH_3 \quad CH_3 \quad CH_3 \quad \quad O \\
\| \\
O \\
H_2C\ C-CH_3 \quad \quad H_3C-C\ CH_2 \\
\diagdown / \quad \quad \quad \diagdown / \\
CH_2 \quad \quad \quad CH_2
\end{array}$$

Diese Verbindung bildet ein Dioxim.

Neben diesen beiden Verbindungen steht das β-Oxycarotin, welches man mit einer für 3/2 Sauerstoffatome berechneten Chromsäuremenge erhält unter Beobachtung nicht so großer Vorsichtsmaßregeln wie oben angedeutet. Es bildet orangerote Nädelchen vom Smp. 184° und entspricht der Formel $C_{40}H_{56}O_2$. Die Verbindung läßt sich nicht methylieren, gibt kein Oxim und hat ein aktives Wasserstoffatom (Zerewitinoff-Bestimmung). Sie liefert bei der Oxydation den Aldehyd[1] $C_{27}H_{36}O_3$ (s. S. 15); danach sind 27 Kohlenstoffatome unberührt, beide Sauerstoffatome fallen auf den Iononrest mit 13 Kohlenstoffatomen. Die weitgehende Analogie des β-Carotinon mit Rhodoxanthin[2] wird bei letzterem erörtert. Bei der Oxydation von β-Carotin mit Benzopersäure entsteht ein Carotinoxyd[3] vom Smp. 161° (rein vielleicht etwas höher), für das die folgende Formel

$$\begin{array}{c}
H_3C\ CH_3 \quad\quad\quad\quad\quad\quad\quad\quad\quad\quad\quad\quad H_3C\ CH_3 \\
\diagdown / \quad\quad\quad\quad\quad\quad\quad\quad\quad\quad\quad\quad\quad \diagdown / \\
C \quad\quad CH_3 \quad CH_3 \quad CH_3 \quad CH_3 \quad\quad C \\
H_2C \diagup \diagdown C - C = C - C = C - C = C - C = C - C = C - C = C - C = C - C \diagup \diagdown CH_2 \\
|\ | \diagdown O\ H\ H \quad H\ H\ H \quad H\ H\ H\ H \quad H\ H\ H \quad H\ H \quad \| \quad | \\
H_2C\ C \diagup \quad\quad\quad\quad\quad\quad\quad\quad\quad\quad\quad H_3C-C\ CH_2 \\
\diagdown / \quad\quad\quad\quad\quad\quad\quad\quad\quad\quad\quad\quad\quad \diagdown / \\
CH_2 \quad\quad\quad\quad\quad\quad\quad\quad\quad\quad\quad\quad\quad CH_2
\end{array}$$

in Vorschlag gebracht wird.

---

[1] Kuhn, Brockmann: Ber. dtsch. chem. Ges. **67**, 1408 (1934). — Vgl. zu β-Oxycarotin noch Karrer, H. v. Euler, Solmssen: Helvet. chim. Acta **17**, 1169 (1934) und zwar S. 1171. — [2] Kuhn, Brockmann: Ber. dtsch. chem. Ges. **66**, 828 (1933). — [3] Karrer, H. v. Euler, Hellström, Klußmann: Ark. Kemi, Mineral., Geol. B **11**, Nr 3 (1932). — H. v. Euler, Karrer, Walker: Helvet. chim. Acta **15**, 1507 (1932).

Bei dem thermischen Abbau des β-Carotin[1] erhält man Toluol, m-Xylol und 2-6-Dimethylnaphthalin. Dies ist denkbar, wenn man annimmt, daß das Molekül folgende Form haben kann:

[Strukturformel]

Diese Vorstellung bietet eine weitere Stütze für die Richtigkeit der Carotinformel, ein großer Teil (12 Kohlenstoffatome) ist mit dem thermischen Abbau erfaßt.

Endlich gelingt der stufenweise Abbau des β-Carotin zu Dehydroazafrinonamid[2], das gleicherweise aus Azafrin erhalten werden konnte, womit die Konstitution beider Carotinfarbstoffe eng miteinander verknüpft und sicher gestellt ist:

[Strukturformel] β-Carotinon $C_{40}H_{56}O_4$ ↓ CrO_3

[Strukturformel] Aldehyd $C_{27}H_{36}O_3$ ↓ NH_2OH + HOOC ... Geronsäure

---

[1] Kuhn, Winterstein: Ber. dtsch. chem. Ges. **66**, 429 (1933); vgl. hierzu auch die Bildung von 1-6-Dimethylnaphthalin aus Vitamin A, das biologisch und chemisch zum β-Carotin in Beziehung steht, durch Heilbron, Morton, Webster: Biochemic. J. **26**, 1194 (1932). Die Bildung von 2-6-Dimethylnaphthalin ließe sich auch durch Umlagerung des 1-6-Derivates erklären; vgl. hierzu F. Mayer, Schiffner: Ber. dtsch. chem. Ges. **67**, 67 (1934). — [2] Kuhn, Brockmann: Ber. dtsch. chem. Ges. **67**, 885 (1934).

16 Carotinfarbstoffe (Polyenfarbstoffe, Lipochrome).

$$\text{Oxim } C_{27}H_{37}NO_2 \quad \downarrow \quad (CH_3CO)_2O$$

$$\text{Nitril } C_{27}H_{35}NO_2 \quad \downarrow \quad KOH$$

$$\text{Dehydro-azafrinon-amid}^{1} \; C_{27}H_{35}NO_2 \quad \downarrow \quad KOH$$

$$\text{Azafrinon-amid} \quad \uparrow \quad SOCl_2; \; NH_3$$

$$\text{Azafrinon } C_{27}H_{36}O_4 \quad \uparrow \quad CrO_3$$

---

[1] Die Wasserabspaltung unter dem Einfluß von Alkalien ist eine allgemeine Eigenschaft der 1-6-Diketone, zu denen die Ringsprengung mit Chromsäure bei den Carotinfarbstoffen führt. Die entstehenden Dehydroverbindungen, welche wohl Derivate des Cyclopenten sind, sind durch große Langwelligkeit der Absorptionsbanden und großes Krystallisationsvermögen ausgezeichnet.

Konstitution des α-Carotin.

$$\text{Azafrin } C_{27}H_{38}O_4$$

Die Konstitution des α-Carotin hat sich nach einem vergeblichen Anlauf[1] durch den Nachweis von Geronsäure und Isogeronsäure beim Ozonabbau von völlig reinem α-Carotin[2] bestimmen lassen. Beide Säuren, die den beiden Endgliedern (I) und (II) entsprechen, geben so einen Fingerzeig, der zu der Formel (III) [identisch mit Formel (III) auf S. 13] für Carotin führt.

Geronsäure

Isogeronsäure

(I)

(II)

α-Carotin (III)

α-Carotin läßt sich mit der auf zwei Atome Sauerstoff berechneten Menge Chromsäure zu α-Oxycarotin[3], wahrscheinlich $C_{40}H_{58}O_2$, Nadeln vom Smp. 183°, Absorptionsbanden 502—471—440 mμ abbauen, das offenbar dem β-Oxycarotin entspricht. Es besitzt keine Vitamin A-Wirkung, hat daher vielleicht folgende Struktur[4]:

---

[1] Karrer, Morf: Helvet. chim. Acta **14**, 833 (1931). — Karrer, Morf, v. Krauß, Zubrys: Helvet. chim. Acta **15**, 490 (1932); vgl. auch Kuhn, Lederer: Ber. dtsch. chem. Ges. **64**, 1349 (1931). — [2] Karrer, Morf, Walker: Helvet. chim. Acta **16**, 975 (1933); vgl. auch Nature (Lond.) **132**, 171 (1933). — [3] Karrer, Solmssen, Walker: Helvet. chim. Acta **17**, 417 (1934). Die Untersuchung konnte noch nicht die Angaben von Kuhn, Brockmann: Ber. dtsch. chem. Ges. **67**, 1408 (1934) berücksichtigen. — Karrer, H. v. Euler, Solmssen: Helvet. chim. Acta **17**, 1169 (1934). — [4] Kuhn, Brockmann: Ber. dtsch. chem. Ges. **65**, 894 (1932); **67**, 1408 (1934). — Z. physiol. Chem. **213**, 1 (1931).

Carotinfarbstoffe (Polyenfarbstoffe, Lipochrome).

$$\text{H}_3\text{C}\diagdown\diagup\text{CH}_3 \qquad\qquad\qquad\qquad\qquad\qquad\qquad\qquad \text{H}_3\text{C}\diagdown\diagup\text{CH}_3$$
$$\underset{\text{H}_2\text{C}}{|}\overset{\text{C}}{|}\underset{\text{OH}}{\text{C}}-\text{C}=\text{C}-\overset{\text{CH}_3}{\underset{|}{\text{C}}}=\text{C}-\text{C}=\text{C}-\overset{\text{CH}_3}{\underset{|}{\text{C}}}=\text{C}-\text{C}=\text{C}-\overset{\text{CH}_3}{\underset{|}{\text{C}}}=\text{C}-\text{C}=\text{C}-\overset{\text{CH}_3}{\underset{|}{\text{C}}}=\text{C}-\text{C}=\text{C}-\text{HC}\underset{|}{\overset{\text{C}}{|}}\text{CH}_2$$

Weiter erhält man daneben noch α-Caroton $C_{40}H_{56}O_5$, derbe Prismen mit stahlblauem Oberflächenglanz, Smp. 148⁰ $[\alpha]_{644} = 341^0 (\pm 15^0)$ (Benzol) Adsorptionsbanden 535(schwach)—502—471 mμ. Es hat keine Vitamin A-Wirkung. Das dritte Oxydationsprodukt ist das α-Semicarotinon $C_{40}H_{56}O_2$, Nadeln vom Smp. 135⁰, Absorptionsbanden 533—499 mμ (Schwefelkohlenstoff). Es hat keine Aldehydeigenschaften, besitzt — trotzdem es ein α-Carotinderivat ist — keine Vitamin A-Wirkung und man darf ihm daher die Formel:

[Strukturformel α-Semicarotinon mit CO-C=C-... Kette]

zubilligen.

γ-Carotin[1] nimmt im Gegensatz zu α- und β-Carotin 12 Mol Wasserstoff auf und liefert beim Ozonabbau Azeton. Damit wie auch in physikalischen Eigenschaften (Schmelzpunkt, Lage der Absorptionsbanden, Adsorptionsverhalten) kommt die Mittelstellung zwischen Lycopin und Carotin zum Ausdruck. Diese Beobachtungen lassen sich am besten in folgender Formel versinnbildlichen:

[Strukturformel γ-Carotin]

γ-Carotin

δ-Carotin[2] scheint ein vom α-Carotin ableitbarer monocyclischer Farbstoff zu sein.

Isocarotin[3] nimmt nach Kuhn[3] 13 Mol, nach Karrer[4] 12 Mol Wasserstoff auf, gibt beim Ozonabbau kein Azeton[3], keine Geronsäure und keine Isogeronsäure[4]; jedoch mit Kaliumpermanganat[4] entsteht α-α-Dimethylglutarsäure, α-α-Dimethylbernsteinsäure und wahrscheinlich Bernsteinsäure. Ferner werden mit Kaliumpermangant in der Hitze

---

[1] Kuhn, Winterstein, Ehrenberg: Z. physiol. Chem. **207**, 25 (1932). — Kuhn, Brockmann: Ber. dtsch. chem. Ges. **66**, 407 (1933). — [2] Winterstein: Z. physiol. Chem. **219**, 249 (1933). — [3] Kuhn, Lederer: Ber. dtsch. chem. Ges. **65**, 637 (1932). — [4] Karrer, Schöpp, Morf: Helvet. chim. Acta **15**, 1158 (1932).

4 Mol Essigsäure, mit Chromsäure 6 Mol Essigsäure gefunden. Danach ist zu schließen, daß auf Grund der Formel $C_{40}H_{56}$ und der Hydrierungszahl eine rein aliphatische Struktur nicht in Frage kommt; es muß mindestens ein Kohlenstoffring vorhanden sein. Ob der zweite aufgespalten ist, hängt davon ab, ob die Hydrierungszahl die Anzahl der vorhandenen Doppelbindungen richtig wiedergibt oder ob die Reduktion unter Ringspaltung verläuft. Letzteres ist nicht wahrscheinlich, wahrscheinlicher ist, daß ein Kohlenstoffring geöffnet und der zweite eine veränderte Lage der Doppelbindungen aufweist.

Ein Curcubiten[1] $C_{40}H_{56}$ genannter Carotinfarbstoff aus Curcubita maxima Duch. (Riesenkürbis) ist eine Mischung[2] von wenig α- und viel β-Carotin.

Über das Vorkommen des Carotin (Gemisch) ist zu sagen, daß frische Blätter (z. B. Brennesselblätter oder Heracleumblätter) im Durchschnitt 0,1—0,3% enthalten (colorimetrische Messung[3]) ferner ist besonders hervorzuheben das Vorkommen in der Mohrrübe (Daucus carota), aus der die Darstellung[4] als einfach und billig gilt, in der Fruchthaut der Paprika Capsicum annuum[5], in Vogelbeeren Sorbus aucuparia[6]. Das Isomerenverhältnis[7] in den verschiedenen Pflanzen ist sehr verschieden. Meist liegt β-Carotin überwiegend vor, α-Carotin ist im roten Palmöl zu 30—40%[8] anzutreffen, Kastanien enthalten 25%, Karotten 10—20%, Vogelbeeren 15% an α-Carotin[9], das aber in Brennesseln, Spinat, Gras und Paprika nur in ganz geringen Mengen[9] angetroffen wird. Carotin, meist ohne nähere Bezeichnung, weil die Untersuchung vor der Auffindung der Isomeren liegt, ist weiter enthalten in den Ovarien der Rinder und Kühe[10], im Corpus luteum und rubrum der Kuh[10], in der menschlichen Placenta[11], in Gallensteinen[12], im tierischen und menschlichen Serum[13], im Butterfett, im Körperfett, in den Nebennieren[14], in

---

[1] Suginome, Ueno: Bull. Soc. chim. Jap. **6**, 221 (1931). — [2] Zechmeister, Tuzson: Ber. dtsch. chem. Ges. **67**, 824 (1934). Vgl. auch Winterstein, Ehrenberg: Z. physiol. Chem. **207**, 25 (1932), und zwar S. 27, Anm. 6. — [3] R. Willstätter u. A. Stoll: Untersuchungen über Chlorophyll, S. 99, 133, 237. — [4] Zechmeister in Klein: Handbuch der Pflanzenanalyse, III, 2, S. 1278. — Gewinnung aus Spinat: AP. 1953607 (S.M.A.Corp.) Chem. Zbl. **1934** II, 2449. — [5] Zechmeister, v. Cholnocky: Liebigs Ann. **455**, 70 (1927). — [6] Kuhn, Lederer: Ber. dtsch. chem. Ges. **64**, 1349 (1931). — [7] Über die Bestimmung des Mengenverhältnisses s. Zechmeister in Klein: Handbuch der Pflanzenanalyse, III, 2, S. 1285, oder Zechmeister: Carotinoide, S. 117. — Beispielsweise soll der Gehalt von Gartenvarietäten größer sein als bei Feldkarotten: Bills, Macdonald: Science (N. Y.) **76**, 108 (1932); vgl. auch Karrer, Schlientz: Helvet. chim. Acta **17**, 7 (1934). — [8] Kuhn, Brockmann: Z. physiol. Chem. **200**, 255 (1931). — [9] Kuhn, Lederer: Z. physiol. Chem. **200**, 246 (1931). — [10] Escher: Z. physiol. Chem. **83**, 198 (1913). — [11] Kuhn, Brockmann: Z. physiol. Chem. **200**, 63 (1932). — [12] H. Fischer, Röse: Z. physiol. Chem. **88**, 331 (1913). — [13] Palmer, Eckles: J. biol. Chem. **17**, 191, 211 (1914). — Palmer: J. biol. Chem. **23**, 261 (1915); **27**, 103 (1916); Hymanns van den Bergh, Müller: Chem. Zbl. **1920** I, 687; **1920** III, 720. — [14] Bailly, Netter: C. r. Acad. Sci. Paris **193**, 961 (1931). Vorkommen in Fusariumarten: Bezssonow: C. r. Acad. Sci. Paris **159**, 448 (1914); in Ölen und Vegetabilien: Gill: J. Ind. Eng. Chem. **10**, 612 (1918). — Matlack: Amer. J. Pharmacy **100**, 243 (1928). — Schuette, Bott: J. amer. chem. Soc. **50**, 1998 (1928). — Koboyashi, Yammato, Abe: J. Soc. chem. Jap. Suppl. **34**, 434 B, **35**, 35 B (1932); in tierischen und pflanzlichen Organen: Zechmeister, Tuzson: Z. physiol. Chem. **226**, 255 (1934). — H. v. Euler, Gard, Hellström: Sv. Kem. Tidskr. **44**, 191 (1932); im Blutserum: B. u. H. v. Euler, Hellström: Sv. Kem. Tidskr. **40**, 256 (1929); in Bananenschalen: Loesecke:

Bakterien [1] usw. Besondere Bedeutung gewinnt die Chemie der Carotine durch den Zusammenhang mit dem Vitamin A. Es zeigte sich nämlich, daß α-, β- und γ-Carotin starke Vitamin A-Wirksamkeit [2] zeigen, während Isocarotin [3], α-Oxycarotin, α-Caroton und α-Semicarotinon [4] unwirksam sind. β-Oxycarotin [5] und Semi-β-carotinon [6] sind wirksam, β-Carotinon [5] nicht, dagegen β-Carotinoxyd [7] und α- und β-Carotindijodid [8]. Als Grenzdosis [9] ergibt sich für α-Carotin 5 γ, für β-Carotin 2,5 γ und für γ-Carotin 2,5 γ. Dies stimmt mit den zu besprechenden Beziehungen von Carotin zu Vitamin überein, wonach aus α- und γ-Carotin sich ein Mol, aus β-Carotin 2 Mol Vitamin A bilden können. Danach ist also die Wachstumswirkung nicht streng spezifisch, sondern kommt einer engeren Gruppe von Carotinfarbstoffen zu. Maßgebend für die Wirksamkeit der Kohlenwasserstoffe $C_{40}H_{56}$ und ihrer Derivate erscheint nicht die Zahl der Doppelbindungen, sondern die Anwesenheit mindestens eines Kohlenstoffringes vom Ionontypus. Die Unwirksamkeit von Isocarotin zeigt aber, daß noch spezielle Bedingungen erfüllt sein müssen, die vorerst unbekannt sind [10].

Danach war natürlich die Darstellung und Aufklärung der Konstitution des Vitamin A anzustreben. Aus dem Leberöl von Hippoglossus hippoglossus wurde das Vitamin A erhalten, ebenso aus dem Tran einer Makrelenart Scombresox saurus [11]. Das Vitamin A ergab beim Abbau Geronsäure. Schließlich wurde aus Vitamin A das Perhydrovitamin A dargestellt und mit einem synthetisch dargestellten Präparat [12] verglichen und identisch befunden. Die Synthese des Perhydrovitamin A verläuft wie folgt:

J. amer. chem. Soc. **51**, 2439 (1929); in Apfelsinen: Vermast: Naturwiss. **19**, 442 (1931); vgl. auch Zechmeister, Tuzson: Naturwiss. **19**, 307 (1931); in der Mandarine: Zechmeister, Tuzson: Z. physiol. Chem. **221**, 278 (1933); im grünen Tee: Tsujimura: Sci. Pap. Inst. physic. chem. Res. Tokyo **18**, 13 (1932); bei Fischen: H. v. Euler, Hellström, Klußmann: Z. physiol. Chem. **228**, 77 (1934).

[1] Ingraham, Baumann: J. Bacter. **28**, 31 (1934). — [2] Literatur bei Kuhn, Brockmann: Ber. dtsch. chem. Ges. **64**, 1859 (1931). Steenbock war der erste, der Beziehungen zwischen Vitamin A und Carotin nachwies. H. v. Euler hat als erster mit krystallisiertem Carotin nochmals Wachstumswirkung festgestellt; weitere Literatur: H. v. Euler, Karrer, Hellström, Rydbom: Helvet. chim. Acta **14**, 839 (1931). — Rosenheim, Starling: J. chem. Ind. **50**, 443 (1931). — Kuhn, Brockmann: Ber. dtsch. chem. Ges. **66**, 407 (1933); Z. physiol. Chem. **213**, 1 (1932). — Winterstein: Z. physiol. Chem. **215**, 51 (1933). — Brockmann, Tecklenburg: Z. physiol. Chem. **221**, 117 (1933). — H. v. Euler, Karrer, Zubrys: Helvet. chim. Acta **17**, 241 (1933). Zusammenfassendes Referat: Brockmann: Angew. Chem. **47**, 523 (1934). — [3] Kuhn, Lederer: Ber. dtsch. chem. Ges. **65**, 637 (1932). — [4] Karrer, H. v. Euler, Solmssen: Helvet. chim. Acta **17**, 1169 (1934). — [5] Kuhn, Brockmann: Ber. dtsch. chem. Ges. **65**, 894 (1932). — [6] Kuhn, Brockmann: Ber. dtsch. chem. Ges. **66**, 1319 (1933). — [7] H. v. Euler, Karrer, Walker: Helvet. chim. Acta **15**, 1507 (1932). — [8] Karrer, Solmssen, Walker: Helvet. chim. Acta **17**, 417 (1934). — [9] Kuhn, Brockmann: Klin. Wschr. **12**, 972 (1933); Z. physiol. Chem. **221**, 129 (1933). — [10] Kuhn, Brockmann: Ber. dtsch. chem. Ges. **66**, 407 (1933). — [11] Karrer, Morf, Schöpp: Helvet. chim. Acta **14**, 1036, 1431 (1931); vgl. auch v. Euler, Karrer: Naturwiss. **19**, 676 (1931). — [12] Karrer, Morf, Schöpp: Helvet. chim. Acta **16**, 557 (1933).

Synthese des Perhydrovitamin A.

$$\underset{\text{2-Methyl-4(1'-1'-3'-trimethyl-cyclohexen(2')-yl-2'-)butadien-(1-3-)säure (Anm. 1)}}{\begin{array}{c} H_3C\;CH_3 \\ \diagdown\!\diagup \\ C \\ H_2C\diagup\;\;\diagdown C\!-\!CH\!=\!CH\!-\!\underset{\parallel}{C}\!-\!CH\!-\!COOH \\ |\quad\quad\quad\;\;CH_3 \\ H_2C\diagdown\;\;\diagup C\!-\!CH_3 \\ CH_2 \end{array}}$$

$\xrightarrow[\text{Form des Esters}]{\text{hydriert in}}$

$$\begin{array}{c} H_3C\;CH_3 \\ \diagdown\!\diagup \\ C \\ H_2C\diagup\;\;\diagdown CH\!-\!CH_2\!-\!CH_2\!-\!\underset{|}{CH}\!-\!CH_2\!-\!COOR \\ \quad\quad\quad\quad\quad\quad\quad CH_3 \\ H_2C\diagdown\;\;\diagup CH\!-\!CH_3 \\ CH_2 \end{array}$$

$\xrightarrow[\text{Reaktion}]{\text{Bouveault'sche}}$

$$\begin{array}{c} H_3C\;CH_3 \\ \diagdown\!\diagup \\ C \\ H_2C\diagup\;\;\diagdown CH\!-\!CH_2\!-\!CH_2\!-\!\underset{|}{CH}\!-\!CH_2\!-\!CH_2OH \\ \quad\quad\quad\quad\quad\quad\quad CH_3 \\ H_2C\diagdown\;\;\diagup CH\!-\!CH_3 \\ CH_2 \end{array}$$

$\xrightarrow[\text{Malonestersynthese}]{\text{Bromierung und folgende}}$

$$\begin{array}{c} H_3C\;CH_3 \\ \diagdown\!\diagup \\ C \\ H_2C\diagup\;\;\diagdown CH\!-\!CH_2\!-\!CH_2\!-\!\underset{|}{CH}\!-\!CH_2\!-\!CH_2\!-\!CH_2\!-\!COOH \\ \quad\quad\quad\quad\quad\quad\quad CH_3 \\ H_2C\diagdown\;\;\diagup CH\!-\!CH_3 \\ CH_2 \end{array}$$

$\xrightarrow[\text{Methylzinkjodid}]{\text{Chlorid mit}}$

$$\begin{array}{c} H_3C\;CH_3 \\ \diagdown\!\diagup \\ C \\ H_2C\diagup\;\;\diagdown CH\!-\!CH_2\!-\!CH_2\!-\!\underset{|}{CH}\!-\!CH_2\!-\!CH_2\!-\!CH_2\!-\!CO\!-\!CH_3 \\ \quad\quad\quad\quad\quad\quad\quad CH_3 \\ H_2C\diagdown\;\;\diagup CH\!-\!CH_3 \\ CH_2 \end{array}$$

$\xrightarrow[\text{Bromessigester}]{\text{Zink und}}$

$$\begin{array}{c} H_3C\;CH_3 \\ \diagdown\!\diagup \\ C \\ H_2C\diagup\;\;\diagdown CH\!-\!CH_2\!-\!CH_2\!-\!\underset{|}{CH}\!-\!CH_2\!-\!CH_2\!-\!CH_2\!-\!\underset{|}{C}\!\!<\!\!\begin{array}{l}OH \\ CH_2\!-\!COOH\end{array} \\ \quad\quad\quad\quad\quad\quad\quad CH_3\quad\quad\quad\quad\quad\quad\quad\quad CH_3 \\ H_2C\diagdown\;\;\diagup CH\!-\!CH_3 \\ CH_2 \end{array}$$

$\xrightarrow[\text{Entbromung, Veresterung}]{\text{Bromierung und reduzierende}}$

$$\begin{array}{c} H_3C\;CH_3 \\ \diagdown\!\diagup \\ C \\ H_2C\diagup\;\;\diagdown CH\!-\!CH_2\!-\!CH_2\!-\!\underset{|}{CH}\!-\!CH_2\!-\!CH_2\!-\!CH_2\!-\!\underset{|}{CH}\!-\!CH_2\!-\!COOR \\ \quad\quad\quad\quad\quad\quad\quad CH_3\quad\quad\quad\quad\quad\quad\quad\quad CH_3 \\ H_2C\diagdown\;\;\diagup CH\!-\!CH_3 \\ CH_2 \end{array}$$

$\xrightarrow[\text{Bouveault}]{\text{Reduktion nach}}$

$$\begin{array}{c} H_3C\;CH_3 \\ \diagdown\!\diagup \\ C \\ H_2C\diagup\;\;\diagdown CH\!-\!CH_2\!-\!CH_2\!-\!\underset{|}{CH}\!-\!CH_2\!-\!CH_2\!-\!CH_2\!-\!\underset{|}{CH}\!-\!CH_2\!-\!CH_2\!-\!OH \\ \quad\quad\quad\quad\quad\quad\quad CH_3\quad\quad\quad\quad\quad\quad\quad\quad CH_3 \\ H_2C\diagdown\;\;\diagup CH\!-\!CH_3\quad\quad\quad\text{Perhydrovitamin A.} \\ CH_2 \end{array}$$

---

[1] Darstellung aus β-Ionon und Bromessigester: Karrer, Salomon, Morf, Walker: Helvet. chim. Acta **15**, 878 (1932).

Perhydrovitamin A synthetisch hat wie das Naturprodukt den Sdp.$_{(0,15\text{ mm})} = 148—150^0$. Danach kommt dem Vitamin A die Formel $C_{20}H_{30}O$

$$\begin{array}{c} H_3C\ \ CH_3 \\ \diagdown\diagup \\ C \\ \diagup\ \ \diagdown \\ H_2C\ \ \ C-CH=CH-\overset{\overset{\displaystyle CH_3}{|}}{C}=CH-CH=CH-\overset{\overset{\displaystyle CH_3}{|}}{C}=CH-CH_2-OH \\ |\ \ \ \ \| \\ H_2C\ \ C-CH_3 \\ \diagdown\diagup \\ CH_2 \end{array}$$

zu. Inzwischen ist auch die Umwandlung von Carotin[1] in Vitamin A in vitro gelungen. Wie Ruzicka[2] bei der Dehydrierung von Ionen 1-6-Dimethylnaphthalin fand, so gelang auch hier die Isolierung der gleichen Verbindung bei der Dehydrierung[3] des Vitamin A.

Es besteht natürlich die Möglichkeit, daß aus α-Carotin sich eine isomere Form[4] des Vitamin A bildet:

$$\begin{array}{c} H_3C\ \ CH_3 \\ \diagdown\diagup \\ C \\ \diagup\ \ \diagdown \\ H_2C\ \ \ CH-CH=CH-\overset{\overset{\displaystyle CH_3}{|}}{C}=CH-CH=CH-\overset{\overset{\displaystyle CH_3}{|}}{C}=CH-CH_2-OH \\ |\ \ \ \ | \\ H_2C\ \ C-CH_3 \\ \diagdown\diagup\!\!\!\diagup \\ CH \end{array}$$

Lycopin. Der Farbstoff ist bis heute das einzige zuverlässig bekannte Isomere der Carotine; er ist der Farbstoff der Tomate, der Beerenfrucht von Lycopersicum esculentum. Millardet[5] hat ihn zuerst in krystallisiertem Zustand isoliert und Solanorubin genannt. Die späteren Bearbeiter[6] haben sich mit der Frage beschäftigt, ob Lycopin mit Carotin identisch ist. Erst Schunck[7] ist auf Grund der Eigenschaften und des Absorptionsspektrums zu der Auffassung gekommen, daß der Farbstoff von Carotin verschieden ist. Er gab ihm den Namen Lycopin. Eine weitere Untersuchung stammt von Monteverde[8], der Lycopin durch die Analyse als Kohlenwasserstoff erkannte. Grundlegend sind dann die Arbeiten von Willstätter[9] im Verein mit Escher geworden.

Lycopin ist weiterhin aufgefunden worden: in der Hagebutte (Rosa canina)[10], in den reifen Früchten des Schwarzwurz (Tamus communis)[11], im bittersüßen Nachtschatten (Solanum dulcamara)[12], im Fruchtfleisch

---

[1] Olcott, McCann: J. biol. Chem. **94**, 185 (1931). — [2] Ruzicka, Rudolf: Helvet. chim. Acta **10**, 915 (1927). — [3] Heilbron, Morton, Webster: Biochemic. J. **26**, 1194 (1932). — [4] Kuhn: J. Soc. chem. Ind. **52**, 981 (1933). Über synthetische Versuche vgl. DRP. 601 070 (Ciba) = Schwz. P. 168 135; ferner zu der Frage der Isomerie: Karrer, H. v. Euler, Solmssen: Helvet. chim. Acta **17**, 1169 (1934). — [5] Literatur bei Willstätter, Escher: Z. physiol. Chem. **64**, 47 (1910). — [6] Arnaud: C. r. Acad. Sci. Paris **102**, 119 (1886); betreffend Passerini und Kohl s. Literatur wie unter Anm. 5 angegeben. — [7] Schunck: Proc. roy. Soc. London **72**, 165 (1903). — [8] Monteverde: Staz. sper. agrar. ital. **37**, 909 (1904). — [9] Willstätter, Escher: Z. physiol. Chem. **64**, 47 (1910). — [10] Escher, Helvet. chim. Acta **11**, 752 (1928). — Karrer, Widmer: Helvet. chim. Acta **11**, 751 (1928). — Matlack: Amer. J. Pharmacy **101**, 243 (1928). — [11] Zechmeister, v. Cholnocky: Ber. dtsch. chem. Ges. **63**, 422 (1930). — [12] Zechmeister, v. Cholnocky: Ber. dtsch. chem. Ges. **63** 787 (1930); dort auch ältere Literatur.

der Wassermelone (Cucumis Citrullus)[1], in der Beere des Aronstabes (Arum maculatum)[2], in der Aprikose (Prunus armeniaca)[3], in der Frucht der Zaunrübe (Bryonia dioica)[4], in den gelbroten Blüten der Ringelblume (Calendula officinalis)[5], in den Früchten des Maiglöckchen (Convallaria majalis)[6], in Kaki-Früchten (Diospyros Kaki)[7], in tropischen Früchten[8], in den dunkelorangenen Blüten von Dimorphoteca aurantiaca[9], ferner noch in Bakterien[10].

Lycopin $C_{40}H_{56}$, unterscheidet sich von dem isomeren Carotin äußerlich durch die Farbe und Form der Krystalle, die beim Lycopin aus langgestreckten hell- oder dunkelcarminroten mikroskopischen Prismen vom Smp. 175° bestehen. Die Lösungen in Schwefelkohlenstoff zeigen eine stark blaustichig rote Farbe, die Absorptionsbanden liegen bei 506—474—445 mμ (Benzin Sdp. 70—80°). Die Hydrierung[11] ergibt die für einen Paraffinkohlenwasserstoff erforderliche Wasserstoffmenge von 13 Mol. Demnach hat Lycopin rein aliphatische Struktur. Das Perhydrolycopin $C_{40}H_{82}$ ist ein Öl vom Sdp. $_{(0,03\ mm)}$ 238—240°. Sein Molekulargewicht wurde bestimmt und in Ordnung befunden. Lycopin wird von Titanchlorid nicht angegriffen[12].

Die Konstitution des Lycopin ergibt sich aus folgenden Beobachtungen. Aus Dihydrophytol, dem nach F. G. Fischer[13] die folgende Konstitution zukommt:

$$\begin{array}{cccc} CH_3 & CH_3 & CH_3 & CH_3 \\ | & | & | & | \end{array}$$
$CH-CH_2-CH_2-CH_2-CH-CH_2-CH_2-CH_2-CH-CH_2-CH_2-CH_2-CH-CH_2-CH_2-OH$
$|$
CH_3

wurde das Bromid hergestellt und dieses mit Hilfe von Kalium kondensiert, so daß zwei Moleküle zusammentreten. Der erhaltene Kohlenwasserstoff[14] $C_{40}H_{82}$ von der Konstitution:

2-6-10-14-19-23-27-31-Octamethyl-n-dotriakontan

hat den gleichen Siedepunkt und die gleichen physikalischen Eigenschaften wie Perhydrolycopin.

---

[1] Zechmeister, Tuzson: Ber. dtsch. chem. Ges. **63**, 2881 (1930). — [2] Karrer, Wehrli: Helvet. chim. Acta **13**, 1104 (1930). — [3] Brockmann: Z. physiol. Chem. **216**, 45 (1933). — [4] Winterstein, Ehrenberg: Z. physiol. Chem. **207**, 25 (1932); dort, und zwar S. 27 auch eine Aufzählung von Früchten, in denen Lycopin spektroskopisch nachgewiesen ist; vgl. auch van Wisselingh: Flora (Jena) **7**, 371 (1915). — [5] Zechmeister, v. Cholnocky: Z. physiol. Chem. **208**, 26 (1932). — [6] Winterstein, Ehrenberg: Z. physiol. Chem. **207**, 25 (1932). — [7] Karrer, Morf, v. Kraus, Zubrys: Helvet. chim. Acta **15**, 490 (1932). — [8] Zimmermann: Rec. Trav. chim. Pays-Bas **51**, 1001 (1932); auch in amerikanischen roten und purpurnen Tomaten: Matlack, Sando: J. biol. Chem. **104**, 407 (1934). — [9] Karrer, Notthafft: Helvet. chim. Acta **15**, 1195 (1932). — [10] Reader: Biochemic. J. **19**, 1039 (1925). — [11] Karrer, Widmer: Helvet. chim. Acta **11**, 751 (1928). — Karrer, Morf: Helvet. chim. Acta **14**, 845 (1931). — Karrer, Morf, v. Kraus, Zubrys: Helvet. chim. Acta **15**, 490 (1931), und zwar S. 493. — [12] Karrer, Helfenstein, Widmer: Helvet. chim. Acta **11**, 1201 (1928). — [13] F. G. Fischer: Liebigs Ann. **464**, 69 (1928). — [14] Karrer, Helfenstein, Widmer: Helvet. chim. Acta **11**, 1201 (1928). — Karrer, Helfenstein, Pieper, Wettstein: Helvet. chim. Acta **14**, 435 (1931).

Als Oxydationsprodukte wurden isoliert 1,6 Mol Aceton[1] und 4,2—4,6 Mol Essigsäure[2], weiter Bernsteinsäure[3] und dann noch Lävulinsäure und Lävulinaldehyd[4]. Beim Abbau des Lycopin mit Chromsäure entstehen 6 Mol Essigsäure. Nimmt man danach als Lycopinformel die folgende an:

$$\underset{\underset{CH_3}{|}}{CH_3} \quad CH_3 \quad CH_3 \quad CH_3 \quad CH_3 \quad CH_3 \quad CH_3 \quad \underset{\underset{CH_3}{|}}{CH_3}$$

C=C-C-C-C=C-C-C=C-C=C-C=C-C-C=C-C-C=C-C=C-C-C=C-C-C-C=C
| H H₂H₂   H H H   H H H   H H H H   H H H   H H H   H₂H₂H |

so lassen sich noch Beziehungen zur Carotinformel finden, indem der Jononring des Carotin durch Cyclisierung des Endstückes wie folgt gebildet wird:

$$\begin{array}{c} H_3C \\ \diagdown \\ C=CH-CH_2-CH_2-\underset{\underset{}{|}}{\overset{\overset{CH_3}{|}}{C}}=CH- \\ \diagup \\ H_3C \end{array} \longrightarrow \begin{array}{c} H_3CCH_3 \\ \diagdown\diagup \\ C \\ H_2C\diagup\diagdown C- \\ |\parallel \\ H_2C\diagdown\diagup C-CH_3 \\ CH_2 \end{array}$$

Dies entspricht auch der Bildung von α- und β-Jonon aus Pseudojonon. Auch auf die beim Carotin angestellten Betrachtungen über die Notwendigkeit einer symmetrischen Formel sei hingewiesen; sie finden eine Stütze in der Synthese des Perhydrolycopin. Die Lycopinformel ist aber noch durch die Ergebnisse gestützt, welche die schonende Oxydation[5] mit Chromsäure geliefert hat. Es wurde dabei ein 11fach ungesättigter Aldehyd, das Lycopinal $C_{32}H_{42}O$, tiefrote Nadeln vom Smp. 147° erhalten. Die abgesprengte Kohlenstoffkette findet sich in Form des Methylheptenon wieder. Das Lycopinal gibt beim Abbau mit Ozon nur noch 0,85 Mol Aceton, womit bewiesen ist, daß eine Isopropylidengruppe abgespalten ist. Die Aldehydgruppe ist durch die Darstellung eines Oxim sichergestellt. Der weitere Abbau mit Chromsäure führt vom Lycopinal zu einem Gemisch eines Dialdehydes $C_{24}H_{28}O_2$ vom Smp. 220° mit einer Säure. Das zweite Spaltstück ist wiederum Methylheptonon. Der Dialdehyd läßt sich über das Aldoxim und Nitril in die Dicarbonsäure $C_{24}H_{28}O_4$ verwandeln, welche mit β-Norbixin (s. bei Bixin) identisch ist. Die Konstitution des Norbixin ist durch die Ergebnisse des thermischen Abbau als 3-7-12-16-Tetramethyl-octa-decanonaen-1-18-dicarbonsäure bekannt. Damit ergibt sich die Richtigkeit der Lycopinformel und eine weitere Sicherheit für die Konstitution des Bixin. Die Umsetzungen lassen sich durch folgende Formelbilder darstellen:

---

[1] Karrer, Bachmann: Helvet. chim. Acta 12, 285 (1929); dort auch Versuche über die Anlagerung von Alkalimetall an Lycopin. — Karrer, Helfenstein, Pieper, Wettstein: Helvet. chim. Acta 14, 435 (1931). — [2] Karrer, Helfenstein, Wehrli: Helvet. chim. Acta 13, 87 (1930). — [3] Siehe Fußnote 4, S. 23. [4] Strain: J. biol. Chem. 102, 151 (1933). — [5] Kuhn, Grundmann: Ber. dtsch. chem. Ges. 65, 898, 1880 (1932).

Abbau des Lycopin.

$$\underset{\text{Lycopin}}{\overset{CH_3}{\underset{CH_3}{C}}=\overset{CH_3}{C}-\overset{}{C}-\overset{}{C}-\overset{CH_3}{C}=\overset{}{C}-\overset{CH_3}{C}=\overset{}{C}-\overset{CH_3}{C}=\overset{}{C}-\overset{}{C}=\overset{}{C}-\overset{CH_3}{C}=\overset{}{C}-\overset{}{C}=\overset{}{C}-\overset{CH_3}{C}=\overset{}{C}-\overset{}{C}=\overset{}{C}-\overset{CH_3}{C}-\overset{}{C}-\overset{}{C}=\overset{CH_3}{\underset{CH_3}{C}}} \quad \downarrow \text{CrO}_3$$

(Strukturformeln: Lycopin → Lycopinal + Methylheptenon → Bixindialdehyd + Methylheptenon → Bixindialdoxim → Bixindinitril → β-Norbixin)

$$\text{HOOC-CH=CH-}\underset{CH_3}{C}\text{=CH-CH=CH-}\underset{CH_3}{C}\text{=CH-CH=CH-CH=}\underset{CH_3}{C}\text{-CH=CH-CH=}\underset{CH_3}{C}\text{-CH=CH-COOH}$$
β-Norbixin

Lycopin ist danach 2-6-10-14-19-23-27-31-Octamethyl-dotriakonta-tridecaen (2-6-8-10-12-14-16-18-20-22-24-26-30). Bei der thermischen Zersetzung[1] entsteht Toluol und m-Xylol. Die Bildung in der Pflanze kann man sich aus 2 Mol Phytol vorstellen:

$$2\ C_{20}H_{40}O = C_{40}H_{56} + H_2O + 11\ H_2$$

wobei es dahingestellt ist, ob die Dehydrierung schon vor der Vereinigung der Phytolreste stattfand.

Ungeklärt bleibt, ob Lycopin stereochemisch dem β-Norbixin (der trans-Verbindung) entspricht oder ob im Laufe der Umwandlungen cis-trans-Umlagerungen stattfinden. Unter den für Isocarotin ausgearbeiteten Bedingungen liefert Lycopin einen neuen Farbstoff, der die langwelligsten Absorptionsbanden aller Carotinfarbstoffe aufweist (535—499 mμ in Benzin Sdp. 70—80°).

Die Darstellung des Lycopin geschieht am besten aus Tomatenkonserven[2]. Neben Lycopin enthalten die reifen Früchte der Tomate

---

[1] Kuhn, Winterstein: Ber. dtsch. chem. Ges. **65**, 1873 (1932). — [2] Kuhn, Grundmann: Ber. dtsch. chem. Ges. **65**, 1885 (1932).

auch Carotin, Xanthophylle und Xanthophyllester, Lycopin selbst ist auch in unreifen Früchten nachgewiesen worden. Grüne Tomaten[1] nehmen bei 20—21° die durch Lycopin bedingte Färbung an, läßt man bei 30° reifen, so bleibt die Bildung von Lycopin aus. Lycopin besitzt keine Wachstumswirkung.

Xanthophylle. In allen grünen Pflanzenteilen u. a. in den grünen und gelben Blättern, ferner z. B. in Bananenschalen[2], im Löwenzahn[3], in Seidenkokons[4], im Kuh- und Schafkot[5] und im Hühnereidotter[6] hat man Verbindungen gefunden, welche sich als sauerstoffhaltige Carotinfarbstoffe erwiesen. Es ist aber kein Pflanzenmaterial bekannt, in welchem solche allein vorkommen. Nachdem sich viele Forscher mit diesen Verbindungen beschäftigt hatten, konnten Willstätter und Mieg[7] zeigen, daß solche „Xanthophyll"-Präparate aus grünen Blättern die Zusammensetzung $C_{40}H_{56}O_2$ besitzen. Schon Tswett[8] hatte Zweifel an der Einheitlichkeit seiner Xanthophyllpräparate geäußert und sie mit griechischen Buchstaben unterschieden. Willstätter und Stoll haben sich dieser Einsicht nicht verschlossen, ihnen fiel z. B. die außerordentliche Ähnlichkeit des Xanthophyll der Blätter mit dem Farbstoff des Hühnereidotter auf. Auch andere Forscher[9] haben später immer wieder auf die Uneinheitlichkeit der Xanthophyllpräparate hingewiesen.

So waren denn eine Anzahl Verbindungen gleicher Zusammensetzung mit abweichendem Schmelzpunkt bekannt wie Xanthophyll aus grünen Blättern, aus Schaf- und Kuhkot und aus Hühnereidotter sowie aus Mais, als Kuhn, Winterstein und Lederer[10] mit Hilfe der chromatographischen Analyse der Nachweis gelang, daß der Farbstoff des Hühnereidotters aus zwei Komponenten besteht und zwar aus dem Farbstoff des Maises und dem der grünen Blätter, wobei sie die Frage noch offen lassen, ob noch weitere Farbstoffe in kleinen Mengen vorhanden sind. Die Untersuchung solcher Präparate wird dadurch noch erschwert, daß Xanthophyll säureempfindlich ist, so daß schon 0,00001 n-Oxalsäure den Schmelzpunkt des später zu besprechenden Lutein um 20° herabdrückt.

Kuhn[10] hat den Vorschlag gemacht, den Namen Xanthophyll nur als Gruppenbezeichnung für einen hydroxylhaltigen Carotinfarbstoff mit 40 Kohlenstoffatomen zu verwenden und den für das in der früheren Literatur beschriebene Gemisch der Hühnereidotterfarbstoffe gebrauchten Namen Lutein für die Hauptkomponente der Xanthophylle in Blättern

---

[1] H. v. Euler, Karrer, v. Kraus, Walker: Helvet. chim. Acta **14**, 154 (1931). — [2] Loesecke: J. amer. chem. Soc. **51**, 2439 (1929). — [3] Karrer, Salomon: Helvet. chim. Acta **13**, 1063 (1930). — [4] Oku: Bull. agricult. Chem. Soc. Jap. **5**, 81 (1930); **6**, 104 (1931). — [5] Karrer, Helfenstein: Helvet. chim. Acta **13**, 86 (1930); vgl. auch H. Fischer: Z. physiol. Chem. **96**, 292 (1915/16). — [6] Willstätter, Mieg: Z. physiol. Chem. **76**, 214 (1912). — [7] Willstätter, Mieg: Liebigs Ann. **355**, 1 (1907). — R. Willstätter und A. Stoll: Untersuchungen über Chlorophyll, S. 243; Escher: Helvet. chim. Acta **11**, 752 (1928). — [8] Tswett: Ber. dtsch. bot. Ges. **24**, 384 (1906) und „Die Chromophylle der Pflanzen- und Tierwelt". Warschau 1910 (russ.); vgl. auch Palmer, Eckles: J. biol. Chem. **17**, 191, 211, 223, 237, 245 (1914). — [9] Kylin: Z. physiol. Chem. **163**, 229 (1927). — Karrer, Salomon, Wehrli: Helvet. chim. Acta **12**, 790 (1929). — Zechmeister, Tuzson: Ber. dtsch. chem. Ges. **62**, 2226 (1929). — Karrer, Helfenstein, Wehrli, Pieper, Morf: Helvet. chim. Acta **14**, 614 (1931). — [10] Kuhn, Winterstein, Lederer: Z. physiol. Chem. **197**, 141 (1931).

zu benutzen, also für ein einheitliches und wohlgekennzeichnetes Präparat. Diese Benennung wird von v. Euler[1], der mit Lutein die natürliche Farbstoffmischung im Eidotter bezeichnen will, wie auch von Karrer[2] abgelehnt. Letzterer schlägt als Sammelname für die Xanthophylle Phyloxanthine vor. Kuhn[3] hat jedoch auf seiner Nomenklatur im Einvernehmen mit Willstätter beharrt, um mit der Beibehaltung des Namens Xanthophylle den Verdiensten von Schunck und Tswett gerecht zu werden, die schon vor langer Zeit die Vielheit der Xanthophylle betont haben. In diesem Buche ist die Kuhnsche Nomenklatur verwandt, ohne damit eine persönliche Stellungnahme zu beanspruchen. Über die optische Drehung der Xanthophylle kann zusammenfassend gesagt werden, daß in reinem Zustande nur rechtsdrehende oder optisch inaktive Vertreter bekannt geworden sind. Die sterische Reihe[4] der inaktiven Xanthophylle: Kryptoxanthin, Rubixanthin und Flavoxanthin leitet sich von inaktiven Kohlenwasserstoffen (β-Carotin, γ-Carotin bzw. wieder β-Carotin) durch Eintritt von Hydroxylgruppen (1,1 und 2) ab. Obwohl dabei asymmetrische Kohlenstoffatome auftreten, wird kein Drehungsvermögen beobachtet. Aus der sterischen Reihe der rechtsdrehenden Xanthophylle ist das Lutein dem rechtsdrehenden α-Carotin[5] zugeordnet, die Zugehörigkeit der übrigen Vertreter ist nicht bekannt.

Über die Veränderungen, welche in den Laubblättern während des herbstlichen Vergilbungsprozesses eintreten, liegen eine Anzahl Arbeiten[6] vor. Chlorophyll verschwindet und gelbe bis rote Farben treten auf. Die roten bis violetten Töne sollen durch Anthocyanbildung[7] verursacht sein, die Carotinfarbstoffe und ihre Abbauprodukte sollen die gelben bis orangenen Farbtöne bedingen. Tswett[8] bestätigte den Befund älterer Forscher, daß gelbe und farblose Stoffe, welche in alkalischer Lösung tiefgelbe bis braune Färbungen geben, bei dem Absterben, der „Nekrobiose" auftreten. Willstätter und Stoll[9] fanden die Summe der Carotinfarbstoffe in gelben Herbstblättern annähernd gleich wie in grünen Blättern. Die Menge des Carotin scheint abzunehmen, diejenige der Xanthophylle gleichzubleiben oder zuzunehmen[10]. Die ätherlöslichen unverseifbaren Anteile vergilbter Blätter zeigen kaum mehr Vitamin A-Wirkung[11], was einen bemerkenswerten Carotingehalt ausschließt. Tswett beobachtete endlich, daß die gelbfärbenden Pigmente sich wie Carotin epiphasisch verhalten, aber an Calciumcarbonat wie Xanthophylle adsorbiert werden. Er nannte die Farbstoffe Herbstxanthophylle, Palmer nannte sie Autumn carotins.

[1] H. v. Euler, Klußmann: Z. physiol. Chem. 208, 50 (1932). — [2] Karrer, Nothafft: Helvet. chim. Acta 15, 1195 (1932). — [3] Kuhn, Lederer: Z. physiol. Chem. 213, 168 (1932). — [4] Kuhn, Grundmann: Ber. dtsch. chem. Ges. 67, 596 (1934). — [5] Kuhn, Lederer: Ber. dtsch. chem. Ges. 65, 1489 (1931). — Nilsson, Karrer: Helvet. chim. Acta 14, 843 (1931). — [6] Ältere Literatur: L. S. Palmers: Carotinoids and related pigments, S. 55. — [7] Berzelius: Poggendorffs Ann. 42, 422 (1837); Liebigs Ann. 21, 262 (1887). — Wheldale: The Anthocyanine pigments of plants. Cambridge, Univ. Press. — [8] Tswett: Ber. dtsch. bot. Ges. 26, 88 (1908). — [9] R. Willstätter u. A. Stoll: Untersuchungen über die Assimilation der Kohlensäure, S. 27f.; vgl. auch Goering: Bot. Z. 35, Beih., 342 (1917). — [10] Immendorf: Landw. Jb. 18, 507 (1889). — Kohl: Untersuchungen über das Carotin und seine physiologische Bedeutung in den Pflanzen. Berlin 1902. — Schunck: Proc. roy. Soc. Lond. 72, 165 (1903). — Tswett: Ber. dtsch. bot. Ges. 26, 88 (1908). — [11] H. v. Euler, Demole, Weinhagen, Karrer: Helvet. chim. Acta 14, 831 (1931).

Nach Entdeckung der Farbwachse ließ sich feststellen[1], daß die grünen Laubblätter gar keine oder nur Spuren von gelben Farbwachsen enthalten, daß sie aber im Herbstlaub auf Kosten der freien Xanthophylle in bedeutenden Mengen auftreten. Die Summe der Xanthophylle und gelben Farbwachse ändert sich beim Vergilben in den meisten Fällen kaum. Nach dieser nicht unbestrittenen Ansicht vollzieht die Natur im Herbst in gewaltigem Ausmaße eine Veresterung der Xanthophylle, die sie in den grünen assimilationstüchtigen Chloroplasten während des Frühjahrs und Sommers hervorgebracht hat. Gleichzeitig scheinen auch die Xanthophylle weiteren Umsetzungen anheimzufallen, denn sie lassen sich aus schon vergilbtem Laub nur noch teilweise in krystallisiertem Zustande isolieren. Die ersten Veränderungen im absterbenden Blatt sind nicht tiefgreifend, denn die aus den Farbwachsen erhältlichen Xanthophylle stimmen trotz Rückganges des Krystallisationsvermögen im Absorptionsspektrum mit krystallisiertem Lutein aus grünen Blättern nahezu überein. Solche Veränderungen sind durch Einwirkung von Spuren organischer Säuren — bei der Säureempfindlichkeit der Xanthophylle — künstlich unschwer hervorzurufen und von einer Zunahme des Drehungsvermögens begleitet.

Die Schwierigkeit der Abtrennung reiner und krystallisierter Carotinfarbstoffe[2] hängt zum Teil aber auch damit zusammen, daß die Extrakte vergilbter Blätter in außerordentlich großem Maße ölige Substanzen unbekannter Natur enthalten, die sich durch Verseifung nicht abtrennen lassen und die ein vorzügliches Lösungsvermögen für die Carotinfarbstoffe besitzen. Deshalb hat sich als Weg zur Abtrennung der Carotinfarbstoffe die Fällung mit Jod als vorteilhaft erwiesen. Es hat sich ergeben, daß mit fortschreitendem Absterben der Blätter Carotine und Xanthophylle verschwinden, erstere schneller, indem sie oxydativ zerstört werden. Zwischenprodukte dieses Abbaues ließen sich nicht isolieren. Die von Kuhn vertretene Annahme des Vorkommens größerer Mengen veresterter Xanthophylle im Herbstlaub konnte Karrer nicht bestätigen. Die von Tswett beobachteten Herbstxanthophylle treten zu Beginn des Vergilbungsprozesses auf und vermehren sich auf Kosten der übrigen Carotinfarbstoffe. Kurz vor der postmortalen Phase scheinen sie für die Färbung der Blätter allein verantwortlich. Sie haben ein von Lutein nicht wesentlich verschiedenes Spektrum, vereinzelt deuten die Spektra auch auf Violaxanthin. Sie sind epiphasisch und dürften Oxydationsprodukte der Carotinfarbstoffe sein. Aus der Gegenüberstellung der Kuhn und Karrerschen Arbeiten geht hervor, daß die Lösung der Frage noch aussteht.

Xanthophylle besitzen nur Wachstumswirkung[3], wenn Vitamin A-Bildung möglich ist. Dies ist bis jetzt allein bei Kryptoxanthin[4] der Fall, wie ein Vergleich der Formeln zeigt.

---

[1] Kuhn, Brockmann: Z. physiol. Chem. **206**, 41 (1932). — [2] Karrer, Walker: Helvet. chim. Acta **17**, 43 (1934). — [3] Literatur: Karrer, H. v. Euler, Rydbom: Helvet. chim. Acta **13**, 1059 (1930). — Klein, Schultze, Hart: J. biol. Chem. **97**, 83 (1932). — H. v. Euler, Karrer, Rydbom: Helvet. chim. Acta **14**, 1428 (1931). — Rydbom: Biochem. Z. **258**, 239 (1933). — Kuhn, Brockmann: Z. physiol. Chem. **221**, 129 (1933). — [4] Kuhn, Grundmann: Ber. dtsch. chem. Ges. **66**, 1746 (1933); **67**, 593 (1924).

Kryptoxanthin[1]. Dieser Farbstoff findet sich in sehr bedeutenden Mengen (ein Drittel des Gesamtfarbstoffes) in den roten Beeren und Kelchen der Physalisarten und zwar in veresterter Form. Auch im gelben Mais[2] und im Paprika[3] ist er vorhanden. Endlich ist ein als Caricaxanthin, angeblich $C_{40}H_{56}O_2$, in der Frucht von Carica Papaya L. als Palmitinsäureester[4] enthaltener Farbstoff, der auch in Citrus poonensis Hort.[5] gefunden wurde, mit Kryptoxanthin identisch[6]. Seine Anwesenheit in Physalisarten blieb deshalb verborgen, weil es von β-Carotin schwer zu unterscheiden ist und bei einer analytischen Untersuchung[7] als solches gekennzeichnet wurde. Die Isolierung gelingt auf chromatographischem Wege. Seine Zusammensetzung ist entgegen der obigen Annahme für „Caricaxanthin" $C_{40}H_{56}O$; der Farbstoff bildet Prismen mit Metallglanz, hat den Smp. 169° und ist spektroskopisch von β-Carotin nicht zu unterscheiden; seine Absorptionsbanden sind 485,5—452—424 mμ (Benzin 70—80°). Das Sauerstoffatom gehört einer Hydroxylgruppe an, wie die Zerewitinoff-Bestimmung und die Darstellung der Acetylverbindung (granatrote Blättchen vom Smp. 117—118°) erweist. Die katalytische Hydrierung zeigt die Aufnahme von 11 Mol Wasserstoff, woraus die Anwesenheit von zwei Kohlenstoffringen hervorgeht. Es ist daher sehr wahrscheinlich, daß im Kryptoxanthin ein Oxy-β-carotin vorliegt, es also zur Hälfte Carotin, zur Hälfte Zeaxanthin darstellt:

$$\begin{array}{c}
H_3C\quad CH_3 \\
\diagdown\diagup \\
C \\
\diagup\diagdown \\
H_2C\quad C-C=C-C=C-C=C-C=C-C=C-C=C-C=C-C\quad CH_2 \\
\end{array}$$

Diese Mittelstellung kommt im Farbwert wie im Adsorptionsverhalten (an Calciumcarbonat wird es eben absorbiert, β-Carotin nicht, Zeaxanthin viel stärker) zum Ausdruck. Kryptoxanthin ist epiphasisch, geht also bei der Verteilungsprobe (Benzin/90%iges Methanol) in Benzin, dagegen zum Unterschied von β-Carotin in 95%iges Methanol. Nur das geringe Drehungsvermögen $[\alpha]\frac{18}{643,5} = \pm 6°$ paßt nicht zu der Annahme eines asymmetrischen Kohlenstoffatoms. Während aus β-Carotin 2 Mol Vitamin A entstehen können, kann man nach der obigen Formel die Bildung von 1 Mol erwarten. Tatsächlich zeigt auch Kryptoxanthin Vitamin A-Wirkung, es ist das erste Xanthophyll, das solches zeigt. Der auffallende Unterschied der Wachstumswirkung von gelbem und weißem Mais an Vitamin A-frei ernährten Ratten[8] beruht auf der Anwesenheit von Kryptoxanthin im gelben Mais.

---

[1] Kuhn, Grundmann: Ber. dtsch. chem. Ges. **66**, 1746 (1933). — [2] Kuhn, Grundmann: Ber. dtsch. chem. Ges. **67**, 593 (1934). — [3] Zechmeister, v. Cholnocky: Liebigs Ann. **509**, 269 (1934). — [4] Yamamoto, Tin: Sci. Pap. Inst. physic. chem. Res. Tokyo **20**, Nr 411 (1933). — [5] Yamamoto, Tin: Bull. Inst. physic. chem. Res. **12**, 25 (1933). — Yamamoto, Kato: Sci. Pap. Inst. physic. chem. Res. Tokyo **24**, Nr 506/508 (1934); Bull. Inst. physic. chem. Res. **13**, 41 (1934). — [6] Karrer, Schlientz,: Helvet. chim. Acta **17**, 55 (1934). — [7] Kuhn, Brockmann: Z. physiol. Chem. **206**, 41 (1932). — [8] Steenbock, Boutwell: J. biol. Chem. **41**, 81 (1920).

Rubixanthin[1]. In den Hagebutten findet sich ein Farbstoff, Rubixanthin, $C_{40}H_{56}O$, kupferglänzende Nadeln vom Smp. 160° und zwar läßt sich der Farbstoff am besten aus Rosa rubiginosa, weniger gut aus den anderen Arten Rosa canina und Rosa damascena isolieren. Er findet sich auch in der Reinrose (Norwegen). Wahrscheinlich ist er in der Pflanze verestert. Die Lage der Absorptionsbanden 495,5 bis 463—432 mμ (Benzin Sdp. 70—80°) entspricht der des γ-Carotin, dem der Farbstoff zuzuordnen ist. Die Abtrennung des Farbstoffes von größeren Mengen Lycopin und Carotinen aus dem Pflanzenmaterial erfolgt durch chromatographische Analyse, Rubixanthin adsorbiert von allen epiphasischen Carotinfarbstoffen am leichtesten an Aluminiumoxyd. Bei der Verteilungsprobe ist der Farbstoff epiphasisch, geht aber in 95%iges Methanol wie Kryptoxanthin. Die Hydrierung zeigt, wie bei γ-Carotin die Aufnahme von 12 Mol Wasserstoff. Der Sauerstoff ist in Form einer Hydroxylgruppe vorhanden (Zerewitinoff-Bestimmung). Der Ozonabbau führt zu Aceton, zeigt also das Vorhandensein einer Isopropylidengruppe an. Daraus läßt sich auf die folgende Formel schließen:

$$\begin{array}{c}\text{H}_3\text{C}\quad\text{CH}_3\\ \diagdown\diagup\\ \text{C}\\ \text{H}_2\text{C}\diagup\quad\diagdown\text{C--C=C--C=C--C=C--C=C--C=C--C=C--C=C--CH}\\ \text{H}\mid\quad\mid\text{H H}\quad\text{H H H}\quad\text{H H H H}\quad\text{H H H}\quad\text{H H}\\ \text{HO}\diagdown\text{C}\diagup\quad\text{C--CH}_3\\ \text{CH}_2\end{array}$$

Bei dem Rubixanthin scheint es sich um den Farbstoff zu handeln, den **Winterstein**[1] zuerst in Calendula officinalis beobachtet hat. Rubixanthin hat keine Wachstumswirkung, trägt daher die Hydroxylgruppe an dem Ring. Auffallend bleibt nur, daß es kein Drehungsvermögen zeigt: $[\alpha]\,\text{Cd} = \pm 10°$ genau wie Kryptoxanthin, obwohl es ebenfalls ein asymmetrisches Kohlenstoffatom besitzt.

Lutein[2]. Der Farbstoff, $C_{40}H_{56}O_2$, gelbe bis rote glänzende Prismen vom Smp. 195° und $[\alpha]\,\dfrac{18}{\text{Cd}} + 165°$ (Benzol[3]) hat die Absorptionsbanden 477,5—447,5 mμ (Sdp. 70—80°). Das Lutein kommt im Hühnereidotter im Gemisch mit Zeaxanthin vor, der Name wurde ursprünglich für den Farbstoff des Hühnereidotters[2] gebraucht. Der Farbstoff ist im Pflanzenreich weit verbreitet, so z. B. im Gras[4], in den Blättern der Roßkastanie, Brennessel, Wiesenklee, des gelben Mais und Spinat[5], in vielen gelben Blüten z. B. von Tagetes, Helenium und Helianthus[6], in der Sonnenblume[7], im Löwenzahn[8] und vielen anderen[9]. Dabei ist hier vorläufig

---

[1] Kuhn, Grundmann: Ber. dtsch. chem. Ges. **67**, 339, 1133 (1934). — [2] Zu dem Namen: Kuhn, Lederer: Z. physiol. Chem. **213**, 188 (1932), und zwar S. 191. — [3] Kuhn, Grundmann: Ber. dtsch. chem. Ges. **67**, 596 (1934). — [4] Kuhn, Winterstein: Naturwiss. **18**, 754 (1930). — [5] Kuhn, Winterstein, Lederer: Z. physiol. Chem. **197**, 141 (1931). — [6] Zechmeister, Tuzson: Ber. dtsch. chem. Ges. **63**, 3203 (1930). — [7] Zechmeister, Tuzson: Ber. dtsch. chem. Ges. **67**, 170 (1934). — [8] Karrer, Salomon: Helvet. chim. Acta **13**, 1063 (1930). — [9] Karrer, Notthafft: Helvet. chim. Acta **15**, 1195 (1932). — Kuhn, Winterstein: Ber. dtsch. chem. Ges. **64**, 326 (1931).

nicht berücksichtigt, inwieweit das Lutein in den genannten Pflanzen als Ester vorkommt. Xanthophyll von Tswett[1] und Xanthophyll L von Schunck[2] sind identisch mit Lutein.

Der Hydrierungsversuch an einem Isomerengemisch[3] (Brennesselpräparat vom Smp. 172°) zeigte die Aufnahme von 11 Mol Wasserstoff. Mit Hilfe der Zerewitinoff-Bestimmung wurde an einem gleichen Präparat[4] festgestellt, daß die beiden Sauerstoffatome in Hydroxylgruppen vorliegen. Aus diesen beiden Beobachtungen konnte schon der Schluß gezogen werden, daß zwei Ringe wie im Carotin vorliegen. Nachdem in der Natur Ester[5] von Xanthophyllen aufgefunden wurden und es gelungen war, die beiden Hydroxylgruppen der Xanthophylle künstlich zu verestern[6], wie auch Xanthophyll-monoester[7] darzustellen, bestand kein Zweifel mehr, daß die Sauerstoffatome zu Hydroxylgruppen gehören. Der Abbau eines Xanthophyllpräparates mit Kaliumpermanganat[8] ergab α-α-Dimethylbernsteinsäure, aber keine α-α-Dimethylglutarsäure; daraus konnte geschlossen werden, daß die Methylengruppe 3, die sich in Form der α-α-Dimethylglutarsäure bei Carotin nachweisen läßt, im Xanthophyll durch die Gruppe CH—OH ersetzt ist, wodurch die Oxydation des Xanthophyll über die Dimethyloxyglutarsäure hinweg unmittelbar bis zur Dimethylbernsteinsäure schreitet:

$$\begin{array}{c} H_3C\ \ CH_3 \\ \diagdown / \\ C \\ / \ \ \diagdown \\ H_2C\ \ \ C= \\ | \ \ \ \ \ || \\ H_2C\ \ \ C-CH_3 \\ \diagdown / \\ CH_2 \end{array} \rightarrow \begin{array}{c} H_3C\ \ CH_3 \\ \diagdown / \\ C \\ / \ \ \diagdown \\ H_2C\ \ \ COOH; \\ | \\ H_2C \\ | \\ COOH \end{array} \quad \begin{array}{c} H_3C\ \ CH_3 \\ \diagdown / \\ C \\ / \ \ \diagdown \\ H_2C\ \ \ C= \\ H\ | \ \ \ \ || \\ HO \diagdown C\ \ C-CH_3 \\ \ \ \ \ \ \ \diagdown / \\ CH_2 \end{array} \rightarrow \begin{array}{c} H_3C\ \ CH_3 \\ \diagdown / \\ C \\ / \ \ \diagdown \\ H_2C\ \ \ COOH \\ | \\ COOH \end{array}$$

Karrer bezog in dieser Arbeit diese Annahme nur auf einen Carotinring, heute darf sie auf beide Ringe ausgedehnt werden. Ferner würden die Hydroxylgruppen in Stellung 4 die Bildung von Enolformen begünstigen, für welche kein Anhalt vorliegt. Die Oxydation eines Perhydrolutein führte zu einem Diketon[9], vermutlich der Formel:

$$\begin{array}{c} H_3C\ \ CH_3 \\ \diagdown / \\ C \\ / \ \ \diagdown \\ H_2C\ \ \ CH-C-C-C-C-C-C-C-C-C-C-C-C-C-C-C-C-HC\ \ CH_3 \\ | \ \ \ \ \ \ \ \ \ H_2\ H\ H_2\ H_2\ H_2\ H\ H_2\ H_2\ H_2\ H\ H_2\ H_2\ H_2\ H\ H_2\ H_2 \\ OC\ \ CH-CH_3 \ H_3C-HC\ \ CO \\ \diagdown / \diagdown / \\ CH_2 \ CH_2 \end{array}$$

mit Methyl-Gruppen CH_3 an entsprechenden Positionen entlang der Kette.

Damit ist der Charakter der Hydroxylgruppen als sekundäre weiter sichergestellt.

---

[1] Tswett: Siehe bei Kuhn, Brockmann: Z. physiol. Chem. 206, 60 (1931). Das Chrysophyll von Hartsen. [Arch. Pharmaz. 3. Reihe 7, 136 (1875)] ist wahrscheinlich ein Xanthophyll. — [2] Schunck: Proc. roy. Soc. Lond. 72, 165 (1903). — [3] Zechmeister, Tuzson: Ber. dtsch. chem. Ges. 61, 2003 (1928). — [4] Karrer, Helfenstein, Wehrli: Helvet. chim. Acta 13, 87 (1930). — [5] Kuhn, Winterstein, Kaufmann: Naturwiss. 18, 418 (1930). — [6] Karrer, Ishikawa: Helvet. chim. Acta 13, 709, 1099 (1930). — [7] Karrer, Jirgensons: Helvet. chim. Acta 13, 1102 (1930). — [8] Karrer, Wehrli, Helfenstein: Helvet. chim. Acta 13, 268 (1930). — [9] Karrer, Zubrys, Morf: Helvet. chim. Acta 16, 977 (1933).

Lutein unterscheidet sich von dem später zu besprechenden Zeaxanthin, seinem Isomeren, durch den Schmelzpunkt und die optische Drehung; Zeaxanthin ist optisch inaktiv. Karrer[1] vermutete, daß unterscheidende Merkmale in der verschiedenen Anordnung der Doppelbindung liegen können, so daß sich die Xanthophyll-isomeren entweder von der α- oder von der β-Carotinform ableiten. Für das optisch aktive Lutein kommt dann die Formel eines Dioxy-α-carotin in Betracht. Auch das Absorptionsspektrum des Lutein steht dem des α-Carotin nahe.

Danach ist die Formel:

$$\begin{array}{c}\text{H}_3\text{C}\ \text{CH}_3\\ \diagdown\diagup\\ \text{C}\\ \text{H}_2\text{C}\diagup\ \diagdown\text{C-C=C-}\overset{|}{\text{C}}\text{=C-C=C-}\overset{|}{\text{C}}\text{=C-C=C-}\overset{|}{\text{C}}\text{=C-C=C-}\overset{|}{\text{C}}\text{=C-HC}\\ \end{array}$$

für Lutein[2] anzunehmen.

Betreffs der Wachstumswirkung hat sich erst bei der Untersuchung besonders gereinigter Präparate[3] ergeben, daß Lutein keine Wachstumswirkung zukommt.

Die Darstellung des Lutein[4] geschieht am besten aus Brennesselmehl.

Das angebliche Curcubitaxanthin[5] ist keine einheitliche Verbindung, sondern besteht aus Lutein und wenig Violaxanthin[6]. Der Name ist daher zu streichen.

Der gelbe Federfarbstoff des Kanarienvogel[7] enthält einen Carotinfarbstoff, der dem Taraxanthin ähnlich ist, mit scharfen Absorptionsbanden 472—443—418 mμ (Benzin?). Da die Isolierung wegen Materialmangel schwierig war, so wurde ein carotinfreies Futter hergestellt und damit die Züchtung von Kanarienvögeln mit farblosen Federn erzielt. Die Beimengung von Lutein zum Futter genügte, die gelbe Farbe der Federn wiederherzustellen. Von allen übrigen Carotinfarbstoffen ist hierzu nur noch Zeaxanthin imstande. Da im Körperfett, in der Leber und im Eidotter des Vogel Lutein gefunden wurde, so scheint der Farbstoff ein Umwandlungsprodukt des Lutein zu sein, das Kanarien-Xanthophyll benannt wurde. In einer Reihe anderer Vögel wurde ebenfalls der Farbstoff der Federn bestimmt: Neben Lutein, Kanarien-Xanthophyll und Zersetzungsprodukten, welche eine rote Farbe bedingen, wurde noch das sog. Picofulvin von Krukenberg aufgefunden.

---

[1] Nilsson, Karrer: Helvet. chim. Acta 14, 843 (1931). — [2] Vgl. auch Karrer, Morf, v. Krauß, Zubrys: Helvet. chim. Acta 15, 490 (1932). — Karrer, Zubrys, Morf: Helvet. chim. Acta 16, 977 (1933). — [3] Kuhn, Brockmann: Z. physiol. Chem. 221, 129 (1933); ältere Arbeiten: B. v. Euler, H. v. Euler, Karrer: Helvet. chim. Acta 12, 278 (1929). — H. v. Euler, Karrer, Rydbom: Helvet. chim. Acta 13, 1059 (1930); 14, 1428 (1930); vgl. ferner H. v. Euler, Karrer, Zubrys: Helvet. chim. Acta 17, 24 (1933). — [4] Willstätter, Mieg: Liebigs Ann. 355, 1 (1907); neue Darstellungsmethode: R. Willstätter u. A. Stoll: Untersuchungen über Chlorophyll, S. 237. — Karrer, Helfenstein, Wehrli, Pieper, Morf: Helvet. chim. Acta 14, 614 (1931). — Reindarstellung: Kuhn, Winterstein, Lederer: Z. physiol. Chem. 197, 141 (1931). — [5] Suginome, Ueno: Bull. Soc. chem. Jap. 6, 221 (1931). — [6] Zechmeister, Tuzson: Ber. dtsch. chem. Ges. 67, 824 (1934). — [7] Brockmann, Völker: Z. physiol. Chem. 224, 193 (1934).

Der Farbstoff der Papillen des Jagdfasan, der sog. Rosen stimmt in seinen Eigenschaften mit Astacin überein.

Helenien[1]. Der Farbstoff $C_{72}H_{116}O_4$, rote Nadeln vom Smp. 92^0 ist in Helenium autumnale[2] enthalten und erwies sich als der Di-palmitinsäureester des Lutein. Präparate aus Tagetes erreichen den Smp. von 92^0 nicht, so daß die Vermutung besteht, daß in dieser Blüte auch andere Fettsäuren mit Lutein verestert sind. Die Palmitinsäure könnte genetisch[3] mit dem in der Tagetesblüte vorkommenden Hentriakontan $C_{31}H_{64}$ über das Palmiton $C_{15}H_{31}$—CO—$C_{15}H_{31}$ zusammenhängen. Andeutungen, daß auch letzteres in der Blüte vorkommt, sind vorhanden.

Zeaxanthin[4,5]. Das Zeaxanthin $C_{40}H_{56}O_2$, hellgelbe Täfelchen vom Smp. $215{,}5^0$ $[\alpha]\frac{20}{Cd} = \pm 5^0$ (Benzol)[6] ist der Farbstoff des Maises. Neben dem Zeaxanthin enthält der Mais (Zea mays) noch in kleiner Menge einen alkalilöslichen gelben Farbstoff, der vielleicht in die Flavonreihe gehört. An der Luft wird Zeaxanthin anfänglich sehr langsam, später rascher unter vollständiger Entfärbung oxydiert. Der Farbstoff findet sich weiter unter anderem in den Samenhüllen von Evonymus europaeus, dem Spindelbaum[7] ($^3/_4$ des Zeaxanthins sind dort unverestert), ferner in den roten Kakifrüchten Diospyros Kaki[8], aber in verestertem Zustande, und in den Blüten von Senecio Doronicum, der Gemswurz[9]. Endlich hat, wie schon beim Lutein ausgeführt, Kuhn[10] den Farbstoff des Hühnereidotter als ein wechselndes Gemisch von Lutein und Zeaxanthin erkannt.

Nach der Zerewitinoff-Bestimmung liegt der Sauerstoff in Form von Hydroxylgruppen[11] vor. Zeaxanthin verhält sich bei der Oxydation[12] mit Kaliumpermanganat wie Lutein, es liefert α-α-Dimethylbernsteinsäure, die Oxydation mit Ozon ergab kein Aceton, diejenige mit Chromsäure[13] 6 Mol Essigsäure und 27,5 Mol Kohlendioxyd. Die Hydrierung zeigt die Anwesenheit von 11 Doppelbindungen. Die thermische Zersetzung[14] ergibt Toluol und m-Xylol. Das Absorptionsspektrum des Zeaxanthin steht dem des β-Carotin nahe.

Aus allen diesen Befunden[15] ist die Schlußfolgerung gerechtfertigt, daß Zeaxanthin ein Derivat des optisch inaktiven β-Carotin ist und daß ihm die Formel:

---

[1] Kuhn, Winterstein: Naturwiss. **18**, 754 (1930); Z. physiol. Chem. **197**, 141 (1931). — [2] Eine Zusammenstellung von Blüten, in denen Helenien vorkommt: Kuhn, Winterstein: Naturwiss. **18**, 754 (1930). — [3] Vgl. auch Chammon, Chibnall: Biochemic. J. **23**, 168 (1929). — [4] Ältere Literatur: Thudichum: Proc. roy. Soc. Lond. **17**, 253 (1869). — Palmer, Eckles: Missouri Agricult. exper. Stag. Res. Bull. **10**, 339 (1914). — [5] Karrer, Salomon, Wehrli: Helvet. chim. Acta **12**, 790 (1929). — [6] Kuhn, Grundmann: Ber. dtsch. chem. Ges. **67**, 596 (1934). — [7] Zechmeister, Szilárd: Z. physiol. Chem. **190**, 67 (1930). — Zechmeister, Tuzson: Z. physiol. Chem. **196**, 199 (1931). — [8] Karrer, Morf, v. Krauss, Zubrys: Helvet. chim. Acta **15**, 490 (1932). — [9] Karrer, Notthaft: Helvet. chim. Acta **15**, 1195 (1932). — [10] Kuhn, Winterstein, Lederer: Z. physiol. Chem. **197**, 141 (1931). — [11] Karrer, Helfenstein, Wehrli: Helvet. chim. Acta **13**, 87 (1930). — [12] Karrer, Wehrli, Helfenstein: Helvet. chim. Acta **13**, 268 (1930). — [13] Kuhn, Winterstein, Kaufmann: Ber. dtsch. chem. Ges. **63**, 1489 (1930). — [14] Kuhn, Winterstein: Ber. dtsch. chem. Ges. **65**, 1873 (1932). — [15] Karrer, Morf, v. Krauß, Zubrys: Helvet. chim. Acta **15**, 490 (1932).

$$\begin{array}{c} H_3C\ CH_3 \\ \diagdown \diagup \\ C \\ H_2C \diagup \diagdown C-C=C-C=C-C=C-C=C-C=C-C=C-C=C-C=C-C \diagup \diagdown CH_2 \\ H \diagdown \ \|\ \ H\ H\quad H\ H\ H\quad H\ H\ H\ H\quad H\ H\ H\quad H\ H\ \| \ \diagup H \\ HO \diagup C\ C-CH_3 \qquad\qquad\qquad\qquad\qquad\qquad H_3C-C\ \ C \diagdown OH \\ CH_2 \qquad\qquad\qquad\qquad\qquad\qquad\qquad\qquad\qquad CH_2 \end{array}$$

zukommt.

Natürlich könnten die Unterschiede zwischen Lutein und Zeaxanthin auch durch andere Lage des Systems der Doppelbindungen, wie auch durch verschiedene Konfiguration der die Hydroxylgruppen tragenden Kohlenstoffatome oder durch cis-trans-Isomerie bedingt sein, wahrscheinlich ist dies aber nicht. Zeaxanthin stellt man am besten aus Physaliskelchen[1] und Verseifung des Physalien (s. dort) her.

Physalien[2]. Der Farbstoff $C_{72}H_{116}O_4$, flache Stäbchen oder geschwungene Nadeln, im durchfallenden Licht orangerot, im auffallenden feuerigrot, blau reflektierend vom Smp. 98,5—99,5°, ist der Dipalmitinsäureester des Zeaxanthin, der sich in die Komponenten[3] zerlegen und wieder aus ihnen aufbauen läßt. Er wurde zuerst in den Judenkirschen[2], Physalis Alkekengi und Physalis Franchetti aufgefunden. Die grünen Kelchblätter[4] enthalten als normale Begleiter des Chlorophyll Xanthophyll und Carotin, deren Mengenverhältnis etwa 3:1 beträgt. Läßt man die grünen Kelche künstlich bei Sauerstoffzufuhr vergilben, so nimmt bei mäßiger Erhöhung des Carotingehaltes das Xanthophyll auf ein Fünftel und weniger ab und die Synthese des Physalien beginnt. Weiter ist der Phytolgehalt[5] der grünen Kelchblätter untersucht worden, er genügt nicht, um die maximal beobachtete Bildung von Zeaxanthin zu erklären. Entweder bestehen Phytolreserven oder die Synthese des Physalien läuft anders. Auch im Bocksdorn[6] Lycium halimifolium ist Physalien enthalten. Bei der Ozonisierung von Physalien[7] wurde eine kleine Menge Azelainsäure beobachtet, welche auf das Vorhandensein einer anderen Aufbausäure, vermutlich Ölsäure neben Palmitinsäure schließen läßt.

Mit Laurin-, Myristin- und Stearinsäure[8] sind synthetische Farbwachse hergestellt worden, welche dem Physalien ähnlich sind.

Bei der partiellen Verseifung des Physalien ist es gelungen, den Zeaxanthin-monopalmitinsäureester[9] vom Smp. 148° zu fassen. Das Absorptionsspektrum stimmt mit dem des Zeaxanthin und Physalien überein.

---

[1] Kuhn, Winterstein, Kaufmann: Ber. dtsch. chem. Ges. **63**, 1489 (1930). — [2] Kuhn, Wiegand: Helvet. chim. Acta **12**, 499 (1929); dort auch die ältere Literatur, in der keine chemische Charakterisierung des Farbstoffes vorliegt. — [3] Zechmeister, v. Cholnocky: Liebigs Ann. **481**, 22 (1930). — Kuhn, Winterstein, Kaufmann: Naturwiss. **18**, 418 (1930); Ber. dtsch. chem. Ges. **63**, 1489 (1930). — [4] Kuhn, Brockmann: Z. physiol. Chem. **206**, 41 (1932). — [5] Vgl. dazu die Ansicht von Karrer, Helfenstein, Wehrli: Helvet. chim. Acta **13**, 1084 (1930), und zwar S. 1088. — [6] Zechmeister, v. Cholnocky: Liebigs Ann. **481**, 42 (1930); Z. physiol. Chem. **189**, 159 (1930). — [7] Karrer, Pieper: Helvet. chim. Acta **14**, 838 (1931). — [8] Kuhn, Winterstein, Kaufmann: Ber. dtsch. chem. Ges. **63**, 1489 (1930). — [9] Karrer, Schlientz: Helvet. chim. Acta **17**, 55 (1933).

Die Oxydation[1] des Physalien mit Chromsäure liefert ein Gemisch von Abbauprodukten, das aus einem Diketon und Tetraketon zu bestehen scheint. Das Diketon — Physalienon — wurde annähernd rein erhalten, es bildet Nadeln, hat die Absorptionsbanden 538—503 mμ (Schwefelkohlenstoff) und vermutlich die Formel:

$$\begin{array}{c} H_3C\ CH_3\\ \diagdown\diagup\\ C\quad CH_3\quad CH_3\quad CH_3\quad CH_3\quad C\\ H_2C\ CO-C=C-C=C-C=C-C=C-C=C-C=C-C=C-C\ CH_2\\ H\,|\quad\ H\ H\quad H\ H\ H\quad H\ H\ H\ H\quad H\ H\ H\quad H\ H\ \|\quad|\ H\\ H_{31}C_{15}-COO\diagup\!C\quad CO-CH_3\qquad\qquad H_3C-C\quad C\diagdown OOC-C_{15}H_{31}\\ \diagdown\\ CH_2\qquad\qquad\qquad\qquad\qquad\qquad\qquad CH_2 \end{array}$$

Farbstoff des Hühnereidotter: Den gelben Farbstoff des Hühnereidotter hat nach einigen älteren Vorversuchen von Chevreul und Gobley Städeler[2] darzustellen versucht. Von Thudichum[3] rührt der Name Lutein, der heute eine andere Bedeutung hat, her. Das von Willstätter und Escher[4] dargestellte Präparat hatte die Zusammensetzung $C_{40}H_{56}O_2$ und den Smp. 195/96°. Kuhn, Winterstein und Lederer[5] ist der Nachweis geglückt, daß im Hühnereidotter wechselnde Gemische von Lutein vom Smp. 195° und Zeaxanthin vom Smp. 215° vorliegen. Je nach der Fütterung der Hühner gelingt es, Eidotter zu gewinnen, welche fast ausschließlich Zeaxanthin oder ganz überwiegend Lutein enthalten. Die Zerlegung des Farbstoffgemisches ist durch Adsorption an einer Säule von Calciumcarbonat durchgeführt.

Flavoxanthin[6]. Der Farbstoff $C_{40}H_{56}O_3$ bildet lachsrote oder goldgelbe derbe Prismen vom Smp. 184°, $[\alpha]\frac{20}{Cd} = +190°$ (Benzol), Absorptionsbanden 450—422 mμ (Benzin Sdp. 70—80°) und ist in den Blütenblättern von Ranunculus acer, dem Hahnenfuß, aufgefunden worden. Er ließ sich ferner in Senecio vernalis, dem Frühlingskreuzkraut, nachweisen. Der Farbstoff wurde Flavoxanthin genannt, weil er von allen bekannten Xanthophyllen am hellsten gelbfarbig ist und damit ein Gegenstück zum roten Rhodoxanthin bildet. In den genannten Blüten sind nebeneinander 4 verschiedene Xanthophylle, die etwa zur Hälfte als Farbwachse vorliegen. Überwiegend ist Lutein, dann ein mit Xanthophyll β von Tswett vielleicht identischer Farbstoff, der durch starke

---

[1] Karrer, Solmssen, Walker: Helvet. chim. Acta **17**, 417 (1934). —
[2] Städeler: J. pract. Chem. **100**, 148 (1867). — [3] Thudichum: Proc. roy. Soc. Lond. **17**, 253 (1869); weitere Arbeiten vgl. Willstätter, Escher: Z. physiol. Chem. **76**, 214 (1912); spektralanalytische Untersuchungen: Schunck: Proc. roy. Soc. Lond. **72**, 165 (1903). — [4] Willstätter, Escher: Z. physiol. Chem. **76**, 214 (1912); vgl. noch die heute gegenstandslosen Arbeiten von Serano: Arch. Farmacol. sper. **11**, 553 (1911); **14**, 509 (1914). — Palmer: Carotinoids and related pigments S. 139, 176. — Barbieri: C. r. Acad. Sci. Paris **154**, 1726 (1912) hat ein Ovochromin als Farbstoff des Hühnereidotter beschrieben. — [5] Kuhn, Winterstein, Lederer: Z. physiol. Chem. **197**, 141 (1931); spektrophotometrische Analyse: Kuhn, Smakula: Z. physiol. Chem. **197**, 161 (1931). — [6] Kuhn, Brockmann: Z. physiol. Chem. **213**, 191 (1932); frühere Untersuchungen von Ranunculusarten bei Escher: Helvet. chim. Acta **11**, 752 (1928), der in R. Steveni Andrz. ein krystallisiertes Xanthophyll fand; ferner Karrer, Notthafft: Helvet. chim. Acta **15**, 1195 (1932), welche in R. arvenis ein Xanthophyll vom Smp. 185° fanden, dessen Absorptionsbanden auf Lutein stimmen.

Salzsäurereaktion (Blaufärbung) ausgezeichnet ist, weiter Taraxanthin, vielleicht Violaxanthin und endlich Flavoxanthin.

Die Reinigung geschieht durch Verteilung zwischen Benzin und Methanol, die Trennung mittels chromatographischer Analyse an Calciumcarbonat. Flavoxanthin nimmt 11 Mol Wasserstoff auf, die Zerewitinoff-Bestimmung erfaßt alle drei Sauerstoffatome, die also in Hydroxylgruppen vorliegen, es sind zwei Kohlenstoffringe anzunehmen. Die Mittelstellung mit drei Hydroxylgruppen kommt im Adsorptionsverhalten und in der Verteilung zwischen Benzin und Methanol zum Ausdruck. Abweichend ist die extrem kurzwellige Lage der Absorptionsbanden, welche die Vermutung nahelegt, daß nicht alle Doppelbindungen in Konjugation stehen. Flavoxanthin gibt mit 25%iger Salzsäure in Ätherlösung unterschichtet starke Blaufärbung, die blaue Lösung verblaßt über Violett in 5—10 Minuten (Unterschied von Violaxanthin).

Aus 1 kg trockene Blätter erhält man 40 mg reinen Farbstoff.

Violaxanthin[1]. Der Farbstoff $C_{40}H_{56}O_4$, rötlich braune Spieße oder braungelbe Prismen vom Smp. 207—208°[2], $[\alpha]\frac{20}{Cd} = +35°$ (Chloroform), Absorptionsbanden 472—443 mμ (Benzin Sdp. 70—80°), wurde zuerst in den Blütenblättern von Viola tricolor, dem gelben Stiefmütterchen, in dem es neben Quercetrin vorkommt, aufgefunden. Er ist offenbar identisch mit dem Xanthophyll Y von Schunck[3]; ferner scheint es in den Xanthophyllen $\alpha'\alpha''$ von Tswett[4] enthalten zu sein. Wahrscheinlich kommt es auch in der leuchtend gelben Orange und Mandarine[5] als Farbwachs vor, ferner ließ es sich in den Kokons der japanischen Seidenraupe[6] nachweisen, in Calendula officinalis, der Ringelblume[7], in Tragopogon pratensis, Laburnum, Sinapis officinalis[8], endlich in Blättern z. B. der Roßkastanie[9]. Violaxanthin ist in der Blüte des Stiefmütterchens als Farbwachs enthalten, die Verseifung des Esters, der noch nicht in einheitlichem Zustande vorlag und möglicherweise den Farbstoff in verschiedenen Graden der Veresterung enthält, ergab ein Gemisch fester Fettsäuren.

Auffallend sind die Farbreaktionen mit verdünnten Mineralsäuren, die an Fucoxanthin erinnern. Schüttelt man Violaxanthin, in Äther gelöst, mit 47%iger Schwefelsäure, so wird die wässerige Schicht blau gefärbt. Die blauen Salze scheinen nur in ätherhaltiger Schwefelsäure löslich. Auch mit 20,5—25%iger Salzsäure beobachtet man die Farbreaktion.

Bei der Entmischung zwischen wässerigem Methanol und Petroläther nimmt Violaxanthin eine Mittelstellung zwischen Lutein und Fucoxanthin ein; es bleibt unter gewissen Bedingungen zum größten Teil in der unteren Schicht. Auf Grund des Verhaltens bei der Zerewitinoff-Bestimmung des perhydrierten Farbstoffs, dem Perhydro-violaxanthin

---

[1] Kuhn, Winterstein: Ber. dtsch. chem. Ges. **64**, 326 (1931). — [2] Karrer, Morf: Helvet. chim. Acta **14**, 1044 (1931). — [3] Schunck: Proc. roy. Soc. Lond. **72**, 165 (1903). — [4] Siehe Kuhn, Brockmann: Z. physiol. Chem. **206**, 41 (1932), und zwar S. 60. — [5] Zechmeister, Tuzson: Naturwiss. **19**, 307 (1931). — [6] Oku: Bull. agricult. Chem. Soc. Jap. **9**, 91 (1933). — [7] Zechmeister, v. Cholnocky: Z. physiol. Chem. **208**, 26 (1932). — [8] Karrer, Notthafft: Helvet. chim. Acta **15**, 1195 (1932). — [9] Kuhn, Winterstein, Lederer: Z. physiol. Chem. **197**, 141 (1931).

$C_{40}H_{78}O_4$, schließt Kuhn[1], daß alle 4 Sauerstoffatome Hydroxylgruppen angehören. Karrer[2] konnte nur drei Hydroxylgruppen für Violaxanthin wie für das Perhydroderivat feststellen.

Violaxanthin liefert bei der Oxydation[2] mit Kaliumpermanganat α-α-Dimethylbernsteinsäure, es verhält sich also wie α-Carotin; es ist daher warscheinlich, daß es die gleichen Kohlenstoffringe enthält. Die Frage, ob die Hydroxylgruppen benachbarten Kohlenstoffatomen angehören, hat sich noch nicht entscheiden[3] lassen. Perhydro-violaxanthin wird von Bleitetraacetat als spezifischem Reagens auf α-Glykole nicht angegriffen.

In der Mutterlauge von Violaxanthin befindet sich noch ein weiterer bisher noch nicht krystallisiert erhaltener Farbstoff, der Menge nach etwa 20% des Violaxanthin, der die Absorptionsbanden 496—465—436,5 mμ (Schwefelkohlenstoff) aufweist. Er wird aus der Lösung in Äther schon durch 3%ige Salzsäure mit blauer Farbe aufgenommen.

Man erhält aus dem trockenen Blütenpulver 0,05—0,07% reines Violaxanthin.

Taraxanthin[4]. Der Farbstoff $C_{40}H_{56}O_4$ bildet ockerfarbene glänzende Prismen vom Smp. 185,5°, $[\alpha]\frac{20}{Cd} = + 200°$ (Essigester), zeigt die Absorptionsbanden 472—443 mμ (Benzin Sdp. 70—80°) und ist zuerst aus den Blüten von Taraxacum officinale, dem Löwenzahn, rein dargestellt worden, wo er sich als Farbwachs neben Lutein und wahrscheinlich auch Violaxanthin findet. Die Trennung der drei Carotinfarbstoffe gelingt nur mit Hilfe der chromatographischen Analyse. Weiter ist Taraxanthin im Huflattich, Tussilago Farfara[5], ferner in den Blüten von Impatiens noli me tangere, dem Springkraut, dessen Farbstoff fast ausschließlich Taraxanthinester ist, endlich in den Blüten von Leontodon autumnale[6] aufgefunden worden. Auch Ranunculus acer[7] enthält den Farbstoff.

Taraxanthin nimmt 10,65 Mol Wasserstoff bei der Hydrierung auf, die Zerewitinoff-Bestimmung zeigt 3,25 aktive Wasserstoffatome an. Die Farbreaktion mit 25%iger Salzsäure bleibt aus. Die Isomerie von Taraxanthin und Violaxanthin dürfte von anderer Art sein als diejenige von Lutein und Zeaxanthin. Die letzteren sind in ihren Absorptionsspektren deutlich verschieden, wonach eben das System der konjugierten Doppelbindungen Unterschiede aufweisen muß. Die beiden Xanthophylle zeigen dagegen übereinstimmende Absorptionsspektren, so daß sie vermutlich sich nur durch die Stellung der Hydroxylgruppen unterscheiden. Aus 30 g Blüten von Impatiens noli me tangere erhält man 4 mg fast reines Taraxanthin.

---

[1] Kuhn, Winterstein: Ber. dtsch. chem. Ges. 64, 326 (1931). — [2] Karrer, Morf: Helvet. chim. Acta 14, 1044 (1931). — [3] Karrer, Zubrys, Morf: Helvet. chim. Acta 16, 977 (1933). — [4] Kuhn, Lederer: Z. physiol. Chem. 200, 108 (1931); vgl. auch Schunck: Proc. roy. Soc. Lond. 72, 165 (1903) und Karrer, Salomon: Helvet. chim. Acta 13, 1063 (1930). — [5] Karrer, Morf: Helvet. chim. Acta 15, 863 (1932). — [6] Kuhn, Lederer: Z. physiol. Chem. 213, 188 (1932). — [7] Kuhn, Brockmann: Z. physiol. Chem. 213, 192 (1934).

Carotinfarbstoffe (Polyenfarbstoffe, Lipochrome).

Fucoxanthin. Dieser Farbstoff ist in den Phaeophyceae, den Braunalgen[1] enthalten. Sorby[2] hat ihm den Namen Fucoxanthin statt Phylloxanthin (Millardet[3]) gegeben. Die genaue Untersuchung von Willstätter und Page[4] hat zu der Formel $C_{40}H_{54}O_6$ geführt, während Karrer[5] die Formel $C_{40}H_{56}O_6$ für wahrscheinlich hält. Allerdings haben die Erstgenannten Fucus virsoides aus dem adriatischen Meer verarbeitet, während Karrer Fucus vesiculosus von Kristineberg (Schweden) als Ausgangsmaterial verwandte. Der Schmelzpunkt beider Präparate lag bei 159—160°, die Absorptionsbanden bei 492—457 mμ (Chloroform), die Drehung $[\alpha]\frac{18}{Cd} = + 72,5°$ (Chloroform). Fucoxanthin bildet glänzende braunrote Prismen, es absorbiert in Substanz keinen Sauerstoff, die orangegelben Lösungen sind aber unbeständig, nehmen Sauerstoff auf und bleichen aus. Der Farbstoff bildet ein Jodid $C_{40}H_{54}O_6J_4$ (Willstätter), violettschwarze Prismen vom Smp. 134—135°. Die Oxydation mit Kaliumpermanganat ergibt 4,5 Mol Essigsäure, ferner Dimethylmalonsäure aber keine anderen Dicarbonsäuren. Dies kann darauf zurückgeführt werden, daß die beiden Kohlenstoffringe des Fucoxanthin stärker mit Hydroxylgruppen beladen sind, so daß keine Dicarbonsäuren, welche mehr Kohlenstoffatome als Dimethylmalonsäure enthalten, entstehen. Andererseits finden sich noch Unstimmigkeiten, so eine Wasserstoffaufnahme von nur 10 Mol bei der Hydrierung. Die Zerewitinoff-Bestimmung[6] zeigte 6 Hydroxylgruppen an, neuere Bestimmungen[7] nur 4—5 solcher. Die Hydrierung liefert andererseits ein Perhydroderivat, dessen Analysenzahlen in der Mitte zwischen $C_{40}H_{76}O_5$ und $C_{40}H_{76}O_6$ liegen. Die Zahl der aktiven Wasserstoffatome bei dem Perhydroderivat ist nur 5. Veresterbar scheinen unter den angewandten Bedingungen bei Fucoxanthin nur zwei Hydroxylgruppen zu sein. Es besteht auch die Möglichkeit, daß Fucoxanthin nicht einheitlich ist und einen sauerstoffärmeren Anteil enthält. Schon Willstätter[8] glaubte in einer Braunalge einen Farbstoff $C_{40}H_{56}O_5$ gefunden zu haben.

Wichtig ist die Farbreaktion des Fucoxanthin mit Säuren. Es reagiert wie ein schwaches Amin mit Mineralsäuren, so wird die ätherische Lösung beim Schütteln mit 30%iger Salzsäure entfärbt, und die saure Schicht blauviolett gefärbt. Dabei entsteht ein beständiges Farbsalz, das 4 Atome Chlor enthält. Willstätter vermutete Pyronringe. Der gleichen Eigenschaft ist man dann bei Flavoxanthin und Violaxanthin begegnet.

---

[1] Eine zusammenfassende Darstellung der Algenfarbstoffe findet sich in Klein: Handbuch der Pflanzenanalyse III, 2, S. 1382—1410 von Boresch. Wien: Julius Springer 1932. Bis auf das oben beschriebene Fucoxanthin sind dort keine Farbstoffe von Carotincharakter beschrieben, welche durch analytische Befunde sichergestellt sind. Aus diesem Grunde wird von einer Aufzählung Abstand genommen und auf obige Darstellung verwiesen. Die Chemie der Algen-Chromoproteide findet bei den stickstoffhaltigen Farbstoffen Erwähnung. Zur Geschichte der Fucoidenfarbstoffe vgl. Kylin: Z. physiol. Chem. **82**, 221 (1912). — [2] Sorby: Proc. roy. Soc. Lond. **21**, 474 (1873). — [3] Millardet: C. r. Acad. Sci. Paris **68**, 462 (1869). — [4] Willstätter, Page: Liebigs Ann. **404**, 237 (1914); dort auch die Literatur. — [5] Karrer: Z. angew. Chem. **42**, 918 (1929). — Karrer, Helfenstein, Wehrli, Pieper, Morf: Helvet. chim. Acta **14**, 614 (1931). — [6] Karrer, Wehrli, Helfenstein: Helvet. chim. Acta **13**, 268 (1930); vgl. auch Kuhn, Winterstein: Ber. dtsch. chem. Ges. **64**, 336 (1931), und zwar S. 330. — [7] Karrer, Helfenstein, Wehrli, Pieper, Morf: Helvet. chim. Acta **14**, 614 (1931). — [8] Willstätter, Page: Liebigs Ann. **404**, 263 (1914).

Die Darstellung des Fucoxanthin ist von Karrer[1] etwas vereinfacht worden.

Rhodoxanthin. Der Farbstoff $C_{40}H_{50}O_2$, blauschwarze stark glänzende Blättchen vom Smp. 219°, Absorptionsbanden 524—489—458 mμ (Benzin Sdp. 70—80°) ist vor seiner Reindarstellung[2] als Farbstoff der fleischigen Becher (Arillus) der reifen Samen der Eibe, Taxus baccata, schon vielfach beobachtet worden; zuerst von Monteverde[3] in den Blättern von Potamogeton natans, von Tswett[4] in den Blättern des Lebensbaumes Thuja orientalis, in Cupressus Naitnocki, Retinospora plumosa, Juniperus virginica und Taxus baccata. Monteverde und Lubimenko[5] stellten Krystalle da, gaben den Namen, sie fanden den Farbstoff in den Blättern von Selaginella und Gnetum sowie auch im Arillus der Eibe. Der Farbstoff wird vielfach rotes Xanthophyll[6] genannt. Auch Lipmaa[7] hat sich mit ihm beschäftigt.

Rhodoxanthin, dessen Konstitutionsermittlung Kuhn und Brockmann[2] zu danken ist, gibt blaustichig rote Schwefelkohlenstofflösungen und enthält keine Methoxylgruppen, die Armut an Wasserstoff steht in Übereinstimmung mit der besonders großen Zahl konjugierter Doppelbindungen und der besonders langwelligen Lage der Absorptionsbanden. Es besitzt keine sauren Eigenschaften. Die von Lipmaa erwähnten Alkalisalze konnten von Kuhn und Brockmann nicht erhalten werden. Nach der Zerewitinoff-Bestimmung könnte eine Hydroxylgruppe vorliegen, die Entscheidung über die Natur der beiden Sauerstoffatome ist aber mit der Darstellung eines Dioxims $C_{40}H_{52}O_2N_2$ gefallen. Danach gehören die Sauerstoffatome Carbonylgruppen an. Bei der katalytischen Hydrierung nimmt Rhodoxanthin zuerst schnell 12, dann langsam nochmals 2, also im ganzen 14 Mol Wasserstoff auf. Es ist von allen bekannten Carotinfarbstoffen am stärksten ungesättigt. Da eine langsame Reduktion der Carbonylgruppen bis zur Alkoholstufe stattfindet, so kann geschlossen werden, daß Rhodoxanthin 12 Doppelbindungen uneingerechnet die der beiden Carbonylgruppen besitzt. Dann müssen zwei Kohlenstoffringe vorhanden sein. Bei der Reduktion mit Zinkstaub wird eine Dihydroverbindung $C_{40}H_{52}O_2$ (Smp. 219° wie Rhodoxanthin) gewonnen, die noch 13 Mol Wasserstoff aufnimmt. Mit der Aufnahme von zwei Wasserstoffatomen ist eine starke Farbaufhellung verbunden, etwa wie beim Übergang von Bixin zu Dihydrobixin. Dihydro-rhodoxanthin ist optisch dem β-Carotin und Zeaxanthin zum Verwechseln ähnlich, gibt ein Dioxim, letzteres stimmt optisch mit Dihydro-rhodoxanthin überein, die Aufnahme der beiden Wasserstoffatome hat also offenbar die Konjugation der Carbonylgruppen unterbrochen. Die Benzinlösung von Rhodoxanthin ist orangegelb, die alkoholische Lösung dagegen rein rot, beim Dihydrorhodoxanthin fehlt dieser Unterschied. Dieser Farbunterschied findet sich bei den natürlichen Carotinoid-carbonsäuren wieder, ferner bei β-Carotinon und Lycopinal. Das gemeinsame Merkmal ist eine in

---

[1] Karrer, Helfenstein, Wehrli, Pieper, Morf: Helvet. chim. Acta 14, 614 (1931). — [2] Kuhn, Brockmann: Ber. dtsch. chem. Ges. 66, 828 (1933). — [3] Monteverde: Acta Horti Petropolitani 13, 121 (1893); vgl. auch Prát: Biochem. Z. 152, 495 (1925). — [4] Tswett: C. r. Acad. Sci. Paris 152, 788 (1911). — [5] Monteverde, Lubimenko: Bull. Acad. Sci. Petrograd (6) 7, 1105 (1913). — [6] L. S. Palmer: Carotinoids and related pigments, S. 216 f. — [7] Lipmaa: C. r. Acad. Sci. Paris 182, 867 (1926).

Conjugation zur Polyenkette stehende Carbonylgruppe und die Ursache des Farbunterschiedes liegt in der Wechselwirkung zwischen den polaren Carbonylgruppen und den polaren Molekeln des Alkohols.

Dihydro-rhodoxanthin bildet eine violette Alkaliverbindung, welche durch Sauerstoff zum roten Rhodoxanthin oxydiert[1] wird. Aus allen diesen Beobachtungen ergibt sich folgende Formel für Rhodoxanthin:

$$\text{Structure of Rhodoxanthin}$$

Der Farbstoff ist symmetrisch gebaut, er wie seine Dihydroverbindung sind optisch inaktiv. Er liefert bei der Oxydation mit Chromsäure 5,5 Mol Essigsäure wie β-Carotin. Die Methanentwicklung mit Methylmagnesiumjodid bei der Zerewitinoff-Bestimmung wird durch die Nachbarschaft der Methylengruppen zu den Ketogruppen erklärlich, durch Alkali ist eine Enolisierung der CO—CH$_2$-Gruppen nicht zu erzielen. Für Dihydro-rhodoxanthin ist die Formel:

$$\text{Structure of Dihydro-rhodoxanthin}$$

anzunehmen, in der die Konjugation zwischen Polyenkette und Carbonylgruppen unterbrochen ist. Die Alkaliverbindung ist ein Dienolat:

$$\text{Structure of Dienolat}$$

---

[1] Vgl. hierzu Kuhn, Drumm, Hoffer, Möller: Ber. dtsch. chem. Ges. **65**, 1785 (1932) [Farbreaktion für Hydropolyen-carbonsäureester] und ferner die Autooxydation des gelben Dihydro-β-carotinon zum roten β-Carotinon:

$$\text{Structure of Dihydro-}\beta\text{-carotinon}$$

Dihydro-β-carotinon.

Das zweifach negative Ion wird durch Sauerstoff unter Verschiebung des gesamten Doppelbindungssystems zu Rhodoxanthin entladen. Die spektroskopische Übereinstimmung von Dihydro-rhodoxanthin und Zeaxanthin geht aus der gleichartigen Zahl und Lage der Doppelbindungen hervor. Ebenso ist die weitgehende Analogie des Rhodoxanthin mit dem β-Carotinon, in dem eine Kette von 9 konjugierten Doppelbindungen durch Carbonylgruppen beiderseits abgegrenzt wird, verständlich, endlich die zwischen Dihydro-rhodoxanthin und Dihydro-β-carotinon.

Da im reifen Arillus der Eibe Lycopin, β-Carotin und Zeaxanthin das Rhodoxanthin begleiten, so könnte man an eine Dehydrierung von Zeaxanthin-Hydroxylgruppen denken, das entstehende Dihydro-rhodoxanthin würde zu Rhodoxanthin weiter dehydriert, was ja auch in vitro gelingt. Aus 10 kg (21000 Stück) reifen Früchten erhielt man etwa 65 mg fast reines Rhodoxanthin.

Capsanthin[1]. Die reife Fruchthaut des spanischen Pfeffers Capsicum annuum, einer in Ungarn und Spanien vornehmlich gezüchteten Solanaceae, enthält als Hauptbestandteil das Capsanthin in Form von Farbwachs. Erst mit Hilfe der chromatographischen Analyse[2] ist die völlige Zerlegung der Farbstoffe der Pflanze gelungen und es ergibt sich folgendes Bild:

Polyenalkohole	Säuren	Polyen-Kohlenwasserstoffe
Capsanthin	Myristinsäure	α-Carotin
Capsorubin[3]	Palmitinsäure	β-Carotin[4] (Spuren)
Zeaxanthin	Stearinsäure	
Lutein	Carnaubasäure	
Kryptoxanthin	Ölsäure	
Unbekannte Polyene	Unbekannte Säuren	

Auch die reifen Schoten „chillies" des Capsicum frustescens japonicum[5] enthalten Capsanthin. Mit dem Farbstoff haben sich schon früher andere Forscher[6] beschäftigt.

Die Analysen der letzten durch die chromatographische Analyse gereinigten Präparate weisen auf $C_{40}H_{58}O_3$ ($\pm H_2$). Capsanthin bildet glänzende Spieße von dunkelcarminroter Farbe vom Smp. 175—176° (korr.), Absorptionsbanden 505, 475 mμ (Benzin 70—80°), [α] Cd = +36° (Chloroform). Die alkoholische Lösung ist dunkelrot, die benzinische orangegelb. Der Farbstoff oxydiert sich allmählich an der Luft. 25—30%ige Salzsäure ruft eine grünstichig-blaue Farbe hervor. Von den Befunden mit noch nicht über die chromatographische Analyse gereinigtem Material seien folgende erwähnt: Die thermische Zersetzung

---

[1] Zechmeister, v. Cholnocky: Liebigs Ann. **454**, 54 (1927); **455**, 70 (1927); **465**, 288 (1928); **478**, 95 (1930); **487**, 197 (1931); **489**, 1 (1931). — Karrer, Helfenstein, Wehrli, Pieper, Morf: Helvet. chim. Acta **14**, 614 (1931). — [2] Zechmeister, v. Cholnocky: Liebigs Ann. **509**, 269 (1934); vgl. auch v. Cholnocky: Chem. Zbl. **1933 II**, 2838. — [3] Ein neues violettrotes Polyen ($C_{40}H_{58}O_4 \pm H_2$), dessen nähere Untersuchung noch aussteht. Es bildet sichelförmige Nadeln, ist hypophasisch, hat die Absorptionsbanden 507—474—444 mμ (Benzin) und liefert ein Acetat. Vgl. Zechmeister: Carotinoide, S. 238. — [4] Karrer, Schlientz: Helvet. chim. Acta **17**, 7 (1934). — [5] Zechmeister, v. Cholnocky: Liebigs Ann. **489**, 1 (1931), wo die gegenteiligen Angaben von Bilger [Bull. Bas. Sci. Res. Cincinnati Univ. **3**, 37 (1931)] widerlegt sind. — [6] Literatur bei Zechmeister in Klein: Handbuch der Pflanzenanalyse, III, 2, S. 1318 oder Zechmeister: Carotinoide, S. 237.

lieferte m-Xylol, von den drei Sauerstoffatomen sind zwei veresterbar, der oxydative Abbau mit Kaliumpermanganat lieferte α-α-Dimethylbernsteinsäure, und Dimethylmalonsäure, aber keine α-α-Dimethylglutarsäure. Ferner gibt Zechmeister[1] an, daß die Hydrierung 10 Doppelbindungen anzeigt, 2 Sauerstoffatome liegen in Form von Hydroxylgruppen vor (Zerewitinoff-Bestimmung und Veresterung). Das dritte Sauerstoffatom ist in einer Ketogruppe enthalten. Denn der völlig reduzierte Farbstoff nimmt 3 Acetylgruppen auf. Die Ketogruppe scheint an die Doppelbindungen unmittelbar angeschlossen zu sein, womit sich die Farbkraft und auch die Verschiedenheit der Farbe im Alkohol und Benzin erklärt.

Crocetin. Die getrockneten Narben von Crocus sativus, dem Safran, einer Pflanze, welche im Orient heimisch ist, aber auch in Nordafrika, Südfrankreich, Spanien, der Schweiz und Österreich angebaut wird, enthalten ein Glucosid Crocin[2], ferner etwas Lycopin, β-Carotin, und γ-Carotin sowie Zeaxanthin, endlich einen Bitterstoff, das Picrocrocin. Safran selbst ist ein braunrotes oder goldgelbes stark riechendes Pulver, das als Gewürz, zum Färben von Lebensmitteln und in geringerer Menge auch zum Färben (schwaches Anfärben gewaschener Fasern) verwandt wird.

Crocin $C_{44}H_{64}O_{26}$ vom Smp. 186^0 ist spaltbar in Crocetin, eine Dicarbonsäure, $C_{20}H_{24}O_4$ [3] und Gentiobiose[4], die Formel ist also auflösbar zu

$$C_{18}H_{22} \begin{matrix} COOC_{12}H_{21}O_{11} \\ COOC_{12}H_{21}O_{11} \end{matrix}$$

Ältere Formeln[5] gelten heute als überholt, ebenso wie die ursprüngliche Auffindung von drei verschiedenen Spaltprodukten α-, β- und γ-Crocetin sich dadurch erklärt, daß Crocin sich beim Behandeln mit Methyl- oder Äthylalkohol[6] umestert. Danach ist das einzige Spaltprodukt des Crocin das frühere α-Crocetin, das jetzige trans-Crocetin oder Crocetin I, scharlachrote Nadeln vom Smp. 283—285° mit den Absorptionsbanden 463—435,5 mμ (Chloroform). Das β-Crocetin, rechteckige Blättchen vom Smp. 219° hat die Zusammensetzung $C_{18}H_{12}$ (COOH)(COOCH$_3$), ist also ein Monomethylester und das γ-Crocetin, sechsseitige rotgelbe Platten vom Smp. 222° und der Zusammensetzung $C_{18}H_{22}$ (COOH$_3$)$_2$ ist der Dimethylester. Auch die röntgenographische Bestimmung des γ-Crocetin stimmt mit der Formel überein.

Durch Einwirkung von Natronlauge auf einen frisch bereiteten methylalkoholischen Safranextrakt wurde neben dem Crocetin-dimethylester vom Smp. 222° ein neuer Crocetindimethylester[7] vom Smp. 141° erhalten, der sich außer durch den Schmelzpunkt durch die Farbe der Krystalle,

---

[1] Zechmeister: Carotinoide, S. 237. — [2] Ältere Literatur: V. Meyer u. P. Jacobson: Lehrbuch der organischen Chemie, II, 5, 1, S. 175; ferner Karrer, Salomon: Helvet. chim. Acta **10**, 397 (1927). — [3] Kuhn, L'Orsa: Ber. dtsch. chem. Ges. **64**, 1732 (1930). — [4] E. Fischer: Ber. dtsch. chem. Ges. **21**, 988 (1888). — Schunck, Marchlewski: Liebigs Ann. **278**, 357 (1894). — Karrer: Z. angew. Chem. **42**, 919 (1929). — Karrer, Miki: Helvet. chim. Acta **12**, 985 (1929). — Kuhn, Winterstein: Naturwiss. **21**, 527 (1933); Ber. dtsch. chem. Ges. **67**, 344 (1934). — [5] Karrer, Salomon: Helvet. chim. Acta **10**, 397 (1927); **11**, 513, 711 (1928).— Karrer, Helfenstein, Widmer: Helvet. chim. Acta **11**, 1201 (1928). — [6] Karrer, Helfenstein: Helvet. chim. Acta **13**, 392 (1930).— [7] Kuhn, Winterstein: Ber. dtsch. chem. Ges. **66**, 209 (1933).

die Lage der Absorptionsbanden der Lösungen, durch die Krystallform und Löslichkeit von ersterem unterscheidet. Er läßt sich durch Erhitzen, durch Jod, über die Dihydroverbindung und durch Licht in den Dimethylester vom Smp. 222° umlagern. Es liegen offenbar cis- und trans-Isomere vor. Zur Unterscheidung wird die trans-Form als ,,Crocetin I" oder ,,stabiles" bezeichnet, der neue Dimethylester von der cis-Form ,,Crocetin II" oder ,,labiles" abgeleitet.

Crocetin I läßt sich mit Titanchlorid partiell zu einer Dihydroverbindung[1] vom Smp. 192—193° reduzieren, bei der durchgreifenden Hydrierung werden 7 Mol Wasserstoff aufgenommen. Der oxydative Abbau des Crocetin mit Chromsäure[2] liefert 3,53 Mol. Essigsäure. Da beim Permanganatabbau[3] nur 3 Mol Essigsäure erhalten werden, so war zu schließen, daß die vierte Methylgruppe unmittelbar neben einer Carboxylgruppe steht, so daß sie beim Permanganatabbau Anlaß zur Bildung von Brenztraubensäure gibt, die unter diesen Versuchsbedingungen fast keine Essigsäure liefert[4].

Nachdem mehrere Formeln aufgestellt wurden, welche den Tatsachen nicht standhielten, wurde die folgende Formel[5] angegeben, welche allen experimentellen Befunden und theoretischen Überlegungen gerecht wird:

$$\text{HOOC}-\underset{|}{\overset{CH_3}{C}}=CH-CH=CH-\underset{|}{\overset{CH_3}{C}}=CH-CH=CH-CH=\underset{|}{\overset{CH_3}{C}}-CH=CH-CH=\underset{|}{\overset{CH_3}{C}}-COOH$$
Crocetin I

Crocetin I läßt sich in den gesättigten Kohlenwasserstoff Crocetan, das 2-6-11-15-Tetramethyl-hexadecan[6], durch Hydrierung und Abbau verwandeln:

$$H_3COOC-\underset{H}{C}-\underset{H_2}{C}-\underset{H_2}{C}-\underset{H_2}{C}-\underset{H}{\overset{CH_3}{C}}-\underset{H_2}{C}-\underset{H_2}{C}-\underset{H_2}{C}-\underset{H}{\overset{CH_3}{C}}-\underset{H_2}{C}-\underset{H_2}{C}-\underset{H_2}{C}-\underset{H}{\overset{CH_3}{C}}-COOCH_3$$
$$\downarrow \text{ Na } + C_2H_5OH$$
$$HOH_2C-\underset{H}{\overset{CH_3}{C}}-\underset{H_2}{C}-\underset{H_2}{C}-\underset{H_2}{C}-\underset{H}{\overset{CH_3}{C}}-\underset{H_2}{C}-\underset{H_2}{C}-\underset{H_2}{C}-\underset{H}{\overset{CH_3}{C}}-\underset{H_2}{C}-\underset{H_2}{C}-\underset{H_2}{C}-\underset{H}{\overset{CH_3}{C}}-CH_2OH$$
$$\downarrow \text{ HBr}$$
$$BrH_2C-\underset{H}{\overset{CH_3}{C}}-\underset{H_2}{C}-\underset{H_2}{C}-\underset{H_2}{C}-\underset{H}{\overset{CH_3}{C}}-\underset{H_2}{C}-\underset{H_2}{C}-\underset{H_2}{C}-\underset{H}{\overset{CH_3}{C}}-\underset{H_2}{C}-\underset{H_2}{C}-\underset{H_2}{C}-\underset{H}{\overset{CH_3}{C}}-CH_2Br$$
$$\downarrow \text{ Reduktion}$$
$$H_3C-\underset{H}{\overset{CH_3}{C}}-\underset{H_2}{C}-\underset{H_2}{C}-\underset{H_2}{C}-\underset{H}{\overset{CH_3}{C}}-\underset{H_2}{C}-\underset{H_2}{C}-\underset{H_2}{C}-\underset{H}{\overset{CH_3}{C}}-\underset{H_2}{C}-\underset{H_2}{C}-\underset{H_2}{C}-\underset{H}{\overset{CH_3}{C}}-CH_3$$
Crocetan Sdp. $_{(0,5 \text{ mm})} = 135°$

---

[1] Die Dihydroverbindung läßt sich in Gegenwart katalytisch wirkender Basen mit Sauerstoff zu Crocetin oxydieren: Kuhn, Drumm: Ber. dtsch. chem. Ges. **65**, 1458 (1932). — [2] Kuhn, L'Orsa: Ber. dtsch. chem. Ges. **64**, 1732 (1931). — [3] Kuhn, Winterstein, Karlowitz: Helvet. chim. Acta **12**, 64 (1929). — [4] Karrer, Benz, Morf, Raudnitz, Stoll, Takahashi: Helvet. chim. Acta **15**, 1399 (1932). — [5] Karrer, Benz, Morf, Raudnitz, Stoll, Takahashi: Helvet. chim. Acta **15**, 1218 (1932); **15**, 1399 (1932). — [6] Karrer, Golde: Helvet. chim. Acta **13**, 707 (1930); die dort angenommenen Formeln müssen nach Karrer, Benz, Morf, Raudnitz, Stoll, Takahashi: Helvet. chim. Acta **15**, 1399 (1932), und zwar S. 1406 abgeändert werden.

Die Formel des Crocetin ist weiterhin gestützt durch die Oxydationsversuche an Tetrahydrocrocetin:

$$\text{HOOC-CH(CH}_3\text{)-CH}_2\text{-CH=CH-C(CH}_3\text{)=CH-CH=CH-CH=C(CH}_3\text{)-CH=CH-CH}_2\text{-CH(CH}_3\text{)-COOH}$$
(I)

und Hexahydrocrocetin

$$\text{HOOC-CH(CH}_3\text{)-CH}_2\text{-CH}_2\text{-CH=C(CH}_3\text{)-CH=CH-CH=CH-C(CH}_3\text{)=CH-CH}_2\text{-CH}_2\text{-CH(CH}_3\text{)-COOH}$$
(II)

mit Kaliumpermanganat. Ersteres (I) muß Methylbernsteinsäure liefern, letzteres (II) α-Methylglutarsäure, was der Fall ist. Weiter ließ sich Perhydrocrocetin durch die folgenden Umformungen zu einem Diketon[1] abbauen:

$$\text{HOOC-CH(CH}_3\text{)-CH}_2\text{-CH}_2\text{-CH}_2\text{-CH-CH}_2\text{-CH}_2\text{-CH}_2\text{-CH}_2\text{-CH-CH}_2\text{-CH}_2\text{-CH}_2\text{-CH(CH}_3\text{)-COOH} \xrightarrow{\text{Br}_2}$$

$$\text{HOOC-CBr(CH}_3\text{)-CH}_2\text{-CH}_2\text{-CH}_2\text{-CH-CH}_2\text{-CH}_2\text{-CH}_2\text{-CH}_2\text{-CH-CH}_2\text{-CH}_2\text{-CH}_2\text{-CBr(CH}_3\text{)-COOH} \xrightarrow{\text{KOH}}$$

$$\text{HOOC-C(OH)(CH}_3\text{)-CH}_2\text{-CH}_2\text{-CH}_2\text{-CH-CH}_2\text{-CH}_2\text{-CH}_2\text{-CH}_2\text{-CH-CH}_2\text{-CH}_2\text{-CH}_2\text{-C(OH)(CH}_3\text{)-COOH} \xrightarrow{\text{CH}_2\text{N}_2}$$

$$\text{H}_3\text{COOC-C(OH)(CH}_3\text{)-CH}_2\text{-CH}_2\text{-CH}_2\text{-CH-CH}_2\text{-CH}_2\text{-CH}_2\text{-CH}_2\text{-CH-CH}_2\text{-CH}_2\text{-CH}_2\text{-C(OH)(CH}_3\text{)-COOCH}_3 \xrightarrow{\text{CH}_3\text{MgX}}$$

$$\text{H}_3\text{C-C(OH)(CH}_3\text{)-C(OH)(CH}_3\text{)-CH}_2\text{-CH}_2\text{-CH}_2\text{-CH-CH}_2\text{-CH}_2\text{-CH}_2\text{-CH}_2\text{-CH-C(OH)(CH}_3\text{)-C(OH)(CH}_3\text{)-CH}_3 \xrightarrow{\text{Pb(OCOCH}_3)_4}$$

$$\text{H}_3\text{C-OC-CH}_2\text{-CH}_2\text{-CH}_2\text{-CH(CH}_3\text{)-CH}_2\text{-CH}_2\text{-CH}_2\text{-CH}_2\text{-CH(CH}_3\text{)-CH}_2\text{-CH}_2\text{-CH}_2\text{-CO-CH}_3$$
6-11-Dimethyl-hexadecan-2-15-dion

Die Synthese[2] dieser Verbindung ließ sich wie folgt bewerkstelligen:

$$\text{HOOC-CH}_2\text{-CH(CH}_3\text{)-CH}_2\text{-COOH} \rightarrow$$
β-Methylglutarsäure

$$\text{H}_5\text{C}_2\text{OOC-CH}_2\text{-CH(CH}_3\text{)-CH}_2\text{-COOC}_2\text{H}_5 \xrightarrow[\text{C}_2\text{H}_5\text{OH}]{\text{Na +}}$$

$$\text{HOH}_2\text{C-CH}_2\text{-CH(CH}_3\text{)-CH}_2\text{-CH}_2\text{OH} \xrightarrow[\text{C}_2\text{H}_5\text{J}]{\text{Na+}}$$

---

[1] Karrer, Benz, Morf, Raudnitz, Stoll, Takahashi: Helvet. chim. Acta 15, 1218, 1399 (1932). — [2] Karrer, Lee: Helvet. chim. Acta 17, 543 (1934).

Synthese des Perhydrocrocetin.

$$C_2H_5O-CH_2-CH_2-\overset{\overset{\displaystyle CH_3}{|}}{CH}-CH_2-CH_2-OH \xrightarrow{PBr_3}$$
3-Methyl-5-äthoxy-pentanol (1)

$$C_2H_5O-CH_2-CH_2-\overset{\overset{\displaystyle CH_3}{|}}{CH}-CH_2-CH_2Br \xrightarrow{Na}$$
3-Methyl-5-äthoxy-1-brompentan

$$C_2H_5O-CH_2-CH_2-\overset{\overset{\displaystyle CH_3}{|}}{CH}-CH_2-CH_2-CH_2-CH_2-\overset{\overset{\displaystyle CH_3}{|}}{CH}-CH_2-CH_2-OC_2H_5 \xrightarrow{HBr}$$
3-8-Dimethyldecan-1-10-diol-diäther

$$Br-CH_2-CH_2-\overset{\overset{\displaystyle CH_3}{|}}{CH}-CH_2-CH_2-CH_2-CH_2-\overset{\overset{\displaystyle CH_3}{|}}{CH}-CH_2-CH_2-Br \xrightarrow[\text{estersynthese}]{\text{Malon-}}$$

$$\overset{HOOC}{\underset{HOOC}{>}}CH-CH_2-CH_2-\overset{\overset{\displaystyle CH_3}{|}}{CH}-CH_2-CH_2-CH_2-CH_2-\overset{\overset{\displaystyle CH_3}{|}}{CH}-CH_2-CH_2-CH\overset{COOH}{\underset{COOH}{<}} \xrightarrow[\text{von } CO_2]{\text{Abspaltung}}$$

$$HOOC-CH_2-CH_2-CH_2-\overset{\overset{\displaystyle CH_3}{|}}{CH}-CH_2-CH_2-CH_2-CH_2-\overset{\overset{\displaystyle CH_3}{|}}{CH}-CH_2-CH_2-CH_2-COOH \xrightarrow[\text{mit Methyl-zinkjodid}]{\text{als Chlorid}}$$
4-9-Dimethyldodecan-1-12-dicarbonsäure

$$H_3C-OC-CH_2-CH_2-CH_2-\overset{\overset{\displaystyle CH_3}{|}}{CH}-CH_2-CH_2-CH_2-CH_2-\overset{\overset{\displaystyle CH_3}{|}}{CH}-CH_2-CH_2-CH_2-CO-CH_3$$
6-11-Dimethyl-hexadekan-2-15-dion

Endlich ist auch noch Perhydrocrocetin[1] synthetisiert worden:

$$HOH_2C-\overset{\overset{\displaystyle CH_3}{|}}{CH}-CH_2-CH_2-CH_2-\overset{\overset{\displaystyle CH_3}{|}}{CH}-CH_2OH \xrightarrow[C_2H_5J]{Na+}$$
2-6-Dimethyl-heptandiol (1-7)

$$HOH_2C-\overset{\overset{\displaystyle CH_3}{|}}{CH}-CH_2-CH_2-CH_2-\overset{\overset{\displaystyle CH_3}{|}}{CH}-CH_2OC_2H_5 \xrightarrow{Br_2}$$

$$BrH_2C-\overset{\overset{\displaystyle CH_3}{|}}{CH}-CH_2-CH_2-CH_2-\overset{\overset{\displaystyle CH_3}{|}}{CH}-CH_2OC_2H_5 \xrightarrow{Malonester}$$
1-Brom-2-6-dimethyl-heptanol-7-methyläther

$$\overset{HOOC}{\underset{HOOC}{>}}CH-CH_2-\overset{\overset{\displaystyle CH_3}{|}}{CH}-CH_2-CH_2-CH_2-\overset{\overset{\displaystyle CH_3}{|}}{CH}-CH_2OC_2H_5 \xrightarrow[\text{von } CO_2]{\text{Abspaltung}}$$

$$HOOC-CH_2-CH_2-\overset{\overset{\displaystyle CH_3}{|}}{CH}-CH_2-CH_2-CH_2-\overset{\overset{\displaystyle CH_3}{|}}{CH}-CH_2OC_2H_5 \xrightarrow[\text{Na-Salzes}]{\text{Elektrolyse des}}$$
4-8-Dimethyl-9-äthoxy-nonansäure

---
[1] Karrer, Benz, Stoll: Helvet. chim. Acta **16**, 297 (1933).

$$C_2H_5OCH_2-\overset{\overset{\displaystyle CH_3}{|}}{CH}-CH_2-CH_2-CH_2-\overset{\overset{\displaystyle CH_3}{|}}{CH}-CH_2-CH_2-CH_2-CH_2-\overset{\overset{\displaystyle CH_3}{|}}{CH}-CH_2-CH_2-CH_2-\overset{\overset{\displaystyle CH_3}{|}}{CH}-CH_2OC_2H_5$$

2-6-11-15-Tetramethyl-hexadecan-1-18-diol-diäthyläther $\xrightarrow{\text{Verseifung und Bromierung}}$

$$BrH_2C-\overset{\overset{\displaystyle CH_3}{|}}{\underset{\underset{\displaystyle H}{|}}{C}}-\underset{\underset{\displaystyle H_2}{|}}{C}-\underset{\underset{\displaystyle H_2}{|}}{C}-\underset{\underset{\displaystyle H_2}{|}}{C}-\overset{\overset{\displaystyle CH_3}{|}}{\underset{\underset{\displaystyle H}{|}}{C}}-\underset{\underset{\displaystyle H_2}{|}}{C}-\underset{\underset{\displaystyle H_2}{|}}{C}-\underset{\underset{\displaystyle H_2}{|}}{C}-\overset{\overset{\displaystyle CH_3}{|}}{\underset{\underset{\displaystyle H}{|}}{C}}-\underset{\underset{\displaystyle H_2}{|}}{C}-\underset{\underset{\displaystyle H_2}{|}}{C}-\underset{\underset{\displaystyle H_2}{|}}{C}-\overset{\overset{\displaystyle CH_3}{|}}{\underset{\underset{\displaystyle H}{|}}{C}}-CH_2Br \xrightarrow[\text{dann KOH}]{CH_3COOK}$$

$$HOH_2C-\overset{\overset{\displaystyle CH_3}{|}}{\underset{\underset{\displaystyle H}{|}}{C}}-\underset{\underset{\displaystyle H_2}{|}}{C}-\underset{\underset{\displaystyle H_2}{|}}{C}-\underset{\underset{\displaystyle H_2}{|}}{C}-\overset{\overset{\displaystyle CH_3}{|}}{\underset{\underset{\displaystyle H}{|}}{C}}-\underset{\underset{\displaystyle H_2}{|}}{C}-\underset{\underset{\displaystyle H_2}{|}}{C}-\underset{\underset{\displaystyle H_2}{|}}{C}-\overset{\overset{\displaystyle CH_3}{|}}{\underset{\underset{\displaystyle H}{|}}{C}}-\underset{\underset{\displaystyle H_2}{|}}{C}-\underset{\underset{\displaystyle H_2}{|}}{C}-\underset{\underset{\displaystyle H_2}{|}}{C}-\overset{\overset{\displaystyle CH_3}{|}}{\underset{\underset{\displaystyle H}{|}}{C}}-CH_2OH \xrightarrow{\text{Oxydation}}$$

$$HOOC-\overset{\overset{\displaystyle CH_3}{|}}{\underset{\underset{\displaystyle H}{|}}{C}}-\underset{\underset{\displaystyle H_2}{|}}{C}-\underset{\underset{\displaystyle H_2}{|}}{C}-\underset{\underset{\displaystyle H_2}{|}}{C}-\overset{\overset{\displaystyle CH_3}{|}}{\underset{\underset{\displaystyle H}{|}}{C}}-\underset{\underset{\displaystyle H_2}{|}}{C}-\underset{\underset{\displaystyle H_2}{|}}{C}-\underset{\underset{\displaystyle H_2}{|}}{C}-\overset{\overset{\displaystyle CH_3}{|}}{\underset{\underset{\displaystyle H}{|}}{C}}-\underset{\underset{\displaystyle H_2}{|}}{C}-\underset{\underset{\displaystyle H_2}{|}}{C}-\underset{\underset{\displaystyle H_2}{|}}{C}-\overset{\overset{\displaystyle CH_3}{|}}{\underset{\underset{\displaystyle H}{|}}{C}}-COOH$$
Perhydrocrocetin

Auf die Beziehungen des Crocetin zu Bixin wird dort eingegangen werden.

Crocetindimethylester[1] liefert beim thermischen Abbau 10% Toluol und m-Xylol, 12% 1-4-8-Trimethyl-octatetraen-1-8-dicarbonsäure-dimethylester $C_{15}H_{20}O_4$ und 1% Tricyclo-crocetin.

Die Trimethyl-octatetraen-dicarbonsäure, gelbe Prismen vom Smp. 135°, erscheint als ein niederes Homologe des Crocetin (und auch des Bixin), ihre Bildung kann man sich so vorstellen, daß aus der Mitte des Crocetindimethylester-moleküls ein Molekül Toluol herausgebrochen wird und die Reste zusammentreten.

$$H_3COOC-\overset{\overset{\displaystyle CH_3}{|}}{C}=CH-CH=\left[=CH-\overset{\overset{\displaystyle CH_3}{|}}{C}=CH-CH=CH-CH=\right]=\overset{\overset{\displaystyle CH_3}{|}}{C}-CH=CH-CH=\overset{\overset{\displaystyle CH_3}{|}}{C}-COOCH_3$$
(Rest) (Toluol) (Rest)

Crocetindimethylester $\longrightarrow$

$$H_3COOC-\overset{\overset{\displaystyle CH_3}{|}}{C}=CH-CH=\overset{\overset{\displaystyle CH_3}{|}}{C}-CH=CH-CH=\overset{\overset{\displaystyle CH_3}{|}}{C}-COOCH_3$$
1-4-8-Tetramethyl-octatetraen-1-8-dicarbonsäuremethylester

Das Tricyclo-crocetin $C_{20}H_{24}O_4$, farblose Nadeln vom Smp. 263—264° ist mit Crocetin isomer, nimmt aber bei der Hydrierung nur 4 statt 7 Mol Wasserstoff auf, enthält daher drei Kohlenstoffringe und nur zwei konjugierte Doppelbindungen.

Der Bitterstoff des Safran, das Pikrocrocin[2], $C_{16}H_{26}O_7$ ist ein Glucosid, das in Safranal und Glucose zerfällt und dem Kuhn und Winterstein[2] die Konstitution:

---

[1] Kuhn, Winterstein: Ber. dtsch. chem. Ges. **65**, 1873 (1932); **66**, 1733 (1933). — [2] Kuhn, Winterstein: Ber. dtsch. chem. Ges. **67**, 344 (1934).

$$\text{Pikrocrocin} \longrightarrow \text{Safranal} + C_6H_{12}O_6$$

zuschreiben. Diese Konstitutionsformel ist bemerkenswert, weil man annehmen kann, daß die Carotinoidcarbonsäuren, zu denen das Crocetin gehört, durch enzymatisch-oxydativen Abbau[1] von Carotinfarbstoffen mit 40 Kohlenstoffatomen in der Pflanze gebildet werden, so daß in dem vorliegenden Falle ein „Protocrocin", wie folgt, zerfällt:

Protocrocin ↓

Pikrocrocin + Crocin + Pikrocrocin

[—Gl = Glucose; —Gl—O—Gl = Gentiobiose]

Dann müssen auf 1 Mol Crocin 2 Mol Pikrocrocin gebildet werden, tatsächlich wurden auch 1,4 Mol gefunden; die Differenz erklärt sich aus der Empfindlichkeit des Terpenaldehyd-glucosides, dessen Menge im Safran beim Lagern zurückgeht.

Die bekannte Annahme einer Addition von Isoprenresten unter gleichzeitiger oder nachfolgender Dehydrierung bei der Bildung von Carotinfarbstoffen in der Pflanze findet eine Stütze in der Beobachtung, daß Dihydrocrocetin-dimethylester beim Schütteln mit Luft in Gegenwart katalytisch wirkender Basen zu Crocetin-dimethylester dehydriert[2] wird. Der Dihydroester gibt ferner in gewissen Lösungsmitteln mit Alkali eine blaue Lösung, welche beim Schütteln mit Luft orangerot wird und Crocetindimethylester enthält[3].

---

[1] Kuhn, Winterstein: Ber. dtsch. chem. Ges. **65**, 646 (1932). — Kuhn, Grundmann: Ber. dtsch. chem. Ges. **65**, 1880 (1932). — Kuhn, Deutsch: Ber. dtsch. chem. Ges. **66**, 883 (1933). — [2] Kuhn, Drumm: Ber. dtsch. chem. Ges. **65**, 1458 (1932). — [3] Kuhn, Drumm, Hoffer, Möller: Ber. dtsch. chem. Ges. **65**, 1785 (1932).

Auch der Farbstoff Wongsky (China) aus der Frucht der Gardenia grandiflora[1] hat sich als Crocetin[2] erwiesen. Ferner ist das Nyctanthin[3], der Farbstoff der Blumenkronen von Nyctanthes arbor tristis, eines Strauches aus der Gattung der Oleaceae (Himalaya, Zentralindien, Burma, Ceylon) identisch mit Crocetin[4]. Crocetin findet sich auch in den Blüten von Cedrela toona[5], dem indischen Mahagonibaum (Himalaya, Zentral- und Südindien, Java, Australien), dort dient es unter dem Namen Gunari als Farbstoff. Auch der Farbstoff der Königskerzen[6] ist Crocetin.

Die Darstellung aus Safran geschieht nach dem von Karrer[7] ausgearbeiteten Verfahren unter Berücksichtigung der leichten Veresterung.

Bixin[8]. Der Farbstoff, welcher auch unter dem Namen Orlean, Rocou, Anotto, Orenetto, Attalo und terra orellana bekannt ist, entstammt der roten wachsartigen Substanz, welche die Samen von Bixa orellana, dem in den Tropen heimischen Rocoubaume umgibt. Bixin hat die Formel[9] $C_{25}H_{30}O_4$, bildet braunrote rhombische Krystalle vom Smp. 198° und hat die Absorptionsbanden 503—469,5—439 mμ (Chloroform). Die richtige Formel stammt von Heiduschka und Panzer[10]. Eine Molekulargewichtsbestimmung auf röntgenographischem Wege ist beim Methylbixin[11] $C_{26}H_{32}O_4$ durchgeführt worden.

In den älteren Untersuchungen über Bixin ist ermittelt worden, daß es eine Hydroxyl- und eine Methoxylgruppe[12] besitzt, denn bei der Einwirkung von verdünnter Kalilauge entsteht zuerst ein Monokaliumsalz, dann aber ein Dikaliumsalz. Letzteres liefert bei der Zersetzung mit verdünnten Säuren kein Bixin, sondern eine neue Verbindung, das Norbixin, hellrote Krystalle vom Smp. 250—255°, welche methoxylfrei sind. Bixin läßt sich andererseits methylieren, wobei Methylbixin vom Smp. 163 bis 164° entsteht. Damit ist wahrscheinlich gemacht, daß beide Hydroxylgruppen Carboxylgruppen angehören und daß die Bixinformel sich wie folgt

$$C_{22}H_{26}\diagup\genfrac{}{}{0pt}{}{COOH}{COOCH_3}$$

auflösen läßt. Beide Carboxylgruppen sind aber nicht gleichwertig, denn man kann zwei verschiedene Methyl-äthylester erhalten. Ursprünglich hat man diese Verschiedenheit als Strukturisomerie[13,14] deuten wollen, neuerdings ist festgestellt, daß hier eine unsymmetrisch

---

[1] Rochleder: J. pract. Chem. **72**, 394 (1857). — Rochleder, Mayer: J. pract. Chem. **74**, 1 (1858). — Munesada: J. pharmac. Soc. Jap. **1922**, Nr 486, 1. — [2] Kuhn, Winterstein, Wiegand: Helvet. chim. Acta **11**, 716 (1928). — [3] Hill, Sircar: J. chem. Soc. Lond. **91**, 1501 (1907). — [4] Kuhn, Winterstein, Wiegand: Helvet. chim. Acta **11**, 716 (1928). — Kuhn, Winterstein: Helvet. chim. Acta **12**, 496 (1929). — [5] Perkin: J. chem. Soc. Lond. **101**, 1538 (1912). — [6] Schmid, Kotter: Monatsh. Chem. **59**, 341 (1932). — [7] Karrer, Helfenstein: Helvet. chim. Acta **13**, 392 (1930). — [8] Ältere Literatur: V. Meyer u. P. Jacobson: Lehrbuch der organischen Chemie, II, 5, 1, S. 177. — Zwick: Arch. Pharmaz. **238**, 58 (1900). — [9] Die Irrungen und Wirrungen bei der Aufstellung der Bixinformel sind bei V. Meyer und P. Jacobson (Lehrbuch der organischen Chemie, II, 5, 1, S. 178) geschildert; Zusammenstellung älterer Formeln: Karrer, Helfenstein, Widmer, van Itallie: Helvet. chim. Acta **12**, 741 (1929). — [10] Heiduschka, Panzer: Ber. dtsch. chem. Ges. **50**, 546, 1525 (1927). — [11] Hengstenberg, Kuhn: Z. Krystallogr. **76**, 174 (1930). — [12] van Hasselt: Chem. Weekbl. **6**, 480 (1909). — [13] Herzig, Faltis: Liebigs Ann. **431**, 40 (1923). — [14] Kuhn, Winterstein: Helvet. chim. Acta **11**, 427 (1928).

gelagerte cis-Bindung[1] vorliegt und daß die Strukturformel als solche Symmetrie aufweist.

Die Hydrierung[2] zeigt die Aufnahme von 9 Mol Wasserstoff an, Methylbixin gibt beim Abbau mit Ozon[3] Methylglyoxal und β-Acetylacrylsäuremethylester

$$H_3CO-C-CH=CH-C=O$$
$$\|\|$$
$$OCH_3$$

offenbar einem Molekülende entstammend.

Endlich lieferte die thermische Zersetzung[4] m-Xylol, Toluol, m-Toluylsäure und m-Toluylsäuremethylester. Nach Aufstellung einer Formel für Bixin hat sich annehmen lassen, daß das m-Xylol der Gruppe

$$=CH-C=CH-CH=CH-C-$$
$$CH_3CH_3$$

das Toluol der Gruppe

$$=CH-CH=CH-C=CH-CH=$$
$$CH_3$$

die m-Toluylsäure der Gruppe

$$HOOC-CH=CH-C=CH-CH=CH-$$
$$CH_3$$

und der m-Toluylsäuremethylester der Gruppe

$$H_3COOC-CH=CH-C=CH-CH=CH-$$
$$CH_3$$

entstammt. Von den 25 Kohlenstoffatomen des Bixin sind damit 19 erfaßt und zwar 9 durch den m-Toluylsäuremethylester, 8 durch die m-Toluylsäure und mindestens 2 weitere durch m-Xylolbildung. Auf die Ähnlichkeit zwischen Bixin und Crocetin[5] ist frühzeitig hingewiesen worden.

Auch die Bestimmung der Seitenketten[6] im Bixin mit Hilfe der Kaliumpermanganat-oxydation, welche 4 Mol Essigsäure verlangt, fügt sich in das Bild der folgenden Formel[7]

$$H_3COOC-\underset{H\ H}{C=C}-\underset{H\ H\ H}{\overset{CH_3}{C}=C-C=C}-\underset{H\ H\ H}{\overset{CH_3}{C}=C-C=C}-\underset{H\ H\ H}{\overset{CH_3}{C}=C-C=C}-\underset{H\ H\ H}{\overset{CH_3}{C}=C-C=C}-\underset{H\ H}{C=C}-COOH$$

Sie wird allen vorstehenden Tatsachen gerecht, die früheren unsymmetrischen Formeln gelten als überholt.

---

[1] Kuhn, Winterstein: Ber. dtsch. chem. Ges. **65**, 646, 1873 (1932). — [2] Liebermann, Mühle: Ber. dtsch. chem. Ges. **48**, 1653 (1915). — Herzig, Faltis: Liebigs Ann. **431**, 40 (1923). — [3] Rinkes: Chem. Weekbl. **12**, 996 (1915); **13**, 436 (1916); Rec. Trav. chim. Pays-Bas **47**, 934 (1929). — [4] van Hasselt: Chem. Weekbl. **6**, 480 (1909). — Kuhn, Winterstein: Ber. dtsch. chem. Ges. **65**, 1873 (1932); vgl. Kuhn, Deutsch: Ber. dtsch. chem. Ges. **65**, 43 (1932). — [5] Karrer, Salomon: Helvet. chim. Acta **11**, 513 (1928). Zur Geschichte der Konstitutionsaufklärung vgl. Kuhn, Winterstein, Wiegand: Helvet. chim. Acta **11**, 716 (1928). — [6] Kuhn, Winterstein, Karlovitz: Helvet. chim. Acta **12**, 64 (1928). — [7] Kuhn, Winterstein: Ber. dtsch. chem. Ges. **65**, 646, 1873 (1932).

Der Perhydrobixin-dimethylester[1] ist mit Natrium und Amylalkohol zu einem diprimären Glykol reduziert worden, das sich in den Grundkohlenwasserstoff Bixan $C_{24}H_{50}$ Sdp. $_{15\,mm} = 218°$ verwandeln ließ:

$$H_3COOC-\underset{H_2}{C}-\underset{H_2}{C}-\underset{H}{\overset{CH_3}{C}}-\underset{H_2}{C}-\underset{H_2}{C}-\underset{H_2}{C}-\underset{H}{\overset{CH_3}{C}}-\underset{H_2}{C}-\underset{H_2}{C}-\underset{H_2}{C}-\underset{H}{\overset{CH_3}{C}}-\underset{H_2}{C}-\underset{H_2}{C}-\underset{H_2}{C}-\underset{H}{\overset{CH_3}{C}}-\underset{H_2}{C}-\underset{H_2}{C}-COOCH_3$$

$\downarrow$ (Na + Amylalkohol)

$$HOH_2C-\underset{H_2}{C}-\underset{H_2}{C}-\underset{H}{\overset{CH_3}{C}}-\underset{H_2}{C}-\underset{H_2}{C}-\underset{H_2}{C}-\underset{H}{\overset{CH_3}{C}}-\underset{H_2}{C}-\underset{H_2}{C}-\underset{H_2}{C}-\underset{H}{\overset{CH_3}{C}}-\underset{H_2}{C}-\underset{H_2}{C}-\underset{H_2}{C}-\underset{H}{\overset{CH_3}{C}}-\underset{H_2}{C}-\underset{H_2}{C}-CH_2OH$$

$\downarrow$ (Br)

$$BrH_2C-\underset{H_2}{C}-\underset{H_2}{C}-\underset{H}{\overset{CH_3}{C}}-\underset{H_2}{C}-\underset{H_2}{C}-\underset{H_2}{C}-\underset{H}{\overset{CH_3}{C}}-\underset{H_2}{C}-\underset{H_2}{C}-\underset{H_2}{C}-\underset{H}{\overset{CH_3}{C}}-\underset{H_2}{C}-\underset{H_2}{C}-\underset{H_2}{C}-\underset{H}{\overset{CH_3}{C}}-\underset{H_2}{C}-\underset{H_2}{C}-CH_2Br$$

$\downarrow$ (Reduktion)

$$H_3C-\underset{H_2}{C}-\underset{H_2}{C}-\underset{H}{\overset{CH_3}{C}}-\underset{H_2}{C}-\underset{H_2}{C}-\underset{H_2}{C}-\underset{H}{\overset{CH_3}{C}}-\underset{H_2}{C}-\underset{H_2}{C}-\underset{H_2}{C}-\underset{H}{\overset{CH_3}{C}}-\underset{H_2}{C}-\underset{H_2}{C}-\underset{H_2}{C}-\underset{H}{\overset{CH_3}{C}}-\underset{H_2}{C}-\underset{H_2}{C}-CH_3$$

Die Annahme, daß die Ungleichwertigkeit der beiden Carboxylgruppen auf einer unsymmetrisch gelagerten cis-Bindung der beiden Carboxylgruppen des Norbixin beruht, ist weiter dadurch gestützt, daß ein β-Bixin[2] (Bixin I) existiert, welches als das trans-Isomere angesehen[3] wird. Bewiesen wurde diese Ansicht durch die Überführung beider, des Bixin (Bixin II) und des β-Bixin (Bixin I), in die gleiche Dihydroverbindung[4].

Mit der obigen Formel erscheint Bixin als das Mittelstück eines Lycopin.

Einen völlig schlüssigen Beweis für die symmetrische Bixinformel kann man in folgenden Arbeiten[5] erblicken: Norbixin wurde mittels Natriumalgam in das Tetrahydronorbixin:

$$HOOC-\underset{H_2}{C}-\underset{H_2}{C}-\underset{H}{\overset{CH_3}{C}}=\underset{H}{C}-\underset{H}{C}=\underset{H}{\overset{CH_3}{C}}-\underset{H}{C}=\underset{H}{C}-\underset{H}{C}=\underset{H}{\overset{CH_3}{C}}-\underset{H}{C}=\underset{H}{C}-\underset{H_2}{\overset{CH_3}{C}}-\underset{H_2}{C}-COOH$$
(I)

und in das Hexahydronorbixin

$$HOOC-\underset{H_2}{C}-\underset{H_2}{C}-\underset{H}{\overset{CH_3}{C}}=\underset{H}{C}-\underset{H}{C}=\underset{H}{\overset{CH_3}{C}}-\underset{H}{C}=\underset{H}{C}-\underset{H}{C}=\underset{H}{\overset{CH_3}{C}}-\underset{H}{C}=\underset{H}{C}-\underset{H_2}{\overset{CH_3}{C}}-\underset{H_2}{C}-COOH$$
(II)

verwandelt. Der Kaliumpermanganatabbau lieferte bei ersterem (I) Bernsteinsäure, bei letzterem (II) α-Methylglutarsäure, wie die Formel vorschreibt.

---

[1] Kuhn, Ehmann: Helvet. chim. Acta **12**, 904 (1929); dort ist, wie auch ferner bei Kuhn, Winterstein [Helvet. chim. Acta **12**, 899 (1929)] und Karrer, Helfenstein, Widmer, van Itallie [Helvet. chim. Acta **12**, 741 (1929)] eine von Faltis und Vieböck [Ber. dtsch. chem. Ges. **62**, 701 (1929)] aufgestellte Konstitutionsformel widerlegt. — [2] Herzig, Faltis: Liebigs Ann. **431**, 40 (1923). — [3] Karrer, Helfenstein, Widmer, van Itallie: Helvet. chim. Acta **12**, 741 (1929). Bezeichnung als Bixin I und II s. Kuhn, Winterstein: Ber. dtsch. chem. Ges. **66**, 209 (1933). — [4] Kuhn, Winterstein: Ber. dtsch. chem. Ges. **65**, 646 (1932). — [5] Karrer, Benz, Morf, Raudnitz, Stoll, Takahashi: Helvet. chim. Acta **15**, 1218, 1399 (1932).

Ab- und Aufbau des Perhydrobixin. 51

Weiter wurde Perhydronorbixin zu einem Dialdehyd, dem 3-7-12-16-Tetramethyloctadecan-1-18-dial (III) vom Sdp. $_{0,6\text{ mm}} = 185^0$ abgebaut:

$$\text{HOOC}-\underset{H_2}{C}-\underset{H_2}{\overset{CH_3}{C}}-\underset{H}{C}-\underset{H_2}{C}-\underset{H_2}{C}-\underset{H_2}{C}-\underset{H}{\overset{CH_3}{C}}-\underset{H_2}{C}-\underset{H_2}{C}-\underset{H_2}{C}-\underset{H}{\overset{CH_3}{C}}-\underset{H_2}{C}-\underset{H_2}{C}-\underset{H_2}{C}-\underset{H}{\overset{CH_3}{C}}-\underset{H_2}{C}-\underset{H_2}{C}-\text{COOH}$$

↓ Br₂

$$\text{HOOC}-\underset{H}{\overset{Br}{C}}-\underset{H_2}{C}-\underset{H}{\overset{CH_3}{C}}-\underset{H_2}{C}-\underset{H_2}{C}-\underset{H_2}{C}-\underset{H}{\overset{CH_3}{C}}-\underset{H_2}{C}-\underset{H_2}{C}-\underset{H_2}{C}-\underset{H}{\overset{CH_3}{C}}-\underset{H_2}{C}-\underset{H_2}{C}-\underset{H_2}{C}-\underset{H}{\overset{CH_3}{C}}-\underset{H_2}{C}-\underset{H}{\overset{Br}{C}}-\text{COOH}$$

↓ KOH

$$\text{HOOC}-\underset{H}{\overset{OH}{C}}-\underset{H_2}{C}-\underset{H}{\overset{CH_3}{C}}-\underset{H_2}{C}-\underset{H_2}{C}-\underset{H_2}{C}-\underset{H}{\overset{CH_3}{C}}-\underset{H_2}{C}-\underset{H_2}{C}-\underset{H_2}{C}-\underset{H}{\overset{CH_3}{C}}-\underset{H_2}{C}-\underset{H_2}{C}-\underset{H_2}{C}-\underset{H}{\overset{CH_3}{C}}-\underset{H_2}{C}-\underset{H}{\overset{OH}{C}}-\text{COOH}$$

Methylierung mit CH₂N₂ ↓ und folgende Umsetzung mit MgCH₃J

$$\overset{H_3C}{\underset{H_3C}{>}}C-\underset{H}{\overset{OH}{C}}-\underset{H_2}{C}-\underset{H}{\overset{CH_3}{C}}-\underset{H_2}{C}-\underset{H_2}{C}-\underset{H_2}{C}-\underset{H}{\overset{CH_3}{C}}-\underset{H_2}{C}-\underset{H_2}{C}-\underset{H_2}{C}-\underset{H}{\overset{CH_3}{C}}-\underset{H_2}{C}-\underset{H_2}{C}-\underset{H_2}{C}-\underset{H}{\overset{CH_3}{C}}-\underset{H_2}{C}-\underset{H}{\overset{OH}{C}}-C\overset{CH_3}{\underset{CH_3}{<}}$$

↓ Pb(OOCCH₃)₄

$$\text{OHC}-\underset{H_2}{\overset{CH_3}{C}}-\underset{H}{C}-\underset{H_2}{C}-\underset{H_2}{C}-\underset{H_2}{C}-\underset{H}{\overset{CH_3}{C}}-\underset{H_2}{C}-\underset{H_2}{C}-\underset{H_2}{C}-\underset{H}{\overset{CH_3}{C}}-\underset{H_2}{C}-\underset{H_2}{C}-\underset{H_2}{C}-\underset{H}{\overset{CH_3}{C}}-\underset{H_2}{C}-\text{CHO}$$

(III)

Der Dialdehyd gibt bei der Oxydation die zugehörige Dicarbonsäure. Endlich ließ sich noch der Perhydronorbixin-diäthylester synthetisieren:

$$\text{HOOC}-\overset{CH_3}{\underset{}{CH}}-CH_2-CH_2-CH_2-\overset{CH_3}{\underset{}{CH}}-\text{COOH} \xrightarrow{\text{Reduktion}}$$
α-α-Dimethylpimelinsäure

$$\text{HOH}_2C-\overset{CH_3}{\underset{}{CH}}-CH_2-CH_2-CH_2-\overset{CH_3}{\underset{}{CH}}-CH_2OH \xrightarrow{\text{Bromierung}}$$

$$\text{BrH}_2C-\overset{CH_3}{\underset{}{CH}}-CH_2-CH_2-CH_2-\overset{CH_3}{\underset{}{CH}}-CH_2Br \xrightarrow{\text{Malonestersynthese}}$$
2-6-Dimethyl-1-7-dibrompropan

$$(ROOC)_2=CH-CH_2-\overset{CH_3}{\underset{}{CH}}-CH_2-CH_2-CH_2-\overset{CH_3}{\underset{}{CH}}-CH_2-CH=(COOR)_2 \xrightarrow[\text{diester}]{\text{Übergang in den Dicarbonsäure-}}$$

$$\text{ROOC}-CH_2-CH_2-\overset{CH_3}{\underset{}{CH}}-CH_2-CH_2-CH_2-\overset{CH_3}{\underset{}{CH}}-CH_2-CH_2-\text{COOR} \xrightarrow[\text{Halbesters}]{\text{Elektrolyse des}}$$
4-8-Dimethyl-undecandisäure-diester

$$\text{ROOC}-\underset{H_2}{\overset{}{C}}-\underset{H_2}{C}-\underset{H}{\overset{CH_3}{C}}-\underset{H_2}{C}-\underset{H_2}{C}-\underset{H_2}{C}-\underset{H}{\overset{CH_3}{C}}-\underset{H_2}{C}-\underset{H_2}{C}-\underset{H_2}{C}-\underset{H}{\overset{CH_3}{C}}-\underset{H_2}{C}-\underset{H_2}{C}-\underset{H_2}{C}-\underset{H}{\overset{CH_3}{C}}-\underset{H_2}{C}-\underset{H_2}{C}-\text{COOR}$$

Perhydronorbixindiäthylester (R = C₂H₅),
4-8-13-17-Tetramethyl-eikosandisäure-(1-20)-diäthylester Sdp. $_{0,3\text{ mm}} = 207^0$.

Dieses synthetische Produkt ist identisch mit dem aus natürlichem Bixin erhaltenen Produkt. Es ist bemerkenswert, daß bei der Synthese die gleiche Konfiguration erhalten wird, obwohl die Verbindung 4 asymmetrische Kohlenstoffatome besitzt und 6 inaktive Formen möglich sind.

4*

Das oben erwähnte Bixan[1] ist als 4-8-13-17-Tetramethyleikosan zu bezeichnen.

Schließlich ist es auch noch gelungen aus Perhydrocrocetin Perhydronorbixin aufzubauen[2]:

$$\underset{\text{Perhydrocrocetin}}{HOOC-\overset{CH_3}{\underset{|}{CH}}-CH_2-CH_2-CH_2-\overset{CH_3}{\underset{|}{CH}}-CH_2-CH_2-CH_2-CH_2-\overset{CH_3}{\underset{|}{CH}}-CH_2-CH_2-CH_2-\overset{CH_3}{\underset{|}{CH}}-COOH}$$

↓ verestert

$$ROOC-\overset{CH_3}{\underset{|}{CH}}-CH_2-CH_2-CH_2-\overset{CH_3}{\underset{|}{CH}}-CH_2-CH_2-CH_2-CH_2-\overset{CH_3}{\underset{|}{CH}}-CH_2-CH_2-CH_2-\overset{CH_3}{\underset{|}{CH}}-COOR$$

↓ Reduktion.

$$HOH_2C-\overset{CH_3}{\underset{|}{CH}}-CH_2-CH_2-CH_2-\overset{CH_3}{\underset{|}{CH}}-CH_2-CH_2-CH_2-CH_2-\overset{CH_3}{\underset{|}{CH}}-CH_2-CH_2-CH_2-\overset{CH_3}{\underset{|}{CH}}-CH_2OH$$

↓ Br$_2$

$$BrH_2C-\overset{CH_3}{\underset{|}{CH}}-CH_2-CH_2-CH_2-\overset{CH_3}{\underset{|}{CH}}-CH_2-CH_2-CH_2-CH_2-\overset{CH_3}{\underset{|}{CH}}-CH_2-CH_2-CH_2-\overset{CH_3}{\underset{|}{CH}}-CH_2Br$$

↓ Malonestersynthese

$$(ROOC)_2=\underset{H}{C}-\underset{H_2}{C}-\underset{H}{\overset{CH_3}{C}}-\underset{H_2}{C}-\underset{H_2}{C}-\underset{H_2}{C}-\underset{H}{\overset{CH_3}{C}}-\underset{H_2}{C}-\underset{H_2}{C}-\underset{H_2}{C}-\underset{H_2}{C}-\underset{H}{\overset{CH_3}{C}}-\underset{H_2}{C}-\underset{H_2}{C}-\underset{H_2}{C}-\underset{H}{\overset{CH_3}{C}}-\underset{H_2}{C}-\underset{H}{C}=(COOR)_2$$

↓ Abspaltung einer Carboxylgruppe und Verseifung

$$\underset{\text{Perhydronorbixin.}}{HOOC-\underset{H_2}{C}-\underset{H_2}{C}-\underset{H}{\overset{CH_3}{C}}-\underset{H_2}{C}-\underset{H_2}{C}-\underset{H_2}{C}-\underset{H}{\overset{CH_3}{C}}-\underset{H_2}{C}-\underset{H_2}{C}-\underset{H_2}{C}-\underset{H_2}{C}-\underset{H}{\overset{CH_3}{C}}-\underset{H_2}{C}-\underset{H_2}{C}-\underset{H_2}{C}-\underset{H}{\overset{CH_3}{C}}-\underset{H_2}{C}-COOH}$$

Auch Perhydronorbixin läßt sich zu Perhydrocrocetin[3] abbauen.

$$\underset{\text{Perhydronorbixin, abgebaut (vgl. S. 51) zu}}{HOOC-\underset{H_2}{C}-\underset{H_2}{C}-\underset{H}{\overset{CH_3}{C}}-\underset{H_2}{C}-\underset{H_2}{C}-\underset{H_2}{C}-\underset{H}{\overset{CH_3}{C}}-\underset{H_2}{C}-\underset{H_2}{C}-\underset{H_2}{C}-\underset{H_2}{C}-\underset{H}{\overset{CH_3}{C}}-\underset{H_2}{C}-\underset{H_2}{C}-\underset{H_2}{C}-\underset{H}{\overset{CH_3}{C}}-\underset{H_2}{C}-COOH}$$

$$HOOC-\underset{H}{C}-\underset{H_2}{C}-\underset{H}{\overset{CH_3}{C}}-\underset{H_2}{C}-\underset{H_2}{C}-\underset{H_2}{C}-\underset{H}{\overset{CH_3}{C}}-\underset{H_2}{C}-\underset{H_2}{C}-\underset{H_2}{C}-\underset{H_2}{C}-\underset{H}{\overset{CH_3}{C}}-\underset{H_2}{C}-\underset{H_2}{C}-\underset{H}{\overset{CH_3}{C}}-\underset{H_2}{C}-COOH$$

↓

$$\underset{H_3C}{\overset{H_3C}{>}}C\underset{}{\overset{OH}{\underset{|}{-}}}\underset{}{\overset{OH}{\underset{|}{CH}}}-CH-\underset{H_2}{\overset{CH_3}{\underset{|}{C}}}-\underset{H_2}{C}-\underset{H}{C}-\underset{H_2}{C}-\underset{H_2}{C}-\underset{H_2}{C}-\underset{H}{\overset{CH_3}{C}}-\underset{H_2}{C}-\underset{H_2}{C}-\underset{H_2}{C}-\underset{H_2}{\overset{CH_3}{C}}-CH-\overset{OH}{\underset{|}{CH}}-C\underset{CH_3}{\overset{CH_3}{<}}$$

↓

$$OHC-\overset{CH_3}{\underset{|}{CH}}-CH_2-CH_2-CH_2-\overset{CH_3}{\underset{|}{CH}}-CH_2-CH_2-CH_2-CH_2-\overset{CH_3}{\underset{|}{CH}}-CH_2-CH_2-CH_2-\overset{CH_3}{\underset{|}{CH}}-CHO$$

↓

$$\underset{\text{Perhydrocrocetin}}{HOOC-\overset{CH_3}{\underset{|}{CH}}-CH_2-CH_2-CH_2-\overset{CH_3}{\underset{|}{CH}}-CH_2-CH_2-CH_2-CH_2-\overset{CH_3}{\underset{|}{CH}}-CH_2-CH_2-CH_2-\overset{CH_3}{\underset{|}{CH}}-COOH}$$

---

[1] Über ein synthetisches Dibixan: Karrer, Stoll, Stevens: Helvet. chim. Acta **14**, 1194 (1931). — [2] Karrer, Benz: Helvet. chim. Acta **16**, 337 (1933). — [3] Raudnitz, Peschel: Ber. dtsch. chem. Ges. **66**, 901 (1933).

Über den Abbau des Lycopin zu Norbixin[1] ist beim Lycopin schon berichtet worden. Damit sind die Konstitutionsbeweise von Lycopin, Crocetin und Bixin miteinander verknüpft.

Ein von Hasselt[2] beschriebenes Isobixin ist offenbar kein chemisches Individuum, sondern im wesentlichen eine Mischung[3] von Bixin und β-Bixin. Bixin[4] kann unter physiologisch möglichen Bedingungen durch Luft-Sauerstoff aus der Dihydroverbindung gewonnen werden.

Die Nomenklatur[5] regelt sich jetzt wie unter Crocetin dargelegt:

β-Bixin: trans-Form, Bixin I oder stabiles
Bixin: cis-Form,   Bixin II oder labiles.

Der Farbstoff färbt Wolle, Baumwolle und Seide unmittelbar orangerot an und wird in der Baumwoll- und Seidenfärberei wie auch zum Färben von Nahrungsmitteln benutzt. Die Färbungen sind säure-, seifen- und chlorecht aber lichtunecht.

Zur Darstellung wird am besten sog. pate de rocou[6] verwandt.

Azafrin. In den Wurzeln und Stengelstücken einer Scrophulariacee Escobedia scabrifolia und linearis, die im trophischen Amerika von Peru bis Mexiko vorkommt, befindet sich das Azafrin[7], welches unter dem Namen Azafran oder Azafranillo zum Färben von Fetten benutzt wird. Schon Liebermann hat eine Ähnlichkeit mit Bixin vermutet.

Azafrin[8] hat die Zusammensetzung $C_{27}H_{38}O_4$[9], bildet orangerote Prismen vom Smp. 212—214°, $[\alpha]\frac{25}{C} = -75,5°$ (Alkohol) und hat die Absorptionsbanden 476—445,5—419 mμ (Schwefelkohlenstoff). Es zeichnet sich durch sehr schöne Farbreaktionen mit Mineralsäuren aus.

Azafrin ist eine Carbonsäure, die zwei weiter vorhandenen Sauerstoffatome gehören Hydroxylgruppen an (Zerewitinoff-Bestimmung) und zwar tertiären, weil die Acylierung unter Bedingungen, welche bei Xanthophyll als wirksam erkannt sind, nicht gelingt. Die Hydrierung zeigt 7 Doppelbindungen an, welche unter Berücksichtigung des Absorptionsspektrum untereinander und mit der Carbonylgruppe in Konjugation stehen. Als thermische Abbauprodukte wurden erkannt: Toluol, m-Xylol und m-Toluylsäure. Daraus kann entnommen werden, daß eine zu der Carboxylgruppe δ-ständige Methylgruppe, wie sie auf Grund der ursprünglichen Formel angenommen war, ausgeschlossen ist und daß die Methylgruppe zur Carboxylgruppe wie bei Bixin γ-ständig ist, Die Summen

---

[1] Kuhn, Grundmann: Ber. dtsch. chem. Ges. **65**, 1880 (1932). — [2] van Hasselt: Rec. Trav. chim. Pays-Bas **30**, 1 (1911). — Karrer, Helfenstein, Widmer, van Itallie: Helvet. chim. Acta **12**, 741 (1929). — Kuhn, Winterstein: Ber. dtsch. chem. Ges. **65**, 1873 (1932). — [3] Karrer, Takahashi: Helvet. chim. Acta **16**, 287 (1933). — [4] Kuhn, Drumm: Ber. dtsch. chem. Ges. **65**, 1458 (1932). — Kuhn, Drumm, Hoffer, Möller: Ber. dtsch. chem. Ges. **65**, 1785 (1932). — [5] Kuhn, Winterstein: Ber. dtsch. chem. Ges. **66**, 209 (1933). — Karrer, Takahashi: Helvet. chim. Acta **16**, 287 (1933). — [6] Kuhn, Winterstein: Ber. dtsch. chem. Ges. **65**, 1873 (1933), und zwar S. 1877. — [7] Ältere Arbeiten: Liebermann: Ber. dtsch. chem. Ges. **44**, 850 (1911). — Liebermann, Schiller: Ber. dtsch. chem. Ges. **46**, 1973 (1913). — Mühle: Ber. dtsch. chem. Ges. **48**, 1653 (1915). — [8] Kuhn, Winterstein, Roth: Ber. dtsch. chem. Ges. **64**, 333 (1931); **65**, 1873 (1932). — Kuhn, Deutsch: Ber. dtsch. chem. Ges. **66**, 883 (1933). — [9] Die Diskussion und Ablehnung der älteren Formeln bei Kuhn, Deutsch: Ber. dtsch. chem. Ges. **66**, 883 (1933).

formel, welche allein diese Anordnung möglich macht, konnte weiter gestützt werden durch Äquivalentbestimmungen des Tetradekahydroazafrin. Azafrin erscheint dann entstanden aus einem dehydrierten Tetraterpen des Carotintypus durch einseitigen oxydativen Abbau von 13 Kohlenstoffatomen (z. B. Ionon).

Die vorsichtige Oxydation mit Chromsäure, welche der Menge nach einem Sauerstoffatom entspricht, ergab eine Säure, Azafrinon $C_{27}H_{36}O_4$, orangerote Täfelchen vom Smp. 191^0 von etwas langwelligeren Absorptionsbanden. Es sind also 2 Wasserstoffatome der Oxydation zum Opfer gefallen, dies erklärt die obige Annahme tertiärer Hydroxylgruppen gut, weil solche in Carbonylgruppen übergehen können. Die Carbonylgruppen sind wieder bis zur Alkoholstufe hydrierbar, daher findet eine Wasserstoffaufnahme von insgesamt 9 Mol Wasserstoff (7 + 2) statt. Dies führt weiter zu der Vorstellung, daß die Hydroxylgruppen benachbart sind und eine Ringsprengung stattgefunden hat. Da Azafrinon langwelliger absorbiert wie Azafrin, kann geschlossen werden, daß eine der beiden Hydroxylgruppen des Azafrin unmittelbar an das System konjugierter Doppelbindungen anschließt, so daß eine der entstehenden Carbonylgruppen optisch in das Polyensystem mit einbezogen wird. Auch Tetradecahydroazafrin liefert bei der Oxydation mit Bleitetraacetat nach Criegee ein Tetradecahydro-azafrinon, das keine Aldehydreaktionen gibt. Azafrin ist also wirklich ein ditertiäres Glykol.

Die Oxydation von Azafrin mit Kaliumpermanganat ergibt Geronsäure und α-α-Dimethylglutarsäure. Danach muß das gesättigte Ringsystem weitgehend mit dem des β-Carotin übereinstimmen und die Stellung der Hydroxylgruppen an dem Ring anders sein als bei den Xanthophyllen, die keine Geronsäure liefern. Bei dem durchgreifenden Abbau mit Chromsäure konnten 3 seitenständige Methylgruppen nachgewiesen werden. Aus allen diesen Beobachtungen ergibt sich das Formelbild:

Die Formel ist bewiesen bis auf die absolute Stellung der beiden in Form von m-Xylol erfaßten Methylgruppen. Die in der Formel angegebene Stellung dieser Methylgruppen folgt aber eindeutig aus der angenommenen Bildung der Carotinoid-carbonsäuren aus dem für das Lycopin bewiesene Kohlenstoffskelet. Es kommt aber noch eine weitere Tatsache hinzu: Azafrinon hat auf Grund des experimentellen Materials die Formel:

$$\begin{array}{c} H_3C\ CH_3 \\ \diagdown\diagup \\ C\ \ O \\ H_2C\diagup\ \ \diagdown \\ \ \ \ \ \ \ C-CH=CH-\underset{CH_3}{\overset{|}{C}}=CH-CH=CH-\underset{CH_3}{\overset{|}{C}}=CH-CH=CH-CH=\underset{CH_3}{\overset{|}{C}}-CH=CH-COOH \\ H_2C\diagdown\ \ \diagup O \\ \ \ \ \ \ C\diagdown CH_3 \\ CH_2 \end{array}$$

Es ist, wie schon beim β-Carotin[1] geschildert, gelungen einerseits Azafrinon andererseits β-Carotin in das Dehydro-azafrinonamid:

$$\begin{array}{c} H_3C\ CH_3 \\ \diagdown\diagup \\ C \\ H_2C\diagup\ \ \diagdown \\ \ \ \ \ \ \ C-CH=CH-\underset{CH_3}{\overset{|}{C}}=CH-CH=CH-\underset{CH_3}{\overset{|}{C}}=CH-CH=CH-CH=\underset{CH_3}{\overset{|}{C}}-CH=CH-C\diagup^O_{NH_2} \\ H_2C-\overset{||}{C}-C\diagdown O \\ \ \ \ \ \ \ \ \ \ \ \ \ \ \ CH_3 \end{array}$$

überzuführen, so daß der Konstitutionsbeweis für β-Carotin eine weitere Stütze für Azafrin bildet.

Die Hydroxylgruppen im Azafrin dürften transständig sein[2] sein, ebenso die Doppelbindungen[3].

Die Pyridinlösung des Azafrinonmethylester wird durch Zinkstaub zu einer Dihydroverbindung:

$$\begin{array}{c} H_3C\ CH_3 \\ \diagdown\diagup \\ C\ \ O \\ H_2C\diagup\ \ \diagdown \\ \ \ \ \ \ \ C-CH_2-CH=\underset{CH_3}{\overset{|}{C}}-CH=CH-CH=\underset{CH_3}{\overset{|}{C}}-CH=CH-CH=CH-\underset{CH_3}{\overset{|}{C}}=CH-CH_2-COOCH_3 \\ H_2C\diagdown\ \ \diagup O \\ \ \ \ \ \ C\diagdown CH_3 \\ CH_2 \end{array}$$

reduziert, welche mit alkoholischer Kalilauge eine purpurrote sauerstoffempfindliche Lösung gibt; bei Zutritt von Luft wird Azafrinonmethylester gebildet. Das Reduktionsverfahren mit Zinkstaub in Pyridin führt bei Carotinfarbstoffen nur dann zur Dihydroverbindung, wenn an beiden Enden der Polyenkette Carbonylgruppen stehen. Beim Azafrin selbst findet deshalb keine Reduktion statt.

Die Farbreaktionen des Azafrin dürften ihre Erklärung finden in der Basizität, welche durch die an das Polyensystem unmittelbar angrenzende tertiäre Hydroxylgruppe, derjenigen des Triphenylcarbinol vergleichbar, mitbestimmt wird. Das Azafrinon, in dem diese Hydroxylgruppe fehlt, läßt eine Anzahl charakteristischer Farbreaktionen nicht mehr erkennen.

Die Wurzelstöcke der Pflanzen enthalten Ausblühungen, die bis zu 15% Farbstoff enthalten. Man extrahiert mit Aceton und kann dann an Calciumcarbonat zwecks Reinigung adsorbieren[4]. Aus 15 kg Wurzeln wurden 250 g 90%iger Farbstoff erhalten.

---

[1] Kuhn, Brockmann: Ber. dtsch. chem. Ges. **67**, 885 (1934) und S. 15 dieses Buches. — [2] Kuhn, Deutsch: Ber. dtsch. chem. Ges. **66**, 883 (1933), und zwar S. 886. — [3] Kuhn, Winterstein: Ber. dtsch. chem. Ges. **66**, 209 (1933), und zwar S. 211. — [4] Kuhn, Deutsch: Ber. dtsch. chem. Ges. **66**, 888 (1933); vgl. auch Kuhn, Winterstein, Roth: Ber. dtsch. chem. Ges. **65**, 1873 (1932).

Astacin. Die Farbstoffe des Hummer sind schon vielfach untersucht worden. Im Jahre 1876 hat Pouchet[1] aus Hypodermis und Eiern des Hummer und anderer Crustaceen einen Farbstoff in violetten Krystallen erhalten. Keinem späteren Bearbeiter gelang es, den krystallisierten Farbstoff wieder zu erhalten. Nach Verne[2] stellt das blauschwarze Pigment des Hummer eine Eiweißverbindung eines roten Kohlenwasserstoffes dar (s. später). Eine neue Untersuchung von Kuhn und Lederer[3] über die Farbstoffe des norwegischen Hummer Astacus gammarus hat zutage gefördert, daß der unter dem Namen Crustaceorubin, Zoonerythrin Vitellorubin und Tetronerythrin nicht krystallinisch und vielfach nur in Lösung erhaltene Farbstoff aus epiphasischen oder hypophasischen Estern einer hochungesättigten Verbindung besteht, welcher der Name Astacin gegeben wurde. Folgende Übersicht zeigt die Ergebnisse der Untersuchung der einzelnen Teile eines 500 g schweren Tieres.

Panzer	Hypodermis	Eier
Braunschwarzes Chromoproteid	Rotes Lipochrom (unlöslich in H_2O)	Grünes Chromoproteid (löslich in H_2O)
HCl ↓ Aceton	Extrahiert mit Aceton:	↓ mit Aceton
Roter epiphasischer Astacinester	Roter epiphasischer Astacinester	Roter hypophasischer Ovoester (Krystalle)
NaOH ↓	NaOH ↓	NaOH ↓
Astacin 3—4 mg	Astacin 7—8 mg	Astacin 2—3 mg

Die Untersuchung von Eiern der Seespinne[4], Maja squinado, führte zu der Erkenntnis, daß von den beiden von Maly[5] beschriebenen Farbstoffen das Vitellorubin dem Ovoester des Astacin auffallend gleicht, während Vitellolutein optisch und chromatographisch mit β-Carotin übereinstimmt.

Astacin konnte weiter isoliert[6] werden aus der Languste (Palinurus vulgaris), aus Leander serratus, Portunus puber, Cancer pagurus, Nephrobs und aus dem Flußkrebs (Potamobius astacus), dagegen nicht aus Actinia equina, Antedon rosacea und Suberites domuncula[7]. In Asteroidea-Arten[8] z. B. dem Seestern Ophidiaster ophidianus ist ein Ester des Astacin enthalten.

Unter der Einwirkung von Wasser geht ein Zerfall der Eiweißverbindungen vor sich, daher erklärt sich der Farbumschlag von Blauschwarz nach Rot beim Kochen von Hummern und Krebsen.

Astacin bildet violette Nadeln vom Smp. 240—243°, der Smp. ist vom Erhitzen abhängig. Es hat nur eine Absorptionsbande bei 500 mμ (Pyridin). Als Summenformel ist von Karrer und Loewe[9] zuletzt $C_{40}H_{48}O_4$ aufgestellt worden, die früheren Formeln sind überholt. Aus

---

[1] Pouchet: J. Anat. physiol. 12, 1—90, 113—165 (1876); C. r. Acad. Sci. Paris 74, 757 (1872). — [2] Verne: Arch. de Morph. 16, 190 (1923); vgl. auch C. r. Soc. Biol. Paris 83, 963, 988 (1920). — [3] Kuhn, Lederer: Ber. dtsch. chem. Ges. 66, 488 (1933); dort auch eine geschichtliche Darlegung und die umfangreiche Literatur. — [4] Kuhn, Lederer, Deutsch: Z. physiol. Chem. 220, 229 (1933); dort weitere Literatur. — [5] Maly: Monatsh. Chem. 2, 351 (1931). — [6] Fabre, Lederer: C. r. Soc. Biol. Paris 113, 344 (1933); Bull. Soc. Chim. biol. Paris 16, 105 (1934). — [7] Kuhn, Lederer, Deutsch: Z. physiol. Chem. 220, 229 (1933). — [8] Karrer, Benz: Helvet. chim. Acta 17, 412 (1934). — [9] Karrer, Loewe: Helvet. chim. Acta 17, 745 (1934).

der Kuhnschen Untersuchung[1] geht hervor, daß Astacin gegen Luftsauerstoff beständig ist; die ätherische Lösung zeigt keine Farbreaktionen mit Salzsäure und der Farbstoff hat keine Wachstumswirkung. Ein Natriumsalz und eine Acetylverbindung wurden dargestellt. Andererseits reagiert Astacin nicht mit Diazomethan, die Methylierung gelingt aber langsam mit Dimethylsulfat. Der oxydative Abbau mit Chromsäure liefert 5 Mol. Essigsäure.

Nach der Untersuchung von Karrer[2, 3] werden 13 Mol Wasserstoff bei der Hydrierung aufgenommen, die Oxydation mit Kaliumpermanganat ergab Dimethylmalonsäure.

Astacin liefert ein Dioxim $C_{40}H_{50}O_4N_2$; damit sind 2 Carbonylgruppen nachgewiesen, 2 weitere lassen sich unter der Einwirkung von Alkali enolisieren. Astacindioxim enthält nämlich 4 nach Zerewitinoff nachweisbare aktive Wasserstoffatome (2 enolische und 2 in den Oximresten). Astacin selbst entwickelt dagegen mit Magnesiummethyljodid wenig Methan, weil es zum kleinsten Teil enolisiert ist. Damit stimmt auch das Verhalten gegen Diazomethan überein. Von den 13 Doppelbindungen sind zwei durch die Enolisierung erzeugte in Rechnung zu setzen. Die Zerewitinoff-Bestimmung zeigt beim Perhydro-astacin folgerichtig 2 Hydroxylgruppen an.

Die Summenformel des Astacin enthält verglichen mit der des Carotin an Stelle von 8 Wasserstoffatomen 4 Carbonylsauerstoffatome. Da Astacin ein Diphenazinderivat liefert, so sind je zwei Carbonylgruppen benachbart und es kann daher eine der beiden Formeln in Wahl gestellt werden:

```
      H₃C  CH₃                                                                      H₃C  CH₃
        \ /           CH₃        CH₃         CH₃        CH₃                           \ /
         C             |          |           |          |                             C
        / \            |          |           |          |                            / \
   H₂C   C—C=C—C=C—C=C—C=C—C—C=C—C=C—C—C=C—C=C—C—C=C—C=C—C   CH₂
    ‖    ‖  H H   H H H   H H H   H H H   H H H   H H    ‖
   OC   C—CH₃                                                                    H₃C—C   CO
    \ /                              oder                                              \ /
    CO                                                                                 CO

      H₃C  CH₃                                                                      H₃C  CH₃
        \ /           CH₃        CH₃         CH₃        CH₃                           \ /
         C             |          |           |          |                             C
        / \            |          |           |          |                            / \
   OC    C—C=C—C=C—C=C—C=C—C—C=C—C=C—C—C=C—C=C—C—C=C—C=C—C   CO
    |    ‖  H H   H H H   H H H   H H H   H H H   H H    ‖    |
   OC   C—CH₃                                                                    H₃C—C   CO
    |                                                                                  |
    CH₂                                                                                CH₂
```

Im Gegensatz zu diesen Untersuchungen stehen, wie oben erwähnt, die Angaben von Verne[4], der bei Crustaceen allgemein in der Hauptsache einen farbigen Kohlenwasserstoff vom Charakter und den Eigenschaften des Carotin gefunden hat.

---

[1] Kuhn, Lederer, Deutsch: Z. physiol. Chem. **220**, 229 (1933). — [2] Karrer, Benz: Helvet. chim. Acta **17**, 412 (1934). — [3] Karrer, Loewe: Helvet. chim. Acta **17**, 745 (1934). — [4] Vollständige Literatur bei Kuhn, Lederer: Ber. dtsch. chem. Ges. **66**, 488 (1933), und zwar S. 490.

Von bisher nur unvollkommen charakterisierten Carotinfarbstoffen seien noch genannt:

Aus Bakterien:

α und β-Bakterioruberin[1] aus Bacterium halobium,

α und β-Bakteriopurpurin[2] neben dem Bakteriochlorin aus Rhodobacillus palustris Molisch.

Farbstoffe aus Torula rubra[3] (rote Hefe), die 4 Carotinfarbstoffe enthalten soll, einmal β-Carotin, eines ähnlich dem Astacin, ferner Torulin Smp. 180°, Absorptionsbanden 565—522—488 mμ (Schwefelkohlenstoff), endlich ein sehr zersetzliches Produkt.

Coralin[4] aus Streptothrix corallinus, Absorptionsbanden 509—485—465—455 mμ (Äther).

Sarcinin[5] in Sarcinia lutea, Absorptionsbanden 469—440—415 mμ (Benzin) neben einem Xanthopyll.

Aus Meerestieren:

Actinioerythrin[6] aus Aquinia equina, braunrote Rhomboeder, Absorptionsbanden 574—537—495 mμ (Schwefelkohlenstoff).

Glycymerin[6] aus Pectunculus glycymeris, Smp. 148—153°, Absorptionsbanden 495 mμ (Schwefelkohlenstoff).

Salmensäure[7] aus dem Fleisch des Lachses, hochrote flockige Masse, Absorptionsbanden 525—485 mμ (Pyridin), daneben Carotin und Xanthophyll.

Asterinsäure[8] aus Seesternen und zwar aus Asteria rubens, violettes Pulver Smp. 185°.

Zwei Carotinoide[9] mit Absorptionsbande 505 ($\pm$5) mμ (Schwefelkohlenstoff) aus Regalecus glesné (Heringskönig, Leber), Balaeoptera musculus (Blauwal) und Cyclopterus lumpus, vielleicht identisch mit Salmensäure.

Pectenoxanthin[10] $C_{40}H_{52}O_3$ (?), braunrote Prismen vom Smp. 185°, Absorptionsbanden 518—488—454 mμ (Schwefelkohlenstoff), der Farbstoff der Geschlechtsdrüsen der Muschel Pecten maximus.

Ein rötlicher Farbstoff[11] aus der Leber von Lophius piscatorius.

Ein roter Farbstoff[12] des Meerschwammes Microconia prolifera.

Diaroylmethanverbindungen.

In dieser Gruppe ist nur ein einziger natürlicher Farbstoff zu verzeichnen, wenn auch Farbstoffe seiner Struktur in theoretischen Er-

---

[1] Petter: Akad. Wiss. Amsterd. **34** (1931). — [2] Molisch: Die Purpurbakterien. Jena 1907. — Buder: Jb. Bot. **58**, 537 (1919). — [3] Lederer: C. r. Acad. Sci. Paris **197**, 1694 (1933); vgl. auch Fink, Zenger: Wschr. Brauerei **1933**, Nr 12. — [4] Reader: Biochemic. J. **19**, 1039 (1925). — [5] Chargaff, Dieryck: Naturwiss. **20**, 872 (1933); C. r. Acad. Sci. Paris **197**, 946 (1933); dort auch Angaben über den Gehalt an bekannten Carotinfarbstoffen. — [6] Fabre, Lederer: Bull. Soc. Chim. biol. Paris **16**, 105 (1933). — [7] H. v. Euler, Hellström, Malmberg: Sv. Kem. Tidskr. **45**, 151 (1931). — [8] v. Euler, Hellström: Z. physiol. Chem. **223**, 89 (1934). — [9] Schmidt-Nielsen, Sörensen, Trumpy: Norsk Vidensk. Selsk. Forh. **5**, 114, 118 (1932). — [10] Lederer: C. r. Soc. biol. Paris **116**, 150 (1934). — [11] Lovern, Morton: Biochemic. J. **25**, 1336 (1931). — [12] W. Bergmann, Johnson: Z. physiol. Chem. **222**, 220 (1933).

örterungen[1] besprochen und — bis jetzt ohne technischen Erfolg — hergestellt[2] worden sind.

Curcumin. Der Farbstoff findet sich im Wurzelstock und den Stengeln von Curcuma tinctoria, longa, rotunda und viridiflora[3] aus der Familie der Scintamineen, einer im tropischen Asien wild wachsenden Pflanze, welche in China, Cochinchina und Ostindien angebaut wird. Die daraus erhaltene Droge, Curcuma, auch Gelbwurz, gelber Ingwer, terra merita, souchet, safran d'Inde oder Turmerick genannt, hat einen ingwerartigen Geruch, einen brennenden Geschmack und enthält das Curcumin neben einem weiteren braunen Farbstoff und einem Öl[4].

Für die Gewinnung von Curcumin aus Curcuma[5] sind die besten Darstellungsweisen von Jackson[6] und von A. G. Perkin und Phipps[7] beschrieben. Aus einem alkoholischen Auszug der Droge wird das Bleisalz des Farbstoffes gefällt und der Farbstoff dann einer Reinigung unterzogen. Ausbeute 0,65%.

Die Konstitution des Farbstoffes liegt auf Grund der Arbeiten von v. Kostanecki[8] und der Synthese von Lampe[9] fest. Curcumin hat die zuerst von Ciamician und Silber[10] vorgeschlagene Formel $C_{21}H_{20}O_6$, den Smp. 180—183°, bildet orangerote Prismen und ist Diferuloylmethan:

$$H_2C\begin{matrix}CO-CH=CH-\\CO-CH=CH-\end{matrix}\begin{matrix}\langle\rangle-OH\\\langle\rangle-OH\end{matrix}\begin{matrix}OCH_3\\\\OCH_3\end{matrix}$$

Der Farbstoff löst sich in konz. Schwefelsäure gelbrot, die ätherische Lösung zeigt schwach grünliche Fluorescenz. Mit Alkali erleidet Curcumin einen Farbenumschlag nach rotbraun (Curcumapapier).

---

[1] Milobedzka, v. Kostanecki, Lampe: Ber. dtsch. chem. Ges. **43**, 2163 (1910). — [2] Ryan, Dunlea: Proc. roy. irish Acad. **32**, 1 (1913). — Ryan, Algar: Proc. roy. irish Acad. **32**, 9 (1913). — Ryan, Plumkett: Proc. roy. irish Acad. **32**, 199 (1916); vgl. auch Lampe, Godlewska: Ber. dtsch. chem. Ges. **51**, 1355 (1918). Zusammenstellung der vorstehenden Arbeiten bei A. G. Perkin und A. E. Everest: The natural colouring matters, S. 392. London: Longmans Green and Co. 1918. — [3] Auch in Curcuma aromatica Salisb. ist Curcumin gefunden worden: Rao, Shintre: J. Soc. chem. Ind. **47**, 54 (1928); ferner in Curcuma domestica (Temoe Lawak): Dieterle, Kaiser: Arch. Pharmaz. **270**, 413 (1932); vgl. auch Rev. gén. Teinture, Impression, Blanchement, Apprêt **10**, 223 (1932). — [4] Über die Zusammensetzung dieses Öls s. Rupe: Ber. dtsch. chem. Ges. **40**, 4909 (1907).—Rupe, Luksch, Steinbach: Ber. dtsch. chem. Ges. **42**, 2515 (1909). — Rupe, Steinbach: Ber. dtsch. chem. Ges. **43**, 3465 (1910); **44**, 584 (1911). — Rupe, Wiederkehr: Helvet. chim. Acta **7**, 654 (1924).— Rupe, Clar, St. Pfau, Plattner: Helvet. chim. Acta **17**, 372 (1934). — [5] Ältere Literatur s. Beilstein, Bd. VIII, S. 554. — Daube [Ber. dtsch. chem. Ges. **3**, 609 (1870)] hat den Farbstoff zuerst krystallisiert erhalten; vgl. auch Iwanow-Gajewski: Ber. dtsch. chem. Ges. **3**, 624 (1870) und Kachler: Ber. dtsch. chem. Ges. **3**, 713 (1870). — [6] Jackson: Ber. dtsch. chem. Ges. **14**, 485 (1881). — Jackson, Menke: Amer. chem. J. **4**, 77 (1882). — [7] A. G. Perkin, Phipps: J. chem. Soc. Lond. **85**, 63 (1904). — [8] Milobedzka, v. Kostanecki, Lampe: Ber. dtsch. chem. Ges. **43**, 2163 (1910). — Lampe, Milobedzka: Ber. dtsch. chem. Ges. **46**, 2235 (1913); hierzu auch Jackson, Clarke: Ber. dtsch. chem. Ges. **38**, 2712 (1905); **39**, 2269 (1906); Amer. chem. J. **45**, 48 (1911). — [9] Lampe: Ber. dtsch. chem. Ges. **51**, 1347 (1918). — [10] Ciamician, Silber: Ber. dtsch. chem. Ges. **30**, 192 (1897).

Die Synthese geht von Carbomethoxy-feruloylchlorid aus:

$$H_3CO-CO-O-\langle C_6H_3(OCH_3)\rangle-CH=CH-COCl + CH_2(CO-OC_2H_5)-CO-CH_3 \rightarrow$$

$$H_3CO-CO-O-\langle C_6H_3(OCH_3)\rangle-CH=CH-CO-CH(CO-OC_2H_5)-CO-CH_3 \rightarrow$$

Verseifung und CO_2-Abspaltung

$$H_3CO-CO-O-\langle C_6H_3(OCH_3)\rangle-CH=CH-CO-CH_2-CO-CH_3 \quad +$$

$$Cl-CO-CH=CH-\langle C_6H_3(OCH_3)\rangle-O-CO-OCH_3 \rightarrow$$

$$H_3CO-CO-O-\langle C_6H_3(OCH_3)\rangle-CH=CH-CO-CH(CO-CH_3)-CH=CH-\langle C_6H_3(OCH_3)\rangle-O-CO-OCH_3$$

Dieses Produkt spaltet bei der sauren Verseifung Essigsäure und bei der nachfolgenden alkalischen Carbomethoxygruppen ab und die so erhaltene Verbindung ist mit natürlichem Curcumin identisch. Vielleicht enthält das letztere Beimengungen von isomeren Curcuminen, die in struktur- wie stereochemischer Beziehung möglich sind[1]. Dem Curcumin könnte z. B. folgende Enolformel[2] zukommen:

$$HC\begin{cases}C(OH)-CH=CH-\langle C_6H_3(OCH_3)\rangle-OH \\ CO-CH=CH-\langle C_6H_3(OCH_3)\rangle-OH\end{cases}$$

Auch der Abbau steht mit der Konstitution im Einklang. Kochen mit Kalilauge liefert Vanillinsäure und Ferulasäure, letztere ist synthetisch zugänglich aus Vanillin mit Hilfe der Perkinschen Reaktion. Die Alkalischmelze führt zu Protocatechusäure, die Oxydation mit Kaliumpermanganat zu Vanillin. Endlich entsteht mit Hydroxylamin ein Isoxazol der Formel:

$$HO-\langle C_6H_3(OCH_3)\rangle-CH=CH-C\underset{O}{\overset{N}{\underset{\|}{}}}\!\!=\!\!CH-C-CH=CH-\langle C_6H_3(OCH_3)\rangle-OH$$

Curcumin zieht auf ungebeizter Baumwolle mit gelber Farbe, ebenso auf Wolle und Seide. In China soll der Farbstoff trotz seiner Licht- und Alkaliunechtheit noch Verwendung zum Färben von Seide, Papier, Holz und Nahrungsmitteln finden. Die substantiven Eigenschaften finden eine Erklärung in der weitgehenden Analogie[3] zu Benzidinderivaten:

$$R\begin{cases}N=N-X \\ N=N-X\end{cases} \qquad R\begin{cases}CO-CH=CH-X \\ CO-CH=CH-X\end{cases}$$

---

[1] Darauf deutet auch die Bildung zweier verschiedener Diacetylderivate: Ghosh: J. chem. Soc. Lond. **125**, 292 (1919). — [2] Vgl. z. B. Heller: Ber. dtsch. chem. Ges. **50**, 1244 (1917). — [3] Milobedzka, v. Kostanecki, Lampe: Ber. dtsch. chem. Ges. **43**, 2167 (1910).

Die Fähigkeit auf Beizen zu ziehen ist durch die β-Diketonatur[1] bedingt.

Mit Alkohol und Borsäure entsteht Rubrocurcumin[2] $C_{21}H_{20}O_6$, das beim Erhitzen mit verdünnter Schwefelsäure in Rosocyanin $C_{21}H_{20}O_6$ übergeht, offenbar handelt es sich um Isomere des Curcumin, mit deren Darstellung sich Heller[3] befaßt hat, deren Struktur und Einheitlichkeit aber nicht zweifelsfrei ist.

Isocyclische Verbindungen.
1. Benzochinonverbindungen.

Während man die Bildung von Benzochinonderivaten in der Pflanze aus Phenolen ableiten könnte, bleibt das Vorkommen der im nachstehenden u. a. beschriebenen Terphenylderivate in höchstem Grade merkwürdig.

Farbstoff von Penicillium spinolosum. Dieser Pilz erzeugt aus Glucose neben größeren Mengen von Citronensäure ein Methoxydioxy-toluchinon[4] $C_8H_8O_5$ (I), fast schwarze metallglänzende Platten vom Smp. 202—203⁰ von noch nicht bekannter Konstitution. Die Diacetylverbindung $C_{12}H_{12}O_7$, gelbe Nadeln, hat den Smp. 139,5⁰. Die Gewinnung erfolgt aus mit Sporen des Pilzes versetzter Glucosenährlösung nach Czapek-Dox bei etwa 22⁰ im Brutschrank im Laufe von 14 Tagen[5].

Polyporsäure. Ein an kranken Eichen wachsender Pilz aus der Gattung der Polyporeae enthält einen Farbstoff, dessen Kennzeichen tiefviolette Lösungsfarbe in verdünntem Ammoniak ist. Sein Name und die erste Untersuchung stammt von Stahlschmidt[6]. Kögl[7] hat die Konstitution aufgeklärt zum Teil auf Grund eines Originalpräparates von Stahlschmidt, zum Teil mit Material aus Polyporus nidulans (Pers.)[8]. Auch bei Polyporus rutilans (P) wird die Farbreaktion beobachtet. Die Verbindung hat die Formel $C_{18}H_{12}O_4$, sie bildet glitzernde braunviolette Blättchen und liefert ein Diacetylderivat vom Smp. 209⁰ (gelbe Nadeln).

Die Zinkstaubdestillation ergab Terphenyl:

---

[1] Vgl. Werner: Ber. dtsch. chem. Ges. **41**, 1067 (1908). — [2] Clarke, Jackson: Amer. chem. J. **39**, 696 (1908); dort die ältere Literatur. Die angegebenen Formeln sind entsprechend der neueren Forschung zu berichten, die Untersuchung erscheint aus diesem Grunde der Überprüfung zu bedürfen. — [3] Heller: Ber. dtsch. chem. Ges. **47**, 887, 2998 (1914). — Ryan, Dunlea: Ber. dtsch. chem. Ges. **47**, 2423 (1914). — Ghosh: J. chem. Soc. Lond. **125**, 292 (1919). — [4] Birkinshaw, Raistrick: Phil. trans. roy. Soc. Lond. B **220**, 245 (1931). — [5] Die Darstellung ist auch in Klein [Handbuch der Pflanzenanalyse, III, 2, S. 1421] von Kögl beschrieben. — [6] Stahlschmidt: Liebigs Ann. **187**, 177 (1877); **195**, 365 (1879). — [6] Kögl: Liebigs Ann. **447**, 78 (1926). — Kögl, Becker: Liebigs Ann. **465**, 219 (1928). — [8] Vgl. auch Klingemann [Liebigs Ann. **275**, 89 (1893)], der den Pilz an dem ursprünglichen Fundort im Eschweiler Wald nicht finden konnte; ferner Bamberger, Landsiedl: Monatsh. Chem. **30**, 673 (1909).

der Farbstoff erwies sich als identisch mit dem von Fichter[1] hergestellten 3-6-Dioxy-2-5-diphenyl-1-4-benzochinon:

Adams und Shildneck[2] empfehlen zur Darstellung die Bromierung von Diphenylhydrochinon[3], Oxydation und Hydrolyse:

Die Alkalispaltung von Dialkyl-dioxychinonen führt nach Fichter[4] zu dialkylierten Bernsteinsäuren:

Es entstehen also 2 stereoisomere zweifach substituierte Bernsteinsäuren. Entsprechend wurden bei der Polyporsäure 3 Säuren erhalten und zwar 2 isomere α-Benzylzimtsäuren (II) und eine Phenylbenzylbernsteinsäure (III):

Es ist also nicht nur wie oben Kohlendioxyd abgespalten worden, sondern zum Teil Oxalsäure. Die isomere Phenyl-benzylbernsteinsäure war wohl wegen der geringen verarbeiteten Substanzmenge nicht isolierbar.

Gewinnung. Polyporus nidulans wird mit verdünntem Ammoniak ausgezogen und die violette Lösung mit Salzsäure gefällt. Der ausgefallene Farbstoff wird durch Überführen in das Kaliumsalz gereinigt.

---

[1] Fichter: Liebigs Ann. **361**, 363 (1908). — [2] Shildneck, Adams: J. amer. chem. Soc. **53**, 2373 (1931). — [3] Pummerer, Prell: Ber. dtsch. chem. Ges. **55**, 3105 (1922). — [4] Fichter: Liebigs Ann. **361**, 385 (1908). — Kögl, Becker: Liebigs Ann. **465**, 211 (1928), und zwar S. 219.

Ausbeute 18% des Pilzgewichtes. Der Reichtum des Pilzes an Farbstoff ist erstaunlich.

Atromentin. Der Farbstoff wurde von Thörner[1] in Paxillus atrotomentosus Batsch, dem Samtfuß, einem Pilz, der im Herbst in Tannenwaldungen an alten Baumstrünken häufig ist, gefunden. Kögl[2] hat die Darstellungsweise verbessert und die Konstitution aufgeklärt. Für ein glucosidisches Vorkommen liegen keine Anzeichen vor.

Atromentin hat die Formel $C_{18}H_{12}O_6$, bildet glänzende Blättchen von bronzefarbener bis schokoladebrauner Oberflächenfarbe, besitzt keinen Smp. und ist nur schwer sublimierbar.

Es besitzt vier Hydroxylgruppen (Tetra-acetylderivat: gelbe Blättchen, vom Smp. 245°) und ist ein Chinon, weil es ein Hexamethyl-leukoatromentin, farblose Nadeln vom Smp. 238° liefert. Die Zinkstaubdestillation ergab Terphenyl. Die Oxydation mit Wasserstoffsuperoxyd führt zu p-Oxybenzoesäure, in alkalischer Lösung zu Atromentinsäurelacton $C_{18}H_{10}O_6$, das sich von der roten Atromentinsäure, einer p-p'-Dioxypulvinsäure ableitet:

$$HO-\langle\ \rangle-\underset{\underset{CO-O}{|}}{C}\overset{\overset{OH}{|}}{\underset{}{C}}\overset{COOH}{\underset{}{|}}C=C-\langle\ \rangle-OH$$

Letztere zerfällt durch Alkalispaltung in p-Oxyphenylessigsäure und Oxalsäure.

Die Synthese eines Methoxyderivates gelang nach dem Vorbild der Volhardschen Synthese[3,4].

$$CH_3O-\langle\ \rangle-\underset{\underset{CN}{|}}{\overset{\overset{H}{|}}{C}}-H + C_2H_5O-CO-CO-OC_2H_5 + H-\underset{\underset{NC}{|}}{\overset{\overset{H}{|}}{C}}-\langle\ \rangle-OCH_3 \rightarrow$$

$$CH_3O-\langle\ \rangle-\underset{\underset{CO-O}{|}}{C}\overset{\overset{O-CO}{|}}{\underset{}{C}}C=C-\langle\ \rangle-OCH_3 \rightarrow$$

$$CH_3O-\langle\ \rangle-\underset{\underset{CO-O}{|}}{C}\overset{\overset{OCH_3}{|}}{\underset{}{C}}\overset{CO-OCH_3}{\underset{}{|}}C=C-\langle\ \rangle-OCH_3$$

Danach ergibt sich für Atromentin die Konstitution eines 2-5-Di-(p-oxyphenyl)-3-6-dioxy-1-4-benzochinon:

$$HO-\langle\ \rangle-\underset{\underset{O}{||}}{\overset{\overset{O}{||}}{\bigcirc}}\langle HO \rangle -OH \langle\ \rangle-OH$$

---
[1] Thörner: Ber. dtsch. chem. Ges. **11**, 533 (1878); **12**, 1630 (1879). — [2] Kögl, Postowsky: Liebigs Ann. **440**, 19 (1924); **445**, 159 (1925). — Kögl, Becker: Liebigs Ann. **465**, 211 (1928). — Kögl: Liebigs Ann. **465**, 243 (1928). — [3] Volhard: Liebigs Ann. **282**, 1 (1894). — [4] Kögl, Becker: Liebigs Ann. **465**, 243 (1928).

Eine Synthese des Farbstoffes gelang nach der von Fichter angegebenen Bildungsweise der disubstitutierten Dioxychinone, die von Kögl[1] verbessert wurde:

$$CH_3O-\langle\rangle-CH_2-CO-OCH_3 + CH_3O-CO-CH_2-\langle\rangle-OCH_3 \xrightarrow{+O_2}$$

$$CH_3O-\langle\rangle-CH_2-\underset{ONa}{C}=\underset{ONa}{C}-CH_2-\langle\rangle-OCH_3 \rightarrow$$

$$CH_3O-\langle\rangle-CH_2-CO-CO-CH_2-\langle\rangle-OCH_3 \rightarrow$$
$$+$$
$$C_2H_5O-CO-CO-OC_2H_5$$

$$CH_3O-\langle\rangle-C\underset{\underset{O}{\overset{\|}{C}}-\underset{OH}{\overset{|}{C}}}{\overset{\overset{OH}{\overset{|}{C}}-\overset{O}{\overset{\|}{C}}}{\diagup\diagdown}}C-\langle\rangle-OCH_3 \xrightarrow{+HI}$$

(structural formulas showing dihydroxy tetrahydroxy compound → atromentin with +O)

Shildneck und Adams[2] haben aus nach Pummerer und Prell[3] hergestelltem Dianisylhydrochinon (I); durch Bromierung, Oxydation und Hydrolyse ebenfalls Atromentin erhalten.

(I) $CH_3O-\langle\rangle-\langle\rangle-OCH_3$ mit OH, OH

Auch die Alkalispaltung des Atromentins verläuft nach Kögl wie bei der Polyporsäure geschildert. Es entsteht eine Säure der Konstitution (II), die sich als α-Keto-β-(p-oxyphenyl)-γ-(p-oxyphenyl)-butyro-lacton-γ-carbonsäure erweist und ferner 2 isomere Verbindungen der Konstitution:

(II) $HOOC-C-CH_2-C_6H_4-OH$
$HO-C_6H_4-CH\underset{CO}{\overset{O}{\diagdown}}CO$

$$HO-\langle\rangle-CH=\underset{COOH}{C}-CH_2-\langle\rangle-OH$$

einer p-Oxy-α-(p'-oxybenzyl)-zimtsäure.

Atromentin zieht auf Wolle mit tabakbrauner Farbe, auf chromgebeizter mit grünlichem Ton.

Gewinnung. Das getrocknete Pilzmaterial wird mit Natronlauge ausgezogen und das rotbraune Filtrat mit Salzsäure gefällt und der Farbstoff von Begleitstoffen befreit. Ausbeute 1,5—2% des lufttrockenen Pilzpulvers.

---

[1] Siehe Fußnote 4, S. 63. — [2] Shildneck, Adams: J. amer. chem. Soc. 53, 2373 (1931). — [3] Pummerer, Prell: Ber. dtsch. chem. Ges. 55, 3105 (1922).

Muscarufin. Der Farbstoff des Fliegenpilzes (Amanita muscaria L) ist zuerst von Griffiths[1], dann von Zellner[2] beschrieben worden. Die Reindarstellung und Konstitutionsaufklärung ist Kögl und Erxleben[3] geglückt, von ihnen stammt der Name. Der Farbstoff liegt wahrscheinlich ursprünglich als Glucosid vor, hat die Zusammensetzung $C_{25}H_{16}O_9$ und bildet orangerote rhombische Krystalle vom Smp. 275,5°. Er gibt ein Monoacetylderivat vom Smp. 197° (orangegelbe Stäbchen), die reduzierende Acetylierung führt zu einem Triacetylderivat vom Smp. 184° (farblose Nadeln). Der Farbstoff hat nach der elektrometrischen Titration 3 Carboxylgruppen, die Zinkstaubdestillation lieferte Terphenyl, die katalytische Hydrierung ein Hexahydromuscarufin, so daß außer dem chinoiden System noch zwei Doppelbindungen vorhanden sein müssen. Die alkalische Oxydation mit Wasserstoffsuperoxyd gab Phthalsäure, die des hydrierten Muscarufin Adipinsäure. Danach muß das phenolische Hydroxyl in Stellung 3 oder 6 des Chinonringes sich befinden; von den Carboxylgruppen stehen zwei an den Kohlenstoffatomen 2' bzw. 2'', die andere Carboxylgruppe der Phthalsäure wird von den Kohlenstoffatomen 2 und 5 des Chinonringes geliefert. Es muß weiter eine zweifach ungesättigte carboxylhaltige Seitenkette vorliegen, die sich nachweisen ließ: Triacetyl-leukomuscarufin kondensiert sich nämlich mit Malonsäureanhydrid, daraus ergibt sich folgende Konstitution für Muscarufin:

[Strukturformel: Benzochinon mit HO–, COOH-Gruppen und Seitenkette CH=CH–CH=CH–COOH]

Die von Kenner[4] an o-substituierten Diphensäuren entdeckte Spiegelbildisomerie schien nach der obigen Formel mit Rücksicht auf das doppelte Diphenylsystem mit je dreifacher o-Substitution möglich, konnte aber nicht nachgewiesen werden.

Gewinnung. Die roten Häute von Fliegenpilzen werden in Äthylalkohol eingelegt und bei 0° aufbewahrt. Dann wird der Extrakt mit Silbernitrat gefällt, das Silbersalz zerlegt und der Farbstoff gereinigt.

Citrinin[5]. Dieser Farbstoff bildet sich bei der Züchtung von Penicillium citrinum auf Glucosenährlösung. Citrinin ist eine einbasische Säure $C_{13}H_{14}O_5$, bildet goldgelbe prismatische Nadeln vom Smp. 166—170° und ist optisch aktiv. $[\alpha]$ Hg grün $= -41,7°$ (Alkohol). Es enthält keine Methoxy- oder Ketogruppe, jedoch eine Hydroxyl- und eine Carboxylgruppe. Durch Hydrolyse mit verdünnter Schwefelsäure wird eine Verbindung (I) erhalten, die ein asymmetrisches Kohlenstoffatom, zwei phenolische und eine alkoholische Hydroxylgruppe enthält und

---

[1] Griffiths: C. r. Acad. Sci. Paris **122**, 1342 (1896); **130**, 42 (1900). — [2] Zellner: Monatsh. Chem. **27**, 282 (1906). — [3] Kögl, Erxleben: Liebigs Ann. **479**, 11 (1930). — [4] Christie, Kenner: J. chem. Soc. Lond. **121**, 614 (1927); vgl. auch Kuhn, Albrecht: Liebigs Ann. **464**, 91 (1928). — Kuhn, Goldfinger: Liebigs Ann. **470**, 183 (1929). — [5] Hetherington, Raistrick: Philos. trans. roy. Soc. Lond. B **220**, 209, 269 (1931). — Coyne, Raistrick, Robinson: Philos. trans. roy. Soc. Lond. B **220**, 297 (1931).

66 Isocyclische Verbindungen.

durch Kalischmelze ein Resorcinderivat der Formel (II) gibt. Daneben entsteht noch Kohlendioxyd und Ameisensäure:

$$\underset{\underset{CH_3-CH-OH}{H_3C}}{\overset{C_2H_5}{HO}}\diagdown\!\!\!\!\!\diagup OH \quad (I) \qquad \underset{H_3C}{\overset{C_2H_5}{HO}}\diagdown\!\!\!\!\!\diagup OH \quad (II) \qquad \underset{\underset{CH_3-CH-O}{H_3C}}{\overset{C_2H_5}{O=}}\diagdown\!\!\!\!\!\diagup \overset{OH}{\underset{C-COOH}{=}} \quad (III)$$

Aus diesen Befunden ließ sich die Formel (III) für Citrinin ableiten.

Gewinnung. Die mit Sporen des Pilzes geimpfte Glucosenährlösung wird bei 28⁰ aufbewahrt und die Kulturen aufgearbeitet. Aus 30 l Kulturlösung erhält man 45—60 g Citrinin.

Anhang. Ellagsäure. Die Ellagsäure[1] ist im Pflanzenreich weit verbreitet, meist in Begleitung von Gallussäure oder deren Derivaten, so findet sie sich in Galläpfeln, in der Rinde und dem Holz von Eichenarten, den Dividivischoten, der Edelkastanie usw., und zwar wahrscheinlich gebunden in glucosidischer Form. Der Farbstoff hat die Zusammensetzung $C_{14}H_6O_8$, ist ein gelbliches krystallinisches Pulver, das ohne zu schmelzen, sublimiert; er hat die Konstitution

Gewinnung. Ellagsäure wurde aus Dividivi und anderen Gerbstoffen[2] durch Ausziehen mit Wasser und Kochen der Lösung mit verdünnter Schwefelsäure hergestellt, synthetisch durch Oxydation von Gallussäure in essigsaurer Lösung mit Kaliumpersulfat und Schwefelsäure; sie war als Alizaringelb-Teig früher im Handel und färbt Wolle auf Chrombeize gelb.

2. Naphthochinonverbindungen.

Die Bildung von Naphthochinonderivaten in der Pflanze könnte aus Chinonen mit Hilfe der Diels-Alderschen Synthese erklärt werden. Man sollte dann allerdings meinen, daß eine größere Zahl von Verbindungen aufgefunden worden wäre, bei welchen Isopren als Ausgangsstoff erkennbar ist.

Lawson. In den Blättern der Pflanze Lawsonia inermis L. sowie in Lawsonia alba Lam. oder indischem Mehedi befindet sich ein Farbstoff Henna[3], der die Zusammensetzung $C_{10}H_6O_3$, gelbe Krystalle vom Smp. 192—195⁰ hat und mit 2-Oxy-1-4-naphthochinon (I) identisch ist. Lawson wird aus den Blättern mit warmem Wasser ausgezogen, in Äther geschüttelt, aus dem Ätherauszug mit Kalk herausgelöst und wieder in Wasser übergeführt. Es färbt Wolle und Seide orangegelb an.

---

[1] Literatur: Schultz: Farbstofftabellen, 7. Aufl., S. 497, Nr 1140; ferner Shinoda, Kun: J. pharmac. Soc. Jap. **51**, 50 (1931). — Ullmann: Enzyklopädie der technischen Chemie, 2. Aufl., Bd. 5, S. 131. — [2] Zetzsche, Graef: Helvet. chim. Acta **14**, 240 (1931). — [3] Tommasi: Gazz. chim. **50 I**, 263 (1920). — Lal, Dutt: J. Indian chem. Soc. **10**, 577 (1933); Condelli: Boll. chim. farmac. **13**, 85 (1934).

Juglon (Nucin, Regianin). Dieser Farbstoff [1] ist in der Familie der Juglandeen weit verbreitet, so ist er in der Schale der Frucht des Nußbaumes als α-Hydro-juglon [2] vorgebildet. Juglon hat die Zusammensetzung $C_{10}H_6O_3$, es ist 5-Oxy-1-4-naphthochinon und bildet gelbrote Nadeln oder Prismen vom Smp. 153—154⁰ (I).

Seine Konstitution ist durch die Bildung vermittels Oxydation des 1-5-Dioxynaphthalin erwiesen. Der Abbau liefert 3-Oxyphthalsäure. Das in der Pflanze vorgebildete Produkt α-Hydrojuglon ist 1-4-8-Trioxy-naphthalin, das auch in einer Ketoform β-Hydrojuglon (II) existenzfähig ist.

Zur Gewinnung [3] extrahiert man die Schalen mit Äther. Juglon färbt mit Aluminium-, Chrom- oder Eisensalzen gebeizte Wolle bräunlichgelb, mit Aluminiumsalzen gebeizte Baumwolle rosafarben.

Lapachol. Im Taigu- oder Lapacholholz von verschiedenen südamerikanischen Bignoniaceen, ferner im Bethabarraholz von der Westküste von Afrika und im Grönhart(Greenhart)holz von Surinam findet sich dieser Farbstoff [4]. Er hat die Zusammensetzung $C_{15}H_{14}O_3$ (gelbe Prismen), den Smp. 139,5—140,5⁰ und löst sich in Alkalien und Alkalicarbonaten mit roter Farbe. Bei der Zinkstaubdestillation gibt Lapachol Naphthalin und Isobutylen, eine Oxygruppe ist nachweisbar. Danach ist eine Seitenkette von 5 Kohlenstoffatomen vorhanden. Die Konstitution (I) als 2-(γ-γ-Dimethylallyl)-3-oxy-1-4-naphthochinon ergibt sich auf Grund einer Synthese [5] aus 2-Oxynaphthochinon und γ-γ-Dimethylallylbromid

Daneben bildet sich noch das normale Alkylierungsprodukt, das 2-(γ-γ-Dimethylalloxy)-1-4-naphthochinon. Die Möglichkeit, daß sich aus diesem unter Claisen-Umlagerung Lapachol bilden könnte, was zu einer anderen Konstitutionsauffassung führen müßte, ist auf Grund von Modellversuchen [5] unwahrscheinlich.

Der Farbstoff wird aus dem Holz durch Ausziehen mit Sodalösung erhalten.

---

[1] Ältere Literatur: Beilstein, Bd. VIII, S. 308. — V. Meyer-P. Jacobson: Lehrbuch der organischen Chemie, II, 2, 392; mikrochemischer Nachweis: Tunmann: Pharmaz. Z.halle **53**, 1005 (1912). — R. Fischer, Stauder: Pharmaz. Z.halle **72**, 97 (1931); Komplexsalze: Ciusa: Ann. Chim. appl. **16**, 127 (1926). — Mangini: Gazz. chim. **61**, 820 (1931). — [2] Willstätter, Wheeler: Ber. dtsch. chem. Ges. **47**, 2706 (1914). — [3] Bernthsen, Semper: Ber. dtsch. chem. Ges. **18**, 205 (1885). — [4] Ältere Literatur: V. Meyer-P. Jacobson: Lehrbuch der organischen Chemie, II, 2, S. 395. — Oesterle: Arch. Pharmaz. **251**, 301 (1913); **254**, 346 (1916). — [5] Fieser: J. amer. chem. Soc. **49**, 857 (1927).

Isocyclische Verbindungen.

Tecomin. Im Holz der Bignonia tecoma, auch Ipé-tabacco-holz genannt, eines in Brasilien heimischen Baumes findet sich ein Farbstoffgemisch: Tecomin [1], das auch in ähnlichen Arten z. B. Tecoma ipé und Tecoma ochracea vorkommt.

Der Alkoholauszug des Holzes läßt sich durch Behandeln mit Sodalösung in 2 Teile zerlegen, einen löslichen, der mit Lapachol identisch ist und einen unlöslichen, hellgelbe Nadeln vom Smp. 242°, dessen Konstitution unbekannt ist. Die Eingeborenen verwenden eine kalkhaltige Abkochung der Sägespäne zum Färben von Baumwolle.

Lomatiol. In Neusüdwales und in Viktoria (Australien) wachsen Lomatia ilicifolia und longifolia aus der Familie der Proteaceae, deren Samen das Lomatiol [2] entstammt. Es hat die Zusammensetzung $C_{15}H_{14}O_4$, bildet gelbe Nadeln und schmilzt bei 127°. Bei der Lösung in Schwefelsäure wird bei kürzerer Einwirkungsdauer das Dehydrolapachon (I), bei längerer unter Wasseraufnahme das bekannte Oxy-β-lapachon (II) gebildet, das auch aus Lapachol erhalten wird. Danach ergibt sich die Konstitution des Lomatiol als der Formel (III) entsprechend. Zur Ge-

(I)   (II)   (III)

winnung zieht man die Samen mit ganz verdünnter Essigsäure aus, aus der Lösung krystallisiert der Farbstoff.

Tokioviolett. In den Wurzeln von Lithospermium Erythrorhizon, im Nordosten von Japan als Shikon bekannt, befindet sich ein violetter Farbstoff, der zuerst von Kuhara [3], dann von Majima und Kuroda [4] untersucht wurde. Er hat die Zusammensetzung $C_{18}H_{18}O_6$ und schmilzt bei 85—86°, ist aber schwer zu isolieren, da er erst bei einjährigem Stehen eines Petrolätherauszuges krystallisiert. Beim Ausschütteln des Petrolätherauszuges mit Natronlauge und Fällen der alkalischen Lösung mit verdünnter Schwefelsäure krystallisiert ein Produkt der Zusammensetzung $C_{16}H_{16}O_5$ und dem Smp. 147° (braunviolette Nadeln), das um eine Acetylgruppe ärmer ist und Shikonin genannt wurde. Shikonin bildet ein Dinatriumsalz, ein Triacetylderivat vom Smp. 113° (gelbe Nadeln) und ein Dibenzoylderivat vom Smp. 168°. Die reduzierende Acetylierung zeigt die Anwesenheit von 5 Hydroxylgruppen an, die trockene Destillation liefert 1-Methyl-5-8-dioxyanthrachinon [5] (Shikizarin), die Zinkstaubdestillation Naphthalin und α- und β-Methylanthracen. Die Oxydation des Shikonin mit Kaliumpermanganat

---

[1] Lee: Proc. chem. Soc. Lond. **17**, 4 (1901); J. chem. Soc. Lond. **79**, 284 (1901). — Perkoldt: Ber. dtsch. pharmaz. Ges. **22**, 24 (1901). — Oesterle: Schweiz. Wschr. Chem. u. Pharmaz. **50**, 529 (1912); Arch. Pharmaz. **251**, 301 (1912). — Bloemendal: Pharm. Weekbl. **43**, 678 (1906). — [2] Rennie: J. chem. Soc. Lond. **67**, 787 (1895). — Hooker: J. chem. Soc. Lond. **69**, 1381 (1896). — [3] Kuhara: Chem. News **38**, 238 (1878); Ber. dtsch. chem. Ges. **11**, 2146 (1878). — [4] Majima, Kuroda: Acta phytochim. (Tokyo) **1**, 43 (1922). — [5] Hajashi: J. chem. Soc. Lond. **1927**, 2516. — F. Mayer, Stark: Ber. dtsch. chem. Ges. **64**, 2003 (1931).

gab Ameisen-, Malein- und Fumarsäure, die des Triacetylshikonin mit Ozon Aceton und 3-6-Dioxyphthalsäure. Es wurde daher nebenstehende Formel in Vorschlag gebracht.

Zur Gewinnung werden Wurzeln und Ausläufer mit Benzin ausgezogen, der Auszug eingeengt und der Rückstand gereinigt. Aus 30 kg Wurzeln erhält man 1260 g Sirup, aus 700 g Sirup 435 g Shikonin.

Farbstoffe aus Drosera Whittakeri. In der Drosera Whittakeri, einer in Australien in der Nähe von Adelaide wachsenden Pflanze befinden sich in den unterirdischen Knollen, eingelagert zwischen einem inneren Kern und einer äußeren Hülle zwei rote Farbstoffe[1]. Der eine, rote Blättchen vom Smp. 192—193° hat die Zusammensetzung $C_{11}H_8O_5$, ist in Alkalien mit tiefvioletter Farbe löslich, gibt ein Triacetylderivat, gelbe Krystalle vom Smp. 153—154° und ein Mono- sowie ein Dinatriumsalz. Die Reduktion mit Zinnchlorür und Salzsäure führt zu einem Reduktionsprodukt $C_{11}H_{10}O_5$ vom Smp. 215—217°, das beim Stehen in Lösung, rascher in alkalischer Lösung in die ursprüngliche Verbindung übergeht. Oxydative Versuche lieferten nur Essigsäure und Oxalsäure. Rennie glaubt, daß der Farbstoff ein Trioxy-methyl-naphthochinon[2] sei.

Der zweite Farbstoff, orangerote Nadeln vom Smp. 174—175° (rein vielleicht auch 178°?) hat die Zusammensetzung $C_{11}H_8O_4$ und löst sich in Alkalien mit tiefroter Farbe. Er bildet ein Diacetylderivat (gelbe Nadeln) vom Smp. 109—110° und wird für ein Derivat eines Methylnaphthochinon gehalten.

Zur Gewinnung kocht man die Knollen mit Alkohol aus, versetzt die alkoholische Lösung nach dem Einengen mit Wasser, die ausgeschiedene Masse wird sublimiert, das erhaltene rote Pulver in Eisessig gelöst, in dem der erstere Farbstoff schwerer löslich ist, der letztere wird aus der Mutterlauge mit Wasser gefällt.

Farbstoff aus Drosera binata. In den Wurzeln und Blattstielen von Drosera binata findet sich ein Farbstoff, den schon Fünfstück und Braun[3] für eine dem Juglon nahestehende Verbindung hielten. Es sind nach Dieterle[4] goldgelbe rhombische Nadeln vom Smp. 106—108°, die Zusammensetzung ist $C_{10}H_8O_3$, die alkoholische Lösung färbt sich mit Natronlauge amethystfarben, mit Eisenchlorid braunrot. Die Verbindung hat eine Hydroxylgruppe (Zerewitinoff-Bestimmung), sie liefert ein p-Nitrophenylhydrazon vom Smp. 174—176°, die Oxydation führt wahrscheinlich zu einer Oxyphthalsäure; die Formel läßt sich vorläufig wie nebenstehend auflösen.

Für den Wasserstoffreichtum ist noch keine Erklärung gefunden.

---

[1] Rennie: J. chem. Soc. Lond. **51**, 371 (1887); **63**, 1083 (1893). — [2] Über Angaben, wonach auch in anderen Drosera-Arten Naphthochinonderivate enthalten sein sollen, vgl. Fünfstück: Ber. dtsch. bot. Ges. **34**, 160 (1916). — Sabalitschka: Süddtsch. Apoth.ztg **61**, 1831 (1921); Arch. Pharmaz. **261**, 217 (1923). — Dieterle: Arch. Pharmaz. **260**, 45 (1923). — [3] Fünfstück, Braun: Ber. dtsch. bot. Ges. **34**, 160 (1916). — Eichhorn (Bot. Inst. Techn. Hochsch. Stuttgart) hat die Verbindung zuerst beschrieben. — [4] Dieterle: Arch. Pharmaz. **260**, 45 (1922); Apoth.ztg **42**, 396 (1927).

70 Isocyclische Verbindungen.

Alkannin. Die Wurzel von Alcanna tinctoria (Anchusa tinctoria), einer Boraginea, enthält diesen Farbstoff, welcher auch die Namen Pseudoalcanna, falsche Alcanna [1], Ochsenzungenwurzel, Schminkwurzel und Orcanella führt. Die Pflanze gedeiht auf dem Peloponnes, auf Cypern, in Italien, Ungarn und Spanien. Für den Farbstoff wurden früher Werte wie $C_{15}H_{14}O_4$ [2], $C_{15}H_{12}O_4$ [3] oder $C_{16}H_{14}O_4$ [4] angegeben. Ältere Bestimmungen von Pelletier, wie auch Bolley und Wydler scheinen überholt. Aber auch diese Formeln sollten wohl zugunsten einer Formel [5] $(C_{15}H_{13}O_4)_2 = C_{30}H_{26}O_8$ hintanzustellen zu sein, weil diese Formel durch die Molekulargewichtsbestimmung, Analysen des Barium- und Bleisalzes und Molekulargewichtsbestimmung eines Acetates gestützt erscheint.

Alkannin bildet violettrote mikrokrystalline Krystalle vom Zersetzungspunkt 220° (bei 180° Sinterung) [5], während Dieterle 120° angibt. Bei der Zinkstaubdestillation wird β-Methylanthracen erhalten, bei der Sublimation wurde bei gewöhnlichem Druck Naphthazarin (Raudnitz) nachgewiesen, allerdings nur ,,spärliche Krystalle, spektralanalytisch identifiziert'', während im Hochvakuum 1-Methyl-5-8-dioxyanthrachinon und eine Verbindung $C_{12}H_{10}O_3$ vom Smp. 140° (Dieterle) erhalten wurde. Raudnitz [6] hat aber die Bildung des 1-Methyl-5-8-dioxy-anthrachinon nicht bestätigen können.

Nach der Untersuchung von Betrabet und Chakravarti [5] enthält Alkannin 2 phenolische und 2 alkoholische Hydroxylgruppen (Beweis durch Bildung eines Tetraacetylderivates und eines Dimethyläthers, der noch zwei Benzoylgruppen aufnimmt). Bei der Ozonisierung entsteht eine Säure vom Smp. 140° und der Zusammensetzung $C_{13}H_8O_8$ (Dieterle), der die Konstitution eines Dioxynaphthochinon-dicarbonsäure zugeschrieben wird. Bei der katalytischen Hydrierung sollen 4 Wasserstoffatome aufgenommen werden. Betrabet und Chakravarti verwerfen die von Dieterle einerseits und Raudnitz andererseits aufgestellten Naphthochinonformeln und schlagen die nebenstehende vor, die aber noch nicht völlig überzeugend bewiesen ist.

Zur Darstellung wird das Wurzelpulver mit Petroläther ausgezogen, der Petrolätherrückstand in Chloroform gelöst, der Chloroformrückstand mit Aceton ausgezogen und der Acetonrückstand mit Natronlauge extrahiert, mehrfach umgefällt und zum Schluß mit Benzol ausgezogen. Die weitere Reinigung erfolgt über das Tetraacetylderivat.

Alkannin färbt auf Tonerdebeize ein Violett und wurde früher als Baumwoll- und Seidenfarbstoff verwandt, heute dient es noch als Farb-

---
[1] Zum Unterschied von der echten Alcannawurzel aus Lawsonia alba. — [2] Carnelutti, Nasini: Ber. dtsch. chem. Ges. 13, 1514 (1880). — Liebermann, Römer: Ber. dtsch. chem. Ges. 20, 2428 (1887). — Dieterle, Salomon, Nossek: Ber. dtsch. chem. Ges. 64, 2086 (1931). — [3] Liebermann, Römer: Ber. dtsch. chem. Ges. 20, 2428 (1887). — [4] Raudnitz, Fiedler, Redlich: Ber. dtsch. chem. Ges. 64, 1835 (1931). — Raudnitz: Ber. dtsch. chem. Ges. 65, 159 (1932). — [5] Betrabet, Chakravarti: J. Indian Inst. Sci. A 16, 41 (1933); Chem. Zbl. 1933 II, 3137. — [6] Raudnitz: Ber. dtsch. chem. Ges. 65, 159 (1932).

stoff in der kosmetischen Industrie; auch als Indicator [1] und Reagens [2] auf Magnesium wird es empfohlen.

3. Anthracenfarbstoffe.

Solche Verbindungen finden sich in der Natur in den Wurzeln verschiedener Rubiaceae, vornehmlich in Rubia tinctorum, der gemeinen Färberröte (Europa und Asien), in Rhabarber- (Rheum-) und Aloepflanzen in Rhamnusarten, in Sennesblättern, in Flechten z. B. Parmelia parietina, ferner in Pilzen. Sehr häufig sind sie in der Pflanze in glucosidischer Form [3] enthalten.

Besondere Bedeutung hatte die Gewinnung des hauptsächlichen Bestandteiles der Rubia tinctorum, des Krappfarbstoffes Alizarin aus der Pflanze erlangt, deren Anbau [4] wegen der Schönheit und Echtheit des Farbstoffes in fast allen Kulturländern geschah. Über den Ersatz des Naturfarbstoffes durch künstlich hergestelltes Alizarin ist in Bd. I S. 162f. ausführlich berichtet worden.

Die Bedeutung der Rhabarber- und Aloefarbstoffe liegt auf pharmazeutischem Gebiete, hier ist die Farbigkeit [5] der Verbindungen sogar unerwünscht. Von besonderem Interesse ist das Vorkommen eines noch unbekannten Polyoxyanthrachinon-Abkömmling im Mineralreich [6].

Aus der Tierwelt sind es die drei sogenannten Insektenfarbstoffe, Cochenille, Kermes und Lac-dye, denen vor Einführung der künstlichen Farbstoffe technische Bedeutung zukam.

Ungeklärt ist die Konstitution von Santalin und Ventilagin, welche nicht mit Bestimmtheit auf Anthracen zurückgeführt werden können; im Anhang sind zwei Phenanthrenfarbstoffe: Thelephorsäure und Xylindein angereiht.

Für die Bildung der Anthracenverbindungen in der Pflanze könnte man eine Bildung aus Oxybenzolcarbonsäuren, z. B. wie bei der Synthese des Anthragallol aus Benzoesäure und Gallussäure [7], nur unter Beteiligung von Enzymen ins Auge fassen; naheliegender erscheint vielleicht die Synthese aus Benzochinon und Isopren [8] mit nachfolgender Dehydrierung. Mitter und Biswas [9] haben eine Anzahl empirischer Regeln für die Stellung der Substituenten in Pflanzen vorkommender Anthrachinonderivate aufgestellt:

1. Keine Verbindung enthält mehr als 4 Substituenten, und zwar nicht mehr als eine Methyl-, Carboxyl- oder Oxymethylgruppe, welche immer in β-Stellung stehen, und nicht mehr als drei Hydroxylgruppen.

---

[1] Böttger: J. pract. Chem. **107**, 46 (1869). — Enz: Jahresbericht von Liebig u. Kopp **1870**, 935 (1879). — [2] Eisenlohr: Ber. dtsch. chem. Ges. **53**, 1476 (1920). — [3] Wehmer, Thies: Systematische Verbreitung und Vorkommen der Anthracenglucoside in Klein: Handbuch der Pflanzenanalyse III, 2, S. 1033. — [4] Ullmann: Enzyklopädie der technischen Chemie, 2. Aufl., Bd. 5, S. 135. — [5] „Die Aloefarben"; Rev. gén. Teinture, Impression, Blanchement, Apprêt **9**, 711 (1931). — [6] Treibs, Steinmetz: Liebigs Ann. **506**, 171 (1933). — [7] Seuberlich: Ber. dtsch. chem. Ges. **10**, 38 (1877). — [8] Diels, Alder: Liebigs Ann. **460**, 98 (1928); Ber. dtsch. chem. Ges. **62**, 2337 (1929); DRP. 494433, 496393 (I. G.), Frdl. **16**, 1201f. — [9] Mitter, Biswas: J. Indian chem. Soc. **5**, 769 (1928); vgl. auch Mitter: Übersicht über die bisher durchgeführten Synthesen natürlich vorkommender Anthrachinonderivate. J. Indian chem. Soc. P. C. Rây Commemorial Volume **1933**, 285.

2. 2 Substituenten darunter die Methyl-, Carboxyl- oder Oxymethylgruppe stehen in β-Stellung, 2 in α-Stellung.

3. Stehen die beiden β-Substitutenten in einem Ring, so stehen die α-Substituenten in demselben Ring. Sind beide β-Substituenten Hydroxylgruppen, so müssen sie in demselben Ringe stehen.

4. Stehen die beiden Substituenten in verschiedenen Ringen, so sind die α-Substituenten so verteilt, daß ein symmetrisches Gebilde entsteht.

Besetzt man im Anthrachinon zunächst 2 β-Stellungen mit 2 Hydroxylgruppen oder einer Methyl- und einer Hydroxylgruppe, so erhält man die Typen:

2-3-Dioxy-anthrachinon, 2-Methyl-3-oxyanthrachinon, 2-Methyl-7-oxyanthrachinon und 2-Methyl-6-oxyanthrachinon. Von diesen ausgehend erhält man die 4 Grundtypen, welche die Mannigfaltigkeit der Anthrachinonabkömmlinge der Pflanze erschöpfen.

Chaywurzeltypus

Krapptypus

Emodintypus

Morindontypus

In diese doch etwas problematische Systematik fügt sich aber das Helminthosporin nicht ein, ferner nicht die Farbstoffe des blutroten Hautkopfes, endlich nicht Cochenille, Kermes und Lac-dye. Man müßte also für die Anthrachinonderivate der Pilze, Bakterien und Schildläuse andere Bildungsbedingungen annehmen.

Alizarin ist in Form des Glucosides Rubierythrinsäure oder Ruberythrinsäure in der Krappwurzel[1] wie auch in der Chaywurzel (Olenlandia umbellata) enthalten. Rubierythrinsäure hat die Formel $C_{26}H_{28}O_{14}$ (vgl. aber die späteren Angaben von Jones und Robertson) und bildet gelbe Nadeln vom Smp. 258—260°, sie zerfällt nach der bisherigen Auffassung beim Erwärmen mit verdünnten Mineralsäuren in Alizarin und Glucose gemäß der Gleichung:

$$C_{26}H_{28}O_{14} + 2\,H_2O = C_{14}H_8O_4 + 2\,C_6H_{12}O_6.$$

Graebe, Liebermann und Bergami[2] hielten die Säure für ein Diglucosid. Eine ganze Anzahl Glucoside sind zur Konstitutionsaufklärung der Rubierythrinsäure dargestellt worden, so hat Takahashi[3] Alizarin-monoglucosid gewonnen, ferner sind Alizarin-2-β-gentiobiosid und Alizarin-cellobiosid[4] synthetisiert worden. Letztere sind aber mit

---

[1] Unter Krapp versteht man die gemahlene Krappwurzel mit etwa 4% färbenden Bestandteilen. Umfassende Literaturzusammenstellung: Schultz: Farbstofftabellen, 7. Aufl. I, S. 638, Nr 1379. — [2] Graebe, Liebermann: Liebigs Ann. Suppl. 7, 296 (1870). — Liebermann, Bergami: Ber. dtsch. chem. Ges. 20, 2241 (1887). — Bergami: Ber. dtsch. chem. Ges. 20, 2247 (1887). — [3] Takahashi: J. pharmac. Soc. Jap. Nr 525, 4; 1925, vgl. auch Glaser, Kahler: Ber. dtsch. chem. Ges. 60, 1349 (1927). — [4] Zemplén, Müller: Ber. dtsch. chem. Ges. 62, 2107 (1929).

Rubierythrinsäure nicht identisch [1]. Auch die Eigenschaften des Octaacetates des Alizarin-maltosides [2] stimmen mit denen des entsprechenden Rubierythrinderivates nicht überein. Zwar hat sich ein Alizarin-diglucosid [3] bis heute nicht gewinnen lassen, aber die Löslichkeit der Rubierythrinsäure in Alkali unter Bildung eines Salzes beweist, daß sie ein Biosid und kein Diglucosid ist.

Neuere Untersuchungen von Jones und Robertson [4] haben ergeben, daß die Rubierythrinsäure durch Emulsin hydrolysiert wird; sie muß daher ein β-Glucosid sein. Die Gegenwart einer Pentose wurde bei der Hydrolyse durch die Orcin- und Phloroglucinreaktion nachgewiesen, Rubierythrinsäure ist daher wahrscheinlich ein Pentosido-β-glucosid des Primverosid- oder Vicianosidtypus:

$$C_{14}H_7O_3-O(\beta)-C_6H_{10}O_4-O-C_5H_9O_4$$

Jedoch ist das Heptaacetat des 2-β-Primverosid von Alizarin nicht mit ihr identisch. Immerhin würden die analytischen Daten von Liebermann und Bergami für Rubierythrinsäure und sein Acetat auf die berechneten Werte eines solchen Glucosides stimmen.

Alizarin, $C_{14}H_8O_4$, bildet rote Nadeln vom Smp. 289—290°, färbt ein Rotbraun auf chromgebeizter Wolle und auf türkischrotöl-gebeizter Baumwolle ein feuriges Rot.

Zur Darstellung der Rubierythrinsäure wird die Krappwurzel mit siedendem Wasser ausgezogen und die Säure mit Bleiacetat gefällt und umständlich gereinigt.

Alizarin-α-methyläther (I). $C_{15}H_{10}O_4$ findet sich in Morinda longiflora [5] und citrifolia [6], sowie in der Chaywurzel [7] und hat den Smp. 178—179° (orangerote Nadeln). Die Gewinnung erfolgt durch Extraktion mit schwefliger Säure [8].

Purpuroxanthin (Xanthopurpurin) (II). Der Farbstoff [9] ist der Begleiter des Purpurin im Krapp, er hat die Formel $C_{14}H_8O_4$ (gelbe Nadeln vom Smp. 270°). Die synthetische Darstellung ist erfolgt aus symmetrischer Dioxybenzoesäure und Benzoesäure [10]:

Die Gewinnung kann aus rohem Krapp-Purpurin geschehen.

---

[1] Jones, Robertson: J. chem. Soc. Lond. **1933**, 1167. — [2] Jones, Robertson: J. chem. Soc. Lond. **1930**, 1136. — [3] Müller: Ber. dtsch. chem. Ges. **62**, 2793 (1929). — [4] Jones, Robertson: J. chem. Soc. Lond. **1933**, 1167. — [5] Barrowcliff, Tutin: J. chem. Soc. Lond. **91**, 1907 (1907). — [6] Simonsen: J. chem. Soc. Lond. **117**, 561 (1920). — [7] A. G. Perkin, Hummel: J. chem. Soc. Lond. **63**, 1174 (1893); **67**, 817 (1895). — [8] Rupe: Chemie der natürlichen Farbstoffe, Bd. 1, S. 226. — [9] Literatur: Houben: Das Anthracen und die Anthrachinon, S. 358. — [10] Noah: Ber. dtsch. chem. Ges. **19**, 332 (1886).

Hystazarin-monomethyläther (I). Der Farbstoff [1] findet sich in der Chaywurzel, hat die Zusammensetzung $C_{15}H_{10}O_4$ (orangegelbe Nadeln vom Smp. 239°) und ist unter anderem aus Hystazarindimethyläther dargestellt worden.

Munjistin (Purpuroxanthincarbonsäure). Diese Säure [2] findet sich hauptsächlich in den Wurzeln von Rubia munjista und siccimensis wohl als Glucosid. Der Farbstoff hat die Zusammensetzung $C_{15}H_8O_6$ (goldgelbe Blättchen vom Smp. 231°). Seine Synthese [3] ist wie nebenstehend gelungen.

Allerdings ist von dem synthetischen Produkt infolge mangelhafter Ausbeute keine Analyse möglich gewesen.

Munjistin färbt auf Aluminiumbeize ein Orange. Es findet sich in den Mutterlaugen des Rohpurpurins aus Krapp [4].

Rhein. Diese Verbindung [5] findet sich im chinesischen Rhabarber, sie hat die Zusammensetzung $C_{15}H_8O_6$ (gelbe Nadeln vom Smp. 312°). Die Konstitution [6] ergibt sich aus der Konstitution der Chrysophansäure (s. dort), da die Überführung der letzteren in Rhein gelungen ist. Die Darstellung ist aus chinesischem Rhabarber [7] möglich oder aus Barbaloin durch Oxydation.

Rubiadin. Der Farbstoff läßt sich aus Krapp in Form des Glucosides [8], citronengelbe Nadeln vom Smp. 270° und der Zusammensetzung $C_{21}H_{20}O_9$ isolieren, wahrscheinlich ist er aber in komplizierterer Zusammensetzung in der Pflanze enthalten. Das Glucosid entspricht der Formel (I).

---

[1] A. G. Perkin, Hummel: J. chem. Soc. Lond. **67**, 817 (1895). — A. G. Perkin: J. chem. Soc. Lond. **91**, 2066 (1907). — [2] Stenhouse: Liebigs Ann. **130**, 325 (1884). — Schunck, Römer: Ber. dtsch. chem. Ges. **10**, 172, 790 (1877); J. chem. Soc. Lond. **31**, 666 (1877); **33**, 422 (1878). — Plath: Ber. dtsch. chem. Ges. **10**, 614 (1877). — Hummel: J. chem. Soc. Lond. **63**, 1157 (1893). — [3] Mitter, Sen: J. Indian chem. Soc. **5**, 631 (1928). — Mitter, Biswas: J. Indian chem. Soc. **7**, 839 (1930); Nature (Lond.) **126**, 761 (1930); **127**, 166. (1931); Ber. dtsch. chem. Ges. **65**, 622 (1932). — [4] Schunck, Römer: Ber. dtsch. chem. Ges. **10**, 172, 790 (1877). — [5] Literatur: Beilstein, Bd. X, S. 1033. — [6] Oesterle, Tisza: Schweiz. Wschr. Chem. Pharmaz. **46**, 701 (1908).—Robinson, Simonsen: J. chem. Soc. Lond. **95**, 1085 (1909). — Oesterle, Riat: Arch. Pharmaz. **247**, 413, 527 (1909); **250**, 305 (1912). — Oesterle: Schweiz. Wschr. Chem. Pharmaz. **49**, 661 (1911). — Eder, Widmer: Helvet. chim. Acta **5**, 3 (1922). — [7] Tschirch, Heuberger: Arch. Pharmaz. **240**, 596 (1902). — [8] Schunck, Marchlewski: J. chem. Soc. Lond. **63**, 969 (1893); **65**, 182 (1894). — Jones, Robertson: J. chem. Soc. Lond. **1930**, 1699.

Es zerfällt beim Erhitzen mit verdünnter Mineralsäure in Rubiadin und Glucose. Rubiadin hat daher die Zusammensetzung $C_{15}H_{10}O_4$ (gelbe Nadeln vom Smp. 290°). Seine Konstitution[1] ist durch eine Anzahl Synthesen[2], z. B. aus 1-Methyl-2-6-dioxybenzol-4-carbonsäure und Benzoesäure:

erwiesen.

Rubiadinmono-1-methyläther ist in Morinda longiflora[3] wie auch in M. citrifolia[3] enthalten und synthetisiert[4] worden. Er bildet gelbe Platten vom Smp. 291°.

Rubiadinglucosid wird aus einem wässerigen Auszuge der Krappwurzel mittels Bleiacetat gefällt. Aus dem Glucosid wird durch Hydrolyse Rubiadin gewonnen.

Chrysophansäure (Chrysophanol) (I). Die Verbindung[5] kommt vor in Rheum officinale, Rheum rhaponticum, Rumex obtusifolius, Rumex nepalensis, Rumex ecclonianus, in der Flechte Parmelia parietina, in Sennesblättern, in der Rinde von Cassia bijuga, Rhamnus frangula[6] u. a. mehr. Im chinesischen Rhabarber ist die Chrysophansäure als Glucosid Chrysophanein $C_{21}H_{20}O_9$ (gelbe Nadeln vom Smp. 242—249°) enthalten, ferner als Rheopurgarin im Gemisch von Chrysophanein, Rheochrysin, Emodinglucosid und Rheinglucosid.

Chrysophansäure hat die Zusammensetzung $C_{15}H_{10}O_4$ (goldgelbe Blättchen vom Smp. 196°), es löst sich in Alkalien kirschrot. Die Konstitution[7] ist als die eines 4-5-Dioxy-2-methylanthrachinon ermittelt worden. Die Synthese[8] ist aus 3-Nitro-phthalsäureanhydrid und m-Kresol gelungen:

---

[1] Stouder, Adams: J. amer. chem. Soc. **49**, 2043 (1927). — Mitter, Sen, Paul: Quart. J. Indian chem. Soc. **4**, 535 (1927). — [2] Mitter: Nature (Lond.) **120**, 729 (1927). — Mitter, Gupta: J. Indian chem. Soc. **5**, 25 (1928). — Mitter, Pal: J. Indian chem. Soc. **7**, 259 (1930). — Jones, Robertson: J. chem. Soc. Lond. **1930**, 1699. — [3] Barrowcliff, Tutin: J. chem. Soc. Lond. **91**, 1907 (1908). — [4] Jones, Robertson: J. chem. Soc. Lond. **1930**, 1699. — [5] Ältere Literatur: Beilstein, Bd. VIII, 470; über Inhaltsstoffe des indischen Rhabarber vgl. Mohiuddin, Katti: J. Indian Inst. Sci. A **16**, 1 (1933). — [6] Bridel, Charaux: Bull. Soc. Chim. biol. Paris **8**, 1655 (1926). — [7] Léger: C. r. Acad. Sci. Paris **153**, 114 (1911); **154**, 281 (1912); J. Pharmac. Chim. (7), **5**, 281 (1912). — Oesterle: Arch. Pharmaz. **250**, 301 (1912). — [8] Eder, Widmer: Helvet. chim. Acta **5**, 3 (1922); **6**, 419 (1923); DRP. 397316, Frdl. **14**, 1476.

Es bilden sich jedoch in der ersten Stufe zwei Säuren:

[Reaktionsschema: Phthalsäureanhydrid-Derivat + Kresol → zwei isomere Säuren]

Eine zweifelsfreie Synthese[1] führt von der 3-Methoxy-phthalaldehydsäure mit 2-Brom-5-kresol zum Ziel:

[Reaktionsschema über mehrere Stufen zur Chrysophansäure]

Chrysophansäure färbt Wolle auf Chrombeize rot. Zur Gewinnung von Chrysophanein kann man von Rheopurgarin[2] ausgehen. Das unter dem Namen Chrysarobin[3] bekannte, im Araroba- oder Goapulver enthaltene „Chrysophanol", das oft fälschlich als Chrysophansäure bezeichnet wird, ist ein Gemisch von 4-5-Dioxy-2-methylanthron-(10)[4] (hellgelbe Nadeln vom Smp. 205—210°) mit Reduktionsprodukten des Emodin und Emodinmethyläther. Da der Chrysophansäure zwei Anthrone entsprechen, so ist die Konstitution (I) durch Vergleich mit einem synthetischen Produkt sichergestellt.

Purpurin (II). Der Farbstoff findet sich im Krapp wahrscheinlich als Glucosid, er hat die Zusammensetzung $C_{14}H_8O_5$ und den Smp. 256° (orangefarbene Nadeln). Seine Synthese ist im Bd. I, S. 166, besprochen. Der Tonerdelack ist scharlachrot. Purpurin[5] kann aus Krapp gewonnen werden.

Anthragalloldimethyläther A (III). Der Farbstoff[6] findet sich in der Chaywurzel (indischer Krapp). Er hat die Zusammensetzung $C_{16}H_{12}O_5$ (gelbe Nadeln vom Smp. 218—220°) und ist synthetisch erhalten worden.

---

[1] Naylor jr., Gardner: J. amer. chem. Soc. 53, 4109, 4114 (1931). — [2] Gilson: Mém. cour. Acad. roy. med. Belg. 1905, 455. — Eder, Widmer: Helvet. chim. Acta 5, 17 (1922). — [4] Rochleder: Ber. dtsch. chem. Ges. 2, 373 (1869). — Hesse: Liebigs Ann. 309, 32 (1899). — Tschirch, Cristofoletti: Arch. Pharmaz. 243, 443 (1905). — O. Fischer, Gross: J. pract. Chem. (2) 84, 369 (1911). — Naylor jr., Gardner: J. Amer. chem. Soc. 53, 4114 (1931). — [5] Literatur: Schultz: Farbstofftabellen, 7. Aufl. I, S. 510, Nr 1157. — [6] Siehe Fußnote 1, S. 77.

Zur Gewinnung ist Extraktion der Wurzel mit schwefliger Säure erforderlich, die Reinigung langwierig.

Anthragalloldimethyläther B (I). Der Farbstoff[1] ist neben dem Äther A in der Chaywurzel enthalten und wird von ihm durch die Leichtlöslichkeit des Ammoniumsalzes in Alkohol getrennt. Die Zusammensetzung ist $C_{16}H_{12}O_5$ (gelbe Nadeln vom Smp. 230—232°), er ist ebenfalls synthetisiert worden.

Pseudopurpurin (II). Der Farbstoff[2] findet sich im Krapp neben Purpurin und Purpuroxanthin und unterscheidet sich von beiden durch die Schwerlöslichkeit in Alkohol oder Benzol. Er hat die Zusammensetzung $C_{15}H_8O_7$ (rote Blättchen vom Smp. 222—224°) und geht beim Kochen mit Wasser unter Abspaltung von Kohlendioxyd in Purpurin über. Die Formel ist durch Synthese[3] aus Alizarincarbonsäure (1:2:3) und aus Chinizarincarbonsäure (1:4:3) erwiesen. Der Aluminiumlack besitzt große Lebhaftigkeit, Licht- und Ölechtheit, die Vorzüge des natürlichen Krapplackes[4] vor dem synthetischen Krapplack sollen auf der Gegenwart der Säure beruhen. Die Gewinnung erfolgt aus rohem Krapp-Purpurin.

Boletol. Boletus cyanescens Bull., B. luridus Sch., B. satanas Lenz, B. pachypus Fr. und B. lupinus Fr. sind an den Stielen bzw. Röhrenmündungen rot gefärbt. Kennzeichnend ist an frischen Bruch- oder Schnittstellen die rasch eintretende Blaufärbung des gelblichen Fleisches. Bertrand[5] hat den Farbstoff dieser Pilze krystallisiert erhalten, Böhm[6] aus B. luridus die Luridussäure isoliert, die Identität beider Stoffe ist zweifelhaft. Der von Kögl isolierte Farbstoff Boletol[7] aus B. satanas und B. badius Fr. hat die Zusammensetzung $C_{15}H_8O_7$ (rote Nadeln vom Zersetzungspunkt 275—280°) und gibt ein Triacetat (gelbe Prismen Smp. über 300°); bei der reduzierenden Acetylierung entsteht ein Pentaacetat, farblose Prismen vom Smp. 246°. Eine Carboxylgruppe ist vorhanden, die Zinkstaubdestillation liefert Anthracen, die Natronkalkdestillation Purpurin, die Oxydation mit Wasserstoffsuperoxyd Hemimellithsäure. Danach ist zwischen nebenstehenden Formeln zu wählen.

Die Blaufärbung frischer Bruchstellen scheint auf der Bildung des Alkali- oder Erdalkalisalzes einer chinoiden Substanz zu beruhen, die sich unter der Wirkung von Oxydase aus Boletol bildet.

---

[1] A. G. Perkin, Hummel: J. chem. Soc. Lond. **63**, 1162 (1893); **67**, 823 (1895). — A. G. Perkin: J. chem. Soc. Lond. **91**, 2066 (1907). — A. G. Perkin, Story: J. chem. Soc. Lond. **1919**, 1399. — [2] Schützenberger: Bull. Soc. Chim. France (2) **4**, 12 (1865). — Rosenstiehl: Ann. Chim. (5) **13**, 256 (1878). — Liebermann, Plath: Ber. dtsch. chem. Ges. **10**, 1618 (1877). — [3] DRP. 260765, 272301 (By), Frdl. **11**, 591, 592. — A. G. Perkin, Cope: J. chem. Soc. Lond. **65**, 847 (1894). — [4] Täuber: Chem.ztg **33**, 1345 (1909). — Cajar: Österr. Chem.ztg (2) **14**, 173 (1911). — C. Mayer: Chem.ztg **35**, 1353 (1911). — [5] Bertrand: Bull. Soc. Chim. France (3) **27**, 454 (1902). — [6] Boehm: Arch. f. exper. Path. **19**, 60 (1885). — [7] Kögl, Deys in Klein: Handbuch der Pflanzenanalyse, III, 2, S. 1298.

Zur Gewinnung werden die Pilze mit Alkohol ausgezogen, die Säure als Bleisalz gefällt und weiterhin gereinigt. Aus 20 kg B. satanas erhielt man 1 g, aus 70 kg B. badius 0,19 g Boletol.

Helminthosporin (I). $C_{15}H_{10}O_5$. Der Farbstoff 4-5-8-Trioxy-2-methylanthrachinon ist ein Stoffwechselprodukt von Helminthosporium gramineum Rabenhorst auf Czapek Dox-Lösung mit 5% Glucose gewachsen. Er bildet kastanienbraune bronzeglänzende Nadeln mit dem Smp. 226—227°. Die Konstitution steht durch Synthese[1] aus γ-Coccinsäuremethyläther und Hydrochinon:

sicher.

Cynodontin. Aus dem Mycel von Helminthosporium cynodontis Marignoni[2] erhält man auf gleiche Weise 1-4-5-8-Tetraoxy-2-methylanthrachinon (Cynodontin), aus Helminthosporium tritico vulgaris vermutlich 1-3-5-8-Tetraoxy-β-oxymethylantrachinon (Triticosporin).

Rhabarberon (Iso-emodin). Die Verbindung findet sich in der Rhabarberwurzel, Rhizoma Rhei, sie bildet gelbe Blättchen vom Smp. 212° und wurde für identisch mit Aloeemodin[3] gehalten. Neuere Arbeiten[4] haben es wahrscheinlich gemacht, daß Rhabarberon die Konstitution eines 3-5-8-Trioxy-2-methylanthrachinon (I), welches aus 3-6-Dichlorphthalsäureanhydrid und o-Chlortoluol aufgebaut wurde, besitzt. Die Konstitution des synthetischen Produktes ist durch Entfernung der Methylgruppe aus Verbindung (II) und Vergleich des Trichloranthrachinon mit 3-5-8-(1-4-6)-Trichloranthrachinon[5] sichergestellt.

Morindon. Das Glucosid Morindin[6] des Farbstoffes kommt in der Wurzel von Morinda citrifolia, Morinda tinctoria (Soranjee) und Morinda umbellata vor. Für das aus ersteren beiden isolierte Glucosid wird als Formel $C_{27}H_{30}O_{15}$ (hellgelbe Nadeln vom Smp. 205°) angegeben, für das aus letzterem isolierte[7] die Formel $C_{26}H_{28}O_{14}$ (Octoacetat, gelbe Nadeln

---

[1] Raistrick, Robinson, Todd: J. chem. Soc. Lond. **1933**, 488. — Charles, Raistrick, Robinson, Todd: Biochemic. J. **27**, 499 (1933). — F. P. 770972 (I.C.I.), wonach daneben 4-5-8-Trioxy-2-oxymethylanthrachinon entsteht. — [2] Raistrick, Robinson, Todd: Biochemic. J. **28**, 599 (1934), dort auch Angaben über den Helminthosporium-Farbstoff Catenarin, ein 1-5-8-Trioxy-β-methoxyanthrachinon, vgl. Marriott, Robinson: J. chem. Soc. Lond. **1934**, 1631 und auch Charlesworth, Robinson: J. chem. Soc. Lond. **1934**, 1531. F. P. 770972 (I.C.I.). — [3] Tutin, Clever: J. chem. Soc. Lond. **99**, 946 (1911); s. auch Beilstein Bd. VIII, S. 526. — [4] Keimatsu, Hirano: J. pharmac. Soc. Jap. **49**, 20 (1929); **51**, 19 (1931). — [5] Egerer, Meyer: Monatsh. Chem. **34**, 69 (1913). — [6] Oesterle, Tisza: Arch. Pharmac. **245**, 534 (1907). — Simonsen: J. chem. Soc. Lond. **113**, 766 (1919). — [7] A. G. Perkin, Hummel: J. chem. Soc. Lond. **65**, 851 (1894). — A. G. Perkin: Proc. chem. Soc. Lond. **24**, 149 (1908).

vom Smp. 246—248⁰), so daß bei gleichem Aglucon möglicherweise zwei Zuckerreste in Frage kommen:

$$C_{27}H_{30}O_{15} + 2 H_2O = C_{15}H_{10}O_5 + 2 C_6H_{12}O_6$$
$$C_{26}H_{28}O_{14} + 2 H_2O = C_{15}H_{10}O_5 + C_6H_{12}O_6 + C_5H_{10}O_5.$$

Auch mit Soranjee selbst und mit Mang-Koudu[1], der Wurzelrinde von Morinda umbellata werden Färbungen auf gebeizter Faser ausgeführt.

Morindin[2] hat also die Zusammensetzung $C_{15}H_{10}O_5$, bildet orangerote Nadeln vom Smp. 281—282⁰ und ist 1-5-6-Trioxy-2-methylanthrachinon, wie durch Synthese aus 3-4-Dimethoxy-2'-oxy-3'-methyl-5'-brom-diphenylmethan-2-carbonsäure (aus Opiansäure und 5-Brom-2-kresol).

oder aus 2'-4-Dimethoxy-3'-methyldiphenylmethan-6'-carbonsäure:

feststeht.

Die blaue Lösung in konz. Schwefelsäure wird beim Stehen purpurrot.

Morindon erhält man aus der Wurzelrinde von Morinda citrifolia durch Ausziehen mit Alkohol, die Zerlegung des Glucosides erfolgt mit verdünnter Schwefelsäure.

Morindin färbt Wolle und Seide orange, der Farbton schlägt beim Seifen nach Violett um, gebeizte Baumwolle wird violett bis braun angefärbt; in Indien wird es noch benutzt.

---

[1] A. G. Perkin, Hummel: J. chem. Soc. Lond. **65**, 851 (1894). — [2] Anderson: J. pract. Chem. (1) **47**, 431 (1849); Liebigs Ann. **71**, 216 (1849). — Thorpe, Grenall, Smith: J. chem. Soc. Lond. **51**, 56 (1887); **53**, 173 (1888). — Oesterle, Tisza: Arch. Pharmaz. **246**, 112 (1908). — Roger, Adams: J. amer. chem. Soc. **46**, 2788 (1924). — Jacobsen, Adams: J. amer. chem. Soc. **47**, 283 (1925). — Bhattacharya, Simonsen: J. Indian Inst. Sci. A **10**, 6 (1927).

In der Chaywurzel, in Ventilago madraspatana, in Morinda citrifolia und umbellata ist ein Trioxymethyl-anthrachinon-methyläther [1,2] vom Smp. 216° (goldgelbe Krystalle) enthalten. In der Wurzelrinde von Morinda citrifolia findet sich ein weiterer Trioxymethyl-anthrachinon-methyläther [2] vom Smp. 172° (gelbe Nadeln). Morindanigrin [1] hat die Zusammensetzung $C_{16}H_{10}O_5$ (gelbe Nadeln vom Smp. 210°) und ist ebenfalls in Morinda citrifolia und umbellata enthalten.

Emodin. Der Farbstoff findet sich als Glucosid (Frangulin) in der Rhabarberwurzel [3], Cascara sagrada, in der Faulbaumrinde [4], Rhamnus frangula, in Rhamnus Purshianus und anderen Pflanzen. Frangulin hat die Zusammensetzung $C_{21}H_{20}O_9$ (citronengelbe Nadeln vom Smp. 239 bis 241° und spaltet sich beim Kochen mit verdünnter Säure in Emodin und Rhamnose:

$$C_{21}H_{20}O_9 + H_2O = C_{15}H_{10}O_5 + C_6H_{12}O_5.$$

In der Frangularinde befindet sich aber auch ein Anthranolglucosid Frangularosid [5], das in Frangulanol und Rhamnose zerfällt, ferner ist zu erwähnen das Shesterin [6] (hellgelbe Nadeln vom Smp. 229—234°) aus Rhamnus cathartica, das in Emodinanthranol und eine Hexose und Pentose zerlegbar ist. Bekannt ist ferner Glucofrangulin [7] $C_{27}H_{30}O_{14}$ aus Frangularinde (helloranges Pulver vom Smp. 215° weich bei 175°), das in Emodin, Glucose und Rhamnose zerfällt. Weitere Glucoside sind Polygonin [8] $C_{21}H_{20}O_9$ (orangegelbe Nadeln vom Smp. 202—203°) aus Polygonum cuspidatum, dessen Zuckeranteil wohl aus einer Hexose besteht, und Rhamnocathartin [9] $C_{27}H_{30}O_{14}$ (gelbe Nadeln vom Smp. 236°) aus Rhamnus cathartica, das in Emodin, Rhamnose und eine Hexose zerfällt.

Emodin hat die Zusammensetzung $C_{15}H_{10}O_5$, krystallisiert in orangefarbenen Nadeln vom Smp. 257°, löst sich in Alkalien mit roter Farbe und ist 4-5-7-Trioxy-2-methylanthrachinon (I).

Es wurde von Eder und Widmer [10] aus 3-5-Dinitrophthalsäureanhydrid und m-Kresol:

und Überführung in das Trioxyderivat

---

[1] A. G. Perkin, Hummel: J. chem. Soc. Lond. **63**, 1160 (1893); **65**, 851 (1894).
[2] Oesterle, Tisza: Arch. Pharmaz. **245**, 287 (1907); **246**, 150 (1908). —
[3] Literatur: Beilstein, Bd. VIII, S. 520; Isolierung eines Rhamnoglucosides: Sipple, King, Beal: J. amer. pharmac. Assoc. **23**, 205 (1924). — [4] Bridel, Charaux: C. r. Acad. Sci. Paris **192**, 1269 (1931), über ein primäres Frangulaglucosid. —
[5] Bridel, Charaux: C. r. Acad. Sci. Paris **191**, 1374 (1930). — [6] Waljaschko, Krassowski: J. russ. physic. chem. Ges. 40, 1562 (1908). — Krassowski: J. russ. physik.-chem. Ges. 40, 1510 (1908). — [7] Casparis, Maeder: Schweiz. Apoth.ztg. **63**, 313 (1925). — [8] A. G. Perkin: J. chem. Soc. Lond. **67**, 1084 (1885). — [9] Das von Waljaschko und Krassowski isolierte Rhamnoxanthin ist nach Bridel, Charaux [Bull. Soc. Chim. biol. Paris **15**, 648 (1933)] mit Frangulin identisch. — [10] Eder, Widmer: Helvet. chim. Acta **6**, 966 (1923) (Literaturzusammenstellung und geschichtliche Darstellung); 8, 126 (1925; DRP. 397316 Frdl. 14, 1476.

dann von Jacobson und Adams[1] aus 2-4-Dimethoxy-(2'-oxy-4'-methyl-5'-brom)-benzophenon-6-carbonsäure:

$$H_3CO-\underset{OCH_3}{\bigcirc}\underset{CO}{\overset{COOH}{-}}\underset{OH}{\overset{Br}{\bigcirc}}CH_3 \rightarrow H_3CO-\bigcirc\bigcirc-CH_3$$

synthetisch dargestellt.

Für die Gewinnung des Emodin empfiehlt sich Frangularinde oder Faulbaumrinde[2].

Der Begleiter der Chrysophansäure[3] Physcion, Parmelgelb, Parietin oder Flechtenchrysophansäure genannt, ist ein Emodinmonomethyläther, wohl der 6-Methoxyäther; ferner dürfte Rheochrysidin $C_{16}H_{12}O_5$ (gelbe Nadeln vom Smp. 206—207°), das Aglucon des Rheochrysin $C_{22}H_{22}H_{10}$ (gelbe Nadeln vom Smp. 204°) aus Rheopurgarin[4] das 4-5-Dioxy-7-methoxy-2-methylanthrachinon sein.

Chrysaron. Der Farbstoff[5] findet sich in den Wurzeln von Rheum rhaponticum als Glucochrysaron $C_{21}H_{20}H_{10}$ (gelbe Kugeln, es ist kein Smp. angegeben). Das Glucosid zerfällt bei der Hydrolyse in Chrysaron und Glucose. Chrysaron selbst, $C_{15}H_{10}O_5$, 2-Methyl-3-5-6-trioxy-anthrachinon, bildet goldgelbe Blättchen vom Smp. 165°, die Konstitution ist durch Synthese[6] aus 3-4-Dichlorphthalsäure und o-Chlortoluol geklärt. Bei der Kondensation ist die Entstehung zweier Anthrachinonderivate möglich:

Zur Bestimmung wird aus dem Trichlorderivat die Methylgruppe entfernt und die Verbindung (I) durch Überführen in das Trioxyderivat (II) als Anthrapurpurin identifiziert. Die Überführung der die Methylgruppe enthaltenden Verbindung in das Trioxyderivat ergibt Identität mit Chrysaron. Die Gewinnung geschieht aus Rhapontikwurzel durch Ausziehen mit Äther und dann mit Aceton.

---

[1] Jacobson, Adams: J. amer. chem. Soc. 46, 1312 (1924). — [2] Klein: Handbuch der Pflanzenanalyse, III, 2, S. 1027. — [3] Eder, Hauser: Helvet. chim. Acta 8, 140 (1925). — [4] Gilson: Mém. cour. Acad. roy. méd. Belg. 1905, 455. Rheopurgarin ist von Siegrist (Diss. Basel 1932) als ein Gemisch bezeichnet worden. — [5] Hesse: J. pract. Chem. (2) 77, 347 (1908); Liebigs Ann. 309, 32 (1899). — [6] Keimatsu, Hirano: J. pharmac. Soc. Jap. 49, 20 (1929). — Keimatsu, Hirano, Tanabe: J. pharmac. Soc. Jap. 49, 63 (1929).

Farbstoffe des blutroten Hautkopfes. Der blutrote Hautkopf (Dermocybe sanguinea Wulf), ein kleiner seltener Blätterpilz der Nadelwälder Deutschlands, enthält zwei Farbstoffe[1].

Der rotgelbe Farbstoff hat die Zusammensetzung $C_{15}H_{10}O_5$ (Nadeln vom Smp. 253—254⁰) und ist 4-5-7-Trioxy-2-methylanthrachinon[2], das Frangula-emodin (s. d.).

Der rote Farbstoff, das Dermocybin hat die Zusammensetzung $C_{16}H_{12}O_7$ (Nadeln vom Smp. 228—229⁰) und ist ein Tetraoxy-methoxy-2-methylanthrachinon. Die Stellung der Substituenten ist noch nicht ermittelt. Die Zinkstaubdestillation liefert 2-Methylanthracen, die Acetylierung zeigt 4 Oxygruppen an, die Bestimmung nach Zeisel eine Methoxygruppe, letztere ließ sich durch Behandeln des Farbstoffes mit konz. Schwefelsäure bei 150⁰ hydrolysieren. Das so entstandene Pentaoxy-2-methylanthrachinon bildet kleine rote Rauten vom Smp. 289⁰. Die Lösungsfarbe von Dermocybin in konz. Schwefelsäure ist violett, in Laugen rotviolett.

Zur Isolierung des Farbstoffes werden die getrockneten Pilze erschöpfend mit Alkohol ausgezogen. Der Rückstand des Alkoholauszuges wird in Ammoniak aufgenommen und die Lösung mit Säure gefällt. Diese Rohfällung wird in Pyridin gelöst. Bei Wasserzusatz fällt der gelbe (3% des trockenen Pilzpulvers), bei Säurezusatz der rote Farbstoff (0,2—0,4%). Dermocybin gibt auf chromgebeizter Wolle violettstichig rote Färbungen.

Der Farbstoff des Pilzes Dermocybe cinnabarina ist dem Dermocybin ähnlich.

Graebeit[3]. An Bruchflächen von Gesteinsstücken aus Blöcken von Schieferton, die beim Bergbau von Ölsnitz in Sachsen 291 m unter Tage an einer Verwerfungsgrenze von Rotliegendem und Carbon gesammelt waren, fand sich ein ziegelroter Anflug. Das organische Mineral besteht aus zwei Farbstoffen Graebeit a und Grabeit b. Es handelte sich bei ersterem um eine Verbindung $C_{18}H_{14}O_8$ oder $C_{17}H_{14}O_8$ vom Smp. 250⁰, die zu Polyoxyanthrachinonen in einer näheren Beziehung steht. Durch Sublimation entsteht ein Hexaoxyanthrachinon $C_{14}H_8O_8$, orangerote Nadeln vom Smp. 245⁰ unbekannter Konstitution.

Rhocladonsäure[4]. Dieser Farbstoff findet sich in der Flechte Cladonia fimbriata, z. B. in Wildbad, er hat die Zusammensetzung $C_{15}H_{20}O_8$ und besteht aus ziegelroten Blättchen vom Zersetzungspunkt 250—280⁰. Die Formel wurde wie nebenstehend aufgelöst; vielleicht bestehen Beziehungen zur Solorinsäure. Die Gewinnung aus der Flechte erfolgt mittels Ätherextraktion.

Solorinsäure. Diese Verbindung[5] ist auf der Thallusunterseite von Solorina crocea enthalten, einer laubartigen Flechte, welche in

---

[1] Kögl, Postowsky: Liebigs Ann. **444**, 1 (1925). — [2] Synthetisch dargestellt von Eder: Helvet. chim. Acta **6**, 966 (1923); **8**, 126 (1925). — [3] Treibs, Steinmetz: Liebigs Ann. **506**, 171 (1933). — [4] Zopf: Ber. dtsch. bot. Ges. **26**, 51 (1907). — Hesse: J. pract. Chem. (2) **83**, 22 (1911); (2) **92**, 425 (1915). — [5] Zopf: Liebigs Ann. **284**, 107 (1899); **364**, 273 (1909). — Hesse: J. pract. Chem. (2) **92**, 425 (1915).

hochalpinen Regionen, z. B. westliches Tirol, St. Gotthardgruppe, Engadin, vorkommt. Sie bildet rote Blättchen vom Smp. 202° und hat die Zusammensetzung $C_{24}H_{22}O_8$, die Formel ist auflösbar in $C_{23}H_{19}O_7(OCH_3)$. Bei der Behandlung mit Jodwasserstoff tritt eine Spaltung ein in eine Verbindung $C_{15}H_{14}O_7$ vom Smp. 216°, das Solorol und in eine Verbindung $C_8H_{10}O$; es scheinen gewisse Beziehungen zur Rhodocladonsäure zu bestehen. Als Formel wird die nebenstehende vorgeschlagen.

Näher begründet ist sie nicht. Zur Gewinnung der Solorinsäure wird die Thallusunterseite mit Äther extrahiert.

Aloin. Der Farbstoff[1] ist in der Aloe, dem getrockneten Saft der Blätter der Aloepflanzen (Aloe spicata, arborescenz, linguaformis, lucida, socotrina, vulgaris u. a.) unter dem Namen Aloin oder Barbaloin enthalten. Es wurden ihm früher Formeln wie $C_{21}H_{20}O_9$ oder $C_{20}H_{18}O_9$[2] neuerdings $C_{20}H_{20}O_8$[3] und $C_{16}H_{18}O_7$[4] zuerteilt. Aloin bildet hellgelbe Nadeln vom Smp. 147°. Zur Aufklärung der Konstitution sind folgende Stützpunkte vorhanden. Mit schlechter Ausbeute läßt sich Barbaloin in Aloeemodin und Arabinose spalten, unter Bedingungen, welche nicht einer einfachen Glucosidhydrolyse entsprechen. Aloe-emodin hat die Formel $C_{15}H_{10}O_5$ (orangegelbe Nadeln vom Smp. 224,5—225,5°) und ist 4-5-Dioxy-2-oxymethylanthrachinon[5] (I); es wurde aus Rhein[6] durch Ersatz der COOH-Gruppe über die COCl- und CHO-Gruppe durch die CH_2OH-Gruppe synthetisiert:

Andererseits wird angegeben, daß Aloin mit Boraxlösung[7] in 4-5-Dioxy-2-oxymethyl-anthranol-10 und Arabinose gespalten wird. Hauser[8] wie Rosenthaler[9] nehmen auf Grund der letzten Beobachtung an, daß Barbaloin den folgenden unter sich sehr ähnlichen Formeln entspreche:

Formel von Hauser.   Formel von Rosenthaler.

[1] Ältere Literatur: Beilstein, Bd. VIII, S. 524. — [2] Léger: Ann. Chim. 6, 318 (1916); 8, 265 (1917); J. Pharmac. Chim. (8) 18 (125), 25 (1933). — [3] Hauser: Pharm. Acta Helvet. 6, 79 (1931). — [4] Robinson, Simonsen: J. chem. Soc. Lond. 95, 1085 (1909). — Gibson, Simonsen: J. chem. Soc. Lond. 1930, 653. — Cahn, Simonsen: J. chem. Soc. Lond. 1932, 2573. — [5] Léger: J. Pharmac. Chim. (7) 4, 24 (1911). — Oesterle: Arch. Pharmac. 250, 304 (1912). — [6] Mitter, Banerjee: J. Indian chem. Soc. 9, 375 (1932). — [7] Vgl. Mc Donnell, Gardner: J. amer. chem. Soc. 56, 1246 (1934). — [8] Hauser: Pharm. Acta Helvet. 6, 79 (1931). — [9] Rosenthaler: Schweiz. Apoth.ztg 69, 255 (1932); Pharm. Acta Helvet. 6, 115 (1931); Arch. Pharmaz. 270, 214 (1932); Pharm. Acta Helvet. 7, 19 (1932); Pharm. Acta Helvet. 9, 9 (1934).

Dagegen wenden Cahn und Simonsen[1] ein, daß diese Formeln nicht allen Tatsachen gerecht werden, z. B. weil bei der Spaltung mit Borax keine Arabinose, sondern Methanol entstehe. Sie kommen daher auf die Formel von Tilden $C_{16}H_{18}O_7$ zurück und formulieren Aloin wie folgt (I).

Bei der Bildung von Arabinose würde dann das Molekül an den punktierten Stellen auseinanderbrechen. Den Aufbau des Barbaloin könnte man sich aus einem Mol einer Hexose und zwei Isoprenresten denken (II).

Rosenthaler[2] lehnt diese Formel ab.

Zur Gewinnung von Aloin[3] wird Kap-, Aganda-, Jafferabad- oder Socotra-Aloe mit Methanol ausgezogen.

β-Barbaloin[2] ist in den Mutterlaugen des Barbaloin enthalten und soll ein Stereoisomeres sein.

Isobarbaloin wurde bisher als das 9-Anthranol-glucosid angesprochen; durch die Aufstellung der Cahn-Simonsenschen Formel ist eine Nachprüfung erforderlich.

Nataloin ist aus der Aloe von Natal gewonnen, nach Léger[4] ein Gemenge von Nataloin und Homonataloin. Er hat für Nataloin die Formel:

und für Homonataloin die Formel:

angegeben, die beide aus den oben angeführten Gründen der Nachprüfung bedürfen. Mit Natriumperoxyd soll Methylnataloe-emodin, ein 2-Methoxymethyl-3-6-dioxyanthrachinon (orangerote Nadeln vom Smp. 238°) (I) entstehen.

---

[1] Cahn, Simonsen: J. chem. Soc. Lond. **1932**, 2573. — [2] Rosenthaler: Pharm. Acta Helvet. **9**, 9 (1934). — [3] Léger: Ann. Chim. (9) **6**, 318 (1916). — Klein: Handbuch der Pflanzenanalyse, III, 2, S. 992 (Rosenthaler: Anthracen glucoside). — [4] Léger: Ann. Chim. (9) **6**, 318 (1917); (9) **8**, 265 (1918).

Nephromin. In der in Neufundland einheimischen Flechte Nephromium lusitanicum ist das Nephromin[1] $C_{16}H_{12}O_6$, ockerfarbene Nadeln vom Smp. 196° enthalten, das ein Sauerstoffatom mehr als Physcion enthält und möglicherweise sich um eine Hydroxylgruppe von ihm unterscheidet.

Weitere Anthrachinonabkömmlinge sollen angeblich folgende aus Flechten isolierte Stoffe sein: Blastenin[2], Endococcin[3], Fragilin[4], Hymenorhodin[5], Placodin[6] und Rhodophyscin[7].

Insektenfarbstoffe. 1. **Cochenille.** Die Weibchen einer in Mexiko und Zentralamerika vorkommenden Schildlaus Coccus cacti, welche in Plantagen auf einer Cactusart Nopalea coccinellifera gezüchtet werden, enthalten einen roten Farbstoff, die Carminsäure, der bis zur Verdrängung durch die wohlfeileren roten Azofarbstoffe viel verwandt wurde. Eine Pflanzung von 3 ha liefert etwa 300 kg Cochenille, 140000 Läuse wiegen 1 kg. Zur Aufarbeitung tötet man sie durch Wasserdampf oder trockene Hitze und verwendet sie gemahlen als Cochenille, die 10% Farbstoff enthält. Der Farbstoff zieht auf gebeizter Wolle und Seide[8]. Der Zinnlack auf Wolle zeigt schöne scharlachrote, ziemlich licht- und waschechte Färbungen.

Zur Gewinnung der Carminsäure[9] reinigt man über das Bleisalz. Die Carminsäure bildet rote Nadeln, die bei 130° dunkel werden und bei 250° verkohlen.

Carmin[10] wird hergestellt, indem man die Cochenille mit Wasser auskocht und die Lösung mit Alaun fällt, wobei ein Tonerdekalksalz der Carminsäure entsteht, das noch stickstoffhaltige Stoffe enthält. Carmin wird als Aquarellfarbe, zum Färben mikroskopischer Präparate, von Nahrungsmitteln und für Schminke benutzt.

Die von Liebermann[11] mit $C_{22}H_{22}O_{13}$ angenommene Summenformel ist von Dimroth[12] in $C_{22}H_{20}O_{13}$ geändert worden. Die Oxydation mit Salpetersäure liefert als Spaltstück die Nitrococcussäure[13], welche sich durch die Synthese[14] als eine Trinitrokresotinsäure der

---

[1] Bachmann: Ber. dtsch. bot. Ges. **5**, 192 (1887). — Hesse: J. pract. Chem. (2) **57**, 443 (1898); (2) **68**, 52 (1903). — [2] Senft: Z. allg. öster. Apoth.ver. **52**, 165 (1914). — Hesse: J. pract. Chem. (2) **58**, 465 (1899); (2) **63**, 522 (1901). — [3] Zopf: Liebigs Ann. **340**, 276 (1905). — [4] Zopf: Liebigs Ann. **300**, 322 (1898); **340**, 276 (1905). — [5] Zopf: Liebigs Ann. **346**, 82 (1906). — [6] Zopf: Liebigs Ann. **288**, 38 (1895). — [7] Senft: Z. allg. österr. Apoth.ver. **52**, 165 (1914). — Zopf: Liebigs Ann. **340**, 276 (1905). — [8] Zusammensetzung von Metallsalzfällungen: Guggiari: Ber. dtsch. chem. Ges. **45**, 2442 (1912). — [9] Schunck, Marchlewski: Ber. dtsch. chem. Ges. **27**, 2979 (1894). — v. Miller, Rhode: Ber. dtsch. chem. Ges. **30**, 1762 (1897). — Dimroth: Liebigs Ann. **399**, 1 (1913). — [10] Liebermann: Ber. dtsch. chem. Ges. **18**, 1969 (1885). — Frey: Zur Kenntnis des Carmins und der Neocarminsäure. Diss. Techn. Hochschule Zürich 1931. — [11] Liebermann, Höring, Wildermann: Ber. dtsch. chem. Ges. **33**, 149 (1900); Zusammenstellung der ältesten Literatur bei v. Miller, Rhode: Ber. dtsch. chem. Ges. **26**, 2647 (1893); weitere Untersuchungen, die zum Teil nur noch geschichtlichen Wert haben: Liebermann: Ber. dtsch. chem. Ges. **18**, 1969, 1975 (1885); **31**, 2079 (1898). — Landau: Ber. dtsch. chem. Ges. **33**, 2442, 2446 (1900). — Liebermann, Landau: Ber. dtsch. chem. Ges. **34**, 2153 (1901). — Liebermann, Lindenbaum: Ber. dtsch. chem. Ges. **35**, 2910 (1902). — v. Miller, Rhode: Ber. dtsch. chem. Ges. **30**, 1759 (1897). — [12] Dimroth, Kämmerer: Ber. dtsch. chem. Ges. **53**, 471 (1920). — [13] Warren de la Rue: Liebigs Ann. **64**, 1 (1848). — Liebermann, van Dorp: Liebigs Ann. **163**, 97 (1872). — [14] v. Kostanecki, Niementowski: Ber. dtsch. chem. Ges. **18**, 250 (1885).

Struktur (I) erwies. Die Einwirkung von Brom[1] ergibt zwei Spaltstücke, das β-Bromcarmin $C_{11}H_5O_4Br_3$, orangefarbene Nadeln vom Smp. 238° (v. Miller, Rhode), für welches die Struktur eines Naphthochinonderivates[2] (II) angenommen wurde und das α-Bromcarmin, $C_{10}H_4O_3Br_4$, farblose Nadeln vom Smp. 247 bis 248°, das sich als Indonabkömmling (III) erwies, weil durch Erwärmen mit Sodalösung Spaltung[3] in Bromoform und Methyldibromoxyphthalsäure (Will, Leymann) eintritt:

Endlich läßt sich aus einem Abkömmling des β-Bromcarmin durch Zinkstaubdestillation Naphthalin erhalten (Rhode, Dorfmüller). Die Oxydation mit Wasserstoffsuperoxyd unter Zusatz eines Katalysators (am besten Kobaltsulfatlösung) führt zu der nebenstehenden Säure (IV), der 8-Methyl-2-6-dioxy-1-4-naphthochinon-3-5-carbonsäure, welche mit Kaliumpermanganat in Carminazarin[4] $C_{12}H_8O_7$ (granatrote Nadeln vom

Carminazarin

Kresotin-glyoxyldicarbonsäure, farblose Nadeln, Smp. 230° (V)

Cochenillesäure[5], farblose Nadeln, Smp. 224—225°.

Smp. 240—250°) übergeht, das auch durch Oxydation der Carminsäure mit Kaliumpermanganat in schwefelsaurer Lösung bei 0° erhalten werden kann. Die Konstitution des Carminazarins ergibt sich durch vorstehenden Abbau (V).

---

[1] Will, Leymann: Ber. dtsch. chem. Ges. **18**, 3180 (1885). — [2] v. Miller, Rhode: Ber. dtsch. chem. Ges. **26**, 2647 (1893); vgl. hierzu die abweichende Auffassung von Liebermann, Voswinckel: Ber. dtsch. chem. Ges. **30**, 1731 (1897) und die Entgegnung von Rhode, Dorfmüller: Ber. dtsch. chem. Ges. **43**, 1363 (1910). — Dimroth: Liebigs Ann. **399**, 1 (1913). — [3] v. Miller, Rhode: Ber. dtsch. chem. Ges. **26**, 2647 (1893); vgl. auch Zincke, Gerland: Ber. dtsch. chem. Ges. **20**, 3216 (1887); **21**, 2379 (1888). — [4] Dimroth: Ber. dtsch. chem. Ges. **42**, 1611, 1735 (1909). — [5] Liebermann, Voswinkel: Ber. dtsch. chem. Ges. **30**, 688, 1731 (1897). — Dimroth: Ber. dtsch. chem. Ges. **43**, 1387 (1910); vgl. auch C. Liebermann, H. Liebermann: Ber. dtsch. chem. Ges. **42**, 1922 (1909).

Die Cochenillesäure[1] kann auch durch Oxydation der Carminsäure mit Kaliumpersulfat erhalten werden, ihre Konstitution ergibt sich durch Abbau zu α-Coccinsäure (I) bzw. β-Coccinsäure (II) oder zur Kresotinsäure (III) je nach Wahl der Versuchsbedingungen:

(I) 1-CH$_3$, 2-COOH, 4-HO, 5-COOH (α-Coccinsäure)
(II) 1-CH$_3$, 2-COOH, 3-COOH, 5-HO (β-Coccinsäure)
(III) 1-CH$_3$, 2-COOH, 5-HO (Kresotinsäure)

Die Kalischmelze der Carminsäure liefert das Coccinin[2], $C_{17}H_{14}O_6$, welches strohgelbe Nädelchen bildet, in Alkalien sich mit gelber Farbe löst, die allmählich violett wird. Dabei geht das Coccinin in Coccinon, $C_{17}H_{12}O_7$, über, der Vorgang ist umkehrbar. Dimroth faßt die beiden Verbindungen wie folgt auf:

Coccinin — Coccinon

Die Anzahl der Hydroxylgruppen steht durch Acetylierung fest (Coccinin: Tetra-acetylverbindung, Coccinon: Triacetylverbindung). Die beiden Hydroxylgruppen, die nicht eingezeichnet sind, lassen sich, wie aus der Erörterung über die Carminsäureformel hervorgeht, auf die Stellungen 1 und 4 verteilen. Die Carboxylgruppe läßt sich abspalten, wobei ein Dimethyltrioxy-anthrachinon entsteht. Die Zinkstaubdestillation der Carminsäure liefert in Übereinstimmung mit dieser Konstitutionsbestimmung — wenn auch in kleiner Menge — Anthracen und α-Methylanthracen[3] die Behandlung von Carminsäure mit Schwefelsäure[4], eine Verbindung $C_{16}H_{10}O_7$, Nadeln vom Smp. 305°, die sich als eine Methyltrioxy-anthrachinoncarbonsäure erwies (IV).

Der oxydative Abbau der Carminsäure zu Naphthochinonderivaten läßt sich mit der Zuweisung zu der Gruppe der Oxyanthrachinone vereinen[5].

Bei der Reduktion der Carminsäure mit Zinkstaub und Eisessig[6] entsteht eine Leukoverbindung, die sich in alkalischer Lösung zu einem neuen Farbstoff, der Desoxycarminsäure oxydiert, welcher sich von der

---

[1] Vergeblicher Versuch der Synthese: Schleussner, Voswinkel: Liebigs Ann. **422**, 111 (1920). — [2] Hlasiwetz, Grabowski: Liebigs Ann. **141**, 329 (1867). — Dimroth: Liebigs Ann. **399**, 1 (1913). — [3] Vgl. auch Fürth: Ber. dtsch. chem. Ges. **16**, 2169 (1883). — [4] Das von Liebermann und van Dorp durch Einwirkung von Schwefelsäure auf Carminsäure erhaltene Ruficoccin ist nach C. Liebermann und H. Liebermann [Ber. dtsch. chem. Ges. **47**, 1213 (1914)] eine Mischung dieser Säure mit dem carboxylfreien Derivat. — [5] Analogiefälle: Bamberger, Praetorius: Monatsh. Chem. **23**, 688 (1902). — Dimroth. Schultze: Liebigs Ann. **411**, 339 (1916). — Scholl, Zinke: Ber. dtsch. chem. Ges. **51**, 1419 (1918); **52**, 1142 (1919). — [6] Dimroth, Kämmerer: Ber. dtsch. chem. Ges. **53**, 471 (1920).

88 Isocyclische Verbindungen.

Carminsäure durch das Fehlen eines Sauerstoffatomes unterscheidet. Diese Verbindung gibt wie Chinizarin ein Dichinon, das so wie Chinizarindichinon Purpurin[1] bildet, sich wieder in Carminsäure verwandeln läßt.

[Structural formulas: Chinizarin → (+O) → Chinizarindichinon → (+H₂O) → Purpurin]

[Structural formulas: Desoxy-carminsäure → (+O) → Dichinon der Desoxy-carminsäure → (+H₂O) → Carminsäure[2]]

Über den Rest $C_6H_{11}O_5$ weiß man nur, daß er vier acetylierbare Hydroxylgruppen enthält, der Zuckergruppe nicht zu ferne steht, aber nicht in glucosidischer Bindung zum Anthrachinonkern sich befindet. Asymmetrische Kohlenstoffatome müssen vorhanden sein, denn die Carminsäure ist rechtsdrehend.

Frey[3] schließt aus der geringen Ausbeute bei der Herstellung der reinen Carminsäure auf einen zweiten Farbstoff in den Mutterlaugen, die Neocarminsäure, deren Untersuchung er beschreibt.

2. **Kermes.** Kermes besteht aus den getrockneten Leibern der Schildlaus Coccus ilici, welche auf der Steineiche (Ilex) und der Kermeseiche (Quercus coccifera) lebt und im südlichen Frankreich, in Spanien, Portugal, Marokko und Oran gezüchtet wurde. Aus Kermes wurde der Venezianer Scharlach hergestellt. Die Cochenille hatte den Kermesfarbstoff, der schon den Völkern des Altertums bekannt gewesen sein soll, verdrängt.

In reinem Zustande ist die Kermessäure, wie Dimroth den Farbstoff nennt, zuerst von Heise dargestellt worden. Nach Dimroth[4] behandelt man die Droge in Anlehnung an das Verfahren von Heise mit Äther, wobei ein Wachs, der Cerotincerylester[5] herausgelöst wird. Sodann wird der in der Droge als Salz vorhandene Farbstoff mit

---

[1] Dimroth, Schultze: Liebigs Ann. **411**, 345 (1919). — [2] Ältere Formeln für die Carminsäure: Liebermann, Voswinckel: Ber. dtsch. chem. Ges. **30**, 1731 (1897). — Radulescu: Bul. Soc. Stiinţ. Bucarest **21**, 32 (1912). — Bedenken gegen die Anthrachinonformel: Liebermann: Ber. dtsch. chem. Ges. **47**, 1213 (1914). — Entgegnung: Dimroth, Kämmerer: Ber. dtsch. chem. Ges. **53**, 471 (1920); die von Justin-Mueller [Bull. Soc. Chim. France (4) (**39**), 791 (1926)] gegebenen Formeln, die er fälschlich Dimroth zuschreibt, sind irrig. — [3] Frey: Zur Kenntnis des Carmins und der Neocarminsäure. Diss. Techn. Hochsch. Zürich 1931. — [4] Dimroth: Ber. dtsch. chem. Ges. **43**, 1387 (1910); dort die ältere Literatur. — [5] Dimroth, Scheurer: Liebigs Ann. **399**, 60 (1913).

Übersicht über die Abbauverbindungen der Carminsäure:

[Reaktionsschema mit folgenden Verbindungen:]

- Carminazarin → Cochenillesäure (KMnO₄)
- (H₂O₂) Zwischenprodukt ↑ Permanganat
- α-Bromcarmin
- Nitrococcussäure (HNO₃)
- Naphthalin ← β-Bromcarmin ← Carminsäure → Desoxy-carminsäure (Reduktion, Zn + Eisessig)
- Zinkstaubdestillation ↓ / Kalischmelze ↓ / H₂SO₄ ↓
- Anthracen + α-Methylanthracen
- Coccinin → (Oxydation) → Coccinon

ätherischer Salzsäure in Freiheit gesetzt und mit Äther herausgelöst, über das Natriumsalz gereinigt und wiederum mit Säure abgeschieden. Aus 5 kg Droge erhält man 50—55 g Farbstoff.

Die Kermessäure $C_{18}H_{12}O_9$ bildet ziegelrote Nadeln und löst sich in Wasser gelbrot, in konz. Schwefelsäure violettrot. Die Färbung auf Wolle aus saurem Bade ist orangerot, die Ausfärbung auf Zinnbeize scharlachrot, weniger blaustichig als Carminsäure.

Die Konstitution der Kermessäure[1] ergibt sich aus folgenden Beobachtungen: Sie besitzt vier acetylierbare Hydroxylgruppen, die Oxydation mit Salpetersäure führt zu der Nitrococcussäure der Cochenille. Die

---

[1] Dimroth: Ber. dtsch. chem. Ges. **43**, 1387 (1910). — Dimroth, Scheurer: Liebigs Ann. **399**, 43 (1913). — Dimroth, Fick: Liebigs Ann. **411**, 315 (1916).

Methylierung mit Dimethylsulfat ergibt ein Trimethylderivat, das bei der Oxydation mit Kaliumpermanganat die Methylester zweier Säuren liefert:

$$\underset{\text{Farblose Tafeln vom Smp. 108—109°}}{\begin{array}{c}\text{CH}_3\\[-2pt]\diagup\!\!-\!\text{CO}-\text{COOH}\\ \text{H}_3\text{CO}-\!\diagdown\!\!-\!\text{COOH}\\ \text{COOCH}_3\end{array}} \qquad \underset{\text{Methyläther-cochenillesäure-methylester}}{\begin{array}{c}\text{CH}_3\\[-2pt]\diagup\!\!-\!\text{COOH}\\ \text{H}_3\text{CO}-\!\diagdown\!\!-\!\text{COOH}\\ \text{COOCH}_3\end{array}}$$

Die Bromierung in Essigsäure liefert das α-Bromcarmin der Carminsäure, diejenige in siedendem Eisessig Monobromcoccin $C_{16}H_9O_8Br$, feine Nadeln vom Smp. 259—260°, das bei der Oxydation mit Wasserstoffsuperoxyd Cochenillesäure gibt. Die Zinkstaubdestillation ergab α-Methylanthracen. Aus diesen Befunden lassen sich für Monobromcoccin die beiden Formeln:

$$\underset{(I)}{\begin{array}{c}\text{H}_3\text{C}\ \ \text{O}\ \ \text{OH}\\ \|\\ \diagup\!\!-\!\!\diagup\!\!-\!\!\diagdown\\ \ \ \ \ \ \ \ \ \ \ \ -\text{Br}\\ \text{HO}-\!\ \ \ \ \ -\text{OH}\\ \text{HOOC}\ \text{O}\ \text{OH}\end{array}} \qquad \underset{(Ia)}{\begin{array}{c}\text{H}_3\text{C}\ \ \text{O}\ \ \text{OH}\\ \|\\ \ \ \ \ \ \ \ \ \ \ \ -\text{OH}\\ \text{HO}-\!\ \ \ \ \ -\text{Br}\\ \text{HOOC}\ \text{O}\ \text{OH}\end{array}}$$

in Wahl ziehen. Der linksstehende Benzolkern ist durch den Abbau zu Cochenillesäure in seiner Konstitution bestimmt, die Verteilung der 3 Hydroxylgruppen im rechtsstehenden Benzolkern ist durch färberische Überlegungen bedingt, weil sonst Abkömmlinge des färberisch sich anders verhaltenden Anthragallol vorliegen würden. Da die Kermessäure sich vom Bromcoccin durch die Gruppe C_2H_3O an Stelle eines Bromatomes unterscheidet und dieser Rest nur in CH_3—CO oder CH_2—CHO aufgelöst werden kann, so kommt der Kermessäure[1], weil sie keine aldehydischen Eigenschaften aufweist, eine der beiden Formeln (II, IIa) zu.

$$\underset{(II)}{\begin{array}{c}\text{H}_3\text{C}\ \ \text{O}\ \ \text{OH}\\ \|\\ \ \ \ \ \ \ \ \ \ \ \ -\text{CO}-\text{CH}_3\\ \text{HO}-\!\ \ \ \ \ -\text{OH}\\ \text{HOOC}\ \text{O}\ \text{OH}\end{array}} \qquad \underset{(IIa)}{\begin{array}{c}\text{H}_3\text{C}\ \ \text{O}\ \ \text{OH}\\ \|\\ \ \ \ \ \ \ \ \ \ \ \ -\text{OH}\\ \text{HO}-\!\ \ \ \ \ -\text{CO}-\text{CH}_3\\ \text{HOOC}\ \text{O}\ \text{OH}\end{array}}$$

Da nun Oxyanthrapurpurin (I′) in alkalischer Lösung gleiche Färbung:

$$\underset{(I')}{\begin{array}{c}\text{O}\ \ \text{OH}\\ \ \ \ \ \ \ \ \ \ \ \ \\ \text{HO}-\!\ \ \ \ \ -\text{OH}\\ \text{O}\ \text{OH}\end{array}} \qquad \underset{(I'a)}{\begin{array}{c}\text{O}\ \ \text{OH}\\ \ \ \ \ \ \ \ \ \ \ \ -\text{OH}\\ \text{HO}-\!\ \ \ \ \ \\ \text{O}\ \text{OH}\end{array}}$$

besitzt wie Decarboxykermessäure (entcarboxylierte Kermessäure) und auch wie Carminsäure im Gegensatz zu Oxyflavopurpurin (I′a), so ist für Bromcoccin die Formel (I) und für Kermes die Formel (II) anzunehmen.

---

[1] Über die farbändernde Wirkung der Acetylgruppe in Anthrachinonverbindungen: F. Mayer, Stark, Schön: Ber. dtsch. chem. Ges. **63**, 1333 (1932).

Insektenfarbstoffe.

Die Anthrachinonformel ist weiterhin gestützt durch die Gewinnung von 1-Methyl-3-5-8-trioxyanthrachinon (rote Nadeln, Smp. 260°) bei der Reduktion der Kermessäure mit Zinkstaub, welche Verbindung einerseits aus β-Coccinsäure und Hydrochinon synthetisiert, andererseits aus 1-Methyl-3-5-7-8-tetraoxyanthrachinon[1] erhalten werden konnte (s. Tabelle S. 91).

Tabellarisch lassen sich die Umsetzungen wie auf S. 91 zusammenstellen.

Neben der Kermessäure findet sich in der Droge ein zweiter Farbstoff, die Flavokermessäure[2], und zwar in 5 kg Kermes 3 g. Sie läßt sich von Kermes durch die verschiedene Löslichkeit des Natriumsalzes in Natriumacetatlösung trennen, bildet gelbe Nadeln, hat die Formel $C_{13}H_8O_6$ und zeigt in konz. Schwefelsäure eine rotbraune Lösungsfarbe. Der Farbstoff färbt aus saurem Bade goldgelb, auf Zinnbeize ein stumpfes Orange.

3. Lac-dye. Der Farbstoff ist in dem Stocklack oder Gummilack in geringer Menge enthalten; der Lack ist der nach dem Stich der Schildlaus Coccus laccae ausgeschwitzte erstarrende Saft[3] verschiedener Bäume, die in Ostindien, Ceylon und den Molukken wachsen. Der Farbstoff ist den Läusen eigentümlich, er geht in den Stocklack über, wird durch Ausziehen des letzteren mit Wasser und Sodalösung und Fällen dieser Lösung mit Alaun oder Kalk gewonnen; er war als Lac-dye oder Lac-lac im Handel. Lac-dye wird seit Jahrhunderten in Ostindien bereitet[4] und liefert ähnliche, jedoch etwas echtere Färbungen wie Cochenille, so z. B. auf zinngebeizter Wolle ein schönes Scharlach und auf Tonerdebeize ein Karmoisinrot. Der Stocklack enthält nach Dimroth etwa 0,5—0,75% Farbstoff, welchen der erste Forscher, der sich mit ihm beschäftigte, R. E. Schmidt[5] Laccainsäure nannte. Zur Reindarstellung des Farbstoffes wird gemahlener Stocklack[6] mit Wasser ausgezogen (Dimroth[6]), die Lösung mit Essigsäure angesäuert und nach der Filtration eingeengt. Die mit Salzsäure versetzte Lösung läßt den Farbstoff langsam fallen; er wird durch Umkrystallisieren aus Ameisensäure in mikroskopischen Rhomboedern erhalten. Völlig aschefreie Präparate zu erhalten ist nicht leicht.

Schmidt hatte als Summenformel $C_{16}H_{12}O_8$ angenommen, Dimroth leitet aus seinen Untersuchungen $C_{20}H_{14}O_{10}$ ab, eine Formel, die sich hauptsächlich auf den Vergleich der Analysen der Laccainsäure mit denen eines Reduktionsproduktes $C_{20}H_{16}O_9$ stützt, welches aus der Laccainsäure mittels Zinkstaub und Ammoniak erhalten wird und durch gelinde Oxydation in einen Farbstoff $C_{20}H_{14}O_9$ übergeht, der zu dem Reduktionsprodukt im Verhältnis von Chinon zu Hydrochinon steht. 5 Wasserstoffatome der Laccainsäure sind durch Metall ersetzbar. Die Oxydation mit Wasserstoffsuperoxyd in alkalischer Lösung in Gegenwart von Metallsalzen (Kobalt oder Mangan) lieferte die Calainsäure $C_{18}H_{14}O_{11}$ (gelbe prismatische Krystalle), sie enthält 3 Carboxylgruppen, mindestens

---

[1] Konstitutionsbeweis: Dimroth, Fick: Liebigs Ann. 411, 315 (1915). — [2] Dimroth, Scheurer: Liebigs Ann. 399, 48 (1913). — [3] Tschirch, Farner: Arch. Pharmaz. 237, 35 (1899); Schweiz. Apoth.ztg 60, 609 (1922). — Tschirch, Lüdy jr.: Helvet. chim. Acta 6, 994 (1923); DRP. 226880 (Fowler) Frdl. 10, 975. — [4] Lac-dye ist schwer im Handel zu erhalten und wegen seines Gehaltes an Mineralstoffen schwer zu verarbeiten. — [5] R. E. Schmidt: Ber. dtsch. chem. Ges. 20, 1285 (1887). — [6] Dimroth, Goldschmidt: Liebigs Ann. 399, 62 (1913).

eine Carbonylgruppe und ist wahrscheinlich ein Abkömmling des Naphthochinon. Die Einwirkung von Brom auf die Calainsäure in Eisessiglösung ergab zwei Substanzen, eine gelbe und eine farblose Säure; nur die erstere hat bisher Bedeutung für die Erforschung der Konstitution des Farbstoffes erlangt. Sie hat die Zusammensetzung $C_{12}H_5O_8Br$ (Nadeln vom Smp. 234—235°), ist ein Analogon des β-Bromcarmin und wurde β-Bromlaccain genannt (I).

4 Wasserstoffatome sind durch Metall ersetzbar, 2 Wasserstoffatome sind noch acetylierbar, auch wurde Anhydridbildung bei der Acetylierung

$$\underset{(I)}{\begin{array}{c}\text{HOOC} \quad \text{O}\\ \text{HOOC}\diagup\!\!\diagdown\!\!-\text{OH}\\ \text{HO}-\diagdown\!\!\diagup\!\!-\text{Br}\\ \text{O}\end{array}} \qquad \underset{(II)}{\begin{array}{c}\text{COOH}\\ \text{Br}-\diagup\!\!\diagdown\!\!-\text{CO}\\ \text{HO}-\diagdown\!\!\diagup\!\!-\text{CO}\rangle\text{CBr}_2\\ \text{Br}\end{array}} \qquad \underset{(III)}{\begin{array}{c}\text{COOH}\\ \text{Br}-\diagup\!\!\diagdown\!\!-\text{COOH}\\ \text{HO}-\diagdown\!\!\diagup\!\!-\text{COOH}\\ \text{Br}\end{array}}$$

beobachtet. Die Bromierung des β-Bromlaccain in wässeriger Lösung führte zu einem Indonderivat, dem α-Bromlaccain (farblose Nadeln) (II), welches mit Hypobromit zu einer Dibromphenoltricarbonsäure (III) (würfelförmige Krystalle vom Smp. 257—258°) aufgespalten wird. Die Säure gibt mit Eisenchlorid nur eine schwache Färbung, enthält also keine zur Hydroxylgruppe in o-Stellung stehende Carboxylgruppe. β-Bromlaccain wird mit Wasserstoffsuperoxydlösung in Eisessig behandelt weiter zu einer Ketosäure (IV) aufgespalten, welche beim Erwärmen mit konz. Schwefelsäure in eine Phenoltetracarbonsäure (V) übergeht:

$$\underset{(IV)}{\begin{array}{c}\text{COOH}\\ \text{HOOC}-\diagup\!\!\diagdown\!\!-\text{COOH}\\ \text{HO}-\diagdown\!\!\diagup\!\!-\text{CO}-\text{COOH}\end{array}} \quad \text{oder} \quad \begin{array}{c}\text{COOH}\\ \text{HOOC}-\diagup\!\!\diagdown\!\!-\text{CO}-\text{COOH}\\ \text{HO}-\diagdown\!\!\diagup\!\!-\text{COOH}\end{array} \qquad \underset{(V)}{\begin{array}{c}\text{COOH}\\ \text{HOOC}-\diagup\!\!\diagdown\!\!-\text{COOH}\\ \text{HO}-\diagdown\!\!\diagup\!\!-\text{COOH}\end{array}}$$

Flache Tafeln, Smp. 229,5—230° Quadratische Krystalle, Smp. 212—214°

Aus der an dieser Stelle abgebrochenen Untersuchung kann geschlossen werden, daß Lac-dye eine Oxyanthrachinoncarbonsäure ist. Man könnte nebenstehende Formel (VI) konstruieren.

Nach Tschirch[1] befindet sich im Stocklack ein zweiter gelber Farbstoff $C_{15}H_{10}O_6$ (rote Krystalle), das Erythrolaccin, das eine Tetra-acetylverbindung liefert. Nach seinem Verhalten kommt für ihn die Konstitution eines Tetraoxymethylanthrachinon in Frage. Diesem Farbstoff soll der Schellack seine Färbung verdanken.

$$\underset{(VI)}{\begin{array}{c}\text{HOOC} \quad \text{O} \quad \text{OH}\\ \text{HOOC}-\diagup\!\!\diagdown\!\!\diagup\!\!\diagdown\!\!-\text{CO}-\text{CH}_3\\ \text{HO}-\diagdown\!\!\diagup\!\!\diagdown\!\!\diagup\!\!-\text{CH}_2-\text{CH}_3\\ \text{O} \quad \text{OH}\end{array}}$$

Santalin. Der Farbstoff ist im Sandelholz von Pterocarpus santalinus und Pterocarpus indicus, Bäumen aus der Familie der Leguminosen,

---
[1] Tschirch, Farner: Arch. Pharmaz. **237**, 55 (1899); Schweiz. Apoth.ztg **60**, 609 (1922). — Tschirch, Lüdy jr.: Helvet. chim. Acta **6**, 994 (1923).

heimisch in Ostindien, Ceylon, Golkonda und Timor enthalten. Das Holz kommt in Blöcken in den Handel, ist hart und von roter Farbe. Caliaturholz oder Carraturholz soll mit dem Sandelholz identisch sein. Das gemahlene oder geraspelte Holz kann zum Färben von Wolle und Baumwolle verwandt werden. Der in ihm enthaltene Farbstoff zieht unmittelbar, besser auf vorgebeizter Wolle in roten Tönen. Die Färbungen sind säureecht, aber gegen Licht und Alkali wenig beständig. Auf Baumwolle erhält man mittels Zinnbeize rote kaum mehr verwendete Färbungen.

Santalin scheint auch in dem Barholz, dem Holze von Baphia nitida von der Sierra Leone enthalten zu sein.

Die Konstitution des Farbstoffes ist noch nicht aufgeklärt. Pelletier[1] hat ihn zuerst im Jahre 1814 untersucht und schließlich hat sich aus den vielen Bearbeitungen[2] insbesondere von Perkin und Cain ein Verfahren zur Darstellung von Santalin herausgebildet, nämlich einen durch Alkoholextraktion erhaltenen Farbstoffauszug mit Bariumhydroxyd zu fällen und das Santalin über das Bariumsalz zu reinigen. Neben dem Santalin ließ sich dabei das etwas leichter lösliche Desoxysantalin gewinnen.

Später haben Dieterle und Stegemann[3] ein anderes Aufbereitungsverfahren angegeben. Sie glauben noch zwei Farbstoffe (A und B) abgetrennt zu haben. Das so erhaltene Santalin wird noch über das Kaliumsalz gereinigt und bildet ein rotes, mikrokrystallines Pulver, das bei 218° erweicht und über 300° verkohlt. Die von Dieterle und Stegemann ausgeführten Analysen lassen zwischen der Formel $C_{15}H_{14}O_5$ (Cain, Simonsen[4]) und $C_{24}H_{22}O_8$ (O'Neill, Perkin) die Wahl. Die Entscheidung für erstere treffen sie auf Grund der Molekulargewichtsbestimmung einiger Derivate. Raudnitz, Navrátil und Benda[5] haben ein krystallisiertes Oxoniumsalz von der Formel $C_{34}H_{29}O_{10}Cl$ erhalten; sie lösen die Formel des Santalin $C_{34}H_{28}O_{10}$ in $C_{30}H_{16}O_6(OCH_3)_4$ auf. Nach den früheren Angaben hat Santalin nur eine Methoxylgruppe, nimmt zwei Acetyl- und ebenso zwei Benzoylreste und zwei weitere Acetylgruppen bei der reduzierenden Acetylierung auf.

Auf Grund dieser Beobachtung ist eine Chinonstruktur wahrscheinlich. Die Zinkstaubdestillation deutet auf Anthracen als Grundstoff.

---

[1] Pelletier: Liebigs Ann. **6**, 28 (1833). — [2] Bolley: Liebigs Ann. **62**, 150 (1847). — Meier: Arch. Pharmaz. (2) **55**, 285 (1848); (2) **56**, 41 (1849). — Weyermann, Häffely: Liebigs Ann. **74**, 226 (1850). — Preisser: Berzelius Jb. **24**, 515 (1845). — Weidel: Z. Chem. **6**, 83 (1870). — Franchimont: Ber. dtsch. chem. Ges. **12**, 14 (1879). — A. G. Perkin: J. chem. Soc. Lond. **75**, 443 (1899). — v. Cochenhausen: Z. angew. Chem. **17**, 874 (1904). — Brooks: Philippine J. Sci. **5**, Sect. A, 439 (1910). — Cain, Simonsen, Smith: J. chem. Soc. Lond. **101**, 106 (1912); **105**, 1339 (1914). — O'Neill, A. G. Perkin: J. chem. Soc. Lond. **113**, 125 (1918). — [3] Dieterle, Stegemann: Arch. Pharmaz. **264**, 1 (1926). — [4] Brooks: [Philippine J. Sci. **5**, Sect. A, 439 (1919)] hat für ein Kupfersalz die Formel $Cu(C_{15}H_{13}O_5)_2$ angenommen. — [5] Raudnitz, Navrátil, Benda: Ber. dtsch. chem. Ges. **67**, 1036 (1934); vgl. auch Leonhardt, Buske [Ber. dtsch. chem. Ges. **67**, 1483 (1934)] welche angeben, eine ähnliche Substanz (Pterosantalin vom Zersetzungspunkt 318°) erhalten zu haben, die Erwiderung von Raudnitz: Ber. dtsch. chem. Ges. **67**, 1603 (1934) und eine Äußerung von Leonhardt, Buske: Ber. dtsch. chem. Ges. **67**, 1888 (1934).

Die Oxydationsversuche früherer Bearbeiter ergaben Veratrumsäure (I)

$H_3CO-\underset{(I)}{\underset{H_3CO-}{\bigcirc}}-COOH$ $H_3CO-\underset{(II)}{\bigcirc}-COOH$

Resorcin und Anissäure (II), der oxydative Abbau eines Nitrosantalindimethyläther (Cain, Simonsen) neben Anissäure 4-Nitro-2-3-dimethoxybenzoesäure, wobei zu beachten ist, daß das verwandte Santalin vielleicht noch den Farbstoff A und B enthielt. Dieterle und Stegemann erhielten bei der Oxydation mit Salpetersäure in Eisessiglösung neben Oxalsäure die von Franchimont schon früher erhaltene Styphninsäure (1-3-Dioxy-2-4-6-trinitrobenzol). Die Oxydation mit Wasserstoffsuperoxyd führte zu einer Verbindung $C_{15}H_{10}O_7$, bräunlichgelbe Krystalle vom Smp. 125°, bei welcher an Stelle von 4 Wasserstoffatomen 2 Sauerstoffatome eingetreten sind. Auf Grund dieser Untersuchung läßt sich nach Dieterle und Stegemann die Formel wie folgt auflösen (III).

Mit Rücksicht auf die Formel des jetzt zu besprechenden Desoxysantalin und des Homopterocarpin erscheint aber eine Anthrachinonformel wieder zweifelhaft; sie läßt sich auch nicht ohne weiteres mit der Summenformel von Raudnitz vereinigen.

Für Desoxysantalin[1] wird nämlich neuerdings die Formel $C_{20}H_{16}O_6$ vorgeschlagen, die durch Herstellung des Kupfer- und Natriumsalzes gestützt erscheint. Die Verbindung liefert eine Diacetylverbindung (lachsfarbene Krystalle vom Smp. 165—166°), die reduzierende Acetylierung eine Tetraacetylverbindung (gelbstichige Krystalle vom Smp. 184 bis 185°). Danach sind von 6 Sauerstoffatomen 2 in Hydroxylgruppen, 2 in Chinongruppen und mit Rücksicht auf eine Methoxylbestimmung 2 in Methoxygruppen festgelegt. Der oxydative Abbau mit Ozon lieferte Vanillin und ein zweites Spaltstück, eine Säure der Formel $C_{12}H_8O_6$ (rote Nadeln vom Smp. 112—113°), welche als eine Oxymethoxynaphthochinon-carbonsäure angesprochen wurde. Durch die katalytische Hydrierung gelang der Nachweis einer Doppelbindung. Oxydiert man das Diacetat mit Ozon, so erhält man 2-Oxyphthalsäure. Auf Grund dieser Untersuchung wurde die Konstitutionsformel (IV) in Betracht gezogen.

Nach Anderson[2] ist in dem Barholz neben dem auch dort erhältlichen Desoxysantalin noch eine Verbindung Baphiin von der Zusammensetzung $C_{24}H_{20}O_8$ (?), Smp. 200°, enthalten, aus welcher der Genannte eine Anzahl Abkömmlinge gewonnen hat, von denen z. B. Baphniton $C_{26}H_{26}O_6$ (?) mit dem noch zu erwähnenden Homopterocarpin identisch sein soll.

---

[1] Engelhard: Über einen von Perkin als Desoxysantalin bezeichneten Farbstoff aus dem roten Sandelholz. Diss. Frankfurt a. M. 1931. — [2] Anderson: J. chem. Soc. Lond. 11, 582 (1876).

Aus Sandelholz lassen sich nämlich noch zwei farblose Substanzen, das Pterocarpin $C_{14}H_{12}O_4$ (Smp. 162,5—163⁰, farblose Nadeln) und das Homopterocarpin[1] $C_{17}H_{16}O_4$ (Smp. 83—84⁰, farblose Nadeln) isolieren. Beide sind linksdrehend. Von diesen ist das Homopterocarpin näher untersucht, es besitzt 2 Methoxygruppen, die in einem Benzolkern in m-Stellung stehen. Es läßt sich trotz Abwesenheit von Hydroxylgruppen acetylieren, zwei Sauerstoffatome scheinen daher in lactoider Bindung zu stehen und zwar in einem weiteren aromatischen Kern. Die katalytische Reduktion führt zur Bildung zweier isomerer alkalilöslicher Dihydro-homopterocarpine, die eine phenolische Hydroxylgruppe besitzen und Aldehydcharakter haben. Salpetersäure liefert eine Verbindung $C_{16}H_{13}O_9N_3$ (braunrote Nadeln, Smp. 244⁰) und Styphninsäure. Die Zinkstaubdestillation gibt Resorcindimethyläther und ein Methylanthracen. Das Formelgerüst (I) soll diesem Befund entsprechen.

Pterocarpin enthält eine Methoxylgruppe.

Zur Gewinnung wird Sandelholz mit Kalk geknetet und die Mischung mit Äther ausgezogen. Löst man den Rückstand in Chloroform und setzt Alkohol zu, so scheidet sich Pterocarpin aus, während Homopterocarpin in Lösung bleibt.

Aus 100 g Sandelholz erhält man 0,4—0,6 g Homopterocarpin und 0,08—0,11 g Pterocarpin.

Brooks, welcher die beiden letztgenannten Verbindungen im Narraholz aufgefunden hat, erteilt ihnen andere Formeln, welche aber vor der Untersuchung von Dieterle und Leonhardt aufgestellt wurden.

Nach Weidel[2] befinden sich im Sandelholz noch zwei weitere färbende Substanzen, welche O'Neill und A. G. Perkin[3] im Barholz wieder aufgefunden zu haben glauben. Es steht dahin, ob diese mit Farbstoff A und B identisch sind.

Isosantalin. Camholz, das Holz einer Varietät von Baphia nitida enthält nach O'Neill und A. G. Perkin[3] einen dem Santalin isomeren Farbstoff, der auf ähnliche Weise aus dem Camholz gewonnen wird wie Santalin aus dem Sandelholz. Er hat die Zusammensetzung $C_{24}H_{24}O_8$, bildet ein schokoladebraunes Pulver, das bei 280⁰ dunkel wird und sich bei 290—300⁰ zersetzt und blaustichigere Ausfärbungen gibt. Dem Desoxysantalin entspricht ein Desoxy-isosantalin der Formel $C_{24}H_{22}O_7$ oder $C_{24}H_{24}O_7$. Alle diese Formeln bedürfen der Nachprüfung.

Durasantalin. Ein in Ägypten verwandter Farbstoff, red dura oder Sikhytan ist in Andropogon sorghium var. vulgaris enthalten. Der Farbstoff[4] ist ein hellrotes Pulver, es wurde ihm vorläufig die Formel $C_{16}H_{12}O_5$ zugewiesen; seine violettrote alkalische Lösung wird an der Luft

---

[1] Cazeneuve, Hugounenq: C. r. Acad. Sci. Paris **104**, 1722 (1887); **107**, 737 (1888); Bull. Soc. chim. France (2) **48**, 86 (1887). — Brooks: Philippine J. Sci. **5**, Sect. A, 439 (1910). — Ryan, Fitzgerald: Proc. roy. Irish Acad. B **30**, 106 (1913). — Dieterle, Stegemann: Arch. Pharmaz. **264**, 1 (1926). — Dieterle, Leonhardt: Arch. Pharmaz. **267**, 81 (1929). — [2] Weidel: Z. Chem. **6**, 83 (1870). — [3] O'Neill, A. G. Perkin: J. chem. Soc. Lond. **113**, 125 (1918). — [4] A. G. Perkin: J. chem. Soc. Lond. **97**, 220 (1910).

durch Oxydation braun, er zerfällt bei der Kalischmelze in Phloroglucin und p-Oxybenzoesäure.

Zur Gewinnung des Farbstoffes wird die Pflanze mit Aceton behandelt und der Acetonauszug mit Benzol fraktioniert gefällt.

Durasantalin färbt ungebeizte und gebeizte Wolle, aber nicht gebeizte Baumwolle.

Narrin. Dieser Farbstoff[1] ist in dem Narraholz von Pterocarpus spp. von den Philippinen enthalten und wird durch Ausziehen mit Alkohol gewonnen. Seine färberischen Eigenschaften sind dem Santalin ähnlich. Er bildet ein dunkelrotes amorphes Pulver, zersetzt sich bei 180° und gibt ein Kupfersalz und bei der Kalischmelze Phloroglucin und Resorcin.

Ventilagin. Der Farbstoff[2] befindet sich unter anderem in der Wurzelrinde des Ventilago madraspatana, einer Rhamnacea, eines Kletterstrauches, der in Westindien, Ceylon und Birma verbreitet ist. Die Wurzelrinde kommt unter dem Namen Pitti, Raktapita, Pappili-chakka, Suralpattai, Poplichuki, Lokandi und Kanwait in Form dunkelroter brauner Splitter, Bänder oder Fasern in den Handel.

Ventilagin ist ein rotbraunes sprödes harziges Produkt von der Zusammensetzung $C_{15}H_{14}O_6$, das bei 100° erweicht und bei 110° schmilzt. Es löst sich in Alkalien mit purpurroter Farbe. Die Destillation des Farbstoffes mit Zinkstaub liefert α-Methylanthracen.

Zur Gewinnung wird die gepulverte Wurzelrinde, die 8—10% Farbstoff enthält, mit Schwefelkohlenstoff kalt ausgezogen und mittels Alkohol eine Abtrennung der neben dem Farbstoff vorhandenen anderen Verbindungen auf sehr umständliche Weise bewirkt.

Ventilagin färbt gebeizte Baumwolle, Wolle und Seide an z. B. auf Tonerdebeize ein Rot.

Anhang.

Phenanthrenfarbstoffe.

Thelephorsäure. Der Farbstoff[3] findet sich in nahezu allen untersuchten Thelephorarten (Thelephora palmata Scop., flabelliformis Fr., caryophyllea Schaeff., terrestris Ehrh., coralloides Fr., crustacea Schum., intybacea Pers., laciniata Pers.), erdfarbenen Basidiomyceten, die in der Heide und in Nadelwäldern im Herbst anzutreffen sind. Auch in einer anderen Pilzart[3] Hydnum ferrugineum Fr. ist er enthalten. Die Konstitution ist mit einem Präparat aus Thelephora palmata, der stinkenden Lederkoralle erforscht (Kögl). Die Summenformel ist $C_{20}H_{12}O_9$, der Farbstoff besteht aus fast schwarzen, metallisch glänzenden Prismen ohne Schmelzpunkt, die, abgesehen von Pyridin, in allen Lösungsmitteln unlöslich sind. Charakteristisch ist der Farbumschlag der weinroten Pyridinlösung bei Zusatz von Wasser nach kornblumenblau. Ein orangegelbes Triacetat, ein farbloses Pentaacetyl-leukoderivat und die Heptamethyl-hexahydro-thelephorsäure geben über die Funktion der 9 Sauerstoffatome Aufschluß; der Farbstoff enthält demnach ein chinoides System, 3 phenolische Hydroxyl- und 2 Carboxylgruppen.

---

[1] Brooks: Philippine J. Sci. **5**, Sect. A, 439 (1910). — [2] A. G. Perkin, Hummel: J. chem. Soc. Lond. **65**, 923 (1894). — [3] Zopf: Bot. Ztg **1889**, 69. — Kögl, Erxleben, Jänecke: Liebigs Ann. **482**, 105 (1930).

Die Zinkstaubdestillation des Triacetates ergab einen Kohlenwasserstoff $C_{18}H_{14}$, der olefinischen Charakter hat und sich als 2'-Phenanthryl-1-butadien:

[Phenanthryl]—CH=CH—CH=CH$_2$

erwies, weil er bei der Behandlung mit Kaliumpermanganat in Phenanthren-2-carbonsäure übergeht. Die Oxydation der Thelephorsäure mit Wasserstoffsuperoxyd lieferte Oxytrimellithsäure (I). Aus der hydrierten Thelephorsäure wurde ebenfalls Oxytrimellithsäure, daneben aber Adipinsäure gewonnen. Endlich ließ sich durch Oxydation der Triacetyl-thelephorsäure mit Chromsäure wiederum Oxytrimellithsäure und eine Verbindung $C_{16}H_{10}O_{11}$, farblose Nadeln von Smp. 290°, erhalten, die sich als Trioxy-diphenyltetracarbonsäure erwies. Aus dieser wurde 4-3'-6'-Trioxydiphenyl, aus letzterem p-Oxybenzoesäure erhalten. Das Trioxydiphenyl wurde, wie folgt, synthetisiert[1]:

Auf Grund dieser Befunde kann der Thelephorsäure nur die Formel:

[Struktur mit HO—, COOH, OH, —CH=CH—CH=CH—COOH]

zukommen.

Zur Gewinnung der Thelephorsäure wurde das Pilzmehl in Wasser quellen gelassen und mit Pyridin behandelt. Die Ausbeute beträgt 0,5% des trockenen Materials.

Thelephorsäure läßt sich in ammoniakalischer Lösung verküpen und färbt Wolle und Baumwolle violett.

Xylindein. Abgefallene faule Äste von Buchen, Eichen und Birken sind häufig mit einem grünen Farbstoff überzogen, der von einem Pilz Peziza aeruginosa hervorgebracht wird. Der Farbstoff—Xylindein[2]—(Holzindigo) hat die Formel[3] $C_{34}H_{26}O_{11}$. Das gelbe Tetraacetat und der Diacetyl-xylindein-dimethyläther (gelbe Nadeln vom Smp. 294—295°) zeigen das Vorhandensein von vier Hydroxylgruppen an, zwei vielleicht in einer Chinongruppe, fünf scheinen in oxydischer oder lactoider Bindung. Xylindein wird nämlich bei der Einwirkung von Natronlauge in ein mit grüner Farbe in Wasser lösliches Natriumsalz verwandelt, wobei ein Verbrauch von vier Äquivalenten Natronlauge erfolgt. Diese entsprechen

---

[1] Vgl. A. P. 1735432 (I.G.). — [2] Rommier: C. r. Acad. Sci. Paris 66, 108 (1868). — Liebermann: Ber. dtsch. chem. Ges. 7, 1102 (1874). — [3] Kögl, v. Taeuffenbach: Liebigs Ann. 445, 170 (1925); dort auch die ältere Literatur. — Kögl, Erxleben: Liebigs Ann. 484, 65 (1930).

zwei Hydroxyl- und zwei Carboxylgruppen, weil das Natriumsalz sich mit zwei Äquivalenten Silbernitrat umsetzt; das entstehende Silbersalz gibt folgerichtig einen Xylindeinsäure-dimethylester $C_{36}H_{34}O_{13}$. Es sind also bei der Bildung des Tetranatriumsalzes neben zwei phenolischen zwei Carboxylgruppen beteiligt, die durch Aufspaltung zweier Lactongruppen entstehen. Da hierbei zwei neue Hydroxylgruppen auftreten müssen, sollte der Ester eine Hexaacetylverbindung geben. Er gibt aber nur eine Tetraacetylverbindung $C_{44}H_{42}O_{17}$, weil das zweifache Enolsystem umgelagert wird. Dafür ließen sich Beweise bringen. Xylindeinsäuredimethylester gibt ein krystallisierendes Disemicarbazon, die reduzierende Acetylierung des Esters liefert ein Hexaacetat, das kein Semicarbazonderivat mehr liefert. Ebenso passen die Verhältnisse bei der katalytischen Hydrierung auf diese Anschauung; das ganze Verhalten erinnert an die Umwandlung der Vulpinsäure in die Cornicularsäure[1].

$$H_5C_6-\underset{\underset{O\text{------}CO}{|}}{\overset{\overset{COOCH_3}{|}}{C}}=C-\overset{\overset{OH}{|}}{C}=C-C_6H_5 \rightarrow H_5C_6-\overset{\overset{CO\text{------}O}{|}}{C}=CH-\overset{|}{C}=CH-C_6H_5$$

(Vulpinsäure)   (Cornicularsäure)

Die Chinonnatur ließ sich zwar feststellen, jedoch läßt die Empfindlichkeit gegen Permanganat und die Widerstandskraft bei der Hydrierung vermuten, daß ein kompliziertes System vorliegt, dessen Doppelbindungen sich polyenartig durch einige Kerne ziehen. Die Aufnahme von zwei Wasserstoffatomen bei der Verküpung hat dann die Umwandlung in ein benzoides System zur Folge.

Bei der Behandlung mit alkoholischer Kalilauge entsteht n-Buttersäure und Essigsäure, ferner konnte dabei ein brauner Niederschlag erhalten werden, dessen Acetylprodukt eine gelbe Verbindung der Formel $C_{13}H_8O_{10}$ oder $C_{13}H_{10}O_{10}$ bildet. Die Zinkstaubdestillation ergab aus Hexaacetyl-tetrahydroleuko-xylindeinsäure-dimethylester Phenanthren. Demnach dürfte vielleicht ein Diphenanthrylderivat vorliegen; die Vorstellung ist gerechtfertigt, daß der eine mit Sicherheit nachgewiesene Phenanthrenkern olefinische Doppelbindungen enthält:

$$O==O \rightleftarrows HO--OH$$

Die Gewinnung erfolgt durch Ausziehen des grünfaulen Buchenholzes mit warmen Phenol und Zusatz von Wasser zur Lösung.

Heterocyclische Verbindungen.
1. Sauerstoffhaltige Verbindungen.

Dieser Abschnitt umfaßt einige Flechtenfarbstoffe, welche einen fünfgliedrigen Lactonring besitzen, weiter die gelben, roten und blauen Blütenfarbstoffe, deren Struktur völlig geklärt erscheint. Angegliedert sind eine Anzahl Verbindungen, von welchen die Zugehörigkeit wahrscheinlich aber nicht ganz sicher ist und endlich Rot- und Blauholz-

---

[1] Spiegel: Liebigs Ann. **219**, 3 (1883), und zwar S. 37f.

farbstoff sowie die Xanthonfarbstoffe. Die den Blütenfarbstoffen zugrunde liegende Stammsubstanz ist das γ- oder 1-4-Pyran[1] (I)

Von dem entsprechenden α-β-Benzo-γ-Pyran (II) leiten sich die genannten Farbstoffe ab und zwar in der Weise, daß einerseits wieder Oxoverbindungen vom Typus des Chromon (III) für die gelben Farbstoffe, andererseits Benzopyryliumsalze vom Typus (IV) für die roten und blauen Farbstoffe in Frage kommen. Jedoch ist allen in der Natur vorkommenden Farbstoffen mit Ausnahme von Daphnetin noch mindestens ein zweiter Benzolrest eigen, so daß die Grundstoffe (V—VIII) in

Flavon (V)   Isoflavon (seltener) (VI)   Flavyliumsalz (VII)   Xanthon (VIII)   (IX)

Rechnung zu setzen sind. Rot- und Blauholzfarbstoff leiten sich von einem System ab, in welchem ein Indankern mit einem Chromankern kondensiert ist, das man als Hydrindenochroman (IX) bezeichnen kann.

a) Farbstoffe mit fünfgliedrigem Ring.

Vulpinsäure. Dieser Farbstoff[2] ist in Flechten wie Letharia vulpina, Cetraria tubulosa, in Cypheliaceen, Calyciaceen, Parmeliaceen, Usneaceen u. a. enthalten. Der Name Fuchsflechte rührt daher, weil die Flechte wegen ihrer Giftigkeit in Skandinavien zum Vergiften von Füchsen verwandt wird. Der Farbstoff hat die Formel $C_{19}H_{14}O_5$ (gelbe Blättchen vom Smp. 148°) und ist der Methylester der Pulvinsäure $C_{18}H_{12}O_5$, welche eine Lactoncarbonsäure der Formel:

$$C_6H_5-\underset{\underset{O-CO}{|}}{C}=\underset{}{\overset{COOR}{C}}-\overset{OH}{\underset{}{C}}=C-C_6H_5$$

R=H Pulvinsäure
R=CH₃ Vulpinsäure

ist.

---

[1] Nur eine einzige Verbindung mit Farbstoffeigenschaften ist bis jetzt in der Natur aufgefunden worden, welche sich vom α- oder 1-2-Pyran (I) ableitet. — [2] Ältere Literatur V. Meyer-P. Jacobson: Lehrbuch der organischen Chemie, II, 2, S. 268; hauptsächlich Spiegel: Ber. dtsch. chem. Ges. **13**, 1629, 2219 (1880); **14**, 1686 (1881); **15**, 1546 (1882); Liebigs Ann. **219**, 1 (1883).

Die Konstitution der Vulpinsäure ist durch die Synthese der Pulvinsäure[1] sichergestellt:

$$2\ C_6H_5-CH_2-CN\ +\ \begin{matrix}COOC_2H_5\\|\\COOC_2H_5\end{matrix}\ \rightarrow\ C_6H_5-\overset{CN}{\underset{|}{CH}}-CO-CO-\overset{CN}{\underset{|}{CH}}-C_6H_5\ \rightarrow$$

$$C_6H_5-\overset{COOH}{\underset{|}{CH}}-CO-CO-\overset{COOH}{\underset{|}{CH}}-C_6H_5\ \rightarrow\ C_6H_5-\overset{COOH}{\underset{|}{C}}=\overset{OH}{\underset{|}{C}}-\overset{OH}{\underset{|}{C}}=\overset{COOH}{\underset{|}{C}}-C_6H_5\ \rightarrow$$

$$C_6H_5-\overset{COOH}{\underset{|}{C}}=\overset{OH}{\underset{|}{C}}-C=C-C_6H_5$$
$$O\rule{1em}{0.4pt}CO$$

die zuerst entstandene Diketosäure lagert sich in die Dienolverbindung um.

Zur Gewinnung zieht man die Flechte mit Kalkmilch aus und fällt mit Säure.

Pinastrinsäure (Chrysocetrarsäure). Diese Säure[2], welche in Cetraria pinastri, reichlicher in Cetraria juniperina neben Vulpinsäure und Usninsäure vorkommt, hat die Formel $C_{20}H_{16}O_6$ (gelbe Nadeln vom Smp. 203—204⁰) und unterscheidet sich also von der Vulpinsäure um die Gruppe CH_2O. Die Bestimmung des Methoxylgehaltes durch Koller und Pfeiffer ergab im Gegensatz zu früheren Angaben die Anwesenheit von zwei Methoxylresten. Da bei der Oxydation mit Kaliumpermanganat Anissäure und Benzoesäure erhalten werden, während die Barytspaltung Oxalsäure, Phenylessigsäure und p-Methoxyphenylessigsäure ergibt, so kann man auf die folgende Formel schließen:

$$H_3CO-\langle\rangle-\overset{COOCH_3}{\underset{|}{C}}=C-C=\overset{OH}{\underset{|}{C}}-\langle\rangle\qquad \langle\rangle-\overset{COOCH_3}{\underset{|}{C}}=C-C=\overset{OH}{\underset{|}{C}}-\langle\rangle-OCH_3$$
$$O\rule{1em}{0.4pt}CO\quad\text{oder}\qquadO\rule{1em}{0.4pt}CO$$

die durch Synthese[3] aus Oxalsäurediäthylester, p-Methoxybenzylcyanid und Benzylcyanid entsprechend der Synthese der Vulpinsäure sicher gestellt ist.

Zur Gewinnung der Säure werden die Flechten mit Äther ausgezogen und die Säure von der Usninsäure durch Umkrystallisation abgetrennt.

Zur Reihe der Pulvinsäure sollen angeblich gehören: Epanorin[4] und Stictaurin[5], ferner Coniocylsäure[6].

Usninsäure. Diese Säure[7] ist einer der verbreitetsten Flechtenfarbstoffe und findet sich in Usneaarten, Parmeliaceae, Lecanoraceae,

---

[1] Volhard: Liebigs Ann. 282, 1 (1894). — [2] Koller, Pfeiffer: Monatsh. Chem. 62, 160 (1933). — Ältere Literatur: Hesse: Liebigs Ann. 284, 157 (1895); Ber. dtsch. chem. Ges. 30, 357 (1897); J. pract. Chem. (2) 57, 232 (1898). — Zopf: Liebigs Ann. 284, 107 (1895). — [3] Koller, Pfeiffer: Monatsh. Chem. 63, 213 (1934). — [4] Zopf: Liebigs Ann. 313, 331 (1900). — [5] Salkowski: Liebigs Ann. 319, 391 (1902). — Kappen: Z. Krystallogr. 37, 151 (1903). — Zopf: Liebigs Ann. 306, 283 (1899); 317, 123 (1901); 338, 35 (1905). — Hesse: J. pract. Chem. (2) 62, 333 (1900). — [6] Brieger: Flechtenstoffe in Klein: Handbuch der Pflanzenanalyse, III, 2, S. 413f.; dort auch Thies: Systematische Verbreitung und Vorkommen der Flechtenstoffe, S. 429. — [7] Schöpf, Heuck: Liebigs Ann. 459, 233 (1927); dort Hinweise auf die ältere Literatur. Die von Schöpf aufgestellte Konstitutionsformel scheint durch die Arbeiten von Curd und Robertson überholt,

insgesamt in etwa 70 Arten. Die Säure bildet gelbe Krystalle vom Smp. 202—204° und hat die Formel $C_{18}H_{16}O_7$. Aus den älteren Untersuchungen steht fest, daß Usninsäure den Rest der Acetessigsäure enthält und beim Erhitzen mit wasserhaltigen Lösungsmitteln einer Ketonspaltung unterliegt und in die Decarbo-usninsäure $C_{17}H_{18}O_6$ übergeht, welche keine Carboxylgruppe mehr enthält, sondern ein Enol ist. Es ergeben sich daraus Formeln für Usninsäure (I) und für Decarbo-usninsäure (II):

$$CH_3\text{—}CO\text{—}\underset{(I)}{\overset{CO\text{—}O\text{—}C\text{—}}{\underset{|}{C}}=C(OH)\text{—}\overset{\|}{C}\text{—}} \bigg| C_{11}H_{12}O_3 \xrightarrow{+H_2O} CH_3\text{—}CO\text{—}\underset{|}{\overset{COOH}{C}}=C(OH)\text{—}\overset{HO\text{—}C\text{—}}{\underset{\|}{C}} \bigg| C_{11}H_{12}O_3 \xrightarrow{-CO_2}$$

$$CH_3\text{—}CO\text{—}CH=C(OH)\text{—}\overset{HO\text{—}C\text{—}}{\underset{|}{C}} \bigg| C_{11}H_{12}O_3$$
(II)

Die Eliminierung des Acetessigsäurerestes mittels Alkali entspricht der Säurespaltung und liefert die Usnetinsäure $C_{14}H_{14}O_6$, diese kann dekarboxyliert werden und gibt ein Phenol Usnetol $C_{13}H_{14}O_4$, das unter Verlust von Essigsäure in Usneol $C_{11}H_{12}O_3$ übergeht:

$$\underset{\text{Usninsäure}}{CH_3\text{—}CO\text{—}\underset{|}{\overset{CO\text{—}O\text{—}C\text{—}}{C}}=C(OH)\text{—}\overset{\|}{C}\text{—}} \bigg| C_{11}H_{12}O_3 \xrightarrow{+2H_2O} CH_3\text{—}CO\text{—}\underset{|}{\overset{COOH}{CH_2}} + HOOC\text{—}\overset{HO\text{—}C\text{—}}{\underset{\|}{C}} \bigg| C_{11}H_{12}O_3 \underset{\text{Usnetinsäure}}{}$$

$$\xrightarrow{-CO_2} \underset{\text{Usnetol}}{\overset{HO\text{—}C\text{—}}{\underset{|}{HC\text{—}}}} \bigg| C_{11}H_{12}O_3$$

Usneol ist durch Synthese[1] seines Dimethyläthers als ein 4-6-Dioxy-2-3-5-trimethylcumaron in seiner Konstitution bestimmt:

[Strukturformeln: Synthese des Usneol-Dimethyläthers]

Usnetol läßt sich durch stufenweise Einwirkung von Ozon und Alkali zu C-Methylphloroglucin abbauen, was die Usneolformel leicht erklärt. Für Usnetol ergibt sich die Formel

[Strukturformel Usnetol]

---
[1] Curd, Robertson: J. chem. Soc. Lond. **1933**, 437, 715, 1173.

die durch Synthese des O-Methylderivates gestützt ist, das sich als identisch mit dem aus Usnetol erhaltenen erwies:

[Reaktionsschema mit Strukturformeln]

Mit diesen Befunden wurde die Formel von Schöpf und Heuck der Nachprüfung bedürftig, ebenso wie die aller Derivate. Weiter ist von Curd und Robertson festgestellt, daß die Abspaltung von Essigsäure aus Usnetinsäure unter Aufnahme von Wasser zu Pyro-usninsäure[1] $C_{12}H_{12}O_5$ führt, der die Formel:

[Strukturformeln mit "oder" dazwischen]

zukommt. Man hat also folgende Beziehungen:

Usnetinsäure		Pyrousninsäure
$C_{14}H_{14}O_6$	$\xrightarrow{-CH_3COOH + H_2O}$	$C_{12}H_{12}O_5$
$\downarrow -CO_2$		$\downarrow -CO_2$
Usnetol	$\xrightarrow{-CH_3COOH + H_2O}$	Usneol
$C_{13}H_{14}O_4$		$C_{11}H_{12}O_3$

Dann ist Usnetinsäure ein C-Acetylderivat der Pyro-usninsäure und muß die Formel:

[Strukturformeln mit "oder" dazwischen]

haben.

Zur Gewinnung der Usninsäure[2] kann z. B. die Bartflechte Usnea barbata mit Äther oder Benzol ausgezogen werden.

Zur Usninsäurereihe soll angeblich die Placodolsäure[3] gehören.

---

[1] Daneben bildet sich noch eine neue Säure, Usnetininsäure $C_{11}H_{10}O_5$. —
[2] Widmann: Liebigs Ann. 310, 233 (1900). — Schöpf, Heuck: Liebigs Ann. 459, 233 (1927). — [3] Zopf: Liebigs Ann. 297, 285 (1897); 346, 82 (1906); 340, 295 (1905). — Kappen: Z. Krystallogr. 37, 151 (1903).

b) Flavon- und Isoflavonfarbstoffe.

Zur Bezifferung ist zu bemerken, daß im folgenden nach dem Schema (I) numeriert wird, während in der älteren Originalliteratur vielfach nach dem Schema (II) beziffert ist.

Zur Unterscheidung der einzelnen Verbindungen sind folgende Trivialnamen beachtenswert:

Flavan — Flaven — Flavon

Flavanon — Flavonol (Enolform) oder (Ketoform)

Das Chromon selbst ist von Ruhemann[1] dargestellt worden; er erhielt aus Phenoxy-fumarsäure beim Stehen mit konz. Schwefelsäure Chromoncarbonsäure und aus dieser durch Destillation Chromon:

Allgemein lassen sich zur Herstellung von Chromonabkömmlingen noch Verbindungen von der Konstitution:

zu einer Synthese verwenden, welche von v. Kostanecki[2], dessen Lebensarbeit die Bearbeitung der natürlichen vom Chromon sich ableitenden Flavonfarbstoffe war, aufgefunden wurde. Endlich können Chromonderivate aus Phenol und alkylierten Acylessigsäureestern[3] gewonnen werden, z. B. (I).

Das Chromon ist farblos. Farbigkeit wird erzielt, wenn der Pyronring noch durch einen Benzolring substituiert wird und gleichzeitig Hydroxyl-

---

[1] Ruhemann: J. chem. Soc. 77, 1179 (1900). — [2] v. Kostanecki: Conférence vom 2. Mai 1903; Bull. Soc. chim. France (3) 29, XXVII (1903). — Zusammenstellung der Arbeiten von v. Kostanecki im Lebensbild von Tambor: Ber. dtsch. chem. Ges. 45, 1701 (1912). — [3] Petschek, Simonis: Ber. dtsch. chem. Ges. 46, 2014 (1913).

gruppen eintreten. In den so entstehenden Flavonabkömmlingen ist als wirksame chromophore Gruppe[1] —CO—C=C— vorhanden, ihre Kraft ist eine geringe. Die Regeln über die Bedeutung der Stellung der Hydroxylgruppen lassen sich folgendermaßen zusammenfassen. Die Stellung 5 und 7 übt an sich eine geringe Wirkung aus, 3' und 4' erzeugen ein tiefes Gelb, 3 ein Blaßgelb, vergrößert aber die Wirkung von 3' und 4' nach Orange, wie auch die Wirkung von 3 durch 7 oder 4' verstärkt wird.

Endlich muß die Gruppe:

$$-\underset{\underset{O}{\|}}{C}-\underset{\underset{OH}{|}}{C}\big<$$

in den Oxyflavonen im Sinne der Wernerschen Anschauungen die beizenziehende Kraft vermitteln. Es ist dabei möglich, daß die Stellung von CO zu OH 1 : 2 oder 1 : 8 ist. Es ist ferner beobachtet worden, daß die Hydroxylgruppe in Stellung 5 schwer methylierbar ist.

Die Methoden zum Aufbau und Abbau der Flavone sollen der Betrachtung der einzelnen Farbstoffe vorangestellt werden. Die Synthese ist möglich:

1. Durch Kondensation von Oxyacetophenon[2] oder seinen hydroxylierten Abkömmlingen mit Benzaldehyd oder dessen hydroxylierten Abkömmlingen:

⌬—CO—CH₃ + OHC—⌬ → ⌬—CO—CH=CH—⌬ (acetyliert)→
 └—OH   └—OH

⌬—CO—CH=CH—⌬ (bromiert)→ ⌬—CO—CHBr—CHBr—⌬ (alkohol. Kali[3])→
 └—O—CO—CH₃   └—O—CO—CH₃

⌬—CO—CHBr—CHBr—⌬ → Flavon
 └—OH

Bei der Anwendung von Chinacetophenonen (Oxygruppen in 1-4-Stellung) erhält man Flavanone, z. B.:

H₅C₂O—⌬—CO—CH₃ + OHC—⌬ → H₅C₂O—⌬—CO—CH₂—CH(OH)—⌬ →
         └—OH   └—OH

→ Flavanon

---

[1] Man begegnet der gleichen Gruppe auch in den diesen Farbstoffen nahestehenden Chalkonen (I), welche rotgelbe Farbe zeigen. —
[2] Emilewicz, v. Kostanecki: Ber. dtsch. chem. Ges. **31**, 696 (1898); vgl. auch hierzu die Anwendung der ω-Chlorverbindung des Oxyacetophenon. Simonis: Z. angew. Chem. **39**, 1461 (1926). — [3] Über den Eintritt einer zu Benzalcumaranonen führenden Reaktion. Kesselkaul, v. Kostanecki: Ber. dtsch. chem. Ges. **29**, 1886 (1896). — v. Auwers, Pohl: Liebigs Ann. **405**, 293 (1914). — v. Auwers: Liebigs Ann. **421**, 1 (1920). — v. Auwers, Anschütz: Ber. dtsch. chem. Ges. **54**, 1543 (1921).

⌬—CO—CH=CH—⌬ (Grundverbindung) (I)

Die Dehydrierung[1] des Flavanon zu Flavon gelingt mit Phosphorpentachlorid. Die Darstellung der Chalkone[2] wird durch Umsetzung von Phenolen mit Zimtsäurechlorid bewirkt, wobei die p-Stellung des Phenol zweckmäßig besetzt ist und die Phenole als Alkyläther vorliegen müssen, z. B.:

$$H_3CO{-}\bigcirc{-}OCH_3 + \begin{array}{c}Cl{-}CO\\|\\CH{=}CH{-}C_6H_5\end{array} \rightarrow H_3CO{-}\bigcirc\begin{array}{c}{-}CO{-}CH\\{-}OCH_3\;CH{-}C_6H_5\end{array}$$

Der Ringschluß[3] führt dann unter Entalkylierung im allgemeinen zu Flavanonen oder auch unter Umständen zu Flavonen.

2. Durch Kondensation beliebiger alkylierter o-Oxyacetophenone mit aromatischen Säureestern oder Salicylsäureestern mit Acetophenon und Derivaten bei Gegenwart von Natrium[4]:

$$\bigcirc\begin{array}{c}{-}CO{-}CH_3\\{-}O{-}R\end{array} + ROOC{-}C_6H_5 \rightarrow \bigcirc\begin{array}{c}{-}CO{-}CH_2{-}CO{-}C_6H_5\\{-}O{-}R\end{array} \xrightarrow[\text{mit HJ und Ringschluß}]{\text{Verseifung}} \text{Flavon}$$

$$\bigcirc\begin{array}{c}{-}COOR\\{-}O{-}R\end{array} + CH_3{-}CO{-}C_6H_5 \rightarrow \bigcirc\begin{array}{c}{-}CO{-}CH_2{-}CO{-}C_6H_5\\{-}O{-}R\end{array} \rightarrow \text{Flavon}$$

3. Aus β-Oxyarylzimtsäuren[5], die man aus Phenylpropiolsäuren durch Anlagerung von Natriumphenolat erhält, durch eine Umlagerung:

$$\bigcirc\begin{array}{c}{-}C{=}CH{-}COOH\\{-}O{-}\bigcirc\end{array} \rightarrow \text{Flavon}$$

4. Durch Einwirkung von Phenolen auf Natriumbenzoylessigester[6]:

$$\bigcirc{-}OH + \begin{array}{c}ROOC\\\;\;\;\searrow CH\\\;\;\;\;\;\|\\\;\;\;C{-}C_6H_5\\\;\;\;|\\\;\;\;ONa\end{array} \rightarrow \text{Flavon}$$

Eine Abart dieser Reaktion ist die Kondensation von Benzimido-acetonitril mit Resorcin[7]:

$$HO{-}\bigcirc{-}OH + \begin{array}{c}NC\\\;\;\searrow CH\\\;\;\;\|\\\;\;C{-}C_6H_5\\\;\;|\\\;\;NH_2\end{array} \rightarrow HO{-}\bigcirc\begin{array}{c}NC\\\;\;\searrow CH\\\;\;\;\|\\\;\;C{-}C_6H_5\end{array} \rightarrow HO{-}\text{Flavon}$$

(tautomer geschrieben)

---

[1] Löwenbein: Ber. dtsch. chem. Ges. **57**, 1515 (1924). — [2] Simonis, Lear: Ber. dtsch. chem. Ges. **59**, 2908 (1926). — [3] Simonis, Danischewski: Ber. dtsch. chem. Ges. **59**, 2914 (1926). — [4] v. Kostanecki, Tambor: Ber. dtsch. chem. Ges. **33**, 330 (1900). — [5] Ruhemann: Ber. dtsch. chem. Ges. **46**, 2188 (1913). — [6] Simonis, Remmert: Ber. dtsch. chem. Ges. **47**, 2229 (1914); vgl. auch Ghosh: J. chem. Soc. Lond. **109**, 105 (1916). — [7] v. Meyer: J. pract. Chem. (2) **67**, 342 (1903).

Zur Bildungsweise der Flavanone wäre noch zu bemerken, daß
ω-Benzal-o-oxyacetophenon beim Kochen in alkoholischer Lösung mit
verdünnter Salzsäure sich in Flavanon umlagert[1]:

[structure: o-hydroxyphenyl–CO–CH=CH–C$_6$H$_5$ → flavanone]

Flavonol[2] ist darstellbar aus Flavanon durch Behandeln mit Amyl-
nitrit und Salzsäure in alkoholischer Lösung und Verkochen der ge-
bildeten Isonitrosoverbindung:

[structures: flavanone → isonitroso compound (C=N–OH) → flavonol with –OH]

Ferner läßt sich Flavonol durch Aufspaltung von Cumaranonen[3]
erhalten, z. B.:

[structures showing R-substituted cumaranone + OCH–C$_6$H$_5$ → intermediate → dibromo intermediate (CBr–CHBr–C$_6$H$_5$) → hydroxy-bromo intermediate → flavonol]

Endlich lassen sich Flavonolderivate durch Umsetzung von z. B.
ω-Methoxy-resacetophenon mit Benzoesäureanhydrid[4] gewinnen:

[structures: HO/OH-substituted –CO–CH$_2$–OCH$_3$ + OH–C(=O)–C$_6$H$_5$ —2 H$_2$O→ methoxy-flavonol derivative]

Flavon und seine Derivate erleiden beim Behandeln mit Kalilauge
eine bemerkenswerte Spaltung, die z. B. beim Flavon in folgenden
Stufen verläuft:

[structures: flavone → o-hydroxyphenyl–CO–CH=C(OH)–C$_6$H$_5$ → o-hydroxyphenyl–CO–CH$_2$–CO–C$_6$H$_5$]

---

[1] v. Kostanecki, Szabranski: Ber. dtsch. chem. Ges. **37**, 2634 (1904). —
[2] v. Kostanecki, Lampe: Ber. dtsch. chem. Ges. **37**, 773 (1904); vgl. auch
Algar, Flynn: Proc. roy. irish Acad. B **42** (1934). — [3] Auwers, Müller: Ber.
dtsch. chem. Ges. **41**, 4233 (1908). — [4] Allan, Robinson: J. chem. Soc. Lond.
125, 2192 (1924).

Nun kann Säure- und Ketonspaltung eintreten:

$$\underset{\text{OH}}{\bigcirc}\!\!-\!\text{CO}\!-\!\text{CH}_2\!-\!\text{CO}\!-\!\text{C}_6\text{H}_5 \longrightarrow \underset{\substack{\text{OH}\\\text{Oxyacetophenon}}}{\bigcirc}\!\!-\!\text{CO}\!-\!\text{CH}_3 \quad \underset{\text{Benzoesäure}}{\bigcirc}\!\!-\!\text{COOH}$$

$$\longrightarrow \underset{\substack{\text{OH}\\\text{Salicylsäure}}}{\bigcirc}\!\!-\!\text{COOH} \quad \underset{\text{Acetophenon}}{\bigcirc}\!\!-\!\text{COCH}_3$$

Man findet so vier Spaltprodukte aus Abkömmlingen des Flavon. Auf diese Weise ergibt Abbau und Aufbau die Konstitution aller Flavonabkömmlinge.

Shibata und Kimotsuki[1] haben zuerst die spektrographischen Verhältnisse in der Flavonreihe studiert. Danach sind zwei Absorptionsbänder im Ultraviolett vorhanden, deren Länge und Tiefe sich in Abhängigkeit von der Konstitution des Farbstoffes bringen läßt. Die spektrographische Methode kann daher bei der Frage der Zugehörigkeit eines Farbstoffes zur Flavonreihe und bei der näheren Untersuchung wertvolle Dienste leisten.

In der Natur mag der Weg von den Zuckern zu den Flavonen führen, Haworth[2] hat darauf hingewiesen, daß die Ringstruktur der normalen Kohlehydrate der des Pyran entspricht. Man könnte sich dann die Bildung dieser zur C_{15}-Gruppe gehörenden Farbstoffe[3] durch Kondensation von 2 Mol einer Hexose und 1 Mol einer Triose vorstellen. Die Phenole stehen ja offenbar in einem engen Zusammenhang mit den Zuckern, so können Pyrogallol und Phloroglucin aus Inosit durch Verlust von drei Molekülen Wasser entstanden sein. Der Weg über die Isoprene würde auch zu Verbindungen mit 15 Kohlenstoffatomen führen, jedoch scheinen die vorhandenen Hydroxylgruppen von den Hydroxylgruppen der Zucker herzurühren. Auch kann man daran denken, daß ein Phenolaldehyd mit Acetaldehyd zu Zimtaldehyd zusammentritt und dieses Kondensationsprodukt sich mit einem Phenol verbindet. Auch diese Kombination würde 15 Kohlenstoffatome ergeben. Die Phenolaldehyde könnten aus einer Hexose und einem Mol Formaldehyd entstehen.

Vielleicht mag der Weg dann weiter über die Chalkone gehen, von denen nahe verwandte Stoffe, z. B. Phloretin

$$\text{HO}\!-\!\underset{\text{OH}}{\bigcirc}\!\!-\!\text{CO}\!-\!\text{CH}_2\!-\!\text{CH}_2\!-\!\underset{\text{OH}}{\bigcirc}$$

als Glucoside, z. B. Phloridzin, in der Wurzelrinde von Obstbäumen gefunden wurden. Die Flavone lassen sich dementsprechend als Derivate des α-γ-Diphenylpropan auffassen. Sie kommen in den Pflanzen ebenfalls fast ausnahmslos als Glucoside vor. Man nennt die Glucoside Anthoxanthine, die zuckerfreien Farbstoffe Anthoxanthidine. Für die Zucker-

---

[1] Zusammenfassende Darstellung und Literaturangabe: Rupe, Schaerer: in Klein: Handbuch der Pflanzenanalyse, III, 2, S. 901. — [2] Haworth: Ber. dtsch. chem. Ges. **65**, A 44 (1932). — [3] Robinson: Proc. Univ. Durham 8, 14 (1927/28); systematische Verbreitung und Vorkommen der Flavone: Hadders, Wehmer in Klein: Handbuch der Pflanzenanalyse, III, 2, S. 928.

komponente scheinen nur die in den Stellungen 3, 5 und 7 stehenden Hydroxylgruppen in Frage zu kommen. Der Nachweis der Stellung kann in manchen Fällen durch völlige Alkylierung der Glucoside und Spaltung geschehen, wobei sich die Stellung des Zuckerrestes durch eine freie Hydroxylgruppe verrät. Die Glucoside finden sich gelöst im Zellsaft in den parenchymatischen Geweben der Rinden, Blätter, Blüten[1] und Früchte wie auch im Holze.

In der Färberei wurden früher Flavonfarbstoffe — Fisetin, Luteolin, Morin, Quercetin und seine Methyläther — als Beizenfarbstoffe viel verwandt und zwar in Form der Pflanzenteile, wie Fisetholz, Wau, Gelbholz, Quercitron und Gelbbeeren, heute sind sie durch die künstlichen Farbstoffe stark zurückgedrängt. Die Beziehungen zu den Anthocyanidinen (roten und blauen Blütenfarbstoffen) und zu Catechin werden bei ersteren erörtert. Es lassen sich auf diese Übergänge Farbreaktionen[2] zur Erkennung der Farbstoffe gründen.

(I)

Die Chemie der Isoflavonderivate ist mit Rücksicht auf ihre geringere Bedeutung nicht so eingehend bearbeitet worden. Die Synthese geht von entsprechenden Ketonen aus, welche bei der Umsetzung mit Ameisensäureester in Isoflavone übergehen, z. B. läßt sich so Isoflavon[3] selbst erhalten (I).

Einzelne Farbstoffe[4].

Flavon (II), $C_{15}H_{10}O_2$, farblose Nadeln vom Smp. 100°, wurde von Müller[5] als mehlartige Abscheidung auf den Blättern, Blütenstielen und Samenkapseln von Primulaarten aufgefunden. Bei der Spaltung mit Alkalien entsteht Acetophenon, o-Oxyacetophenon, Salicylsäure und Benzoesäure. Die Synthese gelingt unter anderem aus ω-Benzalo-oxyacetophenon[6]. Zur Gewinnung wischt man den Mehlstaub der Primulaceen ab und kristallisiert um.

Dioxyflavone und Dioxyflavanone.

Primetin[7] (III), $C_{15}H_{10}O_4$, wahrscheinlich 5-6-Dioxyflavon, gelbe Nadeln vom Smp. 230—231° findet sich auf der Blattunterseite einer japanischen Primel Primula modesta Bisset et Moore in Mischung mit Flavon.

---

[1] Über das Vorkommen von Flavonen und Flavonolen in weißblütigen Pflanzen: Nakaoki: J. pharmac. Soc. Jap. 52, 195 (1932). Über die Verbreitung: Klein, Werner: Z. physiol. Chem. 143, 9 (1925). — [2] Asahina, Inubuse: Ber. dtsch. chem. Ges. 61, 1646 (1928). — Shinoda: J. pharmac. Soc. Jap. 48, 35 (1928). — [3] Joshi, Venkataraman: J. chem. Soc. Lond. 1934, 513; die Synthese der Oxyderivate vollzieht sich ebenso, sie ist bei den einzelnen natürlichen Verbindungen aufgeführt. — [4] Ältere Literatur: V. Meyer-P. Jacobson: Lehrbuch der organischen Chemie, Bd. 2, 3, S. 243. — [5] Müller: J. chem. Soc. Lond. 107, 872 (1915). — [6] Feuerstein, v. Kostanecki: Ber. dtsch. chem. Ges. 31, 1757 (1898). — [7] Nagai, Hattori: Acta phytochim. (Tokyo) 5, 1 (1930). — Sugasawa: J. chem. Soc. Lond. 1933, 1621. — Asahina: Acta phytochim. (Tokyo) 7, 187 (1933).

Die alkalische Spaltung liefert Benzoesäure, ein zweites Spaltstück konnte nicht gefaßt werden. Für die Konstitution sprechen die tiefgelbe Farbe, die grüne Reaktionsfarbe mit Eisenchlorid und die Oxydierbarkeit durch Kobalti-amminsalz. Bei der Methylierung entstand nur ein Monomethyläther, was auf eine schwer methylierbare Hydroxylgruppe in 5-Stellung hinweist. Auch die spektralanalytische Untersuchung deutet auf die angegebene Konstitution. Die Synthese ist nicht ausführbar, weil 2-3-6-Trioxyacetophenon bis jetzt nicht darstellbar ist.

Zur Gewinnung stäubt man die oben genannten Teile in Alkohol ab.

Chrysin (I), $C_{15}H_{10}O_4$, 5-7-Dioxyflavon, gelbe Tafeln vom Smp. 275°, ist der gelbe Farbstoff der Pappelknospen, der sich auch als Toringin, 5-7-Dioxyflavon-7-oder 5-glucosid, $C_{21}H_{20}O_9$, Nadeln vom Smp. 135—137°, in der Rinde von Pirus Toringo[1] findet. Bei der Alkalispaltung zerfällt Chrysin in Acetophenon, Phloroglucin, Essigsäure und Benzoesäure. Die Synthese ist aus Phloracetophenontrimethyläther (II) und Benzoesäureäthylester[2] durchgeführt worden.

Als Begleiter wurde das Tectochrysin $C_{16}H_{12}O_4$, gelbe Nadeln vom Smp. 163°, in den Papelknospen isoliert. Es wurde bisher als der 7-Methyläther[3] des Chrysin aufgefaßt.

Zur Gewinnung von Chrysin dient das besonders reichliche Vorkommen (2—3%) in den frischen gelben Herbst- und Winterknospen der nordamerikanischen Populus monilifera s. balsamifera, deren alkoholischen Auszug man durch Fällen mit Bleiacetat reinigt.

Chrysin färbt tonerdegebeizte Wolle blaßgelb an.

Pratol[4] (III), $C_{16}H_{12}O_4$, wahrscheinlich 7-Oxy-4'-methoxyflavon, farblose Nadeln vom Smp. 261—262° findet sich in den Blüten des roten Klee Trifolium pratense oder Trifolium incarnatum. Die Synthese[5] aus Resacetophenon (IV) und Benzoesäureanhydrid führte zu einem Produkt, das dem Pratol sehr ähnelt.

Zur Gewinnung wurde das Blütenmaterial mit Alkohol ausgezogen.

---

[1] Hirose: J. chem. Soc. Lond. **30**, 1170 (1909); Ber. pharmaz. Ges. Jap. **1909**, 1 (nicht im Chem. Zbl. referiert). — [2] Emilewics, v. Kostanecki, Tambor: Ber. dtsch. chem. Ges. **32**, 2448 (1899). — [3] Venkataraman, Bharadwaj: Current Sci. **2**, 50 (1933); dort über eine dem Tectochrysin in den Farbreaktionen sehr ähnliche Verbindung (I). — [4] Power, Salway: J. chem. Soc. Lond. **97**, 231 (1910). — Rogerson: J. chem. Soc. Lond. **97**, 1006 (1910). — [5] Robinson, Venkataraman: J. chem. Soc. Lond. **1926**, 2344.

Liquiritigenin[1] (I), $C_{15}H_{12}O_4$, 7-4'-Dioxyflavanon, farblose Nadeln vom Smp. 207^0, kommt als Glucosid Liquiritin $C_{21}H_{22}O_9$, farblose Nadeln vom Smp. 212^0 in Glycyrrhiza glabra L. var. glandifera Regel et Herder vor. Das Glucosid spaltet sich in Glucose und das genannte Aglucon. Es ist identisch mit dem von Fujita und Tsuda[2] aus derselben Glycyrrhizaart erhaltenen Produkt. Liquiritigenin bildet ein Diacetat und ist mittels Kalilauge spaltbar in Resacetophenon und p-Oxybenzoesäure. Der Glucoserest sitzt in 4-Stellung, weil die Spaltung nach der Methylierung des Glucosides Paeonol (1-Acetyl-2-oxy-4-methoxybenzol) ergibt. Die Synthese gelang aus Carbo-äthoxyzimtsäure und Resorcin über das 2-4-4'-Trioxychalkon.

Trioxyflavone und Trioxyflavanone.

Baicalein[3] (II), $C_{15}H_{10}O_5$, 5-6-7-Trioxyflavon, goldgelbe Nadeln vom Smp. 264—265^0, ist in Scutellaria baicalensis Georgi in der Wurzel als Baicalin $C_{21}H_{18}O_{11}$ (gelbe Nadeln vom Smp. 223^0) enthalten. Baicalin ist die 7-Glucuronsäureverbindung (Feststellung durch das Verhalten gegen Kobaltisalz). Die Spaltung des Baicaleintrimethyläther führt zu Acetophenon, Antiarol (2-4-5-Trimethoxyphenol) und Benzoesäure. Baicalin wird in China als Droge verwandt. Zur Gewinnung wird ein Alkoholauszug hergestellt und dieser der Hydrolyse unterworfen. Ausbeute 4% der lufttrockenen Droge.

Wogonin[4] (III), $C_{16}H_{12}O_5$, 5-7-Dioxy-8-methoxyflavon, gelbe Nadeln vom Smp. 203^0, ist neben Baicalein in Scutellaria baicalensis enthalten. Es führt auch den Namen Scutellarin[5] (nicht zu verwechseln mit dem Glucosid des Scutellarein). Die Alkalispaltung[6] liefert Iretol (1-3-5-Trioxy-2-methoxybenzol). Die Synthese gelingt aus 2-Oxy-3-4-6-trimethoxy-acetophenon und Benzoesäureanhydrid.

Die Darstellung geschieht aus der Wogon genannten Wurzeldroge durch Ausziehen mit Benzol; Ausbeute 0,5% der lufttrockenen Droge.

Apigenin (IV), $C_{15}H_{10}O_5$, 5-7-4'-Trioxyflavon, hellgelbe Blättchen vom Smp. 347—348^0, ist als Glucosid Apiin, $C_{26}H_{28}O_{14}$, farblose Nadeln

---

[1] Shinoda, Ueeda: Ber. dtsch. chem. Ges. **67**, 434 (1934). — [2] Vortrag in der Hauptversammlung des pharmazeutischen Vereins (?), April 1931. — [3] Shibata, Iwata, Nakamura: Acta phytochim. (Tokyo) **1**, 106 (1923). — Shibata, Hattori: Acta phytochim. (Tokyo) **5**, 117 (1930); J. pharmac. Soc. Jap. **51**, 15 (1931). — Hattori: Acta phytochim. (Tokyo) **5**, 219 (1933); Synthese des 5-6-7-Trioxy-flavon zur Auffindung des Baicalein: Bargellini: Gazz. chim. **49 II**, 47 (1919); dazu aber Hattori: Acta phytochim (Tokyo) **5**, 219 (1931). — [4] Shibata, Iwata, Nakamura: Acta phytochim. (Tokyo) **1**, 106 (1923). — Shibata, Hattori: J. pharmac. Soc. Jap. **51**, 15 (1931). — Hattori: Acta phytochim. (Tokyo) **5**, 99 (1930); **5**, 219 (1931). — [5] Takahashi: Mitt. med. Fak. Tokyo **1**, 307 (1899). — [6] Hattori, Hayashi: Ber. dtsch. chem. Ges. **66**, 1279 (1933).

vom Smp. 228°, in der Petersilie enthalten, es zerfällt in Apigenin, Glucose und Apiose, $C_5H_{10}O_5$. Apigenin spaltet sich in Phloroglucin, p-Oxyacetophenon und p-Oxybenzoesäure. Die Synthese[1] gelingt aus Phloracetophenon-trimethyläther und Anissäure-methylester.

Apigenin findet sich auch in der gelben Dahlie[2] neben geringen Mengen eines Farbstoffes $C_{15}H_{10}O_5$, gelbe Nadeln vom Zersetzungspunkt 324°, der Dahlia II genannt wurde, drei phenolische Hydroxylgruppen enthält und bei der Spaltung p-Oxybenzoesäure liefert. Methylierung führt zu einem Dimethyläther, der bei der Spaltung p-Methoxyacetophenon gibt. Der Farbstoff scheint dem Apigenin sehr nahe zu stehen und der Name Antichlor für den Farbstoff der gelben Dahlie ist daher ohne Berechtigung.

Zur Gewinnung von Apigenin reinigt man einen Alkoholauszug des Petersilienkrautes und erhält so 0,1—0,2% Apiin, das man hydrolysiert. Apigenin färbt etwas stärker als Chrysin an.

Genkwanin[3] (I), $C_{16}H_{12}O_5$, 5-4'-Dioxy-7-methoxyflavon, hellgelbe Nadeln vom Smp. 286°, findet sich in der seit 160 v. Chr. in China medizinisch gebräuchlichen Droge Genkwa neben Apigenin. Es enthält eine Methoxygruppe und zwei Hydroxylgruppen. Bei der Kalischmelze treten als Spaltstücke p-Oxybenzoesäure und Phloroglucin auf; mit 50%iger

Kalilauge erhält man p-Oxyacetophenon und Phloroglucinmonomethyläther. Da Genkwanin von Acacetin (s. d.) verschieden ist und bei der Methylierung das bekannte 5-Oxy-7-4'-dimethoxyflavon entsteht, so ist die oben angegebene Konstitution einwandfrei bestimmt. Zur Gewinnung wird der alkoholische Auszug der Blüten verwandt.

Acacetin[4] (II), $C_{16}H_{12}O_5$, 5-7-Dioxy-4'-methoxyflavon, farblose Nadeln vom Smp. 261°, ist in Robinia pseudacacia, der falschen Akazie in Form des Rhamno-glucosides Acaciin $C_{28}H_{32}O_{13}$, farblose Nadeln vom Smp. 260° enthalten. Die Spaltung liefert Phloroglucin und p-Oxybenzoesäure, die Synthese ist aus Phloracetophenon und Anissäureanhydrid durchgeführt worden. Acacetin wird aus einem wässerigen Blätterauszug der Pflanze mit basischem Bleiacetat gefällt.

$C_{16}H_{12}O_5$ (III), 5-8-Dioxy-4'-methoxyflavon[5], gelbe Nadeln vom Smp. 240° (noch nicht ganz rein), findet sich in den Blättern von Gingko bilota (Mädchenhaarbaum). Die Verbindung gibt Flavonreaktionen (Rotfärbung) mit Magnesium und Salzsäure bei Gegenwart von Quecksilber. Die Kalischmelze liefert p-Oxybenzoesäure, die Spaltung mit 40%iger

---

[1] Czajokowski, v. Kostanecki, Tambor: Ber. dtsch. chem. Ges. 33, 1988 (1900). — [2] Schmid, Waschkau: Monatsh. Chem. 49, 83 (1928). — Schmid, Seebald: Monatsh. Chem. 60, 32 (1932). — Schmid, Haschek: Monatsh. Chem. 62, 317 (1933). — [3] Nakao, Tseng: J. pharmac. Soc. Jap. 52, 83, 148 (1932). — [4] A. G. Perkin: J. chem. Soc. Lond. 77, 423 (1900). — Hattori: Acta phytochim. (Tokyo) 2, 99 (1925). — Robinson, Venkataraman: J. chem. Soc. Lond. 1926, 2344. — [5] Furukawa: Bull. Inst. physic. chem. Res. (Abstracts) Tokyo 2, 5 (1929); Sci. Pap. Inst. physic. chem. Res. Tokyo 19, 27 (1932); 21, 278 (1933).

Kalilauge p-Oxyacetophenon, Anissäure und Phloroglucin. Mit Diazomethan entsteht ein Monomethyläther und dieser gibt ein Monoacetylderivat. Der Farbstoff ist verschieden vom Acacetin (s. d.), die spektrale Untersuchung schließt Stellung 6 für die Methoxygruppe aus und spricht für Stellung 4'.

Zur Gewinnung wird ein alkoholischer Auszug der Blätter in umständlicher Weise aufgearbeitet.

$C_{17}H_{14}O_5$ (I), 5-Oxy-7-4'-dimethoxyflavon, ist ein Farbstoff in den Birkenknospen[1], den man bei dem Ausziehen mit Alkohol nach vorausgegangener Petrolätherextraktion in einer Ausbeute von 3 g pro Kilo erhält. Die Entmethylierung ergibt Apigenin, die Spaltung Anissäure.

Galangin (II), $C_{15}H_{10}O_5$, 3-5-7-Trioxyflavon, gelbe Tafeln vom Smp. 219—221°, kommt in den Galangawurzeln (Rhizom von Alpinia officinarum) neben Kämpferid vor. Galangin wird in Phloroglucin und Benzoesäure gespalten, es ist synthetisch[2] aus Phloracetophenontrimethyläther und Benzaldehyd, später aus Benzoyl-oxy-acetonitril und Phloroglucin erhalten worden. Es färbt gelb.

Zur Darstellung werden die Mutterlaugen des Kämpferides aufgearbeitet.

Der 3-Monomethyläther[3] findet sich neben Galangin im Kämpferid. Er wurde aus ω-Methoxyphloracetophenon und Benzoesäureanhydrid synthetisiert.

Buddleoflavonol[4] (III), $C_{18}H_{14}O_6$, 3-Acetyl-4'-methoxy-5-7-dioxyflavon, gelbe Nadeln vom Smp. 265°, ist als Glucosid Buddleoflavonolosid $C_{30}H_{34}O_{15}$, blaßgelbe Nadeln vom Smp. 274—276°, in den Blüten und Blättern von Buddleia variabilis enthalten. Das Glucosid zerfällt in Rhamnose, Glucose und das obige Aglucon, dessen Spaltung Phlorglucin, Anissäure, und Aceton ergibt. Die Verknüpfungsstellen der Zuckerreste sind nicht bekannt. Auch scheint die Formel noch nicht völlig sicher gestellt.

Naringenin (IV)[5], $C_{15}H_{12}O_5$, 5-7-4'-Trioxyflavanon, farblose Nadeln vom Smp. 251°, ist in der Blüte und den Früchten von Citrus decumana

---

[1] Bauer, Dietrich: Ber. dtsch. chem. Ges. **66**, 1053 (1933). — [2] Chavan, Robinson: J. chem. Soc. Lond. **1933**, 368, eine Synthese als Vorarbeit für die Synthese von Flavonolglucosiden. — [3] Testoni: Gaz. ital. **30 II**, 327 (1900). — Kalff, Robinson: J. chem. Soc. Lond. **127**, 181 (1925). — [4] Yü: Bull. Soc. Chim. biol. Paris **15**, 482 (1933). — [5] Asahina, Inubuse: Ber. dtsch. chem. Ges. **61**, 1514 (1928). — Asahina, Shinoda, Inubuse: J. pharmac. Soc. Jap. **48**, 29 (1928); **49**, 11 (1929); dort auch Übergang von Naringin in Isosakuranetin. — Shinoda, Sato: J. pharmac. Soc. Jap. **48**, 117 (1928).

(Pampelmuse) in Form des Rhamnoglucosides Naringin $C_{27}H_{32}O_{14}$, Nadeln vom Smp. 82°, enthalten. Naringenin zerfällt bei der alkalischen Spaltung in Phloroglucin und p-Cumarsäure. Der Zuckerrest steht in Stellung 7. Die Synthese [1] gelingt aus Phloroglucin und Cumarsäure.

Zur Gewinnung [2] werden die Schalen der Früchte mit Alkohol extrahiert, das Naringin gereinigt und hydrolysiert.

Sakuranetin (I) [3], $C_{16}H_{14}O_5$, 5-4'-Dioxy-7-methoxyflavanon, farblose Nadeln vom Smp. 150° ist in Prunus yedoensis, ferner in einer Abart Prunus serrulata als Glucosid Sakuranin $C_{22}H_{24}O_{10}$, farblose Nadeln vom Smp. 212°, enthalten. Letzteres zerfällt mit Bariumhydroxyd in Oxybenzaldehyd und ein weiteres Glucosid $C_{15}H_{20}O_9$, das beim weiteren Zerfall Phloracetophenon-4-monomethyläther und Glucose gibt. Mit verdünnter Schwefelsäure läßt sich dagegen Sakuranin in Sakuranetin und Glucose spalten. Die Synthese erfolgt über das Naringenin [4].

Zur Gewinnung erscheint es am zweckmäßigsten, von der Wurzelrinde von Prunus serrulata Lindl. var. albida Makino subv. speciosa Makino auszugehen und diese mit Methylalkohol zu extrahieren. Ausbeute 1,8% der Rinde.

Isosakuranetin (II) [5], früher auch Kikokunetin genannt, $C_{16}H_{14}O_5$, 5-7-Dioxy-4'-methoxyflavanon, farblose Nadeln vom Smp. 194—195°, findet sich in Pseudaegle trifoliata Makino, einer Rutaceae. Die Kalischmelze liefert Phloroglucin und Anissäure. Die Synthese ist aus Phloroglucin und p-Methoxyzimtsäure gelungen.

Zur Gewinnung werden die Blüten mit Alkohol ausgezogen. 600 lufttrockene Blüten ergeben 2 g reine Substanz.

Citronetin (III) [6], $C_{16}H_{14}O_5$, 5-7-Dioxy-2'-methoxyflavanon, farblose Platten vom Smp. 224—225° ist in der Rinde von Citrus limon Burm. f. Ponderosa Hort. als Glucosid Citronin enthalten. Die Synthese gelingt aus Phloroglucin und o-Methoxyzimtsäure.

---

[1] K. Rosenmund, M. Rosenmund: Ber. dtsch. chem. Ges. **61**, 2608 (1928). — [2] Nachweis in der Baumrinde von Pfirsichen: Shinoda, Uyeda: J. pharmac. Soc. Jap. **49**, 97 (1929). — Zur Gewinnung: Poore: Ind. Eng. Chem. **26**, 637 (1934). — [3] Asahina, Shinoda, Inubuse: J. pharmac. Soc. Jap. **1927**, 133. — Shinoda, Sato: J. pharmac. Soc. Jap. **48**, 33 (1928). — Asahina, Inubuse: J. pharmac. Soc. Jap. **49**, 11 (1929); vgl. auch Asahina, Shinoda, Inubuse: J. pharmac. Soc. Jap. **48**, 29 (1928). — [4] K. Rosenmund, M. Rosenmund: Ber. dtsch. chem. Ges. **61**, 2608 (1928). — [5] Hattori: J. pharmac. Soc. Jap. **48**, 144 (1928); Acta phytochim. (Tokyo) **4**, 219 (1929). — Shinoda: J. pharmac. Soc. Jap. **48**, 173 (1928). — Shinoda, Sato: J. pharmac. Soc. Jap. **48**, 109 (1928). — Asahina, Inubuse: J. pharmac. Soc. Jap. **49**, 11 (1929). — [6] Yamamoto, Oshima: J. agricult. chem. Soc. Jap. **1931**, Nr 79, 312. — Shinoda, Sato: J. pharmac. Soc. Jap. **51**, 78 (1931).

Butin, $C_{15}H_{12}O_5$, 7-3'-4'-Trioxyflavanon, farblose Nadeln vom Smp. 224—226°, findet sich als Glucosid, das nicht isoliert wurde, in den Blüten von Butea frondosa und ist der unter dem Namen Tesu bekannte indische Farbstoff. Butin geht beim Kochen mit Kalilauge unter Ringöffnung in das Chalkon Butein über:

Butein verwandelt sich mit Hilfe alkoholischer Schwefelsäure wieder in Butin. Beim Kochen mit 50%iger Kalilauge zerfällt Butein in Resacetophenon und Protocatechussäure. Die Synthese[1] gelingt aus Dicarbo-äthoxy-kaffeesäurechlorid:

$$H_5C_2O—OC—O$$
$$H_5C_2O—OC—O \diagdown \diagup —CH=CH—COCl$$

und Resacetophenon.

Zur Gewinnung extrahiert man die Blüten mit siedendem Wasser und zersetzt das Glucosid. Man erhält etwa 2% Butin.

Matteucinol[2] (I), $C_{18}H_{18}O_5$, 5-7-Dioxy-6-8-dimethyl-4'-methoxyflavanon, farblose Nadeln vom Smp. 174°, ist in den Blättern von Matteucia orientalis enthalten. Die Kalischmelze liefert 2-4-Dimethylphloroglucin und p-Metoxyzimtsäure. Aus diesen beiden Komponenten

(I)   (II)

wurde die Verbindung wieder aufgebaut. Daneben findet sich noch das Desmethoxymatteucinol $C_{17}H_{16}O_4$, hellgelbe Platten vom Smp. 200°, welches 5-7-Dioxy-6-8-dimethylflavanon ist (II). Seine Synthese gelang aus 2-4-Dimethylphloroglucin und Zimtsäure.

Matteucinol und Desmethoy-Matteucinol sind die einzigen bisher bekannten optisch aktiven natürlichen Flavonderivate $[\alpha]\frac{28}{D} = -39,47°$ (Aceton) bzw. — 50°. Daher erklären sich die zwischen künstlichen und natürlichen Produkten bestehende Schmelzpunktsunterschiede, welche nach der Racemisierung der natürlichen Produkte verschwinden.

Zur Darstellung werden die Blätter mit Aceton extrahiert, die Reinigung und Trennung ist umständlich, weil die beiden Verbindungen Mischkrystalle bilden.

---

[1] Shinoda, Sato, Kawagoye: J. pharmac. Soc. Jap. **49**, 123 (1929); vgl. deren Bemerkung über die Synthese aus Protocatechualdehyd von Göschke, Tambor: Ber. dtsch. chem. Ges. **44**, 3502 (1911). — [2] Munesada: J. pharmac. Soc. Jap. **1924**, 12. — Fujise: Sci. Pap. Inst. physic. chem. Res. Tokyo **11**, 111 (1929). — Fujise, Nishi: Ber. dtsch. chem. Ges. **66**, 929 (1933). — Fujise, Kubota: Ber. dtsch. chem. Ges. **67**, 1905 (1934).

Tetraoxyflavone und Tetraoxyflavanone.

Scutellarein[1] (I), $C_{15}H_{10}O_6$, 5-6-7-4'-Tetraoxyflavon, gelbe Nadeln vom Smp. 330—350° kommt in dem Glucosid Scutellarin (nicht zu verwechseln mit Scutellarin = Wogonin) $C_{21}H_{18}O_{12}$ (gelbe Nadeln bei 312° noch nicht geschmolzen) in Scutellariaarten an Glucuronsäure gebunden vor, ferner in Galeopsis Tetrahit und Teucrium Chamaedrys. Die Aufspaltung liefert Phloroglucin, p-Oxyacetophenon und p-Oxybenzoesäure. Die Synthese gelingt aus 2-4-Dioxy-3-6-dimethoxyacetophenon und Anissäuremethylester[2]. Die obige Synthese ist nicht eindeutig, die Entscheidung ließ sich herbeiführen, indem die Kondensation[3] des Amides der Anisoylbrenztraubensäure $H_3CO-C_6H_4-CO-CH_2-CO-COOH$ mit Antiarol zum Flavyliumsalz durchgeführt wurde (II).

Das Flavyliumsalz wurde in das Amin verwandelt, welches sich in den Tetramethyläther des Flavon überführen ließ, der mit Scutellareintetramethyläther identisch war.

Zur Gewinung geht man von Scutellaria altissima oder indica aus und extrahiert mit Wasser.

Luteolin[4] (III) (Digitoflavon), $C_{15}H_{10}O_6$, 5-7-3'-4'-Tetraoxyflavon, gelbe Nadeln vom Smp. 329—330°, ist der im Wau (Reseda luteola) enthaltene früher stark angewandte Farbstoff. Ein Glucosid Galuteolin $C_{21}H_{20}O_{11}$, gelbe Nadeln vom Zersetzungspunkt 280°, kommt in den Samen von Galega officinalis vor. Luteolin findet sich auch im Färbeginster und in den Digitalisblättern. Die Spaltung liefert Phloroglucin, 3-4-Dioxyacetophenon und Protocatechusäure. Die Synthese[5] ist aus Veratrumsäureäthylester (3-4-Dimethoxy-benzol-1-carbonsäureäthylester) und Phloracetophenon-trimethyläther gelungen.

Die Resedaart wurde früher kultiviert, die gut ein Jahr alte Pflanze ausgerupft und getrocknet. Der Farbstoff war ein wichtiger gelber Farbstoff, er wurde schon zur Zeit von Julius Cäsar zum Färben benutzt und färbt orangegelb, wird aber heute nur noch in der Seidenfärberei mit Tonerde- oder Zinnbeize angewandt. Man gewinnt ihn aus dem käuflichen Wauextrakt.

Diosmetin (IV)[6] (früher Hyssopin), $C_{16}H_{12}O_6$, 5-7-3'-Trioxy-4'-methoxyflavon, gelbe Nadeln vom Smp. 253—255°, kommt als Glucosid Diosmin, $C_{34}H_{44}O_{21}$,

---

[1] Wessely, Moser: Monatsh. Chem. **56**, 97 (1930). — [2] Bargellini: Gazz. chim. **45 I**, 69 (1915); **49 II**, 47 (1919). — [3] Robinson, Schwarzenbach: J. chem. Soc. Lond. **1930**, 822. — [4] Literatur: Schultz: Farbstofftabellen, 7. Aufl., I, S. 631, Nr 1371. — [5] v. Kostanecki, Różycki, Tambor: Ber. dtsch. chem. Ges. **33**, 3410 (1900). — [6] Oesterle, Wander: Helvet. chim. Acta **8**, 519 (1925). — Shriner, Kleiderer: J. amer. chem. Soc. **51**, 1267 (1929). — Shinoda, Ueyeda, Sato: J. pharmac. Soc. Jap. **50**, 65 (1930).

gelbe Krystalle vom Smp. 278°, gepaart mit Glucose und in Rhemnose Hyssopp-Pflanzen vor (einzelne Namen der Pflanzen bei Oesterle und Wander). Diosmetin wird bei der Einwirkung von Kalilauge in Acetovanillon (1-Aceto-3-oxy-4-methoxybenzol), Isovanillinsäure (3-Oxy-4-methoxybenzol-1-carbonsäure) und Phloroglucin gespalten, auch läßt es sich zu Luteolin entmethylieren. Die Synthese[1] gelingt aus Phloracetophenon und O-Benzylisovanillinsäure.

Ein weiteres Glucosid des Diosmetin ist der Oxyapiinmethyläther, das 7-Apioseglucosid[2], welches nicht isoliert wurde, sondern nur durch die Spaltstücke nachgewiesen sein soll.

Chrysoeriol[3] (I), $C_{16}H_{12}O_6$, 5-7-4'-Trioxy-3'-methoxyflavon, gelbe Nadeln vom Smp. 324—325°, ist in den Blättern (Yerba Santa) der kalifornischen Hydrophyllacea Eriodictyon glutinosum Benth. enthalten. Die Synthese gelingt aus Phloracetophenon und o-Benzylvanillinsäure (3-Methoxy-4-oxybenzol-1-carbonsäure).

Zur Gewinnung benutzt man einen alkoholischen Extrakt der Blätter, der auf umständliche Weise gereinigt werden muß.

Lotoflavin[4] (II), $C_{15}H_{10}O_6$, 5-7-2'-4'-Tetraoxyflavon, gelbe Platten, die bei 300° schwarz werden, ist in dem Glucosid Lotusin, $C_{28}H_{31}O_{16}N$, hellgelbe Nadeln, enthalten, das im Saft von Lotus arabicus vorkommt. Das Glucosid ist das 7-Maltosecyanhydrin und zerfällt in Maltose, Blausäure und Lotoflavin; letzteres gibt bei der Spaltung Phloroglucin und β-Resorcylsäure, (2-4-Dioxybenzol-1-carbonsäure), die Synthese geht von Phloracetophenon-4-6-dimethyläther und 2-4-Dimethoxybenzoesäuremethylester über das 2-Oxy-4-6-2'-4'-tetramethoxy-benzoylacetophenon.

Zur Gewinnung extrahiert man mit Methylalkohol. 1 kg getrocknete Blüten liefern 25 g Lotusin, das man hydrolysiert.

Datiscetin[5] (III), $C_{15}H_{10}O_6$, 3-5-7-2'-Tetraoxyflavon, gelbe Nadeln vom Smp. 276°, ist in den Wurzeln, Blättern und Zweigen von Datisca cannabina als Glucosid Datiscin, $C_{27}H_{30}O_{15}$ Nadeln oder Blättchen vom Smp. 192 bis 193°, enthalten. Das Glucosid zerfällt in Rutinose (Disaccharid aus Glucose und Rhamnose) und Datiscetin. Die Alkalispaltung des letzteren liefert Salicylsäure, die Spaltung mit Brom in Eisessiglösung

---

[1] Lovecy, Robinson, Sugasawa: J. chem. Soc. Lond. **1930**, 817. — [2] Rupe, Schaerer in Klein: Handbuch der Pflanzenanalyse, III, 2, S. 863. — [3] Tutin, Clever: J. chem. Soc. Lond. **95**, 81 (1909). — Oesterle: Arch. Pharmaz. **256**, 119 (1918). — [4] Dunstan, Henry: Proc. roy. Soc. Lond. **68**, 374 (1901); Chem. News **84**, 26 (1901). — Cullinane, Algar, Ryan: Sci. Proc. roy. Dublin. Soc. **19**, 77 (1928). — [5] Braconnot: Ann. Chim. (2) **3**, 277 (1816). — Stenhouse: Liebigs Ann. **98**, 167 (1856). — Schunck, Marchlewski: Liebigs Ann. **277**, 261 (1893); **278**, 351 (1894); Charaux: C. r. Acad. Sci. Paris **180**, 1419 (1925). — Korczyński, Marchlewski: Chem. Zbl. **1906 II**, 1265; **1907 II**, 700; Biochem. Z. **3**, 295 (1907). — Leskiewicz, Marchlewski: Ber. dtsch. chem. Ges. **47**, 1599 (1914).

Tribromphloroglucin; die Synthese [1] gelingt aus ω-Methoxy-phloracetophenon und o-Methoxybenzoesäure.

Die vielen Widersprüche in der Literatur über das Datiscetin erklären sich wohl so, daß es sich um zwei färbende Bestandteile handelt; denn es gelingt eine Verbindung von der Zusammensetzung $C_{15}H_{12}O_6$ (gelbe Nadeln vom Smp. 237°) abzutrennen, die beim Schmelzen mit Kali Salicylsäure, mit starker Salpetersäure Pikrinsäure und mit verdünnter Salpetersäure 5-Nitro-2-oxybenzol-1-carbonsäure liefert. Es sind zwei Hydroxylgruppen vorhanden, die Entmethylierung führte zu einer gelben Verbindung $C_{13}H_8O_6$ vom Smp. 260°, für welche die Formel eines Tetraoxyxanthon (I) in Frage kommt, so daß es sich um ein Dimethoxyderivat dieser Verbindung handeln könnte. Allerdings scheint die Untersuchung alter Präparate von Schunck vom Smp. 237° auf Galangin zu deuten. Datiscetin wurde zum Gelbfärben von Seide benutzt.

Zur Darstellung geht man von einem Alkoholauszug der Wurzel aus. Ausbeute etwa 4%.

Kämpferol (II), $C_{15}H_{10}O_6$, 3-5-7-4'-Tetraoxyflavon, gelbe Nadeln vom Smp. 276—278°, findet sich in Form von Glucosiden, so in Robinia pseudacacia als Robinin $C_{33}H_{40}O_{15}$, gelbe Nadeln vom Smp. 196—197°, welches ein Trisaccharid[2], nämlich das 3-Robinosid aus Robinose, spaltbar in 1 Mol Galactose und 2 Mol Rhamnose darstellt. Ferner findet Kämpferol sich an Rhamnose gebunden in Rosa multiflora als Multiflorin $C_{27}H_{30}O_{15}$, gelbe Nadeln vom Smp. 147—170° (unscharf). Dieses Rhamnoglucosid wird in Japan unter dem Namen Eijitzu[3] als Abführmittel verwandt. Ein Rhamnosid ist auch in den Blüten von Acacia-Arten[4] vorhanden. Weitere Glucoside sind: Kämpferin, $C_{27}H_{30}O_{16}$, gelbe Nadeln vom Smp. 185—186° mit 2 Mol Glucose aus Cassia angustifolia[5] ein, Glucosederivat aus Hortensiablüten, ferner Kämpferitrin (Indigogelb) aus dem Färberknöterich und Indigofera arrecta, das ein 3-Rhamnosid $C_{27}H_{30}O_{14}$, farblose Nadeln vom Smp. 201—203° ist. Ferner findet sich Kämpferol in Delphinium consolida, Prunus spinosa, in den Sennesblättern, in den Beeren von Rhamnus catharticus auch als Beimengung im Indigo.

Kämpferol zerfällt bei der Spaltung in Phloroglucin und p-Oxybenzoesäure. Zur Synthese[6] wurde Phloracetophenon-dimethyläther und Anisaldehyd verwandt.

Zur Darstellung wird der käufliche Extrakt der Blüten von Delphinium consolida benutzt.

---

[1] Bargellini, Peratoner: Gazz. chim. 49 II, 64 (1919). — Kalff, Robinson: J. chem. Soc. Lond. 127, 1968 (1925). — [2] Charaux: Bull. Soc. Chim. biol. Paris 8, 915 (1926). — Sando: J. biol. Chem. 94, 675 (1931/32). — [3] Kondo, Iwamoto, Kuchiha: J. pharmac. Soc. Jap. 49, 35 (1929). — Kondo, Endo: J. pharmac. Soc. Jap. 49, 182 (1929). — [4] Petrie: Biochemic. J. 18, 957 (1924). — [5] Tutin: J. chem. Soc. Lond. 103, 2006 (1913). — [6] v. Kostanecki, Lampe, Tambor: Ber. dtsch. chem. Ges. 37, 2096 (1904).

Kämpferid (I), $C_{16}H_{12}O_6$, 3-5-7-Trioxy-4'-methoxyflavon, gelbe Nadeln vom Smp. 227—229°, ist in der Galangawurzel, dem Rhizom von Alpinia officinarum aufgefunden worden. Man kann es aus dem käuflichen alkoholischen Extrakt der Galangawurzel erhalten.

Fisetin[1] (II), $C_{15}H_{10}O_6$, 3-7-3'-4'-Tetraoxyflavon, gelbe Prismen vom Smp. 330°. kommt als Fustintannid einer Glucosidgerbsäure, gelbliche Nadeln vom Zersetzungspunkt oberhalb 200° im Kernholz des Gerberbaumes (Rhus cotinus) und im Holze von Quebracho colorado vor. Nach Abspaltung der Gerbsäure erhält man Fustin $C_{36}H_{26}O_{14}(?)$, gelbliche Nadeln vom Smp. 218—219°, das leicht in Fisetin und einen Zucker zerfällt. Ein zweites Glucosid $C_{36}H_{30}O_{16}$ ist im Holz von Yellow Cedar (Rhus rhodanthema) enthalten, es bildet farblose Nadeln vom Smp. 215—217°.

Fisetin zerfällt in Resorcin und Protocatechusäure, die Synthese[2] geht vom Resacetophenon-äthyläther und Veratrumaldehyd aus.

Die Hölzer kommen unter den Namen Fisetholz, Fustik, junger Fustik, Fustel, ungarisches Gelbholz in den Handel, der mit Sodalösung gewonnene Auszug in trockenem Zustande als Cotinin. Der Farbstoff wird in beschränktem Maßstabe in der Wollfärberei und zum Teil in der Lederfärberei für Orange und Scharlach benutzt. Die Färbungen sind ziemlich walk- und seifenecht, aber lichtunecht.

Eriodictyol[3] (III), $C_{15}H_{12}O_6$, 5-7-3'-4'-Tetraoxyflavanon, farblose Nadeln vom Smp. 267°, kommt in einer Hydrocephylaceae Eriodictyon glutinosum Benth. neben Homoeriodictyol $C_{16}H_{14}O_6$, dem 3'-Methyläther (IV), gelbliche Tafeln vom Smp. 224—225°, vor. Homoeriodictyol ist spaltbar in Phloroglucin und Ferulasäure (V).

Eriodictyol wurde aus Phloroglucin und Dicarb-äthoxy-kaffeesäure (VI), Homoeridictyol aus Phloroglucin und Carbäthoxyferulasäure aufgebaut. Man gewinnt beide aus einem Alkoholauszug der Blätter.

Hesperitin[4] (VII), $C_{16}H_{14}O_6$, 5-7-3'-Trioxy-4'-methoxyflavanon, gelbe Tafeln vom Smp. 226°, kommt in Citrusarten, so in Citronen und Orangen

---
[1] Literatur: Schultz: Farbstofftabellen, 7. Aufl., I, S. 626, Nr 1365. — [2] v. Kostanecki, Lampe, Tambor: Ber. dtsch. chem. Ges. 37, 784 (1904). — [3] Shinoda, Sato: J. pharmac. Soc. Jap. 49, 5, 7 (1929). — [4] Asahina, Shinoda, Inubuse: J. Soc. pharmac. Jap. 48, 29 (1928). — Asahina, Inubuse: J. pharmac. Soc. Jap. 49, 11 (1929). — King, Robertson: J. chem. Soc. Lond. 1931, 1704.

als Glucosid Hesperidin $C_{28}H_{34}O_{15}$, farblose Nadeln vom Smp. 252°, gebunden in 7-Stellung an Rhamnose vor. Bei der alkalischen Spaltung liefert Hesperitin Phloroglucin und Isoferulasäure (I). Die Synthese steht noch aus. Zur Gewinnung geht man von unreifen bitteren Orangen aus, die mit kaltem Wasser extrahiert werden.

Pentaoxyflavone.

Tricin (II)[1], $C_{17}H_{14}O_7$, 5-7-4'-Trioxy-3'-5'-dimethoxyflavon, hellgelbe Nadeln vom Smp. 288°, findet sich im Khapliweizen Triticum dicoccum. Die Spaltung ergab Phloroglucin und Syringasäure (III). Das 5-7-3'-4'-5'-Pentaoxyflavon, welches den Namen Tricetin erhalten hat, wurde synthetisiert aus 3-4-5-Trimethoxy-benzoesäureanhydrid und Phloracetophenon mit nachfolgender Entmethylierung. Eine weitere Synthese[2] führte vom Phloracetophenon und der O-Benzylsyringasäure schließlich zum Tricin. Tricin färbt hellgelbe Töne auf aluminiumgebeizter Wolle. Zur Darstellung dient der Alkoholauszug der Blätter.

Morin (IV)[3], $C_{15}H_{10}O_7$, 3-5-7-2'-4'-Pentaoxyflavon, gelbe Nadeln vom Smp. 290°, ist der färbende Bestandteil des Gelbholzes von Morus tinctoria (Färbermaulbeerbaum) aus Amerika und Indien. Bei der Spaltung mit Alkali wurde Phloroglucin und β-Resorcylsäure erhalten. Die Synthese[4] gelingt aus Phloracetophenon-dimethyläther und 2-4-Dimethoxybenzaldehyd.

Man verwendet einen Extrakt für chromgebeizte Wolle, die Färbungen sind wasch- und walkecht, aber wenig lichtecht. Auf Baumwolle wird Morin für die Herstellung von Olive mit Alaun, Kupfer oder Eisen als Beize verwandt. Im Baumwolldruck benutzt man reines Morin (Kalikogelb).

Als Begleiter des Morin im Gelbholze tritt Maclurin (Moringerbsäure) $C_{13}H_{10}O_6$, blaßgelbe Krystalle vom Smp. 220—222° auf, das 2-4-6-3'-4'-Pentaoxybenzophenon (V), welches durch seine Löslichkeit in heißem Wasser von Morin getrennt werden kann. Maclurin zerfällt beim Erhitzen mit Alkalien in Phloroglucin und Protocatechusäure, die Synthese gelingt aus Protocatechunitril und Phloroglucin[5].

---

[1] Anderson, A. G. Perkin: J. chem. Soc. Lond. 1931, 2624. — Anderson: Canadian J. Res. 7, 285 (1932); 9, 80 (1933); vgl. auch Badhwar, Kang, Verkataraman: J. chem. Soc. Lond. 1932, 1107. — [2] Gulati, Venkataraman: J. chem. Soc. Lond. 1933, 942, 1644. — [3] Schultz: Farbstofftabellen, 7. Aufl., I, S. 627, Nr 1366. — [4] Erste Synthese: v. Kostanecki, Lampe, Tambor: Ber. dtsch. chem. Ges. 39, 625 (1906). — [5] Hoesch, v. Zarzecki: Ber. dtsch. chem. Ges. 50, 462 (1917).

Quercetin (I)[1], $C_{15}H_{10}O_7$, 3-5-7-3'-4'-Pentaoxyflavon, gelbe Krystalle vom Smp. 316—317° gehört zu den verbreitetsten Farbstoffen. Es kommt in vielen Pflanzen vor, genannt seien Roßkastanie, Weinlaub, Hopfen, Tee, Sumach, rote Rose, Zwiebelschalen und die zur technischen Gewinnung des Quercetin dienende Färbereiche, Quercus tinctoria aus Nordamerika.

An Glucosiden[2] sind bekannt: Quercitrin, $C_{21}H_{20}O_{11}$ (gelbe Nadeln vom Smp. 182—185°), das 3-Rhamnosid in der Rinde von Quercus tinctoria, ferner Isoquercitrin, $C_{21}H_{20}O_{12}$ (gelbliche Nadeln vom Smp. 217—219°), das 3-Glucosid in den Baumwollblüten neben Quercimeritrin $C_{21}H_{20}O_{12}$ (gelbe Tafeln vom Smp. 247—249°) dem 7-Glucosid. Incarnatrin[3], $C_{21}H_{20}O_{12}$ (gelbe Nadeln vom Zersetzungspunkt 242—245°), soll ein weiteres Glucosid sein, das in Trifolium incarnatum enthalten ist, ebenso ein solches aus Ambrosia artemisifolia[4] (gelbe Nadeln vom Smp. 228—229°). Rutin[5] (Sophorin, Osyritrin, Violaquercitrin, Myrticolorin, Globulariacitrin) $C_{27}H_{30}O_{16}$ (hellgelbe Nadeln vom Smp. 180 bis 190°), ist das 3-Rutinosid (Rutinose zerfällt in Rhamnose und Glucose) unter anderem in den Blütenknospen von Sophora japonica, in der Gartenraute Ruta graveoleus, in den Blütenknospen von Capparis spinosa, in Escholtzia california Cham., in Hollunderblüten[6] (Sambucus canadensis) in den beblätterten Stengeln der Umbellifere Bupleurum falcatum[7], auf den Tomatenstengeln[8]. Quercetin zerfällt bei der Kalischmelze in Phloroglucin und Protocatechusäure. Synthetisch[9] wird es aus Phloracetophenon-dimethyläther und Veratrumaldehyd erhalten.

In der Färberei, mehr noch in der Druckerei dient der Quercitronextrakt[10] (Quercitron heißt die Rinde der Färbereiche) unter dem Namen Flavin. Quercitrin gibt grüngelbe Töne gegenüber den orangeroten des Quercetin. Die chinesischen Gelbbeeren sind die oben erwähnten Blütenknospen von Sophora japonica, die zum Färben der gelben Mandarinengewänder dienten. Das in ihnen enthaltene Rutin zersetzt sich nicht beim Färben. Man erhält auf tonerdegebeizte Wolle ein braungelbes Orange. Zur Darstellung von Quercetin dient der Alkoholauszug des Quercitrons.

Isorhamnetin ist der 3'-Methyläther $C_{16}H_{12}O_7$, gelbe Nadeln vom Smp. 305°, der im Asbarg, den Blüten und Blütenstengeln von Delphinium zalil, in Sennesblättern und in der Typha angustata aufgefunden wurde. Zur Darstellung wird Asbarg mit Wasser ausgezogen.

---

[1] Schultz: Farbstofftabellen, 7. Aufl., I, S. 628—629, Nr 1367 und 1368. — [2] Über die Lage des Zuckerrestes: Attree, A. G. Perkin: J. chem. Soc. Lond. **1927**, 234; Glucoside: Zemplén, Csürös, Gerecs, Aczél: Ber. dtsch. chem. Ges. **61**, 2486 (1928). — [3] Rogerson: J. chem. Soc. Lond. **97**, 1004 (1910). — [4] Heyl: J. amer. chem. Soc. **41**, 1285 (1919). — [5] Sando, Bartlett: J. biol. Chem. **41**, 495 (1920). — [6] Sando, Lloyd: J. biol. Chem. **58**, 737 (1924). — [7] Rabaté: Bull. Soc. Chim. biol. Paris **12**, 974 (1930). — [8] Blount: J. chem. Soc. Lond. **1933**, 1528. — [9] Vgl. auch Allan, Robinson: J. chem. Soc. Lond. **1926**, 2334. — [10] Ullmann: Enzyklopädie der technischen Chemie, Bd. 5, S. 142.

Rhamnetin, ist der 7-Methyläther (I) $C_{16}H_{12}O_7$, citronengelbes Pulver, als Glucosid **Xanthorhamnetin**, ein 3-Trirhamnosid $C_{34}H_{42}O_{20}$, goldgelbe Nadeln, in den Beeren von Wege- und Kreuzdornen (Rhamnusarten), den Gelb- oder Kreuzbeeren oder persischen Beeren enthalten. Die besten Beeren [1] stammen von Rhamnus saxatilis, amygdalinus und oleides (Türkei und Persien). Der Farbstoff ist als Kreuzbeerenextrakt im Handel, man benutzt ihn in der Baumwolldruckerei als gelblichbraunen Chromlack. Auch auf Wolle erhält man mit Zinn- und Tonerdebeize orange und gelbe Töne.

Zur Darstellung werden die Kreuzbeeren mit Wasser ausgezogen.

In Tamarix africana und Tamarix gallica ist neben Ellagsäure ein Quercetinmonomethyläther $C_{16}H_{12}O_7$ (gelbe Nadeln, Acetylderivat vom Smp. 169—171°) unbekannter Konstitution [2] enthalten. Er besitzt eine Methoxygruppe und gibt beim Erhitzen mit Jodwasserstoff Quercetin.

Rhamnazin ist der 7-3'-Dimethyläther (II) $C_{14}H_{14}O_7$, gelbe Nadeln vom Smp. 214—215°; er begleitet das Rhamnetin in den Kreuzbeeren.

Isorhamnetin und Rhamnetin unterscheiden sich von Quercetin und Rhamnazin nicht nur durch den Farbton sondern auch durch die geringere Färbekraft. Beide besitzen eine Methoxygruppe in 3'-Stellung, wodurch die o-Stellung zweier freien Hydroxylgruppen beseitigt ist. Rhamnazin färbt orangegelb auf Tonerdebeize.

In den Blättern der Bärentraube Arctostaphylos uva ursi ist ein gelber Farbstoff [3], $C_{15}H_{10}O_7$, der wie Quercetin beim Schmelzen mit Kali Phloroglucin und Protocatechusäure gibt; er unterscheidet sich aber von ihm dadurch, daß er sich in Alkohol mit tiefgrüner Farbe löst.

Robinetin (III)[4], $C_{15}H_{10}O_7$, 3-7-3'-4'-5'-Pentaoxyflavon, grünlichgelbe Nadeln vom Zersetzungspunkt 325—330°, findet sich im Holze von Robinia pseudacacia, ebenso in Gleditschia monosperma. Die Spaltung des Pentamethylderivates ergibt Gallussäuretrimethyläther und Fisetoldimethyläther. Die Synthese des Farbstoffes gelingt aus ω-Methoxyresacetophenon und Trimethylgallussäure mit folgender Entmethylierung. Der Farbstoff färbt Baumwolle auf Aluminiumbeize braunorange.

Man gewinnt ihn aus dem Alkoholextrakt des gemahlenen Holzes von Robinia pseudacacia.

---

[1] Ullmann: Enzyklopädie der technischen Chemie, Bd. 5, S. 137. — [2] A. G. Perkin, Wood: J. chem. Soc. Lond. **73**, 374 (1898). — [3] A. G. Perkin: Proc. chem. Soc. Lond. **14**, 104 (1898). — [4] Schmid, Pietsch: Monatsh. Chem. **57**, 305 (1931). — Schmid, Padros: Ber. dtsch. chem. Ges. **65**, 1689 (1932). — Brass, Kranz: Cellulose-Chem. **12**, 173 (1931); Naturwiss. **20**, 672 (1932); Liebigs Ann. **499**, 175 (1932); Ber. dtsch. chem. Ges. **65**, 1867 (1932). — Charlesworth, Robinson: J. chem. Soc. Lond. **1933**, 268. — Gulati, Venkataraman: J. pract. Chem. (2) **137**, 294 (1933).

Tangeretin [1], $C_{20}H_{20}O_7$, ?-?-?-3-4'-Pentamethoxyflavon, farblose Nadeln vom Smp. 154° findet sich in dem Preßsaft der Schalen von Citrus nobilis deliciosa. 5-Methoxygruppen sind nachgewiesen, es bildet ein Oxoniumsalz und liefert bei der Alkalispaltung Anissäure.

Hexaoxyflavone.

Quercetagetin (I), $C_{15}H_{10}O_8$, 3-5-6-7-3'-4'-Hexaoxyflavon, gelbe Nadeln vom Smp. 318—320° unter Zersetzung, findet sich in den Blüten von Tagetes patula. Die Spaltung des Hexaäthyläther ergibt Diäthylprotocatechusäure und Quercetagol-tetraäthyläther (II). Die Synthese[2] gelingt aus 2-6-Dioxy-ω-3-4-trimethoxy-acetophenon und Veratrumsäure. Zur Gewinnung benutzt man den Alkoholauszug der Blüten.

Gossypetin (III), $C_{15}H_{10}O_8$, 3-5-7-8-3'-4'-Hexaoxyflavon, gelbe Nadeln vom Smp. 310—314°, findet sich als Glucosid Gossypitrin, $C_{21}H_{20}O_{13}$, orangegelbe Nadeln vom Smp. 200—202°, neben Quercimeritrin in den Baumwollblüten. Die Spaltung des Hexamethyläther gibt Dimethylprotocatechusäure und ein Phenol Gossipitol-tetramethyläther. Die Synthese[2] gelingt aus 2-4-Dioxy-ω-3-6-trimethoxy-acetophenon und Veratrumsäure. Die Darstellung geschieht aus dem Alkoholextrakt der Baumwollblüten.

Myricetin (IV)[3], $C_{15}H_{10}O_8$, 3-5-7-3'-4'-5'-Hexaoxyflavon, hellgelbe Nadeln vom Smp. 357—360°, kommt in den Blättern und der Rinde von Myrica nagi und verschiedenen Rhusarten als Glucosid Myricitrin $C_{21}H_{22}O_{13}$, einem 3-Rhamnosid (gelbe Blättchen vom Smp. 199—200°) an Rhamnose gebunden vor. Die Synthese gelingt aus ω-Methoxyphloracetophenon und Trimethyläthergallussäure mit nachfolgender Hydrolyse.

Zur Gewinnung geht man von dem wässerigen Auszug der Rinde von Myrica nagi aus.

Isoflavone.

Daidzein (V), $C_{15}H_{10}O_4$, 7-4'-Dioxyisoflavon[4] schwach gelbe Prismen vom Smp. 315—320° ist in dem Glucosid Daidzin der Soja hispida (in Japan Daidzu), $C_{21}H_{02}O_9$, farblose Prismen vom Smp. 235° als 7-Glucosid enthalten. Daidzein zerfällt bei der Alkalispaltung in Ameisensäure und

---

[1] Nelson: J. amer. chem. Soc. **56**, 1392 (1934). — [2] Baker, Nodzu, Robinson: J. chem. Soc. Lond. **1929**, 74. — [3] A. G. Perkin: J. chem. Soc. Lond. **81**, 208 (1902). — Kalff, Robinson: J. chem. Soc. Lond. **127**, 181 (1925). — Nierenstein: Ber. dtsch. chem. Ges. **61**, 361 (1928). — Hattori, Hayashi: Acta phytochim. (Tokyo) **5**, 213 (1931). — [4] Walz: Liebigs Ann. **489**, 118 (1931).

[2-4-Dioxy-phenyl]-[4'-oxybenzyl]-keton. Zur Synthese wird das Keton mit Ameisensäureester [1] umgesetzt.

Die Gewinnung erfolgt aus dem Methanolauszug der Sojabohnen. In der Pflanze Ononis spinosa ist das Glucosid Ononin[2] enthalten, das überwiegend aus dem 4-Methyläther des Daidzins besteht. Die Beimengung konnte noch nicht rein erhalten werden. Es zerfällt bei der sauren Hydrolyse in Form-onetin, das durch siedendes Barytwasser in Ononetin gespalten wird.

$C_5H_{11}C_6O$—[Ononin structure]—OCH_3 HO—[Form-onetin structure]—OCH_3

Ononin   Form-onetin

HO—[structure]—OH
     CO—CH_2—C_6H_4—$OCH_3(p)$
Ononetin

Form-onetin[3] wurde aus [2-4-Dioxy-phenyl-]-[4'-methoxybenzyl]-keton und Ameisensäureester synthetisiert. Onospin, das aus Ononin mit Barytwasser entsteht, besteht überwiegend aus [2-Oxy-4-d-glucosidoxyphenyl]-[4-methoxybenzyl]-keton.

Genistein[4] (I) (Prunetol), $C_{15}H_{10}O_5$, 5-7-4'-Trioxy-isoflavon, farblose Nadeln vom Smp. 291—293° ist enthalten im Färbeginster, Genista tinctoria neben Luteolin, ferner in den Sojabohnen Soja hispida als Genistein dem 7-Glucosid (gelbe Blättchen vom Smp. 254 bis 256°). Die Alkalispaltung führt zu Ameisensäure, Phloroglucin und p-Oxyphenylessigsäure. Die Synthese gelingt aus 5-Oxy-7-4'-dimethoxy-2-styrylisoflavon (II) über die 2-Carbonsäure.

(I) [Genistein structure with HO, HO, O, OH]

(II) [Structure with HO, O, H_3CO, OCH_3, CH=CH—C_6H_5]

Zur Gewinnung geht man von dem wässerigen Auszug des Färbeginster aus und trennt von Luteolin. Man kann auch Sojabohnen als Ausgangsmaterial benutzen.

Der 7- oder 4-Methyläther ist das Prunetin[4,5], $C_{16}H_{12}O_5$, farblose Nadeln vom Smp. 242°, als Glucosid Prunitrin $C_{22}H_{14}O_{11}$ in der Rinde einer Prunusart, die anscheinend mit Prunus emarginata und Prunus

---

[1] Wessely, Kornfeld, Lechner: Ber. dtsch. chem. Ges. **66**, 685 (1933); vgl. auch Baker, Robinson, Simpson: J. chem. Soc. Lond. **1933**, 274, wo die Synthese auf ein Isoflavonderivat aufgebaut ist; dort auch Angaben über Ononin. — [2] Baker, Eastwood: J. chem. Soc. Lond. **1929**, 2897. — Wessely, Lechner: Monatsh. Chem. **57**, 395 (1931). — [3] Wessely, Kornfeld, Lechner: Ber. dtsch. chem. Ges. **66**, 685 (1933). — Wessely, Lechner, Dinjaški: Monatsh. Chem. **63**, 201 (1933). — [4] Baker, Robinson: J. chem. Soc. Lond. **127**, 1981 (1925); **1926**, 2713; **1928**, 3115. Identität mit Prunetol aus Prunus serotina: Baker, Robinson: J. chem. Soc. Lond. **1926**, 2713. — Walz: Liebigs Ann. **498**, 118 (1931). — [5] Finnemore: Pharm. J. (4) **31**, 604 (1911). — Baker: J. chem. Soc. Lond. **1928**, 1022.

avium verwandt ist und sich an Stelle der Rinde von Prunus serotina im Handel findet. Zur Gewinnung kocht man einen wässerigen Auszug der Rinde mit Salzsäure.

In der Soja hispida ist ein weiteres Dioxy-methoxy-isoflavonglucosid[1] D genannt, dessen Spaltung ein Dioxymethoxy-isoflavon $C_{16}H_{12}O_5$ farblose Nadeln vom Smp. 310^0 ergibt. Das letztere ist mittels Alkali aufspaltbar zu Ameisensäure und wahrscheinlich (2-3-Dioxyphenyl)-(??-oxymethoxybenzyl)-keton. Möglicherweise ist ein weiteres Isoflavon E in der Mutterlauge von D enthalten.

Pseudo-Baptigenin[2] (I), $C_{16}H_{10}O_5$, 7-Oxy-3'-4'-methylendioxyflavon, farblose Krystalle vom Smp. 298—299^0, ist als Glucosid Pseudo-Baptisin $C_{28}H_{30}O_{14}$ ein 7-Rhamnoglucosid, farblose Krystalle vom Smp. 249—251^0, in der Wurzel von Baptisia tinctoria, einer nordamerikanischen Papilionatae enthalten. Pseudo-Baptigenin zerfällt bei der Spaltung mit Alkalien in Ameisensäure und (2-4-Dioxy-phenyl)-(3'-4'-methylendioxybenzyl)-keton. Seine Konstitution ist bestimmt durch den Nachweis von 2 phenolischen Hydroxylgruppen und einer Carbonylgruppe; die Einwirkung von Salpetersäure liefert Styphninsäure, Kaliumpermanganat Piperonylsäure. Pseudo-Baptigenin wurde nach folgenden zwei Methoden synthetisiert:

Tectorigenin (IV)[3], $C_{16}H_{12}O_6$, 6-Methoxy-5-7-4'-trioxy-isoflavon, hellgelbe Blättchen vom Smp. 227^0, ist in dem Rhizom der in Japan heimischen Iris tectorum Max. als Glucosid Tectoridin $C_{22}H_{22}O_{11}$, Nadeln vom Smp. 258^0, an Glucose gebunden enthalten. Die Spaltung ergibt Ameisensäure, p-Oxyphenylessigsäure und Iretol (1-3-5-Trioxy-2-methoxybenzol).

Zur Darstellung dient der Alkoholauszug der Rhizome.

---

[1] Walz: Liebigs Ann. **489**, 118 (1931). — [2] Späth, Schmidt: Monatsh. Chem. **53/54**, 454 (1929). — Späth, Lederer: Ber. dtsch. chem. Ges. **63**, 743 (1930). — [3] Shibata: J. pharmac. Soc. Jap. **1927**, 61. — Asahina, Shibata, Ogawa: J. pharmac. Soc. Jap. **48**, 150 (1928).

Irigenin (I)[1], $C_{18}H_{16}O_8$, 6-4'-5'-Trimethoxy-5-7-3'-trioxy-isoflavon, gelbe Tafeln vom Smp. 185° ist in dem Glucosid Iridin[2], dem 7-Glucosid der Iris germanica, pallida und florentina $C_{24}H_{26}O_{13}$, farblose Nadeln vom Smp. 208° enthalten. Irigenin zerfällt bei der Alkalispaltung in Ameisensäure, Iretol (s. o. und Iridinsäure (3-Oxy-4-5-dimethoxy-phenylessigsäure). Es färbt etwas schwächer als die Flavone.

Zur Darstellung geht man von der im Handel befindlichen Florentine Orris Root aus.

Anhang.

Catechin[3], $C_{15}H_{14}O_6$. ist in einer d-, l- und dl-Form bekannt. Die Rechtsform (d)-Form, findet sich im Gambir (II), dem Extrakt aus Blättern und Zweigen der malaiischen Liane Uncaria gambir. Die zwei asymmetrischen Kohlenstoffatome verursachen Diastereomerie, weitere Isomere sind d-, l- und dl-Epicatechin. l-Epicatechin findet sich im Holz vorderindischer Akazien; der eingedickte Saft heißt Catechin. Nur d-Catechin und l-Epicatechin scheinen in der Natur vorzukommen.

Cyanomaclurin[4]. Dieser Farbstoff ist der Begleiter des Morin im Jackbaum (Atrocarpus integrifolia). Er bildet farblose Prismen, die bei 290° ohne zu schmelzen dunkel werden. Die Formel wurde von Perkin mit $C_{15}H_{12}O_6$ angegeben, neuerdings wird $C_{15}H_{14}O_6$ (Charlesworth, Chavan und Robinson) in Betracht gezogen. Bei der Kalischmelze entsteht Kresorcin und Kresorcincarbonsäure. Perkin schlug die Formel (III) vor, neuerdings wird die Formel (IV)[5] oder (V)[6] zur Diskussion gestellt.

---

[1] Baker: J. chem. Soc. Lond. **1928**, 1022; dort auch die ältere Literatur. — Baker, Robinson: J. chem. Soc. Lond. **1929**, 152. — [2] Shinoda, Sato: J. pharmac. Soc. Jap. **52**, 139 (1932). — [3] Ausführliche Schilderung: Freudenberg in Klein: Handbuch der Pflanzenanalyse, III, 2, S. 392f. Zusammenstellung: Mason: J. Soc. Chem. Ind. **1928**, T. 269. — [4] A. G. Perkin, Cope: J. chem. Soc. Lond. **67**, 937 (1895). — A. G. Perkin: J. chem. Soc. Lond. **87**, 715 (1905). — Freudenberg: Ber. dtsch. chem. Ges. **53**, 1416 (1920). — Pratt, Robinson: J. chem. Soc. Lond. **127**, 1128 (1925). — Bhalla, Râу: J. chem. Soc. Lond. **1933**, 288. — [5] Charlesworth, Chavan, Robinson: J. chem. Soc. Lond. **1933**, 370. — [6] Mitter, Saha: J. Indian chem. Soc. **11**, 257 (1934).

Eine Entscheidung konnte noch nicht getroffen werden. Die Trennung des Cyanomaclurin von Morin beruht auf der verschiedenen Löslichkeit der Bleisalze.

c) Noch nicht völlig in ihrer Konstitution aufgeklärte Farbstoffe von Flavoncharakter.

Vitexin und Homovitexin[1]. Im Holze des Vitex littoralis des Puriribaumes von Neu-Seeland sind zwei Farbstoffe als Glucoside enthalten.

Für Vitexin wurde die Zusammensetzung $C_{15}H_{14}O_7$ angenommen, später wurde es auf Grund einer vermuteten Beziehung zum Apigenin als ein sehr beständiges Glucosid des Apigenin der Formel $C_{21}H_{20}O_{10}$ aufgefaßt, weitere Arbeiten von Barger[2] machen aber die ursprüngliche Formel $C_{15}H_{14}O_7$, für welche eine Molekulargewichtsbestimmung beigebracht ist, wahrscheinlicher. Barger fand nämlich, daß im Zellsaft der Epidermiszellen der Blätter von Saponaria officinalis, des Seifenkrautes, eine Substanz enthalten ist, welche er Saponarin nannte und welche die Zusammensetzung $C_{21}H_{24}O_{12}$ hat. Bei der Verseifung dieses Glucosides entstehen Glucose, eine amorphe Substanz (Saponaretin, s. unter Homovitexin) und Vitexin.

Das auf beiden Wegen erhaltene Vitexin vom Smp. 260° (Barger) bzw. 264—265° (Perkin) besteht aus gelben Prismen oder Nadeln, sein Acetylderivat, das offenbar 5 Acetylgruppen enthält, bildet Nadeln vom Smp. 257—258°. Vitexin löst sich in Alkalien mit hellgelber Farbe.

In der Kalischmelze liefert Vitexin Phloroglucin, p-Oxybenzoesäure und Essigsäure, beim Kochen mit Kalilauge p-Oxy-acetophenon. Durch Kochen mit verdünnter Salpetersäure entsteht 1-Oxy-3-5-dinitrobenzol-4-carbonsäure, Pikrinsäure und eine Verbindung $C_{15}H_6O_5(NO_2)_4$ vom Smp. 239—241°, welche wahrscheinlich identisch mit Tetranitro-apigenin ist. Aus der Formel und den Befunden beim Abbau wie bei der Nitrierung folgert Barger, daß Vitexin, welches sich in der Summenformel um 2 Mol H_2O vom Apigenin unterscheidet, zwei Hydroxylgruppen mehr als Apigenin im Pyronringe besitzt, wodurch die Bildung von p-Oxybenzoesäure und Tetranitro-apigenin verständlich wird:

Vitexin (?) Apigenin

---

[1] A. G. Perkin: J. chem. Soc. Lond. **73**, 1019 (1898); Proc. chem. Soc. Lond. **16**, 44 (1900); J. chem. Soc. Lond. **77**, 422 (1900). — [2] Barger: Ber. dtsch. chem. Ges. **35**, 1296 (1902); Chem. News **90**, 183 (1904); J. chem. Soc. Lond. **89**, 1210 (1906); dort auch die ältere Literatur über Saponarin: Chem. News **104**, 139 (1911).

Auch könnte die Formel eines Chalkonderivates in Betracht kommen (I):

$$\text{HO}-\underset{\text{OH}}{\overset{\text{OH}}{\bigcirc}}-\text{CO}-\text{CH(OH)}-\text{CH(OH)}-\bigcirc-\text{OH} \qquad \text{(I)}$$

Dem steht entgegen, daß die Formeln 6 Hydroxylgruppen aufweisen, während Vitexin nur 5 Acetylgruppen aufnimmt. A. G. Perkin hat Barger deshalb brieflich eine Formel vorgeschlagen, welche einen reduzierten Phloroglucinkern enthält (II). Homovitexin besitzt die Zusammensetzung $C_{16}H_{16}O_7$ oder $C_{18}H_{18}O_8$ und bildet gelbe Nadeln vom Smp. 245—246°. Es enthält keine Methoxylgruppe, liefert bei der Kalischmelze Phloroglucin und p-Oxybenzoesäure und ist vielleicht mit Saponaretin identisch.

Vitexin wie Homovitexin färben auf gebeizter Wolle wie Baumwolle ein reines aber schwaches Gelb ähnlich wie Apigenin. Zur Darstellung wird das gemahlene Holz mit der zehnfachen Menge Wasser 8 Stunden ausgekocht und der Auszug eingedampft. Der Rückstand wird mit Alkohol erwärmt, vom ungelösten filtriert und wiederum abgedampft. In dem so erhaltenen orangefarbenen Harze befinden sich die Farbstoffe noch als Glucoside, die man durch Hydrolyse mit verdünnter Salzsäure bei Zimmertemperatur spaltet. Die dabei ausgeschiedene halbfeste Masse wird mit kochendem Alkohol behandelt, wodurch ein gelbes Krystallpulver entsteht, das mit Alkohol gewaschen wird, bis dieser farblos abläuft. Die Laugen enthalten das Homovitexin, welches durch Umkrystallisieren aus Alkohol gereinigt wird. Das gelbe Krystallpulver wird durch Überführung in das Acetylderivat und Zersetzen des letzteren weiter gereinigt, es stellt das Vitexin dar.

Scoparin[1]. Der Farbstoff ist im Besenginster Spartium Scoparium neben Spartein enthalten. Für Scoparin war von Goldschmiedt die Formel $C_{20}H_{20}O_{10}$ vorgeschlagen, nach neueren Untersuchungen[2] stimmen die Analysen methylierter Verbindungen besser auf die Grundformel $C_{22}H_{22}O_{11}$. Der Farbstoff bildet gelbe Nadeln vom Smp. 202—219° (je nach dem Erhitzen), löst sich in Alkalien mit gelber Farbe und gibt ein Hexaacetylderivat vom Smp. 255—256°, ebenso ein Hexabenzoylderivat vom Smp. 158—160° und enthält eine Methoxygruppe; das entmethylierte Produkt wurde Scoparein (Norscoparin) genannt. Mit Hilfe von Diazomethan nimmt Scoparin zuerst drei, dann eine weitere also im ganzen vier, mit Methyljodid und Silberoxyd 8 Methylgruppen auf. Beim Kochen mit Alkali liefert Scoparin Vanillinsäure, Protocatechussäure, Phloroglucin und eine Verbindung $C_9H_{10}O_3$ vom Smp. 115°, die eine Methoxygruppe enthält und als 3-Methoxy-4-oxy-1-acetylbenzol anzusprechen ist.

---

[1] Stenhouse: Liebigs Ann. **78**, 15 (1851); dort die Formel $C_{21}H_{22}O_{10}$. — Hlasiwetz: Liebigs Ann. **138**, 190 (1866). — Goldschmiedt, v. Hemmelmayr: Monatsh. Chem. **14**, 202 (1893); **15**, 316 (1894). — A. G. Perkin: Proc. chem. Soc. Lond. **15**, 123 (1899); J. chem. Soc. Lond. **73**, 1030, Anm. (1898); **77**, 423 (1900). — [2] Herzig, Tiring: Monatsh. Chem. **39**, 253 (1918).

Für die Gegenwart eines Zuckermoleküls sprechen keine Anzeichen. Perkin hielt Scoparin für ein Methoxyvitexin, weil seine färberischen Eigenschaften sich mit denen des Vitexin decken. Diese Annahme ist aber vor den Untersuchungen von Barger über das Vitexin gemacht und erscheinen im Hinblick auf diese zweifelhaft.

Zur Darstellung dient ein wässeriger Auszug der Pflanze, die Reinigung ist umständlich.

Chikarot. Der seltene Farbstoff, auch Crajura oder Carajura genannt, entstammt den Blättern der Bignonia chika, eines in Brasilien heimischen Baumes. Chikarot[1] enthält zwei Farbstoffe, Carajurin und Carajuron. Carajurin bildet rubinrote Nadeln vom Smp. 205—207°, hat die Formel $C_{17}H_{14}O_5$, liefert Oxoniumsalze und geht bei der Entmethylierung in Carajuretinjodid über, ein Tetraoxyflavyliumsalz, dessen Synthese aus p-Acetylanisol und Antiarol-aldehyd (2-3-4-Trimethoxy-6-oxybenzaldehyd) gelang. Danach ist Carajuretin mit Scutellareinidin identisch und es ergibt sich mit großer Wahrscheinlichkeit für Carajurin die Formel (I):

Formel II scheint nicht wahrscheinlich, weil eine Verbindung dieser Formel blaue Farbe haben sollte.

Carajuron bildet ein scharlachrotes mikrokrystallines Pulver vom Symp. 183—186° und hat die Formel $C_{15}H_9O_5(OCH_3)$. Bei der Alkalispaltung wurde p-Acetylanisol, bei der Destillation Geruch nach p-Oxybenzaldehyd nachgewiesen. Carajurin und Carajuron färben aluminiumgebeizte Wolle und Baumwolle stumpf braunrot, Carajuretin stumpf bräunlichorange.

Der Farbstoff wird von den Indianern vom Rio Meta und Orinoco zur Hautbemalung verwandt. Man zieht die Blätter mit Wasser aus, versetzt den Auszug mit dem Pulver einer Aryane genannten Rinde, wodurch die Fällung des Farbstoffes bewirkt wird (wohl enzymatische Spaltung eines Glucosides). Der rote Kuchen ist unter dem Namen Carneru oder Vermillon americanum im Handel, er enthält 4% Farbstoff. Die Reinigung ist sehr langwierig.

Fukugetin[2]. Der Farbstoff ist in der Rinde der Garcinia spicata oder Xanthocymus ovalifolia enthalten. Dem Fukugetin wurde ursprünglich von Perkin die Formel $C_{17}H_{12}O_6$ zuerteilt, später hat Shinoda auf Grund von Molekulargewichtsbestimmungen die Formel $C_{28}H_{20}O_{10}$ in Vorschlag gebracht, neuerdings $C_{25}H_{18}O_9$. Der Farbstoff besteht aus

---

[1] Chapman, A. G. Perkin, Robinson: J. chem. Soc. Lond. **1927**, 3015; ältere Arbeiten: A. G. Perkin: Proc. chem. Soc. Lond. **30**, 212 (1914). — Holmes: Pharmac. J. **12**, 595 (1901). — [2] A. G. Perkin, Phipps: J. chem. Soc. Lond. **85**, 56 (1904). — Shinoda: J. pharmac. Soc. Jap. **1926**, Nr 535, 69; **1927**, Nr 541, 35; **52**, 167 (1932). Nitrofarbstoffe aus Fukugiflavin: Ito: Chem. Zbl. **1908 I**, 1842.

gelben Krystallen vom Smp. 288—290°, löst sich in Alkalien wie in konz. Schwefelsäure mit schwach gelber Farbe und enthält keine Methoxygruppe. Die Reduktion mit Magnesium und Salzsäure verwandelt ihn in einen rotvioletten Farbstoff, während ein Acetylderivat v. Smp. 272—273° diese Reaktion nicht mehr gibt, ein Zeichen, daß der Pyronring geöffnet wurde. Der Hexamethyläther vom Smp. 205—206° liefert bei der alkalischen Spaltung ein phenolisches Produkt, $C_{26}H_{28}O_{10}$, vom Smp. 202° und eine gelbe Verbindung, $C_{26}H_{26}O_9$, die mit Magnesium und Salzsäure Rotfärbung gibt, ferner Veratrumsäure und eine Säure vom Smp. 215 bis 216° mit violetter Eisenchloridreaktion. Die Alkalischmelze liefert Phloroglucin und Protocatechusäure. Wird Fukugetin selbst mit 50%iger Kalilauge in Wasserstoffatmosphäre erhitzt, so entstehen Essigsäure, Anhydrofukugetin $C_{19}H_{12}O_6$. Smp. höher als 300°, Fukugenetin $C_{19}H_{14}O_7$, Smp. 205°, Phloroglucin und Garcinol Smp. 308°, gelbe Nadeln von der Zusammensetzung $C_{16}H_{12}O_5$; letzteres enthält drei phenolische Hydroxylgruppen, eine Doppelbindung und einen Lactonring. Fukugenetin oder Anhydrofukugetin geben mit 50%iger Kalilauge Essigsäure, 3-4-Dioxyacetophenon, Garcinol und eine Säure vom Smp. 198°.

Die Kalischmelze von Garcinol[1] liefert Phloroglucin und eine Säure vom Smp. 182°, die Oxydation des Trimethyläthers Anissäure. Für Garcinol kommen folgende Konstitutionsformeln in Betracht:

Man könnte daher annehmen, daß der Phloroglucinkern mit dem 3-4-Dioxy-acetophenon, das ja bei der Spaltung des Fukugetin erhalten wurde, einen Flavanonring bildet und daß derselbe Phloroglucinkern ein Bestandteil des Garcinolmeleküles ist und kommt so für Fukugetin zu einer Formel (I):

Die Stellung einer Doppelbindung und einer leicht abspaltbaren Hydroxylgruppe ist ungewiß. Stellung 8 muß frei sein, weil sonst die Umlagerung zu Fukugenetin nicht möglich ist. Murakami[2] hält Fukugetin

---

[1] Shinoda: J. pharmac. Soc. Jap. **53**, 167 (1933). — [2] Murakami: Proc. imp. Acad. Tokyo **8**, 500 (1932); Chem. Zbl. **1934 II**, 2394.

und Garcinin (s. d.) für Isomere der Formel $C_{22}H_{10}O_8$ und gibt die nebenstehende Konstitution:

Der Farbstoff wird aus der Rinde mit Wasser ausgezogen, die Lösung zur Zerstörung eines Glucosides mit Salzsäure gekocht, der Farbstoff mit Alkohol ausgezogen und gereinigt. Fukugetin wird in Japan als Fukugi — zum Färben von gelben Tönen gebraucht.

(Der in Stellung 6 stehende Rest könnte auch in Stellung 8 stehen; in diesem Falle wäre die obige Formel für Garcinin anzunehmen.)

Garcinin. Der Farbstoff, Nadeln vom Smp. 254°, befindet sich neben Fukugetin in der Fukugirinde. Shinoda[1] hatte als Zusammensetzung $C_{16}H_{12}O_6$ oder $C_{16}H_{10}O_6$ angegeben. Die Lösung in Alkali ist gelb, in konz. Schwefelsäure rotviolett fluorescierend. Das Tetra-acetylderivat hat den Smp. 153°, die Alkalischmelze liefert Phloroglucin und Protocatechusäure, die Reduktion mit Magnesium und Salzsäure einen rotvioletten Farbstoff. Aus dem nicht krystallinisch erhaltenen Methyläther wurde bei der Oxydation eine Säure vom Smp. 180° erhalten, das Filtrat zeigte die Reaktionen der m-Hemipinsäure. Die in der Abhandlung aufgestellte Formel eines Tetra-oxy-indeno-chromon[2] ist überholt, weil Shinoda[3] jetzt den Farbstoff für Monoacetyl-fukugetin hält.

Im Gegensatz hierzu stehen Angaben von Murakami[4], der Garcinin für isomer mit Fukugetin hält und beiden die Formel $C_{22}H_{16}O_8$ zuteilte. Garcinin liefert einen Pentamethyläther vom Zersetzungspunkt 141—142°, dessen Oxydation Veratrumsäure gab. Die Alkalispaltung liefert ebenfalls Veratrumsäure, wenig Anissäure und ein phenolisches Produkt $C_{18}H_{20}O_7$, Smp. 156—159°, das 3 Methoxygruppen enthält und bei der Oxydation wieder Anissäure ergab. Die Konstitution des phenolischen Produktes wurde mit (I), die von Garcinin mit (II) angegeben.

Die Ausbeute an Farbstoff aus der Rinde betrug 0,45%.

(I)

(II)

(Der in Stellung 8 stehende Rest könnte auch in Stellung 6 stehen, siehe Fukugetin).

Farbstoffe des Safflor. (Carthamin und Safflorgelb.) Safflor besteht aus den getrockneten Blüten der Färberdistel, Carthamus tinctorius aus der Familie der Cynarocephaleae, heimisch in Südasien und in fast allen Weltteilen angebaut. Man trocknet die Blüten oder entzieht ihnen sofort nach der Ernte durch Kneten mit Wasser das für die Färberei wertlose Safflorgelb. Der in der Pflanze enthaltene rote Farbstoff, das

---

[1] Shinoda: J. pharmac. Soc. Jap. **1927**, Nr 541, 33; **1927**, Nr 541, 35 (Beweis, das 3-Methyl-luteolin nicht mit Garcinin identisch ist). — [2] Versuche zur Synthese einer solchen Verbindung: Robinson, Shah: J. chem. Soc. Lond. **1933**, 610. — [3] Shinoda: J. pharmac. Soc. Jap. **52**, 167 (1932). — [4] Murakami: Proc. imp. Acad. Tokyo 8, 500 (1932); Chem. Zbl. **1934 II**, 2384.

Carthamin ist dagegen in Wasser schwer löslich und kann ihr mit verdünnter Sodalösung entzogen werden. Säuert man diese Lösung mit verdünnten Säuren an, so kann das gefällte Carthamin unmittelbar zum Färben benutzt werden. Reinere Produkte werden erhalten, wenn man den Farbstoff zuerst aus der schwach sauren Lösung auf Baumwolle aufziehen läßt, ihn durch Behandeln der so gefärbten Baumwolle mit Sodalösung wieder herunterlöst und erneut fällt.

Das so erhaltene Safflorcarmin kommt in Form einer dickflüssigen roten Brühe in den Handel, färbt Seide und Baumwolle unmittelbar in kirschroten Tönen an, die erhaltenen Färbungen sind aber gegen Licht und Luft wenig beständig und empfindlich gegen Alkali, Chlor und schweflige Säure. Rouge en tasses, en assiettes, en feuilles, ebenso mit Talk gemengte Fard de la chine (Schminke) sind Carthaminpräparate. Der Farbstoff ist durch die künstlichen Farbstoffe fast völlig verdrängt.

Über die Konstitution des Safflorgelb[1] ist wenig bekannt. Es kann aus dem wässerigen Auszug mit Bleiacetat gefällt werden. Das Bleisalz wird mit verdünnter Schwefelsäure zersetzt und die Lösung unter Ausschluß der Luft eingedampft. Der Rückstand bildet eine amorphe Masse von sauren Eigenschaften. Er oxydiert sich an der Luft unter Bräunung und wird dabei teilweise in Wasser unlöslich. Schlieper gibt als Summenformel $C_{16}H_{20}O_{10}$ an. A. G. Perkin[2] glaubt aber, daß die Verbindung glucosidischen Charakter habe, weil sie nach dem Kochen mit verdünnter Schwefelsäure einen krystallisierten gelben Farbstoff an Äther in allerdings kleiner Menge abgibt.

Für Carthamin wurde ursprünglich von Schlieper die Summenformel $C_{14}H_{16}O_7$ angegeben, der Farbstoff als granatrotes Pulver[1] beschrieben. Später wurde die Reindarstellung durch Ausziehen mit Pyridin bewirkt (Ausbeute 0,3—0,6%) und so scharlachrote, prismatische Nadeln[3] vom Smp. 228—230° erhalten. Danach kommt Carthamin die durch Molekulargewichtsbestimmung gestützte Zusammensetzung $C_{25}H_{24}O_{12}$ zu, es enthält keine Methoxygruppe; mit Salpetersäure entsteht Pikrinsäure, in der Kalischmelze p-Oxybenzoesäure. Beim Kochen mit Alkali wird p-Cumarsäure und p-Oxybenzaldehyd erhalten. Bei einer neueren Untersuchung von Kuroda[4] wurde festgestellt, daß sich aus chinesischem Rohmaterial mit verdünnter Salzsäure eine weitere Verbindung Isocarthamin vom Smp. 228° gewinnen läßt. Carthamin und Isocarthamin liegen in Form von Glucosiden vor, sie spalten beim Erhitzen mit verdünnten Mineralsäuren ein Mol Glucose ab. Carthamin hat die Formel $C_{21}H_{22}O_{11}-H_2O$, Isocarthamin in frischem Zustande $C_{21}H_{22}O_{11} + 2 H_2O$ und geht allmählich in Carthamin über. Beim Erhitzen von Carthamin mit verdünnter Phosphorsäure wird Carthamidin, $C_{15}H_{12}O_6$, orangegelbe, sehr unbeständige Nadeln vom Smp. 218° (I) und Isocarthamidin $C_{15}H_{12}O_6$, gelbe Prismen vom Smp. 238° gebildet.

Die katalytische Reduktion von Carthamin ergab Hydrocarthamin, das bei der Alkalispaltung in p-Oxyzimtsäure und ein Phenol zerfiel. Für Carthamin und Isocarthamin werden die Formeln (II) und (III)

---

[1] Schlieper: Liebigs Ann. **58**, 357 (1846). — Malin: Liebigs Ann. **136**, 117 (1865). — [2] A. G. Perkin u. A. E. Everest: The natural organic colouring matters, S. 594. — [3] Kamataka, A. G. Perkin: J. chem. Soc. Lond. **97**, 1415 (1910). — [4] Kuroda: Proc. imp. Acad. Tokyo **5**, 32, 82, 86 (1929).

vom Chalkontypus aufgestellt, die im Einklang mit den Ergebnissen der verschiedenen Farbreaktionen und den Methylierungsprodukten stehen. Eine weitere Stütze für die Formeln wird in der Überführung von β-Acetylcarthamidin (Pentaacetylderivat von III ohne den Glucoserest) mit

Dimethylsulfat in das 2-3-4-6-4'-Pentamethoxychalkon (IV) gesehen, das aus 2-3-4-6-Tetramethoxy-acetophenon und p-Methoxybenzaldehyd synthetisiert[1] wurde

Centaureidin[2]. Der Farbstoff, $C_{24}H_{16}O_8$, gelbe Nadeln vom Smp. 230°, befindet sich in der Wurzelrinde von Centaurea Jacea, der gemeinen Flockenblume als Glucosid Centaurein $C_{24}H_{26}O_{13}$, blaßgelbes Pulver vom Smp. etwa 168—175°. Das Glucosid spaltet sich in Glucose und den Farbstoff, der drei Methoxylgruppen enthält und für ein Flavonderivat gehalten wird.

Zur Darstellung dient der Alkoholextrakt der Wurzeln (2,6 g Glucosid aus 100 g Wurzelrinde).

Citromycetin[3]. Aus konz. Kulturlösungen verschiedener Spezies von Citromyces wurde eine gelbe Verbindung isoliert, das Citromycetin

$C_{14}H_{20}O_7$, hellgelbe Nadeln vom Zersetzungspunkt 283—285°. Die Verbindung verhält sich wie eine zweibasische Säure. Sie gibt ein Diacetylderivat, farblose Nadeln vom Smp. 223—224°. Beim Kochen mit verdünnter Säure wird Kohlendioxyd abgespalten und es entsteht Citromycin, $C_{13}H_{10}O_5$, gelbe

---

[1] Vgl. Bargellini, Zoras: Gazz. chim. **64**, 202 (1934). — [2] Bridel, Charaux: C. r. Acad. Sci. Paris **175**, 833, 1168 (1922); J. Pharmac. Chim. (7) **27**, 409 (1923); (7) **28**, 5 (1923). — [3] Raistrick: Philos. trans. roy. Soc. Lond. B **220**, 1 (1931) (XI. Hetherington u. Raistrick).

Nadeln vom Smp. 285—290⁰. Diese Verbindung verhält sich wie eine einbasische Säure. Kalilauge liefert mit Citromycetin wahrscheinlich 3-5-6-Trioxyphthalsäure. Hydrolyse von O-Dimethyl-citromycetin mit alkoholischem Kali liefert Dimethoxy-methyl-benzopyron (V) und Dimethoxy-oxyphthalsäure (VI). Auf Grund dieser Befunde wurde für Citromycetin die Formel (VII) in Vorschlag gebracht.

Kakaorot. Der Farbstoff[1] ist eine den Gerbstoffroten und Phlobaphenen ähnliche Verbindung, die sich in den nicht entfetteten Kakaobohnen zu 1,8—2% findet und ein amorphes rotes Pulver bildet. Bei der Alkalispaltung wird ein kleiner Teil gespalten; Essigsäure, Protocatechusäure und vermutlich 2-4-6-Trioxy-1-3-dimethylbenzol wurden nachgewiesen. Es dürfte ein Derivat des 3'-4'-3-5-7-Pentaoxy-6-8-dimethyl-2-3-dihydroflavon von der Formel $(C_{34}H_{31}O_{13})_x$ vorliegen.

d) Pyryliumfarbstoffe (Anthocyane).

Man nennt die Farbstoffe, welche die roten, violetten und blauen Färbungen der Blüten, vieler Früchte zum Teil auch anderer Pflanzenbestandteile bedingen, Anthocyanine oder Anthocyane[2]. In allen liegen Abkömmlinge des 2-Phenylphenopyrylium[3] vor (I) und zwar sind es in der Hauptsache Oxyderivate, seltener schwer zugängliche Aminoderivate, die in der Pflanze größtenteils als Glucoside[4] vorhanden sind. Die Aglucone der Anthocyane nennt man Anthocyanidine.

Bei den gelben Anthoxanthinen fand man, wie im vorhergehenden Abschnitt geschildert, Flavon- und Flavonolabkömmlinge. Lange Zeit hat man bei den Anthocyanen die in der Natur aufgefundenen Stoffe auf drei Grundtypen zurückführen können, die sämtlich in Stellung 3 eine Hydroxylgruppe besaßen, also alle dem Flavonoltypus entsprachen. Es sind dies die Typen Pelargonidin, Cyanidin und Delphinidin. Erst kürzlich wurde überraschenderweise ein in der Stellung 3 keine Hydroxylgruppe tragendes Anthocyan, das Gesnerin aufgefunden,

---

[1] Heiduschka, Bienert: J. pract. Chem. (2) **117**, 262 (1927); (2) **119**, 199 (1928). — [2] Der Name ist aus Anthos und Kyanosis von Marquart (Marquart und Clamor, Die Farben der Blüten, Bonn 1835) gebildet. — Eine ältere Einzeldarstellung: Onslow: The Anthocyanine Pigments of Plants, 2. Aufl. Cambridge at the University Press 1925; ferner Wheldale: The Anthocyanine Pigments of Plants, Cambridge at the University Press. — [3] Willstätter, Everest: Liebigs Ann. **401**, 189 (1913). — Willstätter: Liebigs Ann. **408**, 1 (1915); **412**, 113 (1916). — Zusammenfassender Vortrag: Willstätter: Ber. dtsch. chem. Ges. **47**, 2865 (1914); vgl. hierzu Willstätter, Schmidt: Ber. dtsch. chem. Ges. **57**, 1946 (1924): „Die Untersuchung der Blüten, Beeren- und Wurzelfarbstoffe ist ein Torso: die größer angelegte Arbeit ist nämlich durch den Kriegsausbruch unterbrochen und dann mit weitgehender Einschränkung unvollkommen zu Ende geführt worden." Um die weitere Untersuchung haben sich in erster Linie R. Robinson und Gertrud M. Robinson verdient gemacht durch Bestimmung der Bindungsweise der Zuckergruppen, Synthese der wichtigsten Anthocyane und Anthocyanidine, endlich Analyse der Pflanzen auf das Vorkommen der Anthocyane. Vgl. R. Robinson: Ber. dtsch. chem. Ges. **67**, A, 85 (1934) (Vortrag) und R. Robinson, G. M. Robinson: Biochem. J. **25**, 1687 (1931); **26**, 1647 (1932). — [4] Über Vorkommen freier Anthocyanidine: Hadders, Wehmer in Klein: Handbuch der Pflanzenanalyse, III, 2, S. 988.

dessen Aglucon das Gesneridin[1] ist. Es ist ferner bei der roten Rübe ein stickstoffhaltiges Anthocyan, das Betanin[2] beobachtet worden, dessen Reindarstellung noch nicht gelungen; auch sein Anthocyanidin scheint sich durch sehr große Zersetzlichkeit auszuzeichnen. Ein ähnliches scheint in Bougainvillaea[3] vorzukommen. Ferner sind abweichende Typen in Celoria cristata und Atriplex hortensis, in Papaver alpinum, Papaver nudicaule[4] (gelbes Anthocyan) und in isländischem Mohn, in Bucheckern, der Eibe, dem Schwarzdorn und in Peltogynumarten beobachtet worden[5].

So sind denn vier Grundtypen sicher bekannt: ein Trioxy-, ein Tetraoxy-, ein Pentaoxy- und ein Hexaoxy-flavyliumderivat mit Namen Gesneridin, Pelargonidin, Cyanidin und Delphinidin; vom Cyanidin leitet sich ein Methoxyderivat ab, das Paeonidin, vom Delphinidin drei Methoxyderivate Petunidin, Malvidin (Syringidin) und Hirsutidin, die in der Natur gefunden wurden.

Die wichtigsten Grundtypen sind die drei folgenden:

Pelargonidinchlorid = 3-5-7-4'-Tetraoxy-flavyliumchlorid

Cyanidinchlorid = 3-5-7-3'-4'-Pentaoxy-flavyliumchlorid

Delphinidinchlorid = 3-5-7-3'-4'-5'-Hexaoxy-flavyliumchlorid

Von ihnen leiten sich ab:

Paeonidinchlorid = 3-5-7-4'-Tetraoxy-3'methoxy-flavyliumchlorid

Petunidinchlorid = 3-5-7-4'-5'-Pentaoxy-3'-methoxy-flavyliumchlorid

Malvidinchlorid (Syringidinchlorid) = 3-5-7-4'-Tetraoxy-3'-5'-dimethoxy-flavyliumchlorid

Hirsutidinchlorid = 3-5-4'-Trioxy-7-3'-5'-trimethoxy-flavyliumchlorid

---

[1] G. M. Robinson, R. Robinson: Nature (Lond.) 130, 21 (1932); Biochemic. J. 26, 1647 (1932). — [2] Schudel: Diss. Zürich 1918 (ausgeführt mit Willstätter). — [3] G. M. Robinson, R. Robinson: Biochemic. J. 26, 1647 (1932). — [4] Robinson: Ber. dtsch. chem. Ges. 67 A, 103 (1934). — [5] G. M. Robinson, R. Robinson: Nature (Lond.) 130, 21 (1932); Biochemic. J. 27, 206 (1933).

136 Heterocyclische Verbindungen.

Es folgt noch als besondere Grundform:

Gesneridinchlorid = 5-7-4'-Trioxy-flavyliumchlorid

Die Farbstoffe sind hier als Chloride geschrieben, weil sie meist in dieser Form isoliert werden, während sie in der Pflanze wohl an Pflanzensäuren gebunden vorkommen. Die Abscheidung der Anthocyane aus den Pflanzen gelingt auf Grund der Schwerlöslichkeit ihrer Oxoniumsalze mit Pikrinsäure[1], Chlorwasserstoffsäure usw.; für die einzelnen Farbstoffe gibt es genaue Vorschriften[2]. Häufig enthält dieselbe Pflanze Mischungen von Anthocyanen, die Trennung ist dann nicht ganz einfach. Die Hydrolyse[3] der Anthocyane zu den zuckerfreien Farbstoffen gelingt durch kurzes Kochen des Farbstoffes mit Salzsäure oder in Sonderfällen mit Alkalien. Neuerdings sind eingehende Vorschriften[4] angegeben worden, um die Untersuchung eines frischen Pflanzenteils auf Anthocyane bzw. Anthocyanidine mit größter Sicherheit und Schnelligkeit durchführen zu können.

Die Konstitutionsermittlung[5], die zu den oben vorweggenommenen Formeln geführt hat, ist durch Abbau erfolgt. Anthocyane[6] wie Anthocyanidine, welche im Phenylrest keine benachbarten freien Hydroxylgruppen enthalten, lassen sich mit Hilfe 15%iger Wasserstoffsuperoxydlösung abbauen, so ist ein solcher Abbau z. B. bei Malvin durchgeführt:

Malvin $\xrightarrow{H_2O_2}$ Malvon $\xrightarrow{\text{weitere Einwirkung von Alkali}}$

(A) + HOOC—⟨OCH$_3$, OCH$_3$⟩—OH + $C_6H_{12}O_5$
Syringasäure

---

[1] Willstätter, Schudel: Ber. dtsch. chem. Ges. 51, 782 (1918). — [2] Vgl. z. B. Willstätter, Mieg: Liebigs Ann. 408, 123 (1915). — Willstätter, Nolan: Liebigs Ann. 408, 137 (1915). — Willstätter, Zollinger: Liebigs Ann. 408, 83 (1915); 412, 195 (1916). — Karrer, Widmer: Helvet. chim. Acta 10, 9, 69 (1927). — [3] Vgl. z. B. Willstätter, Everest: Liebigs Ann. 401, 226 (1913). — Willstätter, Mieg: Liebigs Ann. 408, 75 (1915). — Karrer, Widmer: Helvet. chim. Acta 10, 72 (1927). — [4] G. Robinson, R. Robinson: Biochemic. J. 25, 1687 (1931); 26, 1647 (1932); 27, 206 (1933). Es erscheint zwecklos, einzelne Vorschriften zur Darstellung von Anthocyanen und Anthocyanidinen im Auszug zu geben, da die genaue Befolgung notwendig ist. Zum Ausgleich ist die Literatur sehr sorgfältig zusammengestellt. — [5] Über die Verhältnisse bei der Absorption: Karrer in Klein: Handbuch der Pflanzenanalyse, III, 2, S. 956 und Hayashi: Acta phytochim. (Tokyo) 7, 117 (1933). — [6] Karrer, Widmer, Helfenstein, Hürlimann, Nievergelt, Monsarrat-Thoms: Helvet. chim. Acta 10, 729 (1927). — Karrer, de Meuron: Helvet. chim. Acta 15, 507 (1932).

Jedoch hat sich das bei der Verseifung entstehende Spaltstück (A) der Phloroglucinkomponente bisher nicht fassen lassen, so daß eine Entscheidung zwischen den beiden Malvonformeln, ob CH_2- oder $CH(OH)$-Gruppe noch nicht möglich war.

Die Alkalischmelze[1] liefert ein phenolisches und ein saures Spaltstück, also ein Phloroglucinderivat und eine Oxysäure. Methoxygruppen werden dabei vielfach verseift.

[chemical reaction scheme]

Der Abbau mit Barytwasser[2] oder verdünnter Natronlauge liefert die gleiche Spaltung, hat aber den Vorteil, daß Methoxysäuren nicht verseift werden und aus der Struktur der Methoxysäuren auf die Stellung der Methoxygruppen in dem Anthocyanmolekül geschlossen werden kann.

Von den Synthesen[3] ist die ältere die Umsetzung methoxylierter Cumarine mit Arylmagnesiumsalzen[4]; sie ist aber von beschränkter Reichweite:

[chemical reaction scheme]

Zum Aufbau beliebiger Anthocyanidine dient die Kondensation[5] von o-Oxyaldehyden mit Acetophenonderivaten, z. B.:

---

[1] Willstätter, Mallison: Liebigs Ann. **408**, 40 (1915). — Willstätter, Bolton: Liebigs Ann. **408**, 59 (1915). — [2] Karrer, Widmer: Helvet. chim. Acta **10**, 20, 29 (1927). — [3] Vgl. Robinson: ,,Über die Synthese von Anthocyaninen" (Vortrag). Ber. dtsch. chem. Ges. **67**, A 85 (1934). — [4] Decker, v. Fellenberg: Ber. dtsch. chem. Ges. **40**, 3815 (1907); Liebigs Ann. **356**, 281 (1907). — Willstätter, Zechmeister: Sitzgsber. Akad. Wiss. Berlin **34**, 886 (1914); s. auch Willstätter: Ber. dtsch. chem. Ges. **47**, 2865 (1914) — Willstätter, Zechmeister, Kindler: Ber. dtsch. chem. Ges. **57**, 1938 (1924). — Willstätter, Schmidt: Ber. dtsch. chem. Ges. **57**, 1945 (1924). — [5] Perkin, Robinson, Turner: J. chem. Soc. Lond. **93**, 1085 (1908). — Pratt, Robinson: J. chem. Soc. Lond. **121**, 1577 (1922); **123**, 745 (1923); **125**, 188 (1924). — Pratt, Robinson, Williams: J. chem. Soc. Lond. **125**, 199 (1924). — Robinson, Crabtree, Das, Lunt, Roberts, Williams: J. chem. Soc. Lond. **125**, 207 (1924). — Ridgway, Robinson: J. chem. Soc. Lond. **125**, 214 (1924). — Pratt, Robinson: J. chem. Soc. Lond. **127**, 166 1128, 1182 (1925). — Robinson, León: An. Soc. españ. Fisica Quim. **29**, 415 (1931); J. chem. Soc. Lond. **1931**, 2732.

bzw.

Die leicht eintretende Selbstkondensation des Phloroglucin-aldehydes nötigt dazu, die üblichen Schutzmittel (Methylierung, Acetylierung, Benzoylierung) anzuwenden. Anthocyane lassen sich aufbauen, indem man von z. B. Tetra-acetyl-β-glucosido-oxy-acetophenonderivaten[1] ausgeht, z. B.:

(Callistephinchlorid)

Auch Diglucoside lassen sich auf die gleiche Weise aufbauen, wie die nachfolgende Synthese des Hirsutidin-3-5-diglucosides[2] zeigt.

(Hirsutinchlorid)

---

[1] Robertson, Robinson: J. chem. Soc. Lond. **1928**, 1460. — Fonseka, Robinson: J. chem. Soc. Lond. **1931**, 2730 u. a. — [2] Robinson, Todd: J. chem. Soc. Lond. **1932**, 2293. — Synthesen von Reso-anthocyaninen (Resorcin an Stelle von Phloroglucin): Grove, Levy, Nair, Robinson: J. chem. Soc. Lond. **1934**, 1614; 6-Oxyderivate der hauptsächlichsten Anthocyanidine: Charlesworth, Robinson: J. chem. Soc. Lond **1934**, 1619; weitere Synthesen: Haley, Robinson: J. chem. Lond. **1934**, 1625.

Neuerdings besteht die Tendenz, die schützenden Acetylgruppen fortzulassen[1].

Willstätter[2] hatte schon Monoglucoside durch partielle Verseifung natürlicher Diglucoside erhalten, so z. B. beim Pelargonin, dem 3-5-Diglucosid des Pelargonidin und er hatte dem erhaltenen Monoglucosid, das später als 5-Monoglucosid erkannt worden ist, den Namen Pelargonenin zuerteilt.

Die Beziehung zwischen Anthocyanidinen, Flavonolen und Epicatechinen geht aus folgender Gegenüberstellung hervor:

Quercetin   Cyanidin   Epicatechin

Es gelingt Quercetin zu Cyanidin[3] wie auch viele andere Flavonderivate in Anthocyanidine zu verwandeln, ebenso Cyanidin in Epicatechin[4], auch ist die Überführung von Flavyliumsalzen in Flavone[5] gelungen. Sicher sind die 3 Verbindungsklassen in der Pflanze in irgendeiner Weise miteinander verknüpft. Die den Anthoxanthidinen entsprechenden Anthocyanidine sind fast alle synthetisch hergestellt worden; sie sind zum größten Teil in Pflanzen bisher nicht aufgefunden worden. In der nachfolgenden Übersicht ist in der Klammer das betreffende Anthoxanthidin angegeben:

Chrysinidin[6] (Chrysin), Galanginidin[7] (Galangin), Apigenidin[8,9] (Apigenin), Acacetinidin[8,9] (Acacetin), Butinidin[10] (Butin), Luteolinidin[8,11] (Luteolin); Lotoflavinidin[12] (Lotoflavin), Fisetinidin[13] (Fisetin), Morinidin[14] (Morin), Rhamnetinidin[15] (Rhamnetin) und Datiscetinidin[16] (Datiscetin).

---

[1] Robinson: Ber. dtsch. chem. Ges. **67 A**, 104 (1934). — [2] Willstätter, Bolton: Liebigs Ann. **412**, 133 (1916). Synthesen von Monoglucosiden: León, Robertson, Robinson, Seshadri: J. chem. Soc. Lond. **1931**, 2672. — León, Robinson: J. chem. Soc. Lond. **1932**, 2221. — [3] Willstätter: Sitzgsber. Akad. Wiss. Berlin **29**, 769 (1914). — Asahina, Inubuse: Ber. dtsch. chem. Ges. **62**, 3016 (1929); **64**, 1256 (1931). — Kondo: J. pharmac. Soc. Jap. **52**, 47 (1932). — [4] Freudenberg: Liebigs Ann. **444**, 135 (1925). — [5] Robinson, Schwarzenbach: J. chem. Soc. Lond. **1930**, 822. — [6] Vgl. Bülow, v. Sicherer: Ber. dtsch. chem. Ges. **34**, 3889 (1902). — Pratt, Robinson, Williams: J. chem. Soc. Lond. **125**, 199 (1924). — Pratt, Robinson: J. chem. Soc. Lond. **127**, 1128 (1925). — Pratt, Robinson, Robertson: J. chem. Soc. Lond. **1927**, 1975. — [7] Malkin, Robinson: J. chem. Soc. Lond. **127**, 1190 (1925). — Pratt, Robinson: J. chem. Soc. Lond. **127**, 1128 (1925). — Willstätter, Schmidt: Ber. dtsch. chem. Ges. **57**, 1945 (1924). — [8] Pratt, Robinson, Williams: J. chem. Soc. Lond. **125**, 199 (1924). — Pratt, Robinson: J. chem. Soc. Lond. **127**, 1128 (1925). — [9] Pratt, Robinson, Robertson: J. chem. Soc. Lond. **1927**, 1975. — [10] Robertson, Robinson: J. chem. Soc. Lond. **1926**, 1951. — [11] Pratt, Robinson: J. chem. Soc. Lond. **127**, 1128 (1925). — León, Robinson: J. chem. Soc. Lond. **1931**, 432. — [12] Pratt, Robinson: J. chem. Soc. Lond. **127**, 1128 (1925). — [13] Pratt, Robinson: J. chem. Soc. Lond. **127**, 1128 (1925). — León, Robinson: J. chem. Soc. Lond. **1931**, 2732. — [14] Pratt, Robinson: J. chem. Soc. Lond. **127**, 1128, 1182 (1925). — Willstätter, Schmidt: Ber. dtsch. chem. Ges. **57**, 1945 (1924). — [15] Robertson, Robinson: J. chem. Soc. Lond. **1927**, 2196. — [16] Pratt, Robinson: J. chem. Soc. Lond. **127**, 1182 (1925).

In der Pflanze findet man die Anthocyane oft in einer roten und violetten oder blauen Form vor. Dies läßt sich so erklären, daß die rote Form das Oxoniumsalz darstellen würde. Beim Übergang in die Alkaliverbindungen könnte man als Zwischenverbindungen innere Oxoniumsalze annehmen, die sich aus einer Oxoniumbase bilden:

Pseudobase   Base   inneres Oxoniumsalz

Da die meisten Anthocyane und Anthocyanidine in sehr schwach saurer, neutraler und besonders leicht in alkalischer Lösung in eine farblose Modifikation übergehen, so nimmt man an, daß eine Pseudobase vorliegt, welche der Carbinolbase der Triphenylmethanfarbstoffe entspricht. Mineralsäuren regenerieren die Oxoniumsalze. Die Reduktion von Cyanidin mit Zinkstaub in Pyridinlösung führt weiter zu einem Leukoprodukt[1], dem Kuhn die Formel (I) zuerteilt. Bei Luftzutritt wird Cyanidin zurückgebildet. Damit ist die Analogie zwischen Triphenylmethanfarbstoffen und Cyanidin vervollständigt. Das Leukoprodukt steht der Hydrierungsstufe nach zwischen Cyanidin und Catechin. Der Zusatz von Alkali zu dem Oxoniumsalz bringt meist Farbumschlag nach Blau ein. Da nun nachgewiesen ist, daß nur solche Flavyliumverbindungen blaue oder violette Alkalisalze[2] geben, welche in 4'-Stellung eine freie Hydroxylgruppe besitzen, so kommt für die Alkaliverbindung statt der Oxoniumformel (II) auch die Konstitution (III) in Betracht:

Tatsächlich findet sich auch in blauen Blüten mehr Asche als in roten, was wiederum für die Wahrscheinlichkeit spricht, daß es sich bei den blauen Blüten um Alkalisalze[3] handelt. Für ein reines Blau sind

---

[1] Kuhn, Winterstein: Ber. dtsch. chem. Ges. **65**, 1742 (1932). — [2] Buck, Heilbronn: J. chem. Soc. Lond. **121**, 1198 (1922). — Dickinson, Heilbronn: J. chem. Soc. Lond. **1927**, 15. — Gatewood, Robinson: J. chem. Soc. Lond. **1926**, 1959. — Karrer, Pieper: Helvet. chim. Acta **10**, 74 (1922). — [3] Karrer, Widmer, Helfenstein, Hürliman, Nievergelt, Monsarrat-Thoms: Helvet. chim. Acta **10**, 742 (1927).

mindestens 4 Hydroxylgruppen[1] notwendig, die sich wie bei Pelargonidin auf das Molekül verteilen müssen. Welche Bedeutung die Stellung und Zahl der Hydroxylgruppen hat, geht aus dem Vergleich der beiden Anthocyanidine Galanginidinchlorid (I) und Morinidinchlorid (II)[2] hervor:

(I)   (II)

Morinidin ähnelt in den Farberscheinungen vielmehr dem sauerstoffärmeren Pelargonidin als dem isomeren Cyanidin. Der Eintritt einer Hydroxylgruppe in die Metastellung zur Hydroxylgruppe des Pelargonidin hat also viel geringeren Einfluß als die Substitution durch die zweite Hydroxylgruppe in Orthostellung. Das sauerstoffärmere Galanginidin ist nicht mehr rot, sondern in wässerig-saurer Lösung scharlachgelb. Die Farbe der Anthocyane wird also von der Substitution des Phenylrestes durch mindestens eine Hydroxylgruppe stark beeinflußt. Wesentlich unterscheidet sich das Galanginidin von den anderen Anthocyanidinen durch das Fehlen des blauen oder violetten Alkalisalzes. Dies spricht wiederum für die oben vertretene Konstitution (II) der blauen Alkalisalze. Über die Anzahl und Stellung der Zuckerreste liegen jetzt ausgedehnte Untersuchungen[3] vor. Danach dürfte der Grundtyp ein 3-Monosid sein, die 5-Stellung ist erst in zweiter Linie besetzt, wie aus der Tatsache hervorgeht, daß bisher 5-Monoside in der Natur nicht angetroffen worden sind. Dagegen sind Bioside angetroffen worden. Die Entscheidung läßt sich durch Feststellung des Verteilungskoeffizienten zwischen Amylalkohol und verdünnter Salzsäure[4], und auch mit Hilfe von Farbreaktionen treffen. Natürlich werden diese Untersuchungen durch die Möglichkeit der Synthese von Glucosiden[5] unterstützt; so hat z. B. die Darstellung eines Cyanidin-3-7-diglucosides (MacDowell und Robinson[6]) gezeigt, daß es sich durch Reaktionen von Cyanidin-3-5-diglucosid nicht leicht unterscheiden läßt, so daß unter den bisher als 3-5-Dimonosiden aufgefaßten Anthocyanen sich möglicherweise 3-7-Dimonoside befinden könnten. Als Zucker kommen Glucose, Rhamnose und Galaktose in Betracht, doch scheinen auch andere, insbesondere Pentosen vorzukommen.

Anthocyane und Anthoxanthine kommen nebeneinander in den Pflanzen vor, doch hat man bisher nur im braunen Goldlack, in der

---

[1] Pratt, Robinson: J. chem. Soc. Lond. 125, 188 (1924). — [2] Willstätter, Schmidt: Ber. dtsch. chem. Ges. 57, 1945 (1924). — [3] G. M. Robinson, R. Robinson: Nature (Lond.) 128, 413 (1931); Biochemic. J. 25, 1687 (1931); 26, 1647 (1932). — [4] Willstätter, Zollinger: Liebigs Ann. 412, 209 (1916). — [5] Vgl. z. B. Robinson, León: An. Soc. españ. Fisica Quim. 30, 31 (1932). — León, Robertson, Robinson, Seshadri: J. chem. Soc. Lond. 1931, 2672. — Karrer, de Meuron: Helvet. chim. Acta 15, 507, 1212 (1932). — Robinson, Todd: J. chem. Soc. Lond. 1932, 2293, 2299, 2488. — [6] G. M. Robinson, R. Robinson: Biochemic. J. 26, 1647 (1932).

roten Rose[1] und in dem purpurschwarzen Stiefmütterchen[2] die entsprechenden Flavon- und Flavyliumfarbstoffe nebeneinander gefunden. Man findet auch häufig in einer Minderzahl von Blüten andere als zur Pflanze gehörende Anthocyane[3], was die Untersuchung erschwert.

Über das Vorkommen der Anthocyane[4] ist noch zu sagen, daß sich in Blättern bei roten Varietäten (Blutbuche, Bluthasel) solche finden, ferner bei jungen Trieben und herbstlichen Blättern[5], demnach dann, wo das Reduktionsvermögen des Chlorophyll auf vorhandene Flavonverbindungen übertragen werden kann. Denn es sind Gründe für die Annahme[5,6] vorhanden, daß nur da Anthocyanbildung eintritt, wo die entsprechenden Vorstufen vorhanden sind, und die weite Verbreitung von Flavonverbindungen in der Pflanzenwelt insbesondere in der Blattepidermis bei stark belichteten Pflanzen (Shibata) spricht für diese als Vorstufe. In jungen Weinblättern wurden farblose Anthocyaninvorstufen[7] aufgefunden, die bei Einwirkung von starker Salzsäure auch bei Abwesenheit von Sauerstoff in Farbstoffe übergehen und als Glucoside der zu den Anthocyaninen gehörenden Leukobasen aufgefaßt werden. Nach neueren Forschungen[8] ist anzunehmen, daß es sich um Verbindungen handelt, welche in der 3-4-Stellung des Pyranringes die Gruppe CH(OH)-CH(OH) tragen, so wäre (I) z. B. der Vorläufer des Cyanidin.

Abspaltung von Wasser würde dann Cyanidin ergeben. In diesen Leukoanthocyaninen dürften die Hydroxylgruppen Zucker- oder Säurereste tragen. Auch eine Veränderung der Farbe mit der Temperatur ist beobachtet worden, so z. B. an den Blüten von Myosotis (bei niederer Temperatur rot, bei höherer blaßblau), bei Erodium und Syringa von blauviolett nach farblos.

Durch die Ermittlung der chemischen Konstitution ist der Einfluß der Acidität und Alkalität des Zellsaftes[9] für die Farbabstufung in den Blüten erkannt worden. Neuerdings wird aber den in den Rohextrakten aufgefundenen Co-Pigmenten wie Tannin oder Gallussäure u. a. die Kraft zugesprochen, die Farbe zu intensivieren oder etwas zu verändern. Auch soll das Glucosid von 2-Oxyxanthon ein kräftig wirkendes Co-Pigment für Cyanin sein. Die violette innere Blüte der Fuchsie enthält z. B. etwas Tannin und ist vor allem deshalb von der äußeren roten verschieden. Demnach hätte die Bildung von Komplexen mit organischen Substanzen oder auch Eisen mehr Einfluß auf die Färbung von Varietäten als die Acidität des Zellsaftes. Eine Ausnahme bildet Primula sinensis, deren magentafarbene und blaue Varietäten das gleiche Anthocyanin enthalten; die viel intensiver farbigen magentafarbigen Individuen

---

[1] Scott-Moncrieff: Biochemic. J. **24**, 753 (1930). — [2] Everest: Proc. roy. Soc. Lond. **90 B**, 251 (1918). — [3] Onslow: Nature (Lond.) **129**, 601 (1932). — [4] Systematische Verbreitung und Vorkommen der Anthocyanine: Hadders, Wehmer in Klein: Handbuch der Pflanzenanalyse, III, 2, S. 984. — [5] Noack: Z. Bot. **10**, 56 (1918); **14**, 73 (1922). — [6] Klein, Werner: Z. physiol. Chem. **143**, 9 (1925). — [7] Rosenheim: Biochemic. J. **14**, 178 (1920). — [8] G. M. Robinson, R. Robinson: Biochemic. J. **27**, 206 (1933.) — [9] Willstätter, Zollinger: Liebigs Ann. **412**, 195 (1916). — G. M. Robinson, R. Robinson: Biochemic. J. **25**, 1687 (1931); **26**, 1647 (1932).

dürften den modifizierenden Faktor in zu geringer Menge enthalten. Die Co-Pigmente stabilisieren auch die Anthocyanine gegen photochemische Zersetzung.

Über die färberischen Eigenschaften[1] der Anthocyanidine gibt die kleine Tabelle Auskunft:

	Ungebeizte Wolle	Zinngebeizte Wolle	Tanningebeizte Baumwolle
Pelargonidin . . .	—	purpurrot	blaustichig rot
Cyanidin	rosa	blauviolett	violett
Delphinidin . . .	violett	violettstichig blau	blauviolett

Daraus geht hervor, daß die Farbstoffe, wie zu erwarten, den Charakter von Beizenfarbstoffen haben. Sie ziehen gut auf der Faser, die Färbungen sind lichtecht, aber weder wasser- noch seifenecht. Beim Lagern erfolgt Aufhellung der Ausfärbungen vielleicht infolge von Isomerisation. Die Glucoside färben nahezu gleich den Anthocyanidinen.

Einzelne Farbstoffe[2].

1. **Gesneridinchlorid**, $C_{15}H_{11}O_4Cl$, hellorangegelbe Prismen, ist identisch mit 5-7-4'-Trioxy-flavyliumchlorid (Apigenidinchlorid), das synthetisch[3] aus O^2-Benzoylphloroglucinaldehyd und p-Methoxyacetophenon mit folgender Entmethylierung gewonnen wurde. Es findet sich als Gesnerin[4] (nur in Lösung erhalten) in den orangeroten Blüten von Gesnera fulgens (Gesnera cardinalis) neben wahrscheinlich 3'-5'-Dimethoxygesnerin. Auch Gesnerin[5] wurde aus 2-O-Tetraäthyl-β-glucosidylphloroglucinaldehyd und 4-Oxyacetophenon synthetisiert.

2. **Pelargonidinchlorid**, $C_{15}H_{11}O_5Cl$, 3-5-7-4'-Tetraoxy-flavyliumchlorid, rechtwinklige Täfelchen oder vierseitige Prismen oder schwalbenschwanzförmige Zwillinge liefert bei der Alkalispaltung Phloroglucin und p-Oxybenzoesäure[6]. Die Synthese ist aus Trimethoxycumarin und Bromanisol[7], ferner aus O^2-Benzoylphloroglucinaldehyd und ω-4-Dioxyacetophenon[8] gelungen.

Vom Pelargonidin leiten sich folgende Anthocyanine ab: Callistephinchlorid[9], $C_{21}H_{21}O_{10}Cl$, das 3-Monoglucosid, gelbrote feine Nadeln, findet sich in Callistephus chinensis, der Sommeraster neben Chrysanthemin,

---

[1] Willstätter: Liebigs Ann. 408, 1 (1915). — [2] Die Farbstoffe sind hier als Chloride aufgeführt, während sie in der Pflanze wohl an andere Säuren gebunden sind. Betreffs ihres Vorkommens sind nur die grundlegenden Arbeiten berücksichtigt, auf die umfassenden Arbeiten von G. M. Robinson und R. Robinson [Biochemic. J. 25, 1687 (1931); 26, 1647 (1932)] sei hingewiesen. — [3] Pratt, Robertson, Robinson: J. chem. Soc. Lond. 1927, 1975. — Asahina, Inubuse: Ber. dtsch. chem. Ges. 61, 1646 (1928). — [4] G. M. Robinson, R. Robinson: Nature (Lond.) 130, 21; Biochemic. J. 26, 1647 (1932). — [5] G. M. Robinson, R. Robinson, Todd: J. chem. Soc. Lond. 1934, 809. — [6] Willstätter, Bolton: Liebigs Ann. 408, 59 (1915). — [7] Willstätter, Zechmeister, Kindler: Ber. dtsch. chem. Ges. 57, 1938 (1924). — [8] Robertson, Robinson, Sugima: J. chem. Soc. Lond. 1928, 1533; vgl. auch Malkin, Robinson: J. chem. Soc. Lond. 127, 1190 (1925). — [9] Willstätter, Burdick: Liebigs Ann. 412, 149 (1916). — Robertson, Robinson: J. chem. Soc. Lond. 1927, 1710, 2196.

ferner in den Gartennelken[1]. Die Konstitution liegt durch Synthese[2] aus ω-4-Dioxyacetophenon, O-Tetra-acetyl-α-glucosidylbromid und O^2-Benzoylphloroglucinaldehyd fest. Fragarin[3] ist der Farbstoff der Walderdbeere (Fragara vesca), das 3-Galaktosid.

Pelargoninchlorid, $C_{27}H_{31}O_{15}Cl$, scharlachrote Nadeln, 3-5-Diglucosid, findet sich in den Blüten von Pelargonium zonale, der Scharlachpelargonie[4], in Centaurea Cyanus, den rosafarbenen Kornblumen[5] und der Dahlia variabilis, der scharlachroten Dahlie[5]. Die Synthese[6] ist aus O^2-(O-Monoacetyl-β-glucosidyl)-phloroglucinaldehyd und ω-(O-Tetraacetyl-β-glucosidoxy)-4-acetoxyacetophenon gelungen.

Monardaein = Salvianin[7] findet sich in den Blüten von Monarda didyma, der Goldmelisse und in Salvia splendens und coccinea. Seine Hydrolyse führt zu p-Oxyzimtsäure, Malonsäure und Monardin (Salvinin), das identisch mit Pelargonin ist. Die von Karrer seiner Zeit angegebene vorläufige Formel muß entsprechend der neueren Forschung über die Stellung des Zuckerrestes etwas modifiziert werden. Eine Carboxylgruppe des Malonsäurerestes scheint methyliert zu sein.

Punicinchlorid[8], $C_{27}H_{31}O_{15}Cl$, orangefarbene Nadeln, ist bis auf den 10—15° höheren Schmelzpunkt mit Pelargoninchlorid identisch. Es findet sich in den Blüten von Punica granatum, dem Granatbaum, die Hydrolyse des Farbstoffes führt zu Pelargonidin und Glucose.

3. Cyanidinchlorid[9], $C_{15}H_{11}O_6Cl$, 3-5-7-3'-4'-Pentaoxy-flavyliumchlorid, violettrote Nadeln, zerfällt bei der Alkalispaltung[10] in Phloroglucin und Protocatechusäure. Die Synthese ist aus Trimethoxycumarin und Jodveratrol[11] wie aus ω-Methoxy-acetoveratron und 2-Oxy-4-6-dimethoxybenzaldehyd[12], endlich aus O^2-Benzoyl-phloroglucinaldehyd und ω-3-4-Trioxyacetophenon[13] gelungen. Endlich kann man Cyanidin aus Quercetin durch Reduktion[14] erhalten.

Vom Cyanidin abgeleitete Farbstoffe:

Chrysanthemin- = Asterinchlorid[15], $C_{21}H_{20}O_{11}Cl$, in der Durchsicht grauviolette spitzwinklig-rhombische Blättchen, bordeauxrotes Pulver, 3-β-Glucosidyl-cyanidinchlorid, ist in der Aster chinensis, der Sommeraster und Chrysanthemum indicum, der Winteraster aufgefunden worden.

---

[1] Robinson: Ber. dtsch. chem. Ges. 67 A, 97 (1934). — [2] Robertson, Robinson: J. chem. Soc. Lond. 1928, 1460. — [3] Robinson: Ber. dtsch. chem. Ges. 67 A 98 (1934). — [4] Nair, Robinson: J. chem. Soc. Lond. 1934, 1611. — [5] Willstätter, Bolton: Liebigs Ann. 408, 42 (1915). — [5] Willstätter, Mallison: Liebigs Ann. 408, 147 (1915). — [6] Robinson, Todd: J. chem. Soc. Lond. 1932, 2488. — [7] Karrer, Widmer: Helvet. chim. Acta 10, 67 (1927); 11, 837 (1928); 12, 292 (1929); vgl. auch Willstätter, Bolton: Liebigs Ann. 412, 113 (1917). — [8] Karrer, Widmer: Helvet. chim. Acta 10, 67 (1927). — [9] Willstätter, Everest: Liebigs Ann. 401, 227 (1913). — [10] Willstätter: Liebigs Ann. 401, 189 (1913). — Willstätter, Nolan: Liebigs Ann. 408, 1 (1915). — Willstätter, Mallison: Liebigs Ann. 408, 15 (1915). — [11] Willstätter, Zechmeister, Kindler: Ber. dtsch. chem. Ges. 57, 1938 (1924). — [12] Pratt, Robinson: J. chem. Soc. Lond. 127, 166 (1925). — [13] Robertson, Robinson: J. chem. Soc. Lond. 1928, 1526. Identität von natürlichem und synthetischem Cyanidin: Robinson, Willstätter: Ber. dtsch. chem. Ges. 61, 2504 (1928). — Kuhn, Wagner-Jauregg: Ber. dtsch. chem. Ges. 61, 2506 (1928). — [14] Willstätter, Mallison: Sitzb. Akad. Wiss. Berlin 1914, 769. — [15] Willstätter, Bolton: Liebigs Ann. 412, 136 (1916). — Robinson, Willstätter: Ber. dtsch. chem. Ges. 61, 2503 (1928). — Karrer, Pieper: Helvet. chim. Acta 13, 1067 (1930).

Es ist wahrscheinlich identisch mit dem Anthocyanin in Rubus fructicosus, dem Brombeerstrauch (Wald und Garten). Die Synthese[1] ist aus ω-Oxy-3-4-diacetoxyacetophenon, O-Tetraacetyl-α-glucosidylbromid und O_2-Benzoyl-phloroglucinaldehyd gelungen.

Idaeinchlorid[2], $C_{21}H_{21}O_{11}Cl$, 3-β-Galactosidyl-cyanidinchlorid, bräunlichgrün glänzende Blättchen oder Prismen findet sich in Vaccinium Vitis Idaea, der Fruchtschale der Preißel- oder Kronsbeere. Die Synthese[3] ist aus ω-Oxy-3-4-diacet-oxyacetophenon, O-Tetraacetyl-α-galactosidylbromid und O^2-Benzoyl-phloroglucinaldehyd gelungen. Es ist identisch mit dem Farbstoff der Blätter der Rotbuche (Fagus silvatica[4]).

Hibiscinchlorid[5], $C_{20}H_{19}O_{10}Cl$ (in der Abhandlung steht ,,Hiviscin''), ein 3-Pentosid des Cyanidinchlorides, braunrote, metallglänzende Prismen, findet sich in dem tiefroten Kelch der Früchte von Hibiscus Sabdariffa neben dem Farbstoff Gossypetin. Die Natur der Pentose ist noch nicht ermittelt.

Kuromanin[6] ist ein in der Samenschale einer Sojabohnenart Kuromane enthaltenes Monoglucosid des Cyanidin.

Cyaninchlorid[7], $C_{27}H_{31}O_{16}Cl$, 3-5-Diglucosid des Cyanidinchlorid, metallglänzende, rhombenförmige Krystalle, findet sich vornehmlich in Rosa gallica, der roten Rose, der Centaurea Cyanus, der blauen Kornblume, ferner in dem Klatschmohn[8]. Die Synthese[9] gelang aus O-Tetraacetyl-β-glucosidyl-phloroglucinaldehyd und ω-(Tetraacetyl-β-glucosidoxy)-3-4-diacetoxyacetophenon.

In dem wilden Klatschmohn[8] ist noch ein weiterer Farbstoff $C_{26}H_{29}O_{13}Cl$ enthalten, der keine Methoxy- und Oxymethylengruppen enthält und in eine Pentose, eine Hexose und ein Aglucon $C_{15}H_{11}O_4Cl$ zerfällt. Die Alkalispaltung des letzteren ergab Protocatechusäure, das phenolische Spaltprodukt konnte nicht gefaßt werden. Es scheint ein Anthocyanidin vorzuliegen.

Mekocyaninchlorid[10], $C_{27}H_{31}O_{16}Cl$, rhombendodekaeder-ähnliche, dunkelrote Krystallkörner, nach neueren Untersuchungen[11, 12] das 3-Gentiobiosid des Cyanin, ist in den Blüten des Papaver Rhoeas, und zwar der gefüllten purpurfarbenen Klatschrose enthalten. Bei der partiellen Hydrolyse entsteht ein Monoglucosid, das mit Chrysanthemin identisch ist. Die Synthese[12] ist gelungen.

Keracyaninchlorid[13], $C_{27}H_{31}O_{15}Cl$, braungelbe Prismen oder gelbe Nadeln (rotes Pulver), ist in der süßen Kirsche Prunus avium enthalten

---

[1] Robertson, Robinson: J. chem. Soc. Lond. **1927**, 2196. — Murakami, Robertson, Robinson: J. chem. Soc. Lond. **1931**, 2665. — [2] Willstätter, Mallison: Liebigs Ann. 408, 15 (1915). — [3] Robertson, Robinson: J. chem. Soc. Lond. **1927**, 2196. — Grove, Robinson: J. chem. Soc. Lond. **1931**, 2722. — [4] G. M. Robinson, R. Robinson: Biochemic. J. 26, 1654 (1932). — [5] Yamamoto, Osima: Sci. Pap. Inst. physic. chem. Res. Tokyo 19, 134 (1932). — Bull. agricult. chem. Soc. Jap. 8, 142 (1932). — [6] Kuromane, Wada: Proc. imp. Acad. Tokyo 9, 17, 517 (1933). — [7] Willstätter, Everest: Liebigs Ann. 401, 189 (1913). — Willstätter: Liebigs Ann. 408, 1 (1915). — [8] Schmidt, Huber: Monatsh. Chem. 57, 383 (1931); 60, 285 (1932). — [9] Robinson, Todd: J. chem. Soc. Lond. **1932**, 2488. — Robinson: Ber. dtsch. chem. Ges. 67 A, 104 (1934). — [10] Willstätter, Weil: Liebigs Ann. 412, 231 (1916). — Robertson, Robinson: J. chem. Soc. Lond. **1927**, 2196. — [11] G. M. Robinson, R. Robinson: Nature (Lond.) 130, 21 (1932). — [12] Robinson: Ber. dtsch. chem. Ges. 67 A, 98 (1934). – Grove, Inubuse, Robinson: J. chem. Soc. Lond. **1934**, 1604. — [13] Willstätter, Zollinger: Liebigs Ann. 412, 164 (1916). — Robertson, Robinson: J. chem. Soc. Lond. **1927**, 2196.

und ist vielleicht ein 3-Biosid (s. noch unter Antirrhinin). Es zerfällt bei der Hydrolyse in Cyanidin, Glucose und Rhamnose.

Prunicyaninchlorid[1], $C_{27}H_{31}O_{15}Cl$, rote Flocken noch nicht ganz rein erhalten, ist in Prunus spinosa, der Haut der Schlehenbeere und vielleicht in Prunus domestica, der Pflaume enthalten. Als Zucker wurde Rhamnose und eine Hexose gefunden. Es soll ein 3-Biosid sein.

Sambucinchlorid[2], $C_{27}H_{31}O_{15}Cl$, rote Flocken, findet sich in Sambucus nigra, den Beeren des schwarzen Hollunder (nicht zu verwechseln mit einem Alkaloid Sambucin aus der gleichen Pflanze). Es zerfällt in Rhamnose, Glucose und Cyanidin und scheint eine Mischung von Mono- und Diglucosiden zu sein. Nach neueren Angaben[3] sollen zwei Farbstoffe im Hollunder enthalten sein, Sambucin soll identisch mit Chrysanthemin sein, der zweite Farbstoff $C_{47}H_{50}O_{26}Cl_2$ eine dimolekulare Verbindung (Sambucyanin) von Chrysanthemin mit einem Cyaninpentoseglucosid. Der Zuckerrest des Pentoseglucosid soll sich in Stellung 3 befinden.

Antirrhininchlorid[4], $C_{27}H_{31}O_{15}Cl$, je nach Krystallwassergehalt blaßgelb bis scharlachrote Nadeln, findet sich in Antirrhinum majus, den magentafarbigen Blüten des großen Löwenmaul und in Linaria vulgaris, den Blüten des gemeinen Leinkrautes[5]. Es zerfällt in Cyanidin, Rhamnose und Glucose und soll ein 3-Biosid sein. Das Antirrhinin wird mit dem Keracyanin für identisch gehalten, was mit den Untersuchungen anderer Forscher nicht übereinstimmt, das gleiche gilt für Sambucin.

Peltogynidin[6] ist ein neues dem Cyanidin nahestehendes Anthocyanidin, das aus den Leukoanthocyaninen der Hölzer von Copaifera pubiflora und von verschiedenen Peltogynumarten erhalten wurde. Die Ähnlichkeit mit 5-O-Methylcyanidin ist groß.

Ein 6-Oxycyanidin[7] scheint in den Bucheckern von Fagus silvatica, dem Kernholz von Schwarzdorn (Prunus spinosa) und der Eibe (Rinde und Kernholz) vorzuliegen.

4. **Delphinidinchlorid**[8], $C_{15}H_{11}O_7Cl$, 3-5-7-3'-4'-5'-Hexaoxy-flavyliumchlorid, bräunlichschwarze Täfelchen, zerfällt bei der Alkalispaltung in Phloroglucin, Gallussäure und Pyrogallol. Die Synthese[9] ist aus ω-3-4-5-Tetramethoxy-acetophenon und 2-Oxy-4-6-dimethoxybenzaldehyd sowie aus ω-3-4-5-Tetraoxy-acetophenon und O^2-Benzoyl-phloroglucinaldehyd[10] gelungen.

Vom Delphinidin abgeleitete Farbstoffe:

Gentianinchlorid[11], $C_{30}H_{27}O_{14}Cl$, blaurote Flocken, wahrscheinlich ein Monoglucosid, ist in Gentiana acaulis, dem stengellosen Enzian enthalten; es enthält noch ein Mol p-Oxyzimtsäure.

---

[1] Willstätter, Zollinger: Liebigs Ann. **412**, 164 (1916). — Robertson, Robinson: J. chem. Soc. Lond. **1927**, 2196. — [2] Karrer, Widmer: Helvet. chim. Acta **10**, 80 (1927). — [3] Nolan, Casey: Proc. roy. irish Acad. **40**, 56 (1931). — [4] Scott-Moncrieff: Biochemic. J. **24**, 753 (1930). — [5] Hadders, Wehmer in Klein: Handbuch der Pflanzenanalyse, III, 2, S. 986. — [6] G. M. Robinson, R. Robinson: Biochemic. J. **27**, 206 (1933). — [7] Willstätter, Mieg: Liebigs Ann. **408**, 61 (1915). — [8] Pratt, Robinson: J. chem. Soc. Lond. **127**, 166 (1925). — [9] Pratt, Robinson: J. chem. Soc. Lond. **127**, 166 (1925). — [10] Bradley, Robinson, Schwarzenbach: J. chem. Soc. Lond. **1930**, 793. — [11] Karrer, Widmer: Helvet. chim. Acta **10**, 67 (1927); vgl. hierzu Reynolds, Robinson: J. chem. Soc. Lond. **1934**, 1039.

Vicinchlorid[1], braunrote Nadeln, wahrscheinlich eine Mischung von Monoglucosid und Monorhamnosid, kommt in Vicia-Species, den Blüten dunkelweinroter Wicken vor. Scharlachrote Wicken scheinen andere Anthocyanine zu enthalten.

Der Hauptbestandteil des Farbstoffes[2] im Awobonapapier (hergestellt aus Papier und dem Blütenextrakt von „Tsuyukusa", Commelina communis, rote Prismen, ist ein Monoglucosid des Delphinidinchlorid, wie die Hydrolyse zeigt. Daneben fand sich p-Cumarsäure und ein Co-Pigment (?).

Perillaninchlorid[3], $C_{28}H_{25}O_{15}Cl$, bläulichrote Platten, enthält als Zuckerrest Glucose und daneben noch Protocatechusäure gebunden. Es findet sich in den Blättern von Perilla ocimoides L. var. crispa Benth. Auch der Farbstoff der Eierpflanze[4] (Nasu) Solanum Melongena L. var. esculentum ist wohl ein Delphinidinglucosid, wie die Spaltung zeigt.

Violaninchlorid[5], $C_{36}H_{37}O_{18}Cl$, blauviolette, grünlich metallisch glänzende sechsseitige und tetraedrische Täfelchen, ist wahrscheinlich ein 3-Rhamnoglucosid, das noch in der Zuckergruppe mit 1 Mol p-Oxyzimtsäure verestert ist· Es kommt in Viola tricolor, dem Gartenstiefmütterchen (tiefblauviolette Sorten) vor. Daneben sind noch 3-Monoglucoside vorhanden, und zwar des Delphinidin und Paeonidin. Delphinidin-3-monoglucosid[6] wurde synthetisiert, es kommt zweifellos in der Natur vor.

Delphininchlorid[7], $C_{41}H_{39}O_{21}Cl$, dunkelrotbraune Täfelchen oder Prismen, ist ein Diglucosid, das noch 2 Mol p-Oxybenzoesäure wahrscheinlich an den Zuckerrest gebunden enthält. Es kommt in Delphinium consolida, dem Feldrittersporn vor.

Delphinchlorid[8], $C_{27}H_{31}O_{17}Cl$, ist der Farbstoff aus der blauen Blüte von Salvia patens, ein 3-5-Diglucosid. Die Synthese gelingt mit schlechter Ausbeute aus ω-Tetraacetyl-β-glucosidoxy-3-4-5-triacetoxyacetophenon und 2-O-Tetraacetyl-β-glucosidyl-phloroglucinaldehyd.

5. **Paeonidinchlorid**[9], $C_{16}H_{13}O_6Cl$, 3-5-7-4'-Tetraoxy-3'-methoxyflavyliumchlorid, lange in der Durchsicht rötlich graubraune Nadeln, zerfällt bei der Alkalispaltung in Phlorogucin und Vanillinsäure (I). Die Synthese gelang aus ω-4-Diacetoxy-3-methoxyacetophenon und 2-4-6-Triacetoxybenzaldehyd[10] wie auch besser aus O^2-Benzoyl-phloroglucinaldehyd und ω-4-Diacetoxy-3-methoxyacetophenon[11].

(I) HOOC—⟨⟩—OH, OCH$_3$

Vom Paeonidin abgeleitete Farbstoffe:

Oxycoccicyaninchlorid[12], $C_{22}H_{23}O_{11}Cl$, 3-β-Glucosidyl-paeonidinchlorid, dunkelbraune Nadeln, kommt in Vaccinium Vitis Idaea, der Frucht der

---

[1] Karrer, Widmer: Helvet. chim. Acta 10, 67 (1927). — [2] Kuroda: Proc. imp. Acad. Tokyo 7, 61 (1931); 9, 94 (1933). — [3] Kondo: J. pharmac. Soc. Jap. 51, 25 (1931). — [4] Kuroda, Wada: Proc. imp. Acad. Tokyo 9, 51 (1933). — [5] Willstätter, Weil: Liebigs Ann. 412, 178 (1916). — Karrer, de Meuron: Helvet. chim. Acta 16, 292 (1933). — [6] Robinson: Ber. dtsch. chem. Ges. 67 A, 98 (1934). — [7] Willstätter, Mieg: Liebigs Ann. 408, 61 (1915). — [8] Robinson: Ber. dtsch. chem. Ges. 67 A, 100 (1934). — Reynolds, Robertson, Scott-Moncrieff: J. chem. Soc. Lond. 1934, 1234. — [9] Willstätter, Nolan: Liebigs Ann. 408, 136 (1915). — Karrer, Widmer: Helvet. chim. Acta 10, 8 (1927). — [10] Nolan, Pratt, Robinson: J. chem. Soc. Lond. 1926, 1968. — [11] Murakami, Robinson: J. chem. Soc. Lond. 1928, 1537. — [12] Levy, Robinson: J. chem. Soc. Lond. 1931, 2715. — Grove, Robinson: Biochemic. J. 25, 1706 (1931). — Grove, Robinson: J. chem. Soc. Lond. 1931, 2722.

Preißelbeere und in Vaccinium macrocarpum, der Kranbeere und endlich in Oxycoccus macrocarpus, der amerikanischen Preißelbeere vor. Die Synthese der Verbindung war vor ihrer Entdeckung in der Pflanze aus ω-(Tetraacetyl-β-glucosidoxy)-4-acetoxy-3-methoxy-acetophenon und O^2-Benzoyl-phloroglucinaldehyd gelungen.

Paeoninchlorid [1], $C_{28}H_{33}O_{16}Cl$, rötlichviolette Nadeln, ist das 3-5-Diglucosid und in der Paeonia arborea, der Pfingstrose oder Paeonie enthalten. Die Synthese [2] ist aus ω-(O-Tetraacetyl-β-glucosidoxy)-4-acetoxy-3-methoxy-acetophenon und O^2-(O-Tetraacetyl-β-glucosidyl)-phloroglucinaldehyd gelungen.

6. **Petunidinchlorid** [3], $C_{16}H_{13}O_7Cl$, 3-5-7-4'-5'-Pentaoxy-3'-methoxyflavyliumchlorid, gelblich grüne Prismen, verliert beim Erhitzen mit Jodwasserstoff eine Methylgruppe und geht in Delphinidin über. Die Synthese [4] ist aus O^2-Benzoyl-phloroglucinaldehyd und 5-Methoxy-3-4-diphenyl-methylen-dioxyacetophenon gelungen. Der Vergleich eines synthetischen Produktes mit natürlichem Petunidinchlorid ergab fast völlige Übereinstimmung, nur scheint natürliches Petunidinchlorid nicht ganz einheitlich zu sein.

Petuninchlorid [3], $C_{28}H_{33}O_{17}Cl$, kupferglänzende, in der Durchsicht violette, rechtwinklig abgeschnittene Täfelchen, ist ein Diglucosid und in der Petunia hybrida, der Gartenpetunie enthalten. Petunidin-3-monoglucosid und Petunidin-3-5-diglucosid sind synthetisch [5] dargestellt worden.

7. **Malvidinchlorid** (Syringidinchlorid) [6], $C_{17}H_{15}O_7Cl$, 3-5-7-4'-Tetraoxy-3'-5'-methoxy-flavyliumchlorid, dunkelbraune bronzeglänzende Prismen oder Nadeln, zerfällt bei der Alkalispaltung in Phlorglucin und Syringasäure (I).

Die Synthese [7] gelang aus ω-Acetoxy-4-benzyloxy-3-5-dimethoxy-acetophenon und O^2-Benzoyl-phloroglucinaldehyd.

Oeninchlorid [8], $C_{23}H_{25}O_{12}Cl$, rote Nadeln, ist in den Beerenschalen blauer Trauben und der Färbertraube (bei welcher auch der Saft gefärbt ist) enthalten. Der Hauptbestandteil ist 3-β-Glucosidyl-malvidinchlorid neben Delphinidin-glucosiden. Die Synthese [9] gelang aus ω-(O-Tetraacetyl-β-glucosidoxy)-4-acetoxy-3-5-dimethoxy-acetophenon und O^2-Benzoyl-phloroglucinaldehyd. Auch der Hauptbestandteil des Farbstoffes [10] aus Primula polyanthus ist mit Oenin [9] oder mit dem Farbstoff Primulin [11]

---
[1] Willstätter, Nolan: Liebigs Ann. **408**, 137 (1915). — [2] Robinson, Todd: J. chem. Soc. Lond. **1932**, 2488. — [3] Willstätter, Burdick: Liebigs Ann. **412**, 217 (1916). — [4] Bradley, Robinson, Schwarzenbach: J. chem. Soc. Lond. **1930**, 793. — G. M. Robinson, R. Robinson: Biochemic. J. **25**, 1687 (1931). — [5] Robinson: Ber. dtsch. chem. Ges. **67 A**, 97, 102 (1934). — Bell, Robinson: J. Chem. Soc. Lond. 1934, 1604. — [6] Willstätter, Mieg: Liebigs Ann. **408**, 122 (1915). — Karrer, Widmer: Helvet. chim. Acta **10**, 5 (1927). — [7] Bradley, Robinson: J. chem. Soc. Lond. **1928**, 1541. — [8] Willstätter, Zollinger: Liebigs Ann. **408**, 83 (1915); dort ältere Literatur: Liebigs Ann. **412**, 195 (1917). Anderson, Nabenhauer: J. amer. chem. Soc. 2997 (1925). — Karrer, Widmer: Helvet. chim. Acta **10**, 5 (1927). — Kondo: J. pharmac. Soc. Jap. **50**, 20 (1930). — [9] Levy, Posternak, Robinson: J. chem. Soc. Lond. **1931**, 2701. — [10] Scott-Moncrieff: Biochemic. J. **24**, 767 (1930). — [11] Robinson: Ber. dtsch. chem. Ges. **67 A**, 98 (1934). — Bell, Robinson: J. chem. Soc. Lond. **1934**, 813.

aus Primula sinensis, einem Malvidin-3-galactosid, identisch. Cyclamin [1], der Farbstoff von Cyclamen europaeum, des Alpenveilchen, ist mit Oenin identisch.

Ampelopsin [2], der Farbstoff von Ampelopsis quinquefolia Michx., der Beerenschale und des Fruchtfleisches des wilden Wein, gleicht dem Oenin.

Althaein [3], der Farbstoff von Althaea rosea, der Stockrose oder schwarzen Malve, ist eine Mischung von Monoglucosiden des Malvidin und Delphinidin, vielleicht mit solchen eines Delphinidin-monomethyläther, das gleiche gilt für Myrtillin [4], den Farbstoff von Vaccinium Myrtillus, der Heidelbeere. Das Delphinidinglucosid wird Myrtillin a, das Delphinidingalactosid Myrtillin b genannt. Der Farbstoff der schwarzen Malve wurde früher zum Färben und Drucken verwandt.

Mit der Untersuchung des Farbstoffes des Wein und der Heidelbeere ist die Frage entschieden, ob Wein- und Heidelbeerfarbstoff identisch sind, und zwar endet die Lösung in einem Kompromiß. Das Mischungsverhältnis [5] zwischen Malvidin- und Delphinidinkomponente ist verschieden. Dazu kommt ein Galaktosegehalt des Heidelbeerfarbstoffes, der dem Oenin fehlt. Ob in der Stellung des Zuckerrestes ein Unterschied besteht, bleibt noch zu ermitteln.

Malvinchlorid [6], $C_{29}H_{35}O_{17}Cl$, dunkelrotbraune Nadeln, ist das 3-5-Diglucosid und ist sehr verbreitet in der Natur [7], so in der Malva silvestris, den Blüten der wilden Malve und in Primula viscosa (und auch integrifolia), den Blüten der klebrigen Primel, verunreinigt mit etwas methoxylärmerem Anthocyan. Die Synthese [7] gelang aus O^2-(O-Tetraacetyl-β-glucosidyl)-phloroglucinaldehyd und ω-(O-Tetraacetyl-β-glucosidoxy)-4-acetoxy-3-5-dimethoxyacetophenon. (Über Malvon s. S. 136.)

8.· Hirsutidinchlorid [8], $C_{18}H_{17}O_7Cl$, 3-5-4'-Trioxy-7-3'-5'-trimethoxyflavyliumchlorid, dunkelrote Prismen, ist aus O^2-Benzoyl-phloroglucin-4-methyläther-aldehyd und ω-Acetoxy-4-benzoyloxy-3-5-methoxy-acetophenon synthetisiert worden.

Vom Hirsutidin abgeleitete Farbstoffe:

Hirsutinchlorid [9], $C_{30}H_{37}O_{17}Cl$, braunrote Nadeln, das 3-5-Diglucosid ist in den Blüten von Primula hirsuta, der rauhhaarigen Primel enthalten. Bei der Oxydation entsteht ein dem Malvon entsprechendes Hirsuton. Aus letzterem wurde bei der Alkalispaltung Syringasäure erhalten. Die Synthese [10] gelang aus O^2-(O-Tetraacetyl-β-glucosidoxy)-O^4-methyl-phloro-

---

[1] Karrer, Widmer: Helvet. chim. Acta 10, 5 (1927). — Bell, Robinson: J. chem. Soc. Lond. 1934, 813. — [2] Willstätter, Zollinger: Liebigs Ann. 412, 195 (1916). — Karrer, Widmer: Helvet. chim. Acta 10, 5 (1927). — [3] Willstätter, Martin: Liebigs Ann. 408, 110 (1915). — Karrer, Widmer: Helvet. chim. Acta 10, 5 (1927). — Kondo: J. pharmac. Soc. Jap. 50, 19 (1930). — [4] Willstätter, Zollinger: Liebigs Ann. 408, 83 (1915); 412, 195 (1916). — Karrer, Widmer: Helvet. chim. Acta 10, 5 (1927). — Karrer: Kollegium 1931, 700; nach Bell, Robinson (J. chem. Soc. Lond. 1934, 813) auch Petunidinglucoside. — Reynolds, Robinson: J. chem. Soc. Lond. 1934, 1039. — [5] Karrer, Widmer: Helvet. chim. Acta 10, 5 (1927). — [6] Willstätter, Mieg: Liebigs Ann. 408, 122 (1915). — Karrer, Widmer: Helvet. chim. Acta 10, 14, 758 (1927). — [7] Robinson, Todd: J. chem. Soc. Lond. 1932, 2299. — [8] Karrer, Widmer: Helvet. chim. Acta 10, 758 (1927). — Bradley, Robinson, Schwarzenbach: J. chem. Soc. Lond. 1930, 793. — [9] Karrer, Widmer: Helvet. chim. Acta 10, 758 (1927). — [10] Robinson, Todd: J. chem. Soc. Lond. 1932, 2293. Synthese von 5-β-Glucosidyl- und 5-Lactosidyl-hirsutidinchlorid: Levy, Robinson: J. chem. Soc. Lond. 1931, 2738; von 3-β-Glucosidyl-hirsutidinchlorid: Levy, Posternak, Robinson: J. chem. Soc. Lond. 1931, 2701.

glucinaldehyd und ω-(O-Tetraacetyl-β-glucosidoxy)-4-acetoxy-3-5-dimethoxyacetophenon.

Anhang: Der Farbstoff des Rotkohles[1] soll nach einer unzureichenden Mitteilung ein Anthocyanin sein. Eine weitere Untersuchung[2] bringt die Formel $C_{28}H_{33}O_{16}Cl$; für ihn wird die Konstitutionsformel (I) aufgestellt, wobei auf R, R' und R'' $C_{12}H_{21}O_{10}$, H und CH_3 zu verteilen sind. Der Farbstoff ist nicht identisch mit Paeonin, er erinnert an Mekocyanin.

Betanin[3] ist das stickstoffhaltige Antocyanin aus Beta vulgaris, der roten Rübe. Es bildet glänzende bronzegrüne Krystalle und zerfällt in unbeständiges Betanidin und Glucose. Ähnliche Farbstoffe finden sich in Celosa cristata, dem Hahnenkamm und in Atriplex hortensis atrosanguineus, dem Winterspinat. Der Stickstoffgehalt ist für ein Monooxy-aminoderivat etwas zu hoch, für ein Di- oder Trioxyaminoderivat beträchtlich zu hoch. Der Farbstoff ist entweder ein Mono-oxyderivat oder enthält zwei Stickstoffatome im Molekül. Synthetische aus Aldehyden und Aminoacetophenonen aufgebaute 4'-Aminoflavyliumsalze haben nicht unähnliche Eigenschaften; noch ähnlicher sind 4'-Aminoverbindungen, die in den Stellungen 3, 5 und 7 zwei oder drei Hydroxylgruppen enthalten.

e) Rotholz- und Blauholzfarbstoff.

Die beiden Farbstoffe[4] führen den Namen Brasilein und Hämatein, sie bilden sich aus dem im Rotholz vorkommenden Brasilin und aus dem im Blauholz vorkommenden Hämatoxylin[5] durch Oxydation.

Brasilein[6]. Das Rotholz entstammt, wie das später zu besprechende Blauholz der Familie der Leguminosen, Gattung Caesalpiniaceae. Der Baum wächst in Ostindien, Süd- und Zentralamerika, auf den Antillen und in Afrika. Der Ausdruck Brasilholz soll sich an das Wort braza = Feuerglut anlehnen. Man unterscheidet: Fernambukholz von Caesalpinia crista, Bahiaholz von Caesalpinia brasiliensis, Limaholz von Caesalpinia echinata (ähnlich St. Martha- und Nikaragua-Rotholz), endlich das Sapanholz von Caesalpinia sapan. Die Hölzer sind hart und von roter Farbe. Das Brasilin soll im Rotholz nicht als Glucosid[7] enthalten sein.

Konstitution des Brasilin: Brasilin ist zuerst von Chevreul[8] aus dem Rotholze gewonnen worden, seine Summenformel[9] ist $C_{16}H_{14}O_5$,

---
[1] Willstaedt: Biochem. Z. **242**, 303 (1933). — [2] Chmielewska: Roczn. chem. (poln.) **13**, 725 (1933). — [3] Schudel: Diss. Zürich 1918 (ausgeführt mit Willstätter). — G. M. Robinson, R. Robinson: J. chem. Soc. Lond. **1932**, 1439; **1933**, 25. — [4] Ältere Angaben über diese Farbstoffe bei Rupe: Die Chemie der natürlichen Farbstoffe, Bd. 1, S. 103; Bd. 2, S. 173. — [5] Der Name Hämatin ist mit Rücksicht auf den Blutfarbstoff nicht in Gebrauch. — [6] Über die Verarbeitung des Rotholzes: Ullmann: Enzyklopädie der technischen Chemie, 2. Aufl., Bd. 5, S. 143; Neuere Angaben über Brasilholzvorkommen: Mell: Textile Colorist **51**, 820 (1929). — [7] Ullmann: Enzyklopädie der technischen Chemie, 2. Aufl., Bd. 5, S. 144 (Zübelen). — [8] Chevreul: Ann. chim. France (1) **66**, 225 (1808). — [9] Liebermann, Burg: Ber. dtsch. chem. Ges. **9**, 1883 (1876).

es bildet farblose seidenglänzende Nadeln. Ein erster Einblick in die Konstitution wurde durch die Feststellung ermöglicht, daß sich durch Acetylierung das Vorhandensein von 4 Hydroxylgruppen nachweisen ließ. Eine dieser 4 Hydroxylgruppen ist besonderer Art, denn die Alkylierung[1] mit Methyljodid ergibt nur einen Trimethyläther, der sich erst unter schärferen Bedingungen weiter zu einem Tetramethylderivat alkylieren läßt, andererseits aber auch einen Acetyltrimethyläther liefert. Aus dieser Beobachtung konnte geschlossen werden, daß dieses Verhalten auf das Vorhandensein einer alkoholischen Hydroxylgruppe zurückzuführen ist. Die trockene Destillation des Brasilin liefert Resorcin[2]; bei der Einwirkung schmelzenden Kalihydrat läßt sich ebenfalls Resorcin[3] erhalten. Durch eine etwas andere Anordnung des gleichen Versuches wurde Protocatechusäure[4] gewonnen. Endlich wurde schon frühzeitig festgestellt, daß die vorsichtige Oxydation des Brasilin nach verschiedenen Methoden[5] den Farbstoff Brasilein gemäß der Gleichung:

$$C_{16}H_{14}O_5 + O = C_{16}H_{12}O_5 + H_2O$$

liefert.

Brasilein bildet silberglänzende Blättchen, die sich mit rosenroter Farbe und orangener Fluorescenz in Wasser lösen.

Während so bei der Oxydation alkalischer Brasilinlösungen unter milden Bedingungen, z. B. durch den Sauerstoff der Luft Brasilein entsteht, tritt bei längerer Einwirkung des Sauerstoff auf alkalische Lösungen eine Zersetzung des Brasilinmolekül ein. Aus dem Reaktionsprodukte[6] läßt sich einerseits β-Resorcylsäure (2-4-Dioxy-benzol-1-carbonsäure) gewinnen, andererseits eine Verbindung von der Zusammensetzung $C_9H_6O_4$ (I), die 2 Hydroxylgruppen besitzt. Sie gibt nämlich einen Dimethyläther (II), der bei der Oxydation 4-Methoxy-2-oxybenzol-1-carbonsäure liefert und beim Kochen mit alkoholischem

---

[1] Alkylderivate des Brasilin: Dralle: Ber. dtsch. chem. Ges. **17**, 375 (1884). — Schall, Dralle: Ber. dtsch. chem. Ges. **20**, 3365 (1887); **21**, 3009 (1888); **22**, 1547 (1889); **23**, 1428 (1890). — Schall: Ber. dtsch. chem. Ges. **25**, 3670 (1892); **27**, 524 (1894). — Herzig: Monatsh. Chem. **14**, 56 (1893); **15**, 139 (1894); **16**, 906 (1895); **19**, 738 (1898). — Herzig, Pollak: Monatsh. Chem. **23**, 165 (1902). — Gilbody, W. H. Perkin jun., Yates: J. chem. Soc. Lond. **79**, 1396 (1901). — v. Kostanecki, Lampe: Ber. dtsch. chem. Ges. **35**, 1867 (1902). — Zerewitinoff: Ber. dtsch. chem. Ges. **41**, 2233 (1908). — [2] Kopp: Ber. dtsch. chem. Ges. **6**, 446 (1873). — [3] Liebermann, Burg: Ber. dtsch. chem. Ges. **9**, 1883 (1876). — Wiedemann: Ber. dtsch. chem. Ges. **17**, 194 (1884). — Dralle: Ber. dtsch. chem. Ges. **17**, 375 (1884). — [4] Herzig: Monatsh. Chem. **29**, 739 (1908). — [5] Reim: Ber. dtsch. chem. Ges. **4**, 329 (1871). — Liebermann, Burg: Ber. dtsch. chem. Ges. **9**, 1886 (1876). — Buchka, Erck: Ber. dtsch. chem. Ges. **18**, 1138 (1885). — Hummel, A. G. Perkin: J. chem. Soc. Lond. **41**, 367 (1882); Ber. dtsch. chem. Ges. **15**, 2337 (1882). — Schall, Dralle: Ber. dtsch. chem. Ges. **23**, 1428 (1890); Einwirkung von Säuren: Bolley: Schweiz. polyt. Z. **9**, 267 (1864). — Reim: Ber. dtsch. chem. Ges. **4**, 329 (1871). — Dralle: Ber. dtsch. chem. Ges. **17**, 375 (1884). — Schall: Ber. dtsch. chem. Ges. **27**, 524 (1894). — [6] Schall, Dralle: Ber. dtsch. chem. Ges. **21**, 3009 (1888); **22**, 1547 (1889); **25**, 18 (1892); **27**, 524 (1894). — Feuerstein, v. Kostanecki: Ber. dtsch. chem. Ges. **32**, 1024 (1899). — Bloch, v. Kostanecki: Ber. dtsch. chem. Ges. **33**, 473 Anm. (1900). — Schall, Dralle: Ber. dtsch. chem. Ges. **32**, 1045 (1899). — Pfeiffer, Oberlin: Ber. dtsch. chem. Ges. **57**, 208 (1924). — Pfeiffer, Oberlin, Konermann: Ber. dtsch. chem. Ges. **58**, 1947 (1925).

Natriumhydroxyd in Fisetoldimethyläther (III) und Ameisensäure gespalten wird:

$$\text{RO-}\underset{O}{\overset{O}{\bigcirc}}\text{-OR} + H_2O = \bigcirc\begin{matrix}-CO-CH_2-COR\\-OH\end{matrix} + HCOOH$$

I. R. = H 3-7-Dioxychromon (III)
II. R. = CH$_3$ Dimethyläther

Danach handelt es sich um das 3-7-Dioxychromon, welches synthetisiert[1] werden konnte. Die auf Grund dieser Tatsachen frühzeitig aufgestellten Konstitutionsformeln haben den Ergebnissen weiterer Forschung nicht standhalten können.

Spätere Arbeiten[2] lehrten nämlich, daß die Oxydation von Trimethylbrasilin mittels Kaliumpermanganat folgende Spaltstücke liefert: einmal die m-Hemipinsäure (IV), weiter die 1-Carboxy-4-methoxy-2-phenoxy-essigsäure (V), deren Konstitution durch Teilsynthese und folgerichtige Überlegung sicher steht und endlich Brasilsäure (VI):

$$\begin{matrix}H_3CO-\\H_3CO-\end{matrix}\bigcirc\begin{matrix}-COOH\\-COOH\end{matrix} \qquad H_3CO-\bigcirc\begin{matrix}-COOH\\-O-CH_2-COOH\end{matrix}$$
(IV) (V)

$$H_3CO-\bigcirc\begin{matrix}CO\\C(OH)-CH_2-COOH\\CH_2\\O\end{matrix} \xrightarrow{-H_2O} H_3CO-\bigcirc\begin{matrix}O\\-CH_2-COOH\\O\end{matrix} \xrightarrow{+H_2O}$$
(VI) (VII)

$$H_3CO-\bigcirc\begin{matrix}-CO-C-CH_2-COOH\\-OH\;\;CH-OH\end{matrix} \xrightarrow{+H_2O} H_3CO-\bigcirc\begin{matrix}-CO-CH_2-CH_2-COOH\\-OH\end{matrix} + HCOOH$$
(VIII)

Die Konstitution der Brasilsäure[3] geht daraus hervor, daß sie beim Erwärmen mit konzentrierter Schwefelsäure die Anhydrobrasilsäure (VII) liefert, eine 7-Methoxy-chromon-3-essigsäure, die sich bei der Behandlung mit Barytwasser in Ameisensäure und β-(2-Oxy-4-methoxy-benzoyl)-propionsäure (VIII) spaltet und daß ihr Methylester wieder aus dem Ester von VIII mit Ameisensäureester aufgebaut werden kann. Danach ergibt sich zwanglos, daß die β-Resorcylsäure und die Carboxy-methoxy-phenoxy-essigsäure Spaltstücke der Brasilsäure sind und der zweite Anteil des Brasilinmolekül offenbar m-Hemipinsäure liefert. Der auf etwas andere Weise über ein Trimethylbrasilon (Formel s. später) vollzogene Abbau[4] des Trimethylbrasilin ergab neben m-Hemipinsäure, Carboxy-

---

[1] Pfeiffer, Oberlin, Konermann: Ber. dtsch. chem. Ges. **58**, 1497 (1925). —
[2] Gilbody, W. H. Perkin jun., Yates: Proc. chem. Soc. Lond. **15**, 241 (1899); J. chem. Soc. Lond. **79**, 1396 (1901). — [3] Gilbody, W. H. Perkin jun., Yates: J. chem. Soc. Lond. **79**, 1396 (1901). — W. H. Perkin jun.: J. chem. Soc. Lond. **81**, 221, 1008 (1902); Ber. dtsch. chem. Ges. **35**, 2946 (1902). — W. H. Perkin jun., Robinson: J. chem. Soc. Lond. **93**, 489 (1908). — [4] Gilbody, W. H. Perkin jun.: Proc. chem. Soc. Lond. **15**, 27 (1899); **16**, 105 (1900). — W. H. Perkin jun.: J. chem. Soc. Lond. **81**, 1008 (1902).

methoxy-phenoxy-essigsäure noch 4-5-Dimethoxy-1-carboxy-2-benzoyl-ameisensäure [1] (I), eine 4-5-Dimethoxy-1-carboxy-2-phenylessigsäure (II) und eine 4-Methoxy-1-carboxy-2-phenoxy-milchsäure (III). Man unterscheidet deutlich, daß die Methoxyderivate Spaltstücke der einen Hälfte die Dimethoxyderivate solche der anderen Hälfte des Moleküls sind.

$$\underset{(I)}{\underset{H_3CO}{H_3CO}}\diagdown\diagdown\underset{CO-COOH}{-COOH} \qquad \underset{(II)}{\underset{H_3CO}{H_3CO}}\diagdown\diagdown\underset{CH_2-COOH}{-COOH}$$

$$\underset{(III)}{H_3CO}\diagdown\diagdown\underset{O-CH_2-CH(OH)-COOH}{-COOH}$$

Einen noch besseren Einblick gewährte aber ein bei dem Abbau des Trimethylbrasilin mit Kaliumpermanganat gefundenes noch größeres Spaltstück, eine Säure der Zusammensetzung $C_{19}H_{18}O_9$, die Brasilinsäure, deren Konstitution sich aus einer Synthese aus Methoxy-phenoxy-essigsäureäthylester und Hemipinsäureanhydrid [2] erschloß:

Die Zusammenfassung aller dieser Tatsachen, nämlich der Summenformel und der Aufklärung der Konstitution der Spaltstücke läßt die Aufstellung der nebenstehenden Strukturformel des Brasilin zu, welche zuerst von Pfeiffer [3] vorgeschlagen und durch die Arbeiten von W. H. Perkin jun. [4] und die Synthese des Trimethylbrasilon durch Pfeiffer [5] bis auf die Stellung der alkoholischen Hydroxylgruppe auch durch Aufbau erwiesen ist.

---

[1] Synthese: Harding, Weizmann: J. chem. Soc. Lond. **97**, 1126 (1910). —
[2] Weitere Synthese: Râу, Silooja, Wadha: J. Indian chem. Soc. **10**, 617 (1933).—
[3] Werner, Pfeiffer: Z. Chem. **3**, 388, 420 (1904). — [4] W. H. Perkin jun., Robinson: J. chem. Soc. Lond. **93**, 489 (1908); ältere Brasilinformeln: v. Kostanecki: Z. Farb. u. Text. Chem. **3**, 14 (1904). — Herzig: Monatsh. Chem. **20**, 461 (1899). — Herzig, Pollak: Monatsh. Chem. **22**, 207 (1901); **25**, 871 (1904); **27**, 743 (1906). —
[5] Pfeiffer, Angern, Haack, Willems: Ber. dtsch. chem. Ges. **61**, 839 (1928). — Pfeiffer, Willems: Ber. dtsch. chem. Ges. **62**, 1242 (1929). — Pfeiffer, Quehl, Tappermann: Ber. dtsch. chem. Ges. **63**, 1301 (1930). — Pfeiffer, Hilpert, Schneider: J. pract. Chem. (2) **137**, 227 (1933).—Pfeiffer, Schneider: J. pract. Chem. (2) **140**, 9 (1934); frühere synthetische Versuche: W. H. Perkin jun., Robinson: Proc. chem. Soc. Lond. **22**, 160 (1906). — Pfeiffer, Grimmer: Ber. dtsch. chem. Ges. **50**, 911 (1917). — Pfeiffer, Emmer: Ber. dtsch. chem. Ges. **53**, 945 (1920). — Pfeiffer, Oberlin, Konermann: Ber. dtsch. chem. Ges. **58**, 1947 (1925); vgl. auch Crabtree, Robinson: J. chem. Soc. Lond. **113**, 859, Anm. (1918). — W. H. Perkin jun., Râу, Robinson: J. chem. Soc. Lond. **1926**, 941; **1928**, 1504. — Pfeiffer, Angern, Haack, Willems: Ber. dtsch. chem. Ges. **61**, 1923 (1928).

[Structural formulas:]

7-Methoxychromanon + Vanillinmethyläther → 3-4-Dimethoxy-benzal-methoxy-chromanon
$\xrightarrow{+H_2}$

$\xrightarrow{P_2O_5}$ Trimethyl-anhydrobrasilin $\xrightarrow{+H_2}$

Trimethyldesoxybrasilin $\xrightarrow{+O}$ Trimethylbrasilon

Auf Grund dieser Zusammenhänge stellt sich z. B. die Oxydation von Trimethylbrasilin mit Chromsäure wie folgt dar [1]:

Trimethylbrasilin → Trimethylbrasilon[2] oder

---

[1] Herzig, Pollak: Ber. dtsch. chem. Ges. **36**, 398, 1220 (1903); Monatsh. Chem. **23**, 165 (1902); **25**, 871 (1904); Ber. dtsch. chem. Ges. **38**, 2166 (1905). — W. H. Perkin jun., Robinson: J. chem. Soc. Lond. **93**, 489 (1908). — Engels, W. H. Perkin jun., Robinson: J. chem. Soc. Lond. **93**, 1115 (1908). — Über ein Umwandlungsprodukt des Trimethylbrasilon, das Pseudo-trimethylbrasilon: Herzig, Pollak: Ber. dtsch. chem. Ges. **37**, 631 (1904); Monatsh. Chem. **27**, 743 (1906). — W. H. Perkin jun., Robinson: J. chem. Soc. Lond. **93**, 489 (1908). — Über stickstoffhaltige Derivate des Trimethylbrasilon: Herzig, Pollak: Ber. dtsch. chem. Ges. **36**, 2319, 3713 (1903); **38**, 2166 (1905). — W. H. Perkin jun.: Proc. chem. Soc. Lond. **18**, 147 (1902). — Gilbody, W. H. Perkin jun.: J. chem. Soc. Lond. **81**, 1040 (1902). — W. H. Perkin jun., Robinson: J. chem. Soc. Lond. **95**, 381 (1909). — [2] Pfeiffer, Oberlin [Ber. dtsch. chem. Ges. **60**, 2142 (1927)] sowie auch W. H. Perkin jun., Râу, Robinson (J. chem. Soc. Lond. **1927**, 2094) nehmen jetzt die erstere Formel für Trimethylbrasilon als die wahrscheinlichere an.

Wasserentziehende Mittel
$\xrightarrow{-\text{H}_2\text{O und Verwandlung}}$
von $\text{CH}_2\cdot\text{CO}$ in $\text{CH}=\text{C(OH)}$

Trimethyl-anhydrobrasilon   oder auf andere Weise geschrieben

Als ein Abkömmling des β-Naphthol ist das Trimethyl-anhydrobrasilon in Alkali löslich und kuppelt mit Diazoverbindungen.

Auch v. Kostanecki[1] gebührt ein Anteil an der Erforschung der Konstitution des Brasilin, wenn auch die verschiedenen von ihm aufgestellten Strukturformeln[2] nicht zutreffend waren. Immerhin läßt sich die von ihm gemachte Beobachtung, daß bei der Behandlung von Trimethylbrasilin mit Jodwasserstoff eine Verbindung[3] der Summenformel $\text{C}_{10}\text{H}_7\text{O(OH)}_3$ entsteht, deren Zinkstaubdestillation eine Verbindung der Formel $\text{C}_{16}\text{H}_{10}\text{O}$ lieferte, welche Brasan (I) genannt und deren Konstitution durch Synthese erhärtet wurde, mit der Brasilinformel nur schwierig in Einklang[4] bringen. Ein Abbau unter Erhalt des Indangerüstes ist bis heute noch nicht geglückt.

(I)

Die von Herzig[5] aufgestellte Formel ist ebenfalls überholt. Aus der so mit fast absoluter Sicherheit abgeleiteten Struktur des Brasilin kann die Konstitution des Brasilein erschlossen werden, wenn man in Rechnung zieht, daß letzteres zwei Wasserstoffatome weniger besitzt als Brasilin. Dieser Unterschied läßt sich am besten durch Annahme einer chinoiden Formel[6] ausdrücken, wobei über die Wahl des chinoiden Kernes selbst Zweifel herrschen kann (II).

(Pfeiffer)   (II)   (Perkin)

Auch die Rückverwandlung des Brasilein in Brasilin ist gelungen.

Zieht man einen Vergleich zu den Anthoxanthidinen und Anthocyanidinen, so ist die Haftstelle der Phenylgruppe bei dem Brasilein in 4 statt in 2 (bzw. in 3 wie bei den Isoflavonderivaten). Eine starke Komplikation für die Synthese bietet die Methylenbrücke zwischen dem Phenylrest und dem Pyranring von 3 nach 2′. Die Perkinsche Formel scheint in besserer Analogie zur Anthocyanidinformel zu stehen als die Pfeiffersche.

[1] Vgl. Feuerstein, v. Kostanecki: Ber. dtsch. chem. Ges. **32**, 1024 (1899). —
[2] v. Kostanecki, Lampe: Ber. dtsch. chem. Ges. **35**, 1667 (1902). —
[3] v. Kostanecki, Lloyd: Ber. dtsch. chem. Ges. **36**, 2193, 2199 (1903); vgl. auch Bollina, v. Kostanecki, Tambor: Ber. dtsch. chem. Ges. **35**, 1675 (1902). — v. Kostanecki, Paul: Ber. dtsch. chem. Ges. **35**, 2608 (1902); Synthese des Brasan: v. Kostanecki, Lampe: Ber. dtsch. chem. Ges. **41**, 2373 (1908). —
[4] W. H. Perkin jun., Robinson: J. chem. Soc. Lond. **95**, 381 (1909). —
[5] Herzig, Pollak: Ber. dtsch. chem. Ges. **39**, 265 (1906); Monatsh. Chem. **27**, 743 (1906). — Über den Anteil Herzigs an der Brasilinformel vgl. Pollak: Nachruf auf Herzig: Ber. dtsch. chem. Ges. **58** A, 69 (1925). — [6] Vgl. Herzig: Chem. Ztg **27**, 292 (1903); Ber. dtsch. chem. Ges. **36**, 3951 (1903).

Wird Brasilein in Schwefelsäure gelöst und die Lösung mit Essigsäure gefällt, so erhält man Isobrasilein-sulfat. Ebenso wird durch Behandeln von Brasilein mit Salzsäure Isobrasileinchlorid[1] erhalten, aus welchem durch Umsetzung mit Silberoxyd Isobrasilein von der Summenformel $C_{16}H_{12}O_5$ gewonnen werden kann. Die Isobrasileinverbindungen (II) leiten sich von einem 4-3-Indeno-benzopyranol[2] (I) ab, z. B. stehen also zu Brasilein im Verhältnis wie Anthocyanidin zu Anthoxanthidin.

Der Aufbau des Isobrasileinchlorides[3] ist durchgeführt:

Brasilin wird am besten aus dem durch Auslaugen des zerkleinerten Holzes gewonnenen Handelsextrakt, den man mit Äther auszieht, erhalten. Brasilein wird erhalten, wenn man zu einer wässerigen Lösung von Rotholzextrakt Ammoniak im Überschuß gibt und durch die Lösung Luft leitet.

Verwendung der Rotholzextrakte: Die Extrakte werden heute nur noch in der Baumwolldruckerei verwandt, weniger in der Baumwollfärberei, fast nicht mehr in der Woll- und Seidenfärberei. Man beizt

---

[1] Hummel, A. G. Perkin: J. chem. Soc. Lond. **41**, 367 (1882). — [2] Engels, W. H. Perkin jun., Robinson: J. chem. Soc. Lond. **93**, 1115 (1908). — [3] Crabtree, Robinson: J. chem. Soc. Lond. **113**, 859 (1918).

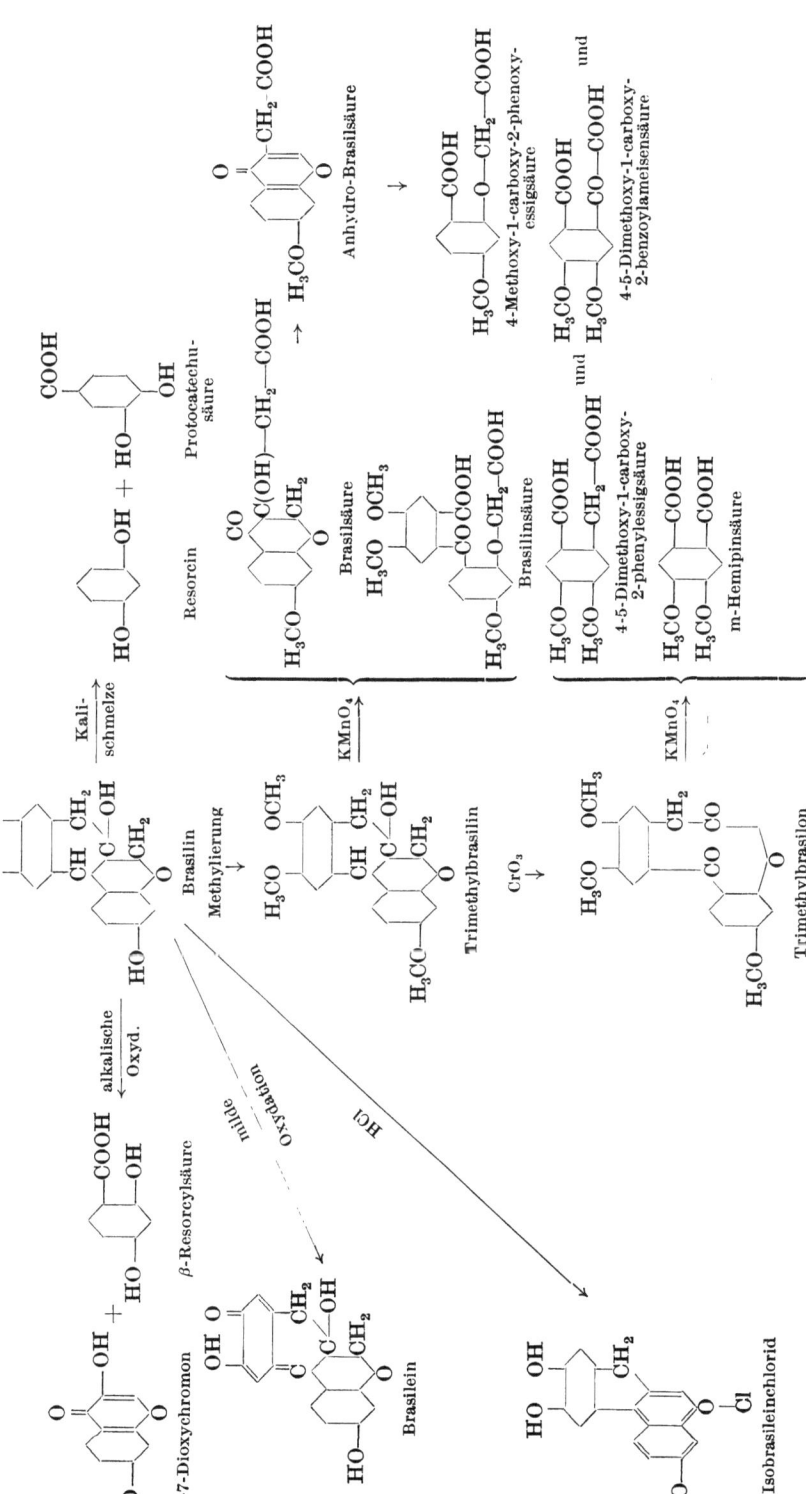

die Baumwolle mit einem Gerbstoff, z. B. Sumach und Zinnsalz oder mit Alaun, Eisensalzen usw. Zweckmäßig läßt man die Extrakte [1] vor der Verwendung etwas fermentieren, d. h. das Brasilin in Brasilein übergehen. Man erzielt matte, bläulichrote Färbungen, wenn Aluminium als Beize vorhanden ist, auf Zinnbeize orange und auf Eisenbeizen violettgraue Töne. Die Färbungen sind aber wenig licht-, chlor-, seifen- und säureecht.

Hämatein. Das Blauholz [2] ist das Holz des Blauholz- oder Blutholzbaumes, Hämatoxylon campechianum, aus der Familie der Caesalpiniaceae; der Baum gedeiht in Zentralamerika und auf den westindischen Inseln. Das Holz wurde bald nach der Entdeckung Amerikas nach Europa gebracht, die einzelnen Arten werden meist nach den Verschiffungshäfen unterschieden und benannt. Die Hölzer sind von dunkler Farbe.

Konstitution des Hämatein [3]. Hämatoxylin läßt sich aus dem Blauholz krystallinisch [4] erhalten, es bildet farblose Nadeln, seine Summenformel [5] ist $C_{16}H_{14}O_6$. Es nimmt 5 Acetylgruppen [6] auf, besitzt also 5 Hydroxylgruppen, von denen eine alkoholischen Charakter [7] hat. Schon frühzeitig hat man die Vermutung ausgesprochen, daß Brasilin und Hämatoxylin [8] eine verwandte Konstitution besitzen. Das Mehr von einem Sauerstoffatom in der Hämatoxylinformel erklärt sich zwanglos durch das Vorhandensein einer zusätzlichen Hydroxylgruppe. Hiermit steht auch im Einklang, daß in der Kalischmelze sich an Stelle des beim Brasilin erhaltenen Resorcin Pyrogallol[9] bildet. Tetramethylhämatoxylin gibt bei der Oxydation [10] mit Kaliumpermanganat m-Hemipinsäure und als zweites Spaltstück 1-Carboxy-4-5-dimethoxy-6-phenoxy-essigsäure (I), was wiederum in Übereinstimmung mit dieser Auffassung steht. Ein weiteres Spaltstück, in welchem das ursprüngliche Gerüst besser erhalten zu sein schien, war die bei der Oxydation aufgefundene Hämatoxylinsäure [11] $C_{20}H_{20}O_{10}$, welche bei der Reduktion

---

[1] Wertbestimmung von Extrakten: v. Cochenhausen: Z. angew. Chem. 17, 877 (1904); Färberische Eigenschaften des Isobrasilein: d'Andiran: Bull. Soc. Ind. Mulhouse 75, 385 (1905). — [2] Ullmann: Enzyklopädie der technischen Chemie, 2. Aufl., Bd. 5, S. 116; vgl. auch Mell [Textile Colorist 5, 257 (1929)] über einen Blauholzfarbstoff im afrikanischen Camwood; ferner Mell [Textile Colorist 53, 254, 337, 402 (1931)] eine historische Studie. — [3] Da die Konstitutionsaufklärung des Brasilein und des Hämatein Hand in Hand gegangen ist, so sind fast alle unter Brasilein angeführten Literaturstellen zu berücksichtigen. Hier sind daher lediglich die wichtigsten nochmals wiederholt und solche allein auf Hämatein bezügliche aufgeführt. Ältere zusammenfassende Darstellungen, abgesehen von den unter Brasilein genannten Literaturstellen v. Kostanecki: Über die Konstitution des Brasilein und Hämatoxylin. Z. Farb. u. Text. Chem. 3, 4 (1904) und Rost: Monographie des Hämatoxylin. Bern 1904. — [4] Chevreul: Ann. Chim. France (1) 81, 128 (1812); 82, 53 (1812). — [5] O. L. Erdmann: Liebigs Ann. 44, 292 (1842); J. pract. Chem. 26, 199 (1842); 75, 218 (1858). — Hesse: Liebigs Ann. 109, 332 (1858). — [6] E. Erdmann, Schultz: Liebigs Ann. 216, 232 (1883). — [7] Herzig: Monatsh. Chem. 15, 139 (1894). — [8] Liebermann, Burg: Ber. dtsch. chem. Ges. 9, 1883 (1876). — Hummel, A. G. Perkin: J. chem. Soc. Lond. 41, 367 (1882). — [9] Reim: Ber. dtsch. chem. Ges. 4, 329 (1871). — R. Meyer: Ber. dtsch. chem. Ges. 12, 1392 (1879). — [10] W. H. Perkin jun.: J. chem. Soc. Lond. 81, 1057 (1902). — [11] Gilbody, W. H. Perkin jun.: Proc. chem. Soc. Lond. 16, 105 (1900).

in eine Säure $C_{20}H_{20}O_9$ übergeht[1], die sich als einbasische Lactonsäure kennzeichnen läßt. Die Konstitution dieser Säure (II) wurde schließlich durch die folgende Synthese[2] aufgeklärt:

[Reaktionsschema der Synthese der Hämatoxylinsäure]

Daraus ergibt sich die Formel der Hämatoxylinsäure, wie folgt:

[Strukturformeln von Hämatoxylinsäure und Hämatoxylin]

Die weitere Konstitutionsaufklärung und die Diskussion der Entstehung der Spaltstücke bietet gegenüber der Brasilinforschung nichts Neues, weil sich alle erhaltenen Produkte höchstens durch die zusätzliche Hydroxylgruppe unterscheiden. So kam es schließlich zur Aufstellung der obigen dem Brasilin entsprechenden zuerst von Pfeiffer[3] angegebenen und durch Perkin befürworteten Formel, während die anderen an der Forschung beteiligten Forscher wie v. Kostanecki und Herzig[4] ihren Brasilinformeln entsprechende Hämatoxylinformeln

---

[1] W. H. Perkin jun., Yates: J. chem. Soc. Lond. **81**, 235 (1902). — [2] W. H. Perkin jun., Robinson: J. chem. Soc. Lond. **93**, 489 (1908). — [3] Werner, Pfeiffer: Z. Chem. **3**, 388, 402 (1904). — W. H. Perkin jun., Robinson: J. chem. Soc. Lond. **93**, 1115 (1908); **95**, 381 (1909). — Pfeiffer, Haack, Willems: Ber. dtsch. chem. Ges. **61**, 294 (1928). — [4] Bollina, v. Kostanecki, Tambor: Ber. dtsch. chem. Ges. **35**, 1675 (1902). — Herzig, Pollak: Monatsh. Chem. **27**, 743 (1906). — Herzig: Monatsh. Chem. **16**, 906 (1895). — W. H. Perkin jun.: J. chem. Soc. Lond. **81**, 1040 (1902).

aufstellten. Auch hier hat die Bildung eines Brasanderivates [1] eine Rolle gespielt. Die Synthese ist auch hier bis zum Tetramethyl-anhydrohämatoxylin (I) und Tetramethyl-desoxy-hämatoxylin (II) vorgedrungen:

(I) Tetramethyl-anhydrohämatoxylin

(II) Tetramethyl-desoxyhämatoxylin

Hämatein entsteht durch Oxydation des Hämatoxylin nach der Gleichung:

$C_{16}H_{14}O_6 + O = C_{16}H_{12}O_6 + H_2O$

und besitzt in Analogie zu Brasilein eine der beiden Formeln (III), (IV).

Man erhält es, wenn man durch eine ammoniakalische Lösung von Hämatoxylin Luft leitet wie bei Brasilein angegeben; es bildet rote flimmernde Krystalle.

(III) (Pfeiffer)

(IV) (Perkin)

Die Verwandtschaft mit Brasilein zeigt sich durchgehends in den Reaktionen; so geht Hämatein bei der Behandlung mit Schwefelsäure oder Salzsäure in Abkömmlinge der Isohämateinreihe über, für ein solches Salz ist folgende Formel (V) [2] anzunehmen. Man gewinnt Hämatoxylin am besten durch Ausziehen von Blauholz mit Äther.

Verwendung der Blauholzextrakte. Vor der Verwendung läßt man ebenso wie beim Rotholz die Extrakte häufig etwas fermentieren. Blauholzfärbungen werden heute noch namentlich im Kattundruck, in der Seidenfärberei, aber auch noch für Wolle verwandt, weil der niedrige Preis, die Ausgiebigkeit, Schönheit und Egalität der Färbungen für sie spricht. Der Farbstoff [3] zieht auf Beizen, und zwar auf Aluminiumbeize graustichig violett, auf Chrombeize dunkelblau bis schwarz, auf Eisenbeize grau bis schwarz. Es werden vornehmlich graue und schwarze Färbungen hergestellt auch in Verbindung mit anderen Farbstoffen. In der Wollfärberei haben die künstlichen Farbstoffe das Anwendungsgebiet stark eingeschränkt, in der Seidenfärberei ist der Farbstoff bis heute noch nicht durch künstliche Farbstoffe ersetzbar. Auch Pelzwerk und Felle werden mit Blauholz gefärbt. Der Weltverbrauch dürfte etwa 70000 t Blauholz betragen.

(V)

Der Farbstoff kann als Indicator Verwendung finden.

---

[1] v. Kostanecki, Rost: Ber. dtsch. chem. Ges. **36**, 2202 (1903). — Herzig, Pollak: Ber. dtsch. chem. Ges. **37**, 631 (1904). — [2] Engels, W. H. Perkin jun., Robinson: J. chem. Soc. Lond. **93**, 1115 (1908); vgl. auch W. H. Perkin jun., Robinson, Turner: J. chem. Soc. Lond. **93**, 1085 (1908). — [3] Wertbestimmung des Farbstoffes: Mafat: Bull. Soc. Ind. Mulhouse **61**, 361 (1891). — Aglot: Z. angew. Chem. **11**, 186 (1898). — v. Cochenhausen: Z. angew. Chem. **17**, 877 (1904); Collegium **1910**, 461. — Popow: Chem. Zbl. **1928 I**, 849; Z. ges. Textilw. **31**, 426 (1928). — Über ein Kondensationsprodukt von Hämatoxylin und Formaldehyd: DRP. 155630 (Lepetit) Frdl. **7**, 576.

f) Xanthonfarbstoffe.

Denkt man sich im γ-Pyron zwei Benzolreste in α-β-Stellung eingeführt, so entsteht das Xanthon (I), von dem sich einige natürliche Farbstoffe ableiten.

Euxanthon (II), $C_{13}H_8O_4$, 1-7-Dioxyxanthon, kommt an Glucuronsäure gebunden als Calcium- oder Magnesiumsalz der Euxanthinsäure vor. Die Handelsmarken führen auch den Namen Piuri, Puree oder Indischgelb. Man gewinnt die in der Aquarellmalerei früher geschätzte Euxanthinsäure durch Verfüttern[1] von Blättern von Mangifera indica, an Kühe, welche den Farbstoff mit dem Harn (bis zu 56 g Farbstoff im Tag) ausscheiden. Euxanthinsäure[2] hat die Formel $C_{19}H_{16}O_{10} + H_2O$ (III) und bildet gelbe Blättchen vom Smp. 162°. Es zerfällt in Glucuronsäure, $C_6H_{10}O_7$ und Euxanthon[3], gelbe Nadeln vom Smp. 240°. Die Konstitution[4] des Euxanthon liegt durch folgende eindeutige Synthese[5] (IV) fest:

Neuerdings ist Euxanthon im Kernholz von Platonia insignis Mart.[6] (Geelhart oder Pakoeli) aufgefunden worden.

Zur Gewinnung von Euxanthon wird Indischgelb der Hydrolyse unterworfen.

Gentisin (V), $C_{14}H_{10}O_5$, 1-7-Dioxy-3-methoxyxanthon, ist der gelbe Farbstoff[7] von Gentiana lutea, der Enzianwurzel, er bildet gelbe Nadeln vom Smp. 315°. Die Untersuchung[8] hat es wahrscheinlich gemacht, daß Gentisin der 3-Methyläther ist, weil die Synthese des 7-Methyläther[9] aus Phloroglucin und 2-Oxy-5-methoxybenzonitril kein mit Gentisin identisches Produkt lieferte und die Stellung 1 für die Methoxygruppe kaum

---
[1] Darstellung: Rupe: Chemie der natürlichen Farbstoffe, Bd. 1, S. 11. — [2] Neuberg, Neimann: Z. physiol. Chem. 44, 115 (1905). — Robertson, Waters: J. chem. Soc. Lond. 1931, 1709; vgl. auch Wiechowski: Arch. f. exper. Path. 97, 462 (1923). — F. Mayer: Arch. f. exper. Path. 101, 383 (1924). — [3] Literatur: V. Meyer-P. Jacobson: Lehrbuch der organischen Chemie, II, 3, S. 763; dort die Angabe, daß der Farbstoff zum Anstrich von Türen und Wänden in Indien dient. — [4] Literatur: Schultz: Farbstofftabellen, 7. Aufl., I, S. 632, Nr. 1372. — [5] Ullmann: Liebigs Ann. 350, 108 (1906). — [6] Spoelstra, van Royen: Rec. Trav. chim. Pays-Bas 48, 370 (1929). — [7] Literatur: V. Meyer-P. Jacobson: Lehrbuch der organischen Chemie, Bd. 2, 3, S. 764. — [8] A. G. Perkin: J. chem. Soc. Lond. 73, 672, 1028 (1928). — [9] Shinoda: J. pharmac. Soc. Jap. 1926, Nr 537, 89; J. chem. Soc. Lond. 1927, 1983.

in Betracht kommt. Nakaoki[1] beschreibt das Vorkommen in der japanischen Droge To-Yaku aus Swertia japonica Makino, dem japanischen Chirettakraut, er gibt aber den Smp. mit 267° an.

Zur Herstellung dient ein Alkoholauszug der Enzianwurzeln. Ein weiteres Xanthonderivat soll dem Farbstoff Datiscetin (s. dort) beigemengt sein.

Mangostin[2]. In den Fruchtschalen von Garcinia mangostana aus der Familie der Guttiferae, einem in den Tropen angebauten Baume ist der Farbstoff Mangostin, gelbe Nadeln vom Smp. 181° enthalten. In den zahlreichen Arbeiten über seine Konstitution werden folgende Summenformeln genannt: $C_{20}H_{22}O_5$ (Liechti, ferner Yamashiro[3]), $C_{23}H_{24}O_6$ (van Scherpenberg und Hill, ferner Murakami[4]), $C_{16}H_{16}O_4$ (Dekker) und $C_{21}H_{24}O_5$ (Dragendorff); den am weitesten fortgeschrittenen Einblick in die Konstitution erhielt Murakami, der allerdings die Ergebnisse der früheren Arbeiten verwerten konnte. Die von ihm bevorzugte Formel $C_{23}H_{24}O_6$ ist gestützt durch Molekulargewichtsbestimmung mittels Einführung fremder Elemente in das Molekül. Mangostin enthält eine Methoxygruppe und drei Hydroxylgruppen, davon scheint wenigstens eine Hydroxylgruppe aromatisch und der in den Oxyxanthonen und Oxyflavonen zur Carbonylgruppe o-ständigen Hydroxylgruppe vergleichbar. Die Hydrierung lieferte ein Tetrahydroderivat. Mit alkoholischem Kali erhält man Isoamylalkohol, Methylheptenol und ein phenolisches Produkt $C_{12}H_{16}O_3$ mit einer Methoxygruppe und zwei Hydroxylgruppen, dessen Dimethylderivat bei der Oxydation 2-3-5-Trimethoxybenzoesäure ergibt (Konstitutionsbeweis durch Synthese dieser Säure). Das Dihydroderivat der Verbindung $C_{12}H_{16}O_3$ liefert bei der Oxydation Isocapronsäure; das Phenol dürfte die Formel (I) besitzen.

Bei der Alkalischmelze des Mangostin erhielt Yamashiro eine Verbindung $C_{16}H_{15}O_5$, welche eine Methoxy- und drei Hydroxylgruppen enthält und bei nochmaliger Schmelze mit Alkali Phloroglucin liefert. Murakami gibt der Verbindung die Formel $C_{19}H_{18}O_6$ und die Konstitutionsformel eines Xanthonderivates (II).

---

[1] Nakaoki: J. pharmac. Soc. Jap. 1927, Nr 540, 27. — [2] Schmid: Liebigs Ann. 93, 83 (1855). — Lichti: Arch. Pharmaz. 229, 426 (1891). — Scherpenberg: Rec. Trav. chim. Pays-Bas 35, 346 (1915). — Hill: J. chem. Soc. Lond. 107, 595 (1915). — Dekker: Rec. Trav. chim. Pays-Bas 43, 727 (1924). — Dragendorff: Liebigs Ann. 482, 280 (1930); 487, 62 (1931). — [3] Yamashiro: Bull. chem. Soc. Jap. 7, 1 (1932). — [4] Murakami: Proc. imp. Acad. Tokyo 7, 254, 311 (1931); Liebigs Ann. 496, 122 (1932).

Die Formel des Mangostin unterscheidet sich von der dieses Derivates durch einen Rest C_4H_6, der an das α-ständige Kohlenstoffatom der C_5H_9-Kette gebunden zu sein scheint (Bildung von Methylheptenol aus Mangostin). Verwertet man noch die Bildung von Isocapronsäure bei der Kaliumpermanganatoxydation, so kommt man unter Berücksichtigung weiterer Einzelbeobachtungen zu der Formel (III, S. 162).

Zur Gewinnung wird die Schale mit Alkohol ausgezogen und die Lösung eingedampft, die ausgeschiedenen Krystalle vom Harz befreit.

g) α-Pyronfarbstoffe.

Daphnetin[1], $C_9H_6O_4$, 7-8-Dioxycumarin, gelbe Nadeln vom Smp. 256°, kommt in Stellung 7 an Glucose gebunden als Daphnin, $C_{15}H_{16}O_9$, farblose Prismen vom Zersetzungspunkt 228—229°, in der Rinde von Daphne alpina, Daphne mezereum, dem Seidelbast und in Daphne odora Thunberg vor.

Die Konstitution steht durch Synthese[2] aus Pyrogallol und Äpfelsäure wie auch aus Pyrogallolaldehyd und Natriumacetat fest:

Daphnetin zieht auf gebeizter Wolle auf Chrom- und Aluminiumbeize olivgelb. Seine Rolle in der Pflanze dürfte als Schutz gegen die Wirkung der kurzwelligen Strahlen aufzufassen sein.

Über Farbstoffeigenschaften von Aesculetin und Scopoletin[3], die in ihrer Konstitution dem Daphnetin nahestehen, ist nichts bekannt geworden.

2. Stickstofffreie Farbstoffe unbekannter Konstitution.

In diesem Abschnitt sind die stickstofffreien Farbstoffe unbekannter Konstitution vereinigt. Da sich naturgemäß kein Einteilungsprinzip für sie ergibt, so sind sie nach ihrer Herkunft angeordnet, so weit die vorhandene Literatur darüber Aufschluß gibt.

a) Farbstoffe aus Blüten.

Hibiscetin[4]. Dieser Farbstoff, gelbe Blättchen vom Smp. 340°, befindet sich in den Blüten von Hibiscus Sabdariffa (dem Red Sorrel

---

[1] Zwenger: Liebigs Ann. 115, 1 (1860). — Stünkel: Ber. dtsch. chem. Ges. 12, 109 (1879). — v. Pechmann: Ber. dtsch. chem. Ges. 17, 929 (1884). — Wessely, Sturm: Ber. dtsch. chem. Ges. 63, 1299 (1930). — Asai: Acta phytochim. Tokyo 5, 9 (1930). — [2] v. Pechmann: Ber. dtsch. chem. Ges. 17, 929 (1884). — Gattermann, Köbner: Ber. dtsch. chem. Ges. 32, 287 (1899). — [3] Bergmann in Klein: Handbuch der Pflanzenanalyse, III, 2, S. 827. — [4] A. G. Perkin: J. chem. Soc. Lond. 95, 1855 (1909). — M. Hadders und C. Wehmer bringen die Formel $C_{15}H_{10}O_8$ in Klein: Handbuch der Pflanzenanalyse, III, 2, S. 941.

von Westindien) neben Gossypetin und Quercetin. Es ist in Alkali mit gelber Farbe löslich und bildet ein Acetylderivat vom Smp. 238—239°. Der Farbstoff könnte mit Hibiscin (S. 145) identisch sein.

Hypericin oder Hypericumrot[1]. In den Blüten von Hypericum perforatum, dem Johanniskraut, befindet sich neben Quercetin ein roter Farbstoff, das Hypericin oder Hypericumrot. Er hat die Formel $C_{16}H_{10}O_5$ und bildet ein dunkelviolettrotes Pulver; die Zusammensetzung deutet auf eine Zugehörigkeit zur Flavongruppe hin. Bei der alkalischen Spaltung wurde ein Syrup erhalten, der möglicherweise aus Acetophenon und Benzoesäure bestand.

Trifolitin[2]. In den Blüten des roten Klee Trifolium pratense befindet sich neben dem Flavonderivat Pratol ein Glucosid Trifolin, $C_{22}H_{22}O_{11}$, gelbliche Nadeln vom Zersetzungspunkt 260°, das bei der Hydrolyse in Rhamnose und Trifolitin, $C_{16}H_{10}O_6$, gelbe Nadeln vom Zersetzungspunkt 275° zerfällt. Trifolitin löst sich in Alkalien mit gelber Farbe, die Lösung in Schwefelsäure fluoresciert leuchtend grün. Es bildet ein Tetraacetylderivat vom Smp. 182°, enthält keine Methoxygruppe und hat die Eigenschaften eines Tetraoxyphenyl-naphthochinon. Gebeizte Baumwolle wird hellgelb gefärbt.

Zur Gewinnung dient der alkoholische Auszug der Blüten.

b) Farbstoffe aus Blättern usw.

Cocafarbstoffe[3]. In den Cocablättern sind enthalten: Cocacitrin, $C_{28}H_{32}O_{17}$, blaßgelbe Prismen vom Smp. 186°, das sich in einen Zucker Cocaose (d-Talose, vermutlich zerfallen aus einer Biose) und Cocacetin, $C_{16}H_{12}O_7$, gelbe Nadeln vom Smp. 261—263° spaltet. Letzteres gibt bei der Aufspaltung mit Kali Phloroglucin und Protocatechusäure. In den Mutterlaugen des Cocacitrin findet sich Cocaflavin vom Smp. 163 bis 164° und der Formel $C_{34}H_{38}O_{19}$, das in Glucose und Galaktose (vermutlich aus Lävulose) und Cocaflavetin zerfällt. Letzteres hat die Zusammensetzung $C_{20}H_{12}O_7(OCH_3)_2$ und bildet blaßgelbe Blättchen vom Smp. 230°.

Zur Gewinnung dient Java-Coca, aus der die Farbstoffe mittels einer mühsamen Extraktion erhalten werden.

Kaktorubin[4]. Kakteen bilden an Wundflächen einen ziegel- bis carmoisinroten Farbstoff, das Kaktorubin. Vorbedingung ist Feuchtigkeit und Sauerstoff. Eine Beziehung zur Carminsäure konnte nicht gefunden werden.

Oroberol und Orobol. Orobus tuberosus, eine Papilionaceae, enthält einen Oroberol[5] genannten krystallisierbaren Farbstoff $C_{18}H_{14}O_8$, hellrosafarbene Blättchen vom Smp. 290°, der kein Glucosid ist, sondern eine Säure ist. Entweder sind zwei Carboxylgruppen oder eine Carboxylgruppe und eine labile Lactongruppe vorhanden.

Zur Darstellung dient der Alkoholauszug.

---

[1] Dieterich: Pharmaz. Z.halle **32**, 683 (1891). — Wolff: Pharmaz. Z.halle **36**, 193 (1895). — Cerný: Z. physiol. Chem. **73**, 371 (1911); vgl. auch Keegan: Chem. News **111**, 290 (1915). — [2] Power, Salway: J. chem. Soc. Lond. **97**, 231 (1910). — [3] Hesse: J. pract. Chem. (2) **66**, 401 (1902). — [4] Molisch: Ber. dtsch. bot. Ges. **46**, 205 (1928). — [5] Bridel, Charaux: C. r. Acad. Sci. Paris **190**, 202 (1930); Bull. Soc. Chim. biol. Paris **12**, 317 (1930).

Gleichzeitig wurde ein β-Glucosid Orobosid[1], $C_{21}H_{20}O_{11}$, hellgelbe Prismen vom Smp. 220—221°, erhalten, dessen Formel durch Molekulargewichtsbestimmung überprüft ist. Es zerfällt durch Hydrolyse in Glucose und Orobol $C_{15}H_{10}O_6$, gelbe Nadeln vom Smp. 270,5°. Orobol ist wahrscheinlich ein Tetraoxyflavon, in welchem wegen der leicht erfolgenden Oxydation zwei Hydroxylgruppen benachbart sein dürften.

Prupersin[2]. Aus im Schatten getrockneten Pfirsichblättern (Folia pruni persicae) wurde ein Glucosid, welches zu den Glucotannoiden oder kondensierten Gerbstoffen gehört, erhalten. Es zerfällt bei der Hydrolyse in Glucose und den Farbstoff Prupersin.

Shibuol[3]. Aus Kakischibu wird Shibuol $C_{14}H_{20}O_9$ erhalten. Es zerfällt bei der Alkalispaltung in Phloroglucin und eine Verbindung $C_{12}H_8O_5$, die der Kagigoma $C_{11}H_9O_5$, aus der Frucht doyo-hatiya, ähnelt. Shibuol gibt ein Tetraacetylderivat und ein Tetramethylderivat, enthält also vier Hydroxylgruppen. Die alkalische Spaltung des Tetramethylshibuol ergab Des-tetramethylshibuol vom Smp. 298—299°, Trimethyläthergallussäure, Ameisen-, Essig- und Buttersäure. Das Desprodukt lieferte bei der Kalischmelze amorphe Produkte, 3-Methyläthergallussäure und Phloroglucin.

Xanthomicrol[4]. Aus Micromeria Chamissonis Greene, einer in Nordamerika an der Küste des Stillen Ozean wachsenden, unter dem Namen Yerba Buena bekannten Pflanze, läßt sich das Xanthomicrol $C_{15}H_{10}O_4(OH)_2$, citronengelbe Nadeln vom Smp. 225°, gewinnen.

c) Farbstoffe aus Holz und Rinden.

Farbstoff aus Bethabarra-Holz[5]. Aus dem Holz von Bethabarra von der Westküste von Afrika wird ein Farbstoff, gelbe Nadeln vom Smp. 135° gewonnen, dem die Formel $C_{28}H_{29}O_5$ oder $C_{22}H_{23}O_4$ zuerteilt wird. Es ist möglich, daß der Farbstoff mit Lapachol vom Smp. 139,5° (s. S. 67) identisch ist.

Zur Gewinnung zieht man das Holz mit Wasser aus.

Dossetin[6]. Der Farbstoff entstammt dem immergrünen Baum Doss (Ilex Mertensii Maxim) der japanischen Inseln Ogasawara und Okinawa. Er hat die Zusammensetzung $C_{15}H_9O_5$, gelbe Nadeln vom Smp. 271 bis 272°, löst sich in konz. Schwefelsäure mit dunkelgelber Farbe und färbt alaungebeizte Wolle, Baumwolle und Seide gelb. Die Gewinnung erfolgt aus dem Extrakt des Baumes mit Wasser.

Excoecarin und Jacarandin[7]. Beide Farbstoffe sind in dem sog. grünen Ebenholze von Excoecaria glandulosa aus der Familie der

---

[1] Bridel, Charaux: C. r. Acad. Sci. Paris **190**, 387 (1930); J. Pharmac. Chim. (8) **11**, 321, 369, 417 (1930). — [2] Inuki: Fol. pharmacol. jap. **4**, 446 (1927); Ber. ges. Physiol. **41**, 335 (1927). — [3] Komatsu, Matsunami: Mem. Coll. Sci. Kyoto Imp. Univ. A **7**, Nr 15 (1923); **11**, 205 (1928). — Komatsu, Matsunami, Kurata: Mem. Coll. Sci. Kyoto Imp. Univ. A **11**, 211 (1928). — Komatsu, Kurata: Mem. Coll. Sci. Kyoto Imp. Univ. A **13**, 323 (1931). — [4] Power, Salway: J. amer. chem. Soc. **30**, 253 (1908). — [5] Sadtler, Rowland: Amer. chem. J. **3**, 22 (1881/82). — [6] Ito: J. Coll. Eng. Tokyo **4**, 57 (1908). — [7] A. G. Perkin, Briggs: J. chem. Soc. Lond. **81**, 210 (1902). — A. G. Perkin: J. chem. Soc. Lond. **103**, 657 (1913).

Euphorbiaceae und Jacaranda ovalifolia aus der Familie der Bignoniaceae, heimisch in Jamaika und Westindien enthalten. Das Holz ist hart, von orangegelber Farbe und färbt auf frischem Schnitte die Hände gelb. Es wurde früher in England zum Färben von Leder und Wolle, wie in der Seidenfärberei für gelbe Töne, allerdings in beschränktem Maße verwandt, ist aber heute durch die künstlichen Farbstoffe verdrängt. Excoecarin, $C_{13}H_{12}O_5$, bildet glänzende citronengelbe Nadeln vom Smp. 219—221°. Es ist in Alkalien mit violettroter Farbe, in Ammoniak mit brauner Farbe löslich. Excoecarin färbt tierische Fasern gelb an, besitzt keine Methoxygruppe und bildet ein Tribenzoylderivat $C_{13}H_9O_5(C_6H_5CO)_3$, farblose Nadeln vom Smp. 168—171°, und einen Dimethyläther $C_{13}H_{10}O_3(OCH_3)_2$, glänzende gelbe Nadeln vom Smp. 117 bis 119°. Das Molekulargewicht des Dimethyläther wurde bestimmt und steht in Übereinstimmung mit der Formel. Die Kalischmelze des Farbstoffes ergab 1-Methyl-2-5-dioxybenzol und 2-5-Dioxybenzol-1-carbonsäure. Letztere Verbindung dürfte in der Kalischmelze aus ersterer entstanden sein. Brom oxydiert zu Excoecaron $C_{13}H_{10}O_5$, kupferfarbene Nadeln oder Blättchen vom Smp. 250°, das bei der Behandlung mit Natriumbisulfit in Excoecarin übergeht, so daß das Excoecaron zu Excoecarin im Verhältnis von Chinon zu Hydrochinon steht. Mit Chinon bildet Excoecarin ein Chinhydron vom Smp. 190°.

Jacarandin, $C_{14}H_{12}O_5$, bildet glitzernde Plättchen oder Nadeln vom Zersetzungspunkt 243—245° (unter vorhergehendem Erweichen bei 220°). Es ist in den üblichen Lösungsmitteln wenig mit grüner Fluorescenz löslich, in Schwefelsäure mit orangener und in Alkalien mit orangeroter Farbe und färbt tierische Fasern schwach gelb an, gebeizte Wolle stark. Jacarandin besitzt keine Methoxygruppe, gibt ein Diacetylderivat $C_{14}H_{10}O_5(CH_3CO)_2$, gelbe Nädelchen vom Smp. 192—194°, wenig löslich in Alkohol und ein Benzoylderivat $C_{14}H_{10}O_5(C_6H_5CO)_2$, gelbe prismatische Krystalle vom Smp. 167—169°.

Die Gewinnung beider Farbstoffe ist recht mühselig. Man geht von einem wässerigen Auszug des geraspelten Holzes aus und erhält aus 8 kg Holz 17 g Excoecarin und 3,15 g Jacarandin (Rohfarbstoff).

Locao (Chinesisch Grün). Der Farbstoff[1] ist in Rhamnusarten enthalten, von denen in China vornehmlich zwei, Rhamnus chlorophorus und Rhamnus utilis (Hong pi lo chou und Pé pi lo chou), vorkommen. Mit der Konstitution des Farbstoffes haben sich außer Cloez und Guignet[2], welche ihm die Formel $C_{28}H_{34}O_{17}$ gaben, ihn Locain nannten und erkannten, daß ein Glucosid vorliege, noch Kayser[3] und Rüdiger[4] beschäftigt. Da die Ergebnisse der Arbeiten der Letztgenannten sich nicht decken, so seien sie nebeneinander angeführt.

Kayser fand, daß das Ammoniumsalz einer Säure vorliege, er nannte deshalb den Farbstoff Locaonsäure. Mit Hilfe von Oxalsäure läßt sich daraus die freie Säure, ein blauschwarzes Pulver von der Zusammensetzung $C_{42}H_{48}O_{27}$ (Rüdiger: $C_{42}H_{46}O_{25}$) gewinnen. Auch ein Di-

---

[1] Koechlin-Schuch in Mühlhausen i. E. fand den Farbstoff auf einem chinesischen Baumwollgewebe. — [2] Cloez, Guignet: Ber. dtsch. chem. Ges. 5, 388 (1872); Jahresbericht von Liebig u. Kopp, 1872, S. 1068. — [3] Kayser: Ber. dtsch. chem. Ges. 18, 3417 (1885). — [4] Rüdiger: Arch. Pharmaz. 252, 165 (1914), dort auch Literaturzusammenstellung.

ammoniumsalz ist erhältlich, ebenso ein Kalium-, Barium- und Bleisalz. Mit verdünnter Schwefelsäure läßt sich Locaonsäure hydrolysieren und zerfällt dabei in Locansäure (das Locaetin von Cloez und Guignet) $C_{36}H_{36}O_{21}$ (Kayser, Rüdiger) und einen Zucker, den Kayser Locaose nannte und welchen Rüdiger als Rhamnose erkannte. Danach ergibt sich nach Rüdiger die Zersetzungsgleichung:

$$C_{42}H_{46}O_{25} + H_2O = C_{36}H_{36}O_{21} + C_6H_{12}O_5$$

wodurch seine Locaonformel an Wahrscheinlichkeit gegenüber der von Kayser gewinnt.

Locansäure ist ein violettschwarzes Pulver, das in verdünnten Alkalien mit violettblauer Farbe löslich ist und von dem verschiedene Salze hergestellt wurden. Die Säure enthält eine Methoxygruppe. Behandelt man Locansäure in der Hitze mit 50%iger Kalilauge, so entsteht Delocansäure von der Zusammensetzung $C_{15}H_9O_5$ (Kayser) bzw. $C_{12}H_8O_5$ (Rüdiger) und daneben Phloroglucin. Delocansäure ist ein schwarzes Pulver, sie enthält ebenfalls eine Methoxygruppe, aber keine freie Hydroxylgruppe. Mit verdünnter Salpetersäure liefert Locansäure Nitrophloroglucin, Delocansäure, eine Verbindung $C_8H_7O_5N$, orangegelbe Nadeln vom Smp. $129°$, in der vielleicht 6-Nitro-3-methoxybenzol-1-carbonsäure vorliegt. Rüdiger hält die Locansäure für ein Derivat des Flavon. Andererseits haben Bridel und Charaux[1] später ein unbeständiges Glucosid $C_{26}H_{30}O_{15}$, farblose Nadeln, aus der Stammrinde des Kreuzdorn Rhamnus cathartica sowie aus anderen Rhamnusarten, isoliert, das sie Rhamnicosid nennen und für die Stammsubstanz des Chinesisch Grün halten. Es zerfällt in Primverose und Rhamnicogenol $C_{15}H_{12}O_6$ ein ledergelbes Pulver vom Smp. $177°$, das ein Pentaoxymethyl-anthranol sein soll. Zu der Gewinnung des Farbstoffes wird nach Cloez und Guignet die Rinde der Zweige und der Wurzeln mit heißem Wasser ausgezogen und der Auszug mit Pottasche oder Kalkmilch versetzt. Diese Mischung wird zum Färben großer Baumwollstücke verwandt, auf welchen der Farbstoff durch 10—20malige Wiederholung des Färbevorganges angereichert wird. Die Gewebe werden sodann mit kaltem Wasser unter Auspressen und Reiben gewaschen, der abgelöste Farbstoff gesammelt, auf Papier gestrichen und getrocknet. Die so erhaltenen dünnen Blättchen von blauer Farbe und violettem und grünem Schimmer enthalten bis zu 50% Asche. Zur weiteren Reinigung wird Locao wiederholt mit kohlensaurem Ammoniumcarbonat ausgezogen und die Auszüge mit Alkohol gefällt. Der so erhaltene blaue Niederschlag wird mehrfach in Wasser gelöst und mit Alkohol gefällt. Endlich kann man eine so hergestellte Lösung (Rüdiger) vorsichtig unter Zusatz von Ammoniak bis zur Bildung einer Krystallhaut eindampfen, wobei man bronzeglänzende Krystalle erhält.

Die Chinesen benutzen Locao zum Färben von Baumwolle und Seide und erzielen damit ein schönes blaustichiges Grün[2] von großer Lichtechtheit. Der Farbstoff zieht auf Baumwolle in schwach alkalischem

---

[1] Bridel, Charaux: C. r. Acad. Sci. Paris 180, 857, 1047, 1219 (1925); Ann. Chim. (10) 4, 79 (1925), dort interessante geschichtliche Einzelheiten; Bull. Soc. Chim. biol. Paris 7, 822 (1925). — [2] Nähere Angaben bei Rupe: Naturfarbstoffe, I, 281.

Bade, läßt sich aber auch in der Küpe färben und liefert dann ein Blau. Nach Rüdiger sind die Färbungen säure- und alkaliecht.

Bridel und Charaux sagen, daß man Baumwolle und Seide mit der farblosen Lösung von mittels Einwirkung von Alkali auf Rhamnicosid erhaltenen Krystallen tränken und dem Licht aussetzen soll.

Phoenicein. Im Purpurholz, dem Holz von Copaifera bracteata aus der Familie der Caesalpiniaceae ist das Phoenin[1] von der Formel $C_{14}H_{16}O_7$ enthalten, das beim Kochen mit methylalkoholischer Salzsäure in Phoenicein, einen roten Farbstoff der Formel $C_{14}H_{14}O_6$ übergeht, der sich von dem Phoenin durch den Mindergehalt eines Molekül Wasser unterscheiden soll.

Sequoyin und Isosequein[2]. Im Rotholz von Sequoia sempervirens sind 2 Farbstoffe enthalten, welche die Ursache sind, daß das strohgelbe Kernholz von frisch geschnittenem Rotholz bald eine rote bis braune Farbe annimmt. Der eine Farbstoff Sequoyin $C_{36}H_{38}O_{10}$, rötliche Krystallflocken vom Smp. 214°, geht durch Hydrolyse mit 5%iger Schwefelsäure in Sequein $C_{20}H_{20}O_6$, Nadeln vom Smp. 190°, und Sequeinol $C_{16}H_{18}O_4$, Nadeln vom Zersetzungspunkt 242°, über. Sequein hat Phenolcharakter, bildet ein Hexaacetat und ähnelt Brasilin und Hämatoxylin, Sequeinol ist ein Phenol und liefert ein Tetraacetat.

Isosequein ist nur bei 2 Proben gewonnen worden und schmilzt bei 188°. Es dürfte ein dem Sequein ähnlich gebautes Phenol sein.

Zur Gewinnung laugt man das Rotholz mit kaltem Wasser aus.

Farbstoffe aus Xanthoxylum flavum. Aus der Fagara flava, dem Holze eines in Westindien wachsenden Baumes ist ein gelber Farbstoff[3] der Zusammensetzung $C_{14}H_{12}O_3$ und dem Smp. 133° sowie der Konstitution eines Ätherlacton isoliert worden. Die Kalischmelze liefert Buttersäure.

Von anderer Seite[4] werden zwei gelbe Rindenfarbstoffe beschrieben, von denen einer als Fagaragelb von der Zusammensetzung $C_{20}H_{20}O_9$ bezeichnet wird. Der zweite Rindenfarbstoff ist in Ochna alboserrata enthalten und hat die Zusammensetzung $C_{14}H_{13}O_5$ oder $C_{14}H_{11}O_4$.

d) Farbstoffe aus Flechten.

Calycin[5]. Dieser Farbstoff findet sich in Calyciaceae und Leprariaarten, hat die Zusammensetzung $C_{18}H_{12}O_5$, bildet goldgelbe Krystalle vom Smp. 242—243°. Er besitzt eine Hydroxylgruppe und zerfällt beim Erhitzen in Phenylessigsäure und Oxalsäure.

Gewinnung: Man erhält den Farbstoff aus Calycium chrysocephalum mittels Ligroin.

Chiodectonsäure[6]. In Chiodecton sanguineum (rubrocinctum) findet sich dieser Farbstoff, kirschrote Schuppen von der Zusammensetzung $C_{14}H_{18}O_5$.

Die Gewinnung erfolgt mittels Ätherauszuges.

---

[1] Kleerekoper: Chem. Zbl. **1901** II, 858, 1085. — [2] Sherrard, Kurth: J. amer. chem. Soc. **55**, 1728 (1933). — [3] Auld, Pickees: J. chem. Soc. Lond **101**, 1052 (1912). — [4] Greeshoff: Notizblatt des botanischen Garten, Nr. 22. Berlin 1900. — [5] Hesse: Ber. dtsch. chem. Ges. **13**, 1816 (1880); J. prakt. Chem. **62**, 321 (1900). — Zopf: Liebigs Ann. **284**, 107 (1895); **346**, 82 (1906). — [6] Hesse: J. pract. Chem. (2) **70**, 449 (1904).

Destrictinsäure[1]. In Cladonia destricta findet sich u. a. dieser Farbstoff von der Zusammensetzung $C_{17}H_{18}O_7$, ein schwarzes Pulver vom Smp. 215°.

Die Gewinnung der Säure ist recht schwierig.

Rhizocarpsäure[2]. Der Farbstoff findet sich in Rhizocarponflechten bei Lecideaceae- und Calyciaceaearten, er bildet gelbe Krystalle von der Zusammensetzung $C_{28}H_{22}O_7$ und dem Smp. 177—179°. Durch Einwirkung von Baryt zerfällt er in Kohlendioxyd, Äthylalkohol und Phenylessigsäure. Die Formel läßt sich auflösen in $C_{24}H_{16}O_3$ (COOH) (COOC$_2$H$_5$). Hesse hält die Annahme, daß die Verbindung Resorcin-äthylpulvinsäure $C_{26}H_{20}O_6$ sei, für unwahrscheinlich. Er hat bei der Zersetzung der Säure kein Resorcin gefunden. Näher scheint ihm die Annahme zu liegen, daß die Rhizocarpsäure Äthyldipulvinsäure $C_{40}H_{30}O_9$ und die Rhizocarpinsäure, welche vielfach auf Mauern und Randsteinen sich bei Feuerbach findet, ein partielles Verseifungsprodukt ist gemäß der Gleichung

$$C_{40}H_{30}O_9 + H_2O = C_{38}H_{26}O_9 + C_2H_5OH$$

Gewinnung. Aus Rhizocarpon geographicum mittels Chloroformextraktion.

Thiophansäure[3]: In Lecanora sordida findet sich diese Säure von der Zusammensetzung $C_{12}H_6O_{12}$, schwefelgelbe Nadeln vom Smp. 242°; sie enthält keine Methoxygruppe und geht unter dem Einfluß von starker Jodwasserstoffsäure in die bei 264° schmelzende Thiophaminsäure $C_{12}H_6O_9$ über.

Gewinnung. Aus der Flechte durch Ätherextraktion und mühsame Trennung.

Ungenügend charakterisierte Farbstoffe aus Flechten sind: Chiodictin[4], Fufuracinsäure[5], Jcmadophilasäure[6] und Talebrasäure[7].

e) Farbstoffe aus Harzen, Drogen usw.

Farbstoff des kanarischen Drachenblutbaumes. Im Harze des kanarischen Drachenblutbaumes Dracaena Draco[8] ist ein roter Farbstoff enthalten. Die Verbindung hat den Smp. 145° und die Zusammensetzung $C_{17}H_{18}O_4$, sie ist aber amorph. Ein Bromderivat schmilzt bei 131°, das Ozonid gibt bei der Spaltung mit Wasser eine Säure der Formel $C_{12}H_{22}O_5$, die Oxydation des Farbstoffes mit verdünnter Salpetersäure liefert eine schwerer lösliche Säure, die Draceensäure vom Smp. 120° und der Formel $C_{12}H_{12}O_3$ und eine leichter lösliche Säure, die Dracosäure $C_5H_6O_5$ vom Smp. 178°.

Zur Gewinnung wird das Harz mit Äther ausgezogen.

---

[1] Zopf: Liebigs Ann. **327**, 317 (1903); **346**, 82 (1906). — Hesse: J. pract. Chem. (2) **83**, 22 (1910). — [2] Zopf: Liebigs Ann. **284**, 107 (1895); **346**, 82 (1906). — Hesse: J. pract. Chem. (2) **58**, 465 (1898); Ber. dtsch. chem. Ges. **30**, 357 (1897). — [3] Hesse: Ber. dtsch. chem. Ges. **30**, 357 (1897); J. pract. Chem. (2) **58**, 465 (1898). — [4] Hesse: J. pract. Chem. (2) **70**, 499 (1904). — [5] Zopf: Liebigs Ann. **338**, 35 (1905). — [6] Thies in Klein: Handbuch der Pflanzenanalyse, III, 2, S. 449. — [7] Hesse: J. pract. Chem. **68**, 1 (1903). — Zopf: Liebigs Ann. **340**, 276 (1905). — Hesse: J. pract. Chem. (2) **73**, 113 (1906). — [8] Fraenkel, David: Biochem. Z. **187**, 146 (1921). — Literatur über andere Drachenblutsorten: Loyander: Beiträge zur Kenntnis des Drachenblutes. Marburg 1887. — Glenard, Boudault: Liebigs Ann. **48**, 343 (1843). — Blyth, Hofmann: Liebigs Ann. **53**, 326 (1845). — Boetsch: Monatsh. Chem. **1**, 609 (1858). — Tschirch, Dieterich: Arch. Pharmaz. **234**, 587 (1896).

Flemingin[1]. Der Farbstoff ist in dem Waras, auch Wars oder Wurrus genannt, enthalten. Waras bildet ein rotes harziges Pulver, bestehend aus den Samenhülsen der Flemingia congesta, eines Strauches, welcher in den wärmeren Teilen Indiens und in Afrika in der Gegend von Harras wächst. Von dort wird die Droge nach Arabien, insbesondere nach Yemen und Haddramant versandt, wo sie als Farbstoff, Cosmeticum und als Heilmittel gegen Erkältungen Verwendung findet. Als Farbstoff wird sie ähnlich wie Kamala, mit dem sie eine gewisse Ähnlichkeit hat, zum Färben von Seide, weniger für Wolle verwandt. Die Ausfärbung wird in kochender Natriumcarbonatlösung vorgenommen. Die erzielten Farbtöne sind goldgelb. Flemingin stellt organgerote Nadeln vom Smp. 171 bis 172° dar, die Zusammensetzung ist wahrscheinlich $C_{12}H_{12}O_3$. Alkali löst in der Kälte mit tief organgeroter Farbe. Die Kalischmelze ergab Salicylsäure, Essigsäure und eine Säure vom Smp. 184° (o-Oxyzimtsäure?).

Waras wird zuerst mit Schwefelkohlenstoff, der hierbei bleibende Rückstand sodann mit Chloroform ausgezogen. Aus der Chloroformlösung scheidet sich ein roter Niederschlag ab, das Filtrat wird abgedunstet und der Rückstand, das Flemingin aus Toluol umkrystallisiert. Der Niederschlag des Chloroformauszuges wird nochmals mit Chloroform behandelt. Der neue Auszug läßt in der Kälte ein Harz vom Smp. 162 bis 167° und der gleichen Zusammensetzung wie Flemingin fallen. Auch die Kalischmelze des Harzes liefert die gleichen Säuren wie oben. Im Filtrat dieses Auszuges findet sich eine kleine Menge Homoflemingin, Smp. 165—166°, von der gleichen Zusammensetzung wie Flemingin und den gleichen Ergebnissen bei der Kalischmelze. Es erscheint daher zweifelhaft, ob es sich bei diesen Verbindungen nicht um verunreinigtes Flemingin handelt.

Gardenin[2]. Aus dem Decamali-Gummi, der harzigen Absonderung der Gardenia lucida (Indien) läßt sich ein Farbstoff Gardenin isolieren, der tiefgelbe Krystalle vom Smp. 163—164° bildet und die Zusammensetzung $C_{14}H_{12}O_6$ besitzt. Beim Zusatz von Salpetersäure zur heißen Eisessiglösung von Gardenin scheidet sich die Gardeninsäure, tiefcarmoisinrote Nadeln vom Smp. 223° und der Zusammensetzung $C_{14}H_4O_6$ aus. Sie ist keine Säure, wie ursprünglich angenommen, sondern wohl ein Chinon, bildet ein Diacetylderivat $C_{14}H_8O_6(CH_3CO)_2$ vom Smp. 230—244° und geht mit schwefliger Säure in ein Reduktionsprodukt $C_{14}H_{14}O_6$, glänzende Nadeln vom Smp. 190°, über.

Die Darstellung geschieht mittels Wasserdampfdestillation des Harzes und Aufnahme des Rückstandes in kochendem Wasser.

Gossipol[3]. Der Farbstoff der Baumwollsamen bildet gelbe Krystalle vom Smp. 199° und geht beim Schmelzen in Anhydrogossipol über, das zwei Mol Wasser weniger enthält. Der Farbstoff liegt nicht als Glucosid

---

[1] A. G. Perkin: J. chem. Soc. Lond. **73**, 660 (1898). — [2] Stenhouse, Groves: Liebigs Ann. **200**, 311 (1880); dort die Literatur über die früheren Arbeiten von Dymock und Flückiger. — [3] Marchlewski: J. pract. Chem. (2) **60**, 85 (1899); Carruth: J. amer. chem. Soc. **40**, 647 (1918). — Clark: J. biol. Chem. **75**, 725 (1927); **76**, 229 (1928); **77**, 81 (1928); **78**, 159 (1928); J. amer. chem. Soc. **51**, 1475, 1479 (1929); Oil Fat. Ind. **6**, Nr 7, 15 (1929). — Karrer, Tobler: Helvet. chim. Acta **15**, 1204 (1932).

vor und seine Formel ist wahrscheinlich $C_{30}H_{30}O_8$ (Clark), sie könnte durch weitere Forschung sich aber noch ein klein wenig ändern. Zur Reinigung dient eine Molekülverbindung mit Essigsäure: $C_{30}H_{30}O_8 \cdot CH_3COOH$, das Gossipolacetat. Gossipol löst sich in Alkalien mit gelber Farbe, nach kurzer Zeit wird die Farbe violett, verblaßt und bleicht ganz aus. Mit Wasserstoffsuperoxyd tritt der gleiche Vorgang in alkalischer Lösung ein, es handelt sich also um eine Oxydation. Methoxy- und Äthoxygruppen sind nicht nachgewiesen. Von den 8 Sauerstoffatomen liegen zwei in Form benachbarter Carbonylgruppen vor (Dioximbildung, Kondensationsprodukt mit Anilin, Chinoxalinderivat). Es handelt sich entweder um ein α-Diketon oder um ein o-Chinon. Die übrigen 6 Sauerstoffatome sind als Hydroxylgruppen vorhanden (Bildung eines Hexaacetylderivates), 2 davon sind als Säuregruppen titrierbar. Ferner geben 2 Hydroxylgruppen die Acetylreste bei der Verseifung schwer ab.

Die Einwirkung 40%iger Natronlauge auf Gossipol bringt den Zerfall in Apogossipol $C_{28}H_{30}O_6$ und Ameisensäure. Ersteres hat noch 6 Hydroxylgruppen (Hexaacetat), aber keine Carbonylgruppen mehr. Es ist lichtempfindlich. Die Oxydation von Gossipol mit Kaliumpermanganat liefert neben einem syrupösen Oxydationsprodukt Ameisensäure, Essigsäure und Isobuttersäure, was für das Vorhandensein der Gruppe $(CH_3)_2CH—C\equiv$ spricht, wodurch die Verbindung den Terpenen nahegebracht wird. Die Oxydation des Hexaacetyl-gossipol mit Chromsäure führt zu Tetraacetyl-gossipolon $C_{33}H_{30}O_{12}$, dessen Muttersubstanz Gossipolon $C_{25}H_{22}O_8$ wäre. Dabei dürften also zwei acetylierte Hydroxylgruppen durch Chinon-Carbonylgruppen ersetzt und 3 Kohlenstoff- und 8 Wasserstoffatome abgespalten sein. Ozonabbau liefert die Gossipolsäure $(C_{12}H_{14}O_4)_x$ vom Smp. 241°, wahrscheinlich $C_{24}H_{28}O_8$. Die Farbreaktionen sprechen für eine aromatische Oxycarbonsäure, wahrscheinlich mit α-ständiger phenolischer Hydroxylgruppe. Mit Diazomethan entsteht ein Methyl-gossipolsäure-methylester $[C_{12}H_{12}O_2(OCH_3)_2]_x$ vom Smp. 142°, der mit Alkali in die Methylgossipolsäure $[C_{12}H_{13}O_3(OCH_3)]_x$ übergeht. Ein wesentlicher Teil des Gossipol dürfte aromatischen Charakter besitzen. Die frühere Auffassung, daß es sich um ein Flavonderivat handele, ist verworfen.

Die Gewinnung geschieht aus einem Petrolätherauszug des Baumwollsamen-Preßkuchen durch Fällen mit Essigsäure. 40 kg ergeben 120 g rohes Gossipolacetat. Gossipol ist giftig[1].

Gummigutt[2]. Dieser Farbstoff ist im Milchsaft der Garcinia morella (Ostindien, Ceylon, Siam, Cochinchina), Clusioideae aus der Familie der Guttiferae enthalten. Es sind dicke Stücke von rotgelber Farbe, in denen sich die α-, β- und γ-Garcinolsäuren befinden sollen ($C_{23}H_{28}O_6$, $C_{25}H_{32}O_6$ und $C_{23}H_{28}O_5$), von denen die γ-Säure sich mit Alkalien rot färbt. Es dient als Aquarellfarbe und zum Färben von Lacken.

Zur Gewinnung werden spiralförmige Einschnitte in die unteren Teile der Stämme gemacht und der ausfließende Saft in Bambusröhren aufgefangen. Man läßt einen Monat trocknen und erhitzt über Feuer, bis der Inhalt der Röhre hart geworden ist.

---

[1] Gallup: J. biol. Chem. **93**, 381 (1932). — Clark: Oil Fat. Ind. **5**, 237, 273 (1928). — [2] Schultz: Farbstofftabellen, 7. Aufl., I, Nr 1393, S. 647. — Ullmann: Enzyklopädie der technischen Chemie, 2. Aufl., 2, S. 98.

Kino[1]. Dies ist der verdickte Saft von Pterocarpus marsupium, einer Papilionaceae von der Malabarküste. Es bildet braunrote Stücke, liefert bei der Kalischmelze Brenzkatechin und Protocatechusäure und bildet ein Triacetat $C_{15}H_{11}O_4$ $(OCOCH_3)_3$. Kinomethyläther soll die Formel $C_{15}H_{11}O_4(OCH_3)_3$ haben. Kino findet in der Färberei wie Druckerei Anwendung wie Catechu.

Man erhält Kino durch Einschnitte in die Rinde des Baumes, er erhärtet an der Luft.

Rottlerin[2]. Dieser Farbstoff ist in der Droge Kamala enthalten, deren Stammpflanze, der Strauch Mallotus phillipinensis zu Ehren eines Missionar Rottlera tinctoria genannt wurde; er gehört zur Familie der Euphorbiaceae, Abteilung Crotaceae und ist in Ceylon, Indien, China und Australien heimisch. Die Droge Kamala besteht aus den Drüsen der Fruchtepidermis und wird durch Abschlagen oder Abschütteln der Früchte gewonnen. Sie wurde schon frühzeitig zum Orangefärben von Seide und als Wurmmittel verwandt. Die Zusammensetzung des Rottlerin[3] wird übereinstimmend von fast allen Forschern mit $C_{11}H_{10}O_3$ angegeben, ist aber auf Grund von Molekulargewichtsbestimmungen (Perkin, Telle) zu verdreifachen: $C_{33}H_{30}O_9$, eine Annahme, zu der auch die Analyse der Salze berechtigt. Hoffmann und Fári geben eine Formel $C_{31}H_{30}O_8$. Rottlerin bildet feine lachsfarbene Nadeln oder Platten vom Smp. 206—207°; es scheint eine einbasische Säure zu sein, das Natriumsalz bildet goldglänzende orangefarbene Krystalle, die gegen kochendes Wasser empfindlich sind.

Rottlerin gibt ein Hexaacetylderivat $C_{33}H_{24}O_9(CH_3CO)_6$ (Perkin), ein gelbes Krystallpulver vom Symp. 130—135°. Bartolotti hat auch ein Hexabenzoylderivat beschrieben. Dutt hat ein Heptaacetylderivat gewonnen, farblose Krystalle vom Smp. 165°, welches ein Bromadditionsprodukt $C_{33}H_{23}O_9Br_2$ $(CH_3CO)_7$ vom Smp. 145° liefert. Hoffmann und Fári halten das Perkinsche Hexaacetylderivat nicht für einheitlich und finden für das Duttsche Heptaacetylderivat vom Smp. 165° den Smp. 212° und die Formel $C_{31}H_{24}O_8(COCH_3)_6$. Weiter scheint ihre neue Formel durch ein Tetrahydroderivat vom 200—201° und ein Tetrahydro-hexaacetylderivat vom Smp. 183—185° gestützt.

Mit heißer Natriumcarbonatlösung erleidet Rottlerin nach vorübergehender Bildung eines Natriumsalzes eine Umwandlung bei 90°; es bildet sich eine körnige Masse, welche mit Salzsäure zersetzt werden kann. Nach dem Ausschütteln mit Äther wird der im Auszug befindliche Stoff aus Essigäther in Form feiner granatroter glänzender Nadeln von der Zusammensetzung $C_{29}H_{26}O_6$ erhalten. Die Verbindung ist von Perkin Rottleron genannt worden. Er glaubt, daß sie sich auch beim Färben auf

---

[1] Etti: Ber. dtsch. chem. Ges. **11**, 1879 (1878). — Simonsen: J. chem. Soc. Lond. **99**, 1530 (1911). — [2] Von Perkin zuerst Mallotoxin genannt. — [3] A. G. Perkin, W. H. Perkin jun.: Ber. dtsch. chem. Ges. **19**, 3109 (1886). — Jawein: Ber. dtsch. chem. Ges. **20**, 182 (1887). — A. G. Perkin: J. chem. Soc. Lond. **63**, 975 (1893); **67**, 230 (1895). — Bartollotti: Gaz. chim. **24 I**, 4; **24 II**, 480 (1894). — Telle: Arch. Pharmaz. **244**, 441 (1906); dort die ältere Literatur. — Thoms, Herrmann: Arch. Pharmaz. **244**, 640 (1906). — Herrmann: Arch. Pharmaz. **245**, 572 (1907). — Dutt: J. chem. Soc. Lond. **127**, 2044 (1925). — Dutt, Goswami: J. Indian chem. Soc. **5**, 21 (1928). — A. Hoffmann: Fári: Arch. Pharmaz. **271**, 97 (1933). Pharmakologische Wirkung des Rottlerin: Nagamachi: Chem. Zbl. **1923 III**, 270.

der Faser in der alkalischen Lösung bilde[1]. Bei der Einwirkung von kalter Salpetersäure auf Rottlerin wurde o-Nitro- und p-Nitrozimtsäure, p-Nitrobenzaldehyd neben Benzaldehyd, durch Einwirkung der Säure in der Wärme p-Nitrobenzoesäure erhalten.

Einen etwas tieferen Einblick in die Konstitution geben zwei fast gleichzeitig durchgeführte sorgfältige Untersuchungen von Telle und Herrmann. Lieferte die Oxydation mit Wasserstoffsuperoxyd in Natriumcarbonatlösung zwar auch nur Zimtsäure und Benzoesäure, in alkalischer Lösung mit Kaliumpermanganat ebenfalls Benzoesäure, brachte ferner die Kalischmelze nur Benzoesäure und Essigsäure, so entstand andererseits beim Kochen mit Barythydrat Methylphloroglucin und eine neue unbekannte Verbindung $(C_{11}H_{10}O_3)_3$. Sie besitzt also die gleiche Zusammensetzung wie Rottlerin und wurde daher ψ-Rottlerin genannt. Beim Kochen mit 15%iger Natronlauge und Zinkstaub konnten weiterhin Methylphloroglucin, Dimethylphloroglucin, Hydrozimtsäure, Essigsäure und eine zweibasische Säure von der Zusammensetzung $C_{17}H_{16}O_4$ und dem Smp. 185—185,5° erhalten werden, für die Herrmann die Konstitution (I) in Betracht zieht. Bei der Reaktion bildet sich ferner noch ein Produkt vom Smp. 170—172°, das an Campher erinnert. Auch Trimethylphloroglucin ist als Spaltprodukt abtrennbar, wenn man Rottlerin mit 2%iger Natronlauge kocht. Mit Rücksicht auf die wurmwidrigen Eigenschaften und die Auffindung der Spaltstücke scheint die Annahme gerechtfertigt, daß ein Mono- und ein Dimethylphloroglucin miteinander durch eine Methylengruppe verknüpft sind, der dritte Benzolkern gibt sich durch die Zimtsäure als Spaltstück kund, so daß im ganzen über 25 Kohlenstoffatome verfügt ist. Auch die in Betracht gezogene Struktur der Säure von der Formel $C_{17}H_{16}O_4$ würde sich diesem vorläufigen Bilde einpassen. Dutt glaubt an das Vorhandensein zweier Phloroglucinreste, eines C_6H_5—CH=CH-Restes und eines Benzolkernes mit wenigstens drei Seitenketten. Auf Grund der Ergebnisse bei der Nitrierung und Bromierung von Acetyl- und Methoxyrottlerin und der nachfolgenden Oxydation, wobei eine 2-4-disubstituierte Benzoesäure, eine 3-6-disubstituierte Phthalsäure und eine 2-5-disubstituierte Terephthalsäure erhalten wurde, aber kein Phloroglucinderivat, geben Dutt und Goswami dem Rottlerin vorläufig die Formel (II).

Hoffmann und Fári lehnen diese Formel ab.

Zur Gewinnung wird die Droge mit Äther ausgezogen, das wenig Rottlerin und viel Harz löst und sodann die Hauptmenge durch Benzolextraktion gewonnen (Telle, Dutt). Man kann auch mit Schwefelkohlenstoff extrahieren (A. G. Perkin). 1 kg Kamala ergibt 100—120 g Rottlerin.

---

[1] Über Färbemethoden: Hummel, Perkin: J. Soc. chem. Ind. 14, 460 (1895). — Perkin: J. Soc. chem. Ind. 19, 519 (1900).

Als Nebenprodukt scheint in der Kamala das Homorottlerin[1] enthalten zu sein, welches sich in sehr geringer Menge (aus 1 kg Kamala 0,1 g) im Schwefelkohlenstoffauszug befindet, nach Perkin in Toluol schwerer löslich als Rottlerin ist und die Formel $C_{33}H_{36}O_9$ besitzt. Der Smp. 192 bis 193° liegt allerdings verdächtig nahe an dem des Rottlerin.

Weiter sind zwei Harze, ein rotes und ein gelbes und eine kleine Menge Zucker gefunden worden.

f) Farbstoffe aus Pilzen usw.

Ergochrysin und Ergoflavin. Bei der Extraktion der Alkaloide aus dem Mutterkorn hinterbleiben gelbbraun gefärbte Rückstände, aus denen sich gelbe Farbstoffe isolieren lassen. So ist ein Farbstoff Scelerocrystallin[2] von der Zusammensetzung $C_7H_7O_3$ bzw. $C_{10}H_{10}O_4$ beschrieben, der in ein Hydrat Sceleroxanthin übergeht. Weiter ist das Ergochrysin[3], gelbe Nadeln der Formel $C_{21}H_{22}O_9$, genannt worden, das ebenfalls in ein Hydrat der Zusammensetzung $C_{21}H_{24}O_{10}$ übergeht. Endlich wird die Secalonsäure[4], ein gelber Farbstoff von der Zusammensetzung $C_{14}H_{14}O_6$ und dem Smp. 248° erwähnt, die auch ein Hydrat gibt. Diese Stoffe scheinen identisch zu sein, dagegen nicht mit ihnen ein Farbstoff[5] $C_{15}H_{14}O_7$ vom Smp. 350°, der den Flavonen nahestehen soll. Der erstere vielfach erhaltene Farbstoff, das Ergochrysin, wurde wiederum[6] aus einem nicht näher bezeichneten Mutterkornrückstand erhalten, er bildet goldgelbe Nadeln vom Smp. 266°, seine Formel ist $C_{28}H_{28}O_{12}$ wie durch Molekulargewichtsbestimmung erwiesen wurde. Ergochrysin ist gegen Alkali empfindlich, es wird dadurch in amorphe Produkte übergeführt. Es liefert ein Dekaacetat, die trockene Destillation ein Phenol $C_9H_{10}O_3$ (Monacetat Smp. 65°), die Alkalischmelze 1-3-5-Kresotinsäure, Resorcin und 2-4-2'-4'-Tetraoxydiphenyl. Die Oxydation mit Salpetersäure ergab ein Nitroderivat $C_{16}H_{15}O_9N$.

Der zweite Farbstoff, das Ergoflavin[7] ist mit dem Farbstoff vom Smp. 350° identisch und wurde aus einem anderen Mutterkorn-Rückstand erhalten. Die oben genannte Formel $C_{15}H_{14}O_7$ wird bestätigt, dagegen statt eines Tetraacetates (Freeborn) ein Pentaacetat vom Smp. 244° erhalten. Danach sind 5 von 7 Sauerstoffatomen nachgewiesen, ein Ergebnis, welches auch durch die Zerewitinoff-Bestimmung bestätigt wird. Ergoflavin ähnelt dem Vitexin. Die Behandlung mit Kalilauge bei Siedetemperatur führt zu einer Säure, der Ergoflavonsäure von der Zusammensetzung $C_{15}H_{16}O_8$, die über 340° schmilzt und unter Wasseraufnahme (Lacton?) wieder in Ergoflavin übergeht.

Von roten Farbstoffen werden zwei, das Sklererythrin und Sklerojodin[8], genannt.

Gemmatein[9]. Der Farbstoff befindet sich als Glucosid in dem Pilz

---

[1] Ein Isorottlerin vom Smp. 198—199° (Perkin) und der Zusammensetzung $C_{12}H_{12}O_5$ dürfte nach den Untersuchungen von Herrmann verunreinigtes Rottlerin sein. — [2] Dragendorff, Podwyssotzki: Arch. f. exper. Path. **6**, 174 (1877). — [3] Jacobi: Arch. f. exper. Path. **39**, 104 (1897). — [4] Kraft: Arch. Pharmaz. **244**, 336 (1906). — [5] Freeborn: Pharm. J. **1912**, 568. — [6] W. Bergman: Ber. dtsch. chem. Ges. **65**, 1489 (1932). — [7] W. Bergmann: Ber. dtsch. chem. Ges. **65**, 1487 (1932). — [8] Literatur bei Zellner: Chemie der höheren Pilze. Leipzig: Wilh. Engelmann 1907; vgl. auch Tschirch: Schweiz. Apoth.ztg **60**, 1 (1922). — [9] Kotake, Naito: Z. physiol. Chem. **90**, 254 (1914).

Lycoperdon gemmatum Batsch. Er besteht aus schwarzbraunen Krystallnadeln von der Zusammensetzung $C_{17}H_{12}O_7$, als Zucker wurde Glucose festgestellt. Beim Schmelzen mit Kali entsteht p-Oxybenzoesäure. Wasserstoffsuperoxyd liefert Homogentisinsäureanhydrid.

Zur Darstellung dient der Ätherauszug des getrockneten Pilzpulvers.

Monascin[1], Monascorubrin und Monascoflavin[2] (α- und β-Oryzaerubin).

Der rote Reis, der in Ostasien durch Züchtung eines Pilzes aus der Gruppe Telebolae mit Namen Agkhak oder Monascus purpureus Wentii auf Reis hergestellt wird, enthält einen roten Farbstoff[3], welcher zum Rotfärben von Getränken und Eßwaren in China Verwendung findet. Nach den Untersuchungen von Karrer[1] sind es zwei Farbstoffe (wie auch schon von Hibino vermutet), ein tiefbraunroter, dessen Reindarstellung nicht geglückt ist und ein tiefgelber, Blättchen vom Smp. 135—140°, der den Namen Monascin erhalten hat. Die Molekulargewichtsbestimmungen und Analysen stimmen am besten auf $C_{24}H_{30}O_6$, die Verbindung ist aber sehr empfindlich. Sie ist methoxylfrei, die alkalische Lösung zersetzt sich schnell, die Acetylierung ist nicht geglückt. Als Oxydationsprodukte scheinen niedere Fettsäuren aufzutreten. Der Farbstoff scheint großenteils aliphatische Struktur zu besitzen.

Nishikawa[2] hat aus dem Mycelgeflecht des Pilzes einen Farbstoff isoliert, Monascorubrin $C_{22}H_{24}O_5$, rote Prismen oder Nadeln vom Smp. 136° und daraus ein Dihydroderivat, beide Verbindungen sind linksdrehend. Mit Wasserstoffsuperoxyd entsteht ein gelber Farbstoff Monascoflavin $C_{17}H_{22}O_4$, rhombische Blättchen vom Smp. 145°, der auch aus altem Pilzmycel erhalten werden kann, daraus ein Dihydroderivat. Beide Verbindungen sind stark rechtsdrehend. Die Kalischmelze des Monascorubrin ergab Fettsäuren, darunter Capronsäure. Monascorubrin enthält eine Doppelbindung, eine gerade Kette von 6 Kohlenstoffatomen und vermutlich einen Benzolkern.

Die Darstellung geschieht nach Karrer durch Ätherextraktion.

Farbstoff aus Polysaccum pisocarpium[4]. Diesem Pilzfarbstoff wurde die Formel $C_{14}H_8O_6$ oder $C_{10}H_6O_2$ zuerteilt und für ihn die Konstitution eines Tetraoxyanthrachinon oder Dioxynaphthochinon vorgeschlagen. Kögl[5] hält die Annahme eines Anthrachinonderivates für unwahrscheinlich. Der Farbstoff ist nur amorph und aschehaltig gewonnen worden. Ein weiterer Farbstoff aus Polysaccum crassipes[6] dürfte mit dem vorgenannten vielleicht identisch sein.

Die Isolierung geschieht in beiden Fällen aus einem Alkoholextrakt.

Ein Farbstoff aus Bacterium brunneum[7] soll die Zusammensetzung $C_{18}H_{14}O_3$ haben.

---

[1] Salomon, Karrer: Helvet. chim. Acta 15, 18 (1931). — [2] Nishikawa: Bull. agricult. chem. Soc. Jap. 8, 78 (1932). — [3] Ältere Literatur: Geerligs: Chem.ztg 19, 1311 (1895). — Went: Ann. Sci. Nat., Bot. Serie (8) 1, 1 (1895). — Wehmer: Zbl. Bakter. Parasitenkde II, 3, 105 (1897). — Boorsma: Chem. Zbl. 1896 I, 1130. — Hibino: Proc. Akad. Amsterd. 1925, Nr 2, 182; dort noch ältere Literatur. — [4] Fritsch: Arch. Pharmaz. 227, 193 (1889). — [5] Kögl in Klein: Handbuch der Pflanzenanalyse, III, 2, S. 1429. — [6] Zellner: Sitzgsb. Akad. Wiss. Wien, Math.-naturwiss. Kl. IIb 127, 411 (1918). — [7] Thorpe: Chem. News 72, 82 (1885).

Rhizopogonsäure[1]. Der Farbstoff ist aus Rhizopogon rubescenz Corda, der wilden Trüffel aus Südfrankreich isoliert worden. Die Verbindung hat die Zusammensetzung $(C_{14}H_{18}O_2)_x$ oder $(C_{20}H_{26}O_3)_x$ rote Nadeln vom Smp. 127°, ist eine Säure, die sich in Alkali mit violetter Farbe löst und ein krystallisiertes Kaliumsalz bildet, dem die Formel $C_{28}H_{35}O_4K$ zukommen könnte.

Zur Gewinnung wird der Pilz in Alkohol maceriert und der Rückstand mit Äther ausgezogen.

Weitere Pilz- und Bakterienfarbstoffe[2], für welche bisher noch keine chemische Formel aufgestellt wurde, sind hier nicht aufgenommen.

3. Stickstoffhaltige Verbindungen.

Diese Farbstoffe lassen sich in die Gruppen einteilen: Abkömmlinge des Pyrimidin, des Pyrrol, des Pyridin und des Pyrazin. Angefügt sind einige Farbstoffe unbekannter Konstitution. Unter den Farbstoffen befinden sich die wichtigen Farbstoffe des Blutes, der Galle, des grünen Blattes und die Lyochrome (Flavine).

a) Abkömmlinge des Pyrimidin.

Pterine (Lepidopterine).

Dieser Name ist von Wieland und Schöpf[3] für die Farbstoffe der Schmetterlingsflügel vorgeschlagen worden. Obwohl die Konstitution der beiden am besten untersuchten Farbstoffe nämlich des Citronenfalter und des Kohlweißling noch nicht völlig aufgeklärt werden konnte, so steht doch die Zugehörigkeit zur Puringruppe einigermaßen fest. Weiterhin hat sich ergeben, daß die Farbstoffe, welche die Gelbfärbung des Hinterleibes der Wespen bedingen, mit diesen beiden Farbstoffen identisch sind. Daneben hat sich aus Wespen ein neues Pterin isolieren lassen. Die Forschung ist durch die Schwierigkeit der Materialsammlung in Ansehung des geringen Gehaltes der Tiere an Farbstoff erschwert.

Xanthopterin[4]. Der Farbstoff der Flügel des Citronenfalter Gonepteryx rhamni bildet, aus dem sog. β-Bariumsalz freigemacht, hellgelbe Flocken, die bei 400° noch nicht geschmolzen sind und auf $C_{19}H_{19}O_7N_{15}$ stimmende Werte geben. Krystallisierte Präparate hergestellt unter Bedingungen, welche ursprünglich bei Verwendung des α-Bariumsalzes ausgearbeitet waren, liefern Analysen, aus welchen hervorgeht, daß vielleicht Xanthopterinhydrate vorliegen. Auch besteht die Möglichkeit, daß eine $>C=NH$-Gruppe durch hydrolytische Abspaltung in $>C=O$

---

[1] Oudermans: Rec. Trav. chim. Pays-Bas **2**, 155 (1884). — [2] Zusammenstellung von Kögl in Klein: Handbuch der Pflanzenanalyse, III, 2, S. 1140. — [3] Wieland, Schöpf: Ber. dtsch. chem. Ges. **58**, 2178 (1925); ältere Literatur in Abderhalden: Biochemisches Handlexikon, Bd. 11, S. 355; vornehmlich Hopkins: Chem. News **60**, 57 (1889); Nature (Lond.) **40**, 335 (1889); **45**, 197, 581 (1891/92); ferner Proc. roy. Soc. Lond. **57**, 5 (1894/95); dort sind die Farbstoffe der Schmetterlingsflügel erstmals als Purinderivate erkannt. — [4] Wieland, Schöpf: Ber. dtsch. chem. Ges. **58**, 2178 (1925). — Schöpf, Becker: Liebigs Ann. **507**, 266 (1933); vgl. auch Wieland, Metzger, Schöpf, Bülow: Liebigs Ann. **507**, 226 (1933). — Xanthopterin hat die Absorptionsbanden 391—360—267 —243 mμ und ist an Vitamin B_2-frei ernährten Ratten wirkungslos. Kuhn, György, Wagner-Jauregg: Ber. dtsch. chem. Ges. **66**, 317 (1933), und zwar S. 319.

übergegangen ist. Die in der ersten Arbeit von Wieland und Schöpf aufgestellte Summen- und Konstitutionsformel ist überholt. Das dort beschriebene α-Bariumsalz war durch Fällen des in Ammoniak gelösten Rohfarbstoffes mit halbgesättigtem Barytwasser in der Kälte erhalten worden; das β-Bariumsalz entsteht aus amorphem Rohxanthopterin durch Lösen in halbgesättigtem Barytwasser. Man erhält so feine, zu Büscheln vereinigte Nadeln, das Salz unterscheidet sich in seiner Zusammensetzung von dem α-Bariumsalz. Der Farbstoff gibt die Murexidreaktion, er enthält keine N-Methylgruppen im Molekül und kuppelt mit Diazoniumsalzen wie Xanthin; beim Kochen mit Alkali wird aus Xanthopterin langsam Ammoniak abgespalten. Da in den Flügeln der Männchen von Gonypteryx rhamni und in den Wespen Xanthopterin und der Farbstoff des Kohlweißling Leukopterin gemeinsam vorkommen, so ist ihre chemische Verwandtschaft in Frage zu ziehen. Für Leukopterin steht die Zugehörigkeit zur Puringruppe nach Wieland fest, ferner ist eine C_{19}-Formel fast sichergestellt. Dann würde das Bariumsalz des Xanthopterin sich von einem Monohydrat ableiten und etwa der Formel $C_{19}H_{15}O_8N_{15}\left(\frac{Ba}{2}\right)_6$ entsprechen.

Zur Gewinnung des Farbstoffes wurden die lufttrockenen Flügel von 500 Gonepteryx rhamni (Männchen) im Gewichte von 7,4 g mit Äther ausgezogen. Die Ätherlösung enthält eine Spur eines weiteren gelben Farbstoffes unbekannter Konstitution. Die Flügel werden nun mit Ammoniak ausgezogen; durch Eindunsten wird der Farbstoff gewonnen. Ein Schmetterling liefert $^2/_3$ mg vorgereinigten Rohfarbstoff. Der Farbstoff kann ebenfalls aus den Hinterleibsintegumenten der Wespen (Vespa crabro, germanica und vulgaris) neben Leukopterin und einem dritten Pterin gewonnen werden.

Leukopterin[1]. Der Farbstoff entstammt den Flügeln der Kohlweißlinge, Pieris brassicae und napi; er wurde früher für Harnsäure gehalten. Leukopterin bildet farblose Krystalle, hat wahrscheinlich die Zusammensetzung $C_{19}H_{19}O_{11}N_{15}$ und ist daher mit Harnsäure nicht identisch. Er gibt die Murexidreaktion und ist eine vierbasische Säure. Die ursprünglich angenommene Formel ist hinfällig geworden. Die beiden charakteristischen Oxydationsprodukte der Harnsäure Alloxan und Allantoin werden nicht angetroffen. Mit Chlorphosphor entsteht ein Reaktionsprodukt $C_{19}H_{16}O_8N_{15}Cl_3$, in dem 3 Hydroxylgruppen durch Chlor ersetzt sind. Ebenso kann ein Triacetylderivat gebildet werden, bei dessen Bildung 1 Mol Wasser abgespalten wird. Während Harnsäure beim Erhitzen mit konz. Salzsäure auf 170° wie folgt zerfällt:

$$C_5H_4O_3N_4 + 5 H_2O = H_2N-CH_2-COOH + 3 NH_3 + 3 CO_2$$

kann für das Leukopterin nur eine unvollständige Spaltungsgleichung aufgestellt werden:

$$C_{19}H_{19}O_{11}N_{15} + 16 H_2O = 3 H_2N-CH_2-COOH + 12 NH_3 + 9 CO_2 + 3 CO (+C),$$

d. h. 18 Kohlenstoffatome werden erfaßt. Das Ergebnis deutet darauf hin, daß 3 Purinringe am Aufbau beteiligt sind; Einleiten von Chlor in

---

[1] Schöpf, Wieland: Ber. dtsch. chem. Ges. **59**, 2067 (1926). — Wieland, Metzger, Schöpf, Bülow: Liebigs Ann. **507**, 226 (1933). — Schöpf, Becker: Liebigs Ann. **507**, 266 (1933).

eine methylalkoholische Suspension gibt in Analogie zur Harnsäure das Trichlorhydrat eines Hexamethyläthers $C_{19}H_{19}O_{11}N_{15}(OCH_3)_6$, der basischen Charakter hat, während Leukopterin der Basennatur ermangelt. Die Einwirkung von Chlorwasser liefert eine Verbindung $C_{19}H_{19}O_{11}N_{15}(OH)_6$ entsprechend dem Harnsäureglykol, die Einwirkung von Chlor in Eisessiglösung ein Oxydationsprodukt $C_{19}H_{25}O_{16}N_{15}$, ein Diglykol, weil nur 2 Pyrimidinringe in Reaktion treten. Bei der Spaltung des Diglykol mit Barytwasser wurde Guanidin gefunden, daneben 3 Mol Oxalsäure. Damit erklärt sich die im Verhältnis große Menge Ammoniak bei der Zersetzung mit Salzsäure, welche eben aus der Iminogruppe stammt, während die Oxalsäure sich in Gestalt von Kohlenoxyd wiederfindet. Eine weitere Überlegung führt dazu, daß an der Entstehung der Oxalsäure Kohlenstoffatome des Puringerüstes beteiligt sind, so daß sich für einen Rest etwa eine Teilformel (I) ergibt, die schon besagt, daß die Purinringe an C_8 und wohl auch an C_6 untereinander verknüpft sind.

Die Umwandlung mit Nitrit und Schwefelsäure liefert Desiminoleukopterin $C_{19}H_{14}O_{13}N_{12}$, wobei $1/5$ des Stickstoff und 1 Mol Wasser abgespalten wird, so daß bei der Oxydation des Desiminoleukopterin mit Chlor kein Guanidin mehr entstehen kann. Für die Haftstelle der Oxalsäurereste ist der stufenweise Abbau der Glykolderivate wichtig. So wurden im Hexamethyläther 3 Methoxygruppen durch Hydroxylgruppen ersetzt und die unbeständige Verbindung $C_{19}H_{19}O_{11}N_{15}(OH)_3(OCH_3)_3$ erhalten, welche bei weiterer Zersetzung 3 Mol Kohlendioxyd und 1 Mol Guanidin abspaltet. Aus den Reaktionslösungen ließ sich ein Ester $C_4H_4O_3N_2(OCH_3)_2$ gewinnen, dem eine Säure $C_4H_5O_4N_2(OCH_3)$ zugrunde liegt, der die Formel:

$$H_2N-CO-CH(OCH_3)-NH-CO-COOH$$

einer durch den Rest des Methoxy-acetamides substituierten Oxaminsäure zugeschrieben wird.

Danach ist die Auswahl an Konstitutionsformeln für das Leukopterin nicht mehr groß. Es lassen sich z. B. folgende drei in Wahl stellen:

I. (Wieland)

Abkömmlinge des Pyrimidin.

$$\begin{array}{c}
\text{HN—CO} \\
\text{HN=C} \quad \text{C—NH} \\
\text{NH—C—NH}
\end{array} \quad
\begin{array}{c}
\text{HN—CO} \\
\text{HN=C} \quad \text{C—NH} \\
\text{C—CO—N—C—N} \\
\text{OH}
\end{array} \quad
\begin{array}{c}
\text{COOH} \\
\text{C—OH} \\
\text{CH}_2
\end{array}$$

$$\begin{array}{c}
\text{NH—C—N} \\
\text{HN=C} \quad \text{C—NH} \\
\text{HN—CO}
\end{array} \quad
\begin{array}{c}
\text{C—OH} \\
\text{COOH}
\end{array}$$

II. (Metzger)

$$\begin{array}{c}
\text{O} \\
\text{H}
\end{array}\!\!>\!\!\text{C—N=C}
\begin{array}{c}
\text{NH–CO} \\
\text{C–NH–CO–CO–N=C} \\
\text{NH–C–NH}_2
\end{array}
\begin{array}{c}
\text{NH–CO} \\
\text{C–NH–CO–CO–N=C} \\
\text{NH–C–NH}_2
\end{array}
\begin{array}{c}
\text{NH–CO} \\
\text{C–NH–CO–COOH} \\
\text{NH–C–HN}_2
\end{array}$$

III. (Schöpf)

Durch konz. Schwefelsäure wird Leukopterin zu einer isomeren Verbindung umgelagert, die ihm sehr ähnlich ist bis auf die Tatsache, daß dieses isomere Produkt sich wie eine 6-basische Säure verhält.

Die Gewinnung erfolgt aus den mit Äther ausgezogenen Flügeln von Pieris napi mit Ammoniak und Eindampfen der ammoniakalischen Lösung im Vakuum, wobei sich das Amoniumsalz abscheidet. Aus 1164 g Flügeln, entsprechend 215000 Faltern werden 39,1 g Rohleukopterin erhalten, also auf den Falter berechnet 0,190 mg.

In den weißen Flügelteilen des Aurorafalter E. cardamines und in den Flügeln der gelben Männchen und weißen Weibchen des Citronenfalter Gonepteryx rhamni sowie in den Wespen [Vespa crabro (Hornisse), Vespa germanica und vulgaris] wurden ebenfalls Farbstoffe gefunden, welche die wesentlichen Eigenschaften des Leukopterin zeigen. Sie haben die Zusammensetzung desselben, zeigen die Murexidreaktion, unterscheiden sich aber dadurch, daß die Natriumsalze verschiedenen Natriumgehalt haben. Schöpf und Becker halten sie deshalb für Gemische von (zwei?) Isomeren der Zusammensetzung $C_{19}H_{19}O_{11}N_{15}$, die als freie Verbindungen und als Natriumsalze Mischkrystalle bilden und von denen das eine schwächer sauer ist. Das mit dem niedrigsten Natriumgehalt wird als Leukopterin a, das mit dem höchsten Natriumgehalt als Leukopterin b bezeichnet. Ferner scheint der orangegelbe Fleck in der Mitte der Flügel des Citronenfalter einem neuen Pterin zuzugehören, der in den dunkelgelben dunkelorangegelben Colias-Arten frei von anderen Pterinen vorliegt. Die gelben Männchen von Gonepteryx rhamni enthalten danach Leukopterin, Xanthopterin und eine Spur des neuen Pterin. Die weißen Weibchen von Gonepteryx rhamni enthalten Leukopterin und ein schwach basisches Pterin, das in der Mitte zwischen Leukopterin und Xanthopterin steht. Die Aurorafalter enthalten Leukopterin, die Wespen Xanthopterin, Leukopterin und ein drittes schwach basisches Pterin, das zwischen Leukopterin und Xanthopterin steht.

Farbstoff aus Melanargia galatea[1]. Aus den Flügeln dieses Falter soll ein gelber Farbstoff vom Smp. 235° von den Eigenschaften

---
[1] D. L. Thomson: Biochem. J. **20**, 73, 1026 (1926).

eines Flavon oder Flavonol isoliert worden sein. Der gleiche Farbstoff soll bei einer Gramineenart Dactylis glomerata, eine der Pflanzen, welche die Raupe von Melanargia galatea aufsucht, aufgefunden worden sein.

b) Abkömmlinge des Pyrrol[1].

Prodigiosin[2]. Der Bacillus prodigiosus findet sich häufig im Wasser und Erdboden. Er ist kein Krankheitserreger, hat aber infolge der Rotfärbung seiner Kulturen, die z. B. auf Lebensmitteln Blutstropfen ähnliche Flecke hervorbringen, in früheren Jahrhunderten zu folgenschweren Verwechslungen Anlaß gegeben. Das Auftreten solcher Flecke auf geweihten Hostien hat im Mittelalter zur Annahme verleitet, daß die Hostien[3] „von Juden gestochen worden seien und deshalb bluteten. Die Täter wurden dann rasch gefunden und meist verbrannt oder einfach totgeschlagen. Hekatomben von Menschen sollen durch den Prodigiosus umgekommen sein". Prodigiosin hat die Zusammensetzung $C_{20}H_{25}ON_3$, bildet eine rote spröde amorphe Masse von Metallglanz ohne scharfen Smp., die bei 70—80° sintert. Das Perchlorat besteht dagegen aus großen metallisch glänzenden Nadeln vom Smp. 228°. Die Lichtechtheit des Farbstoffes ist nicht groß.

Bei der Hydrierung wird die für eine doppelte Bindung nötige Menge an Wasserstoff aufgenommen. Die Methoxylbestimmung stimmt auf eine Methoxygruppe. Die trockene Destillation des Prodigiosin im Wasserstoffstrom bei etwa 250° ergibt ein Spaltstück $C_{10}H_{17}N$, das als ein in α-Stellung methylsubstituiertes, am Stickstoff unsubstituiertes Pyrrolderivat erkannt wurde. Die Oxydation lieferte n-Capronsäure, es handelt sich also um ein β- oder β'-n-Amylpyrrol. Die Synthese aus 2-Aminooctanon-3 und Oxalessigester:

entschied für das β-Derivat.

Bei der Oxydation des Farbstoffes mit Wasserstoffsuperoxyd wurde u. a. eine Verbindung $C_6H_7O_3N$ erhalten, welche sich als N-Methylmethoxy-maleinimid (I)

erwies, was sich durch Vergleich des Abbauproduktes mit einem synthetisch hergestellten Produkt (II) dieser Konstitution erhärten ließ.

---

[1] Literatur: H. Fischer u. H. Orth: Die Chemie des Pyrrol, Bd. 1. Leipzig: Akademische Verlagsgesellschaft 1934. — [2] Wrede, Hettche: Ber. dtsch. chem. Ges. **62**, 2678 (1929). — Wrede: Z. physiol. Chem. **210**, 125 (1932). — Wrede, Rothhaas: Z. physiol. Chem. **215**, 67 (1933); **219**, 267 (1933); dort auch Erwiderung an Raudnitz: Naturwiss. **21**, 518 (1933). — Wrede, Rothhaas: Z. physiol. Chem. **226**, 95 (1934). — [3] Scheurlen: Arch. f. Hyg. **26**, 3 (1896), dort auch ausführliche Zusammenstellung der Literatur.

Die vollständige Hydrierung mit Pd-Kohle in Eisessig bei 60° liefert ein Produkt, das 14 Atome Wasserstoff aufgenommen hat. Die Oxydation dieser Verbindung in saurer Lösung ergab Pyrrolidin $C_{10}H_{21}N$, Oxaminsäure und Bernsteinsäure, ferner einen Stoff vom Charakter des Prolin, der keine Methoxygruppe enthält. Man kann daher auf das Vorliegen eines unsubstituierten Pyrrolringes schließen. Die folgende Formel erscheint daher wahrscheinlich:

Zur Gewinnung geht man von einer Agarlösung aus, die mit Maggis gekörnter Fleischbrühe, Peptonum siccum sine sale, Traubenzucker und Magnesiumsulfat versetzt wird. Man erhält 0,4 g Farbstoff aus 2 qm Kulturfläche.

Es sind noch eine ganze Anzahl Bakterienfarbstoffe in der Literatur beschrieben, über deren Summenformeln noch keine Angaben vorliegen. Eine Zusammenstellung gibt Kögl[1].

Blutfarbstoff.

Der Farbstoff des Blutes ist im Hämoglobin enthalten, das sich nach der heute vorherrschenden Anschauung aus dem Eiweiß Globin (95%) und dem Farbstoff Hämochromogen (5%) zusammensetzt. Man hat berechnet, daß der Blutfarbstoff innerhalb von $2^{1}/_{2}$ Monaten vollständig in Gallenfarbstoff abgewandelt und als solcher ausgeschieden wird, so daß innerhalb dieser Zeit eine völlige Regeneration des Blutfarbstoffes stattfindet. Die Gründe hierfür sind nicht bekannt.

Bei der Spaltung des Hämoglobin, die z. B. durch Eingießen[2] von Blut in heißen mit Kochsalz gesättigten Eisessig ausgeführt werden kann, entsteht das Hämin $C_{34}H_{32}O_4N_4FeCl$, also ein Kunstprodukt. Beraubt man Hämin oder Hämochromogen seines Eisens, so entstehen sog. Porphyrine und zwar je nach der Art der Säure, welche man zur Abspaltung des Eisen anwendet, in der Zusammensetzung mehr oder weniger verschiedene. Sie sind wieder in Eisenkomplexsalze, das sind die Hämine zurückverwandelbar[3].

Die Ermittlung der Konstitution des Blutfarbstoffes ist daher von der Ermittlung der Konstitution der Porphyrine abhängig. Man kennt zahlreiche natürliche Porphyrine[4], sie kommen im Pflanzen- und Tierreich, sogar zum Teil im menschlichen Organismus unter pathologischen Umständen vor. Über ihre physiologische Bedeutung ist nicht viel bekannt, sie scheinen Sensibilisatoren[4] zu sein.

Die beste reduktive Abbaumethode des Blutfarbstoffes, welche zu kleineren Bruchstücken führt, stammt von Nencki[5], die weitere Aufarbeitung und Trennung des ursprünglich als einheitlich angesehenen

---

[1] Kögl in Klein: Handbuch der Pflanzenanalyse, III, 2, S. 1436. — [2] Teichmann: Z. pract. Med., N. F. 3, 375 (1853); ältere Arbeiten: Siehe die Zusammenstellung bei H. Fischer: Über Porphyrine und ihre Synthesen. Ber. dtsch. chem. Ges. 60, 2611 (1927). — H. Fischer: Naturwiss. 18, 1026 (1930); Z. angew. Chem. 44, 617 (1931). — [3] Zalewski: Z. physiol. Chem. 43, 11 (1904). — [4] Literatur bei H. Fischer: Ber. dtsch. chem. Ges. 60, 2611 (1933), und zwar S. 2612. — Schreus: Klin. Wschr. 13, 121 (1934). — [5] Ältere Literatur bei Hahn: Z. Biol. 64, 141 (1914).

Gemisches von Verbindungen knüpft sich an die Namen von Piloty[1], Willstätter[2] und H. Fischer[3]. Als Methoden für die Trennung der einzelnen Verbindungen wurde von diesen Forschern verwandt: fraktionierte Salzbildung der Pikrate und fraktionierte Krystallisation der Pikrate, unterschiedliches Verhalten beim Ankuppeln mit Diazobenzolsulfosäure und auf die verschiedene Basizität der Spaltverbindungen z. B. Salzsäure gegenüber gegründet, endlich Destillation von Estern, soweit die Spaltprodukte Säuren sind. Die so in reiner Form erhaltenen Spaltprodukte sind:

1. Hämopyrrolbasen:

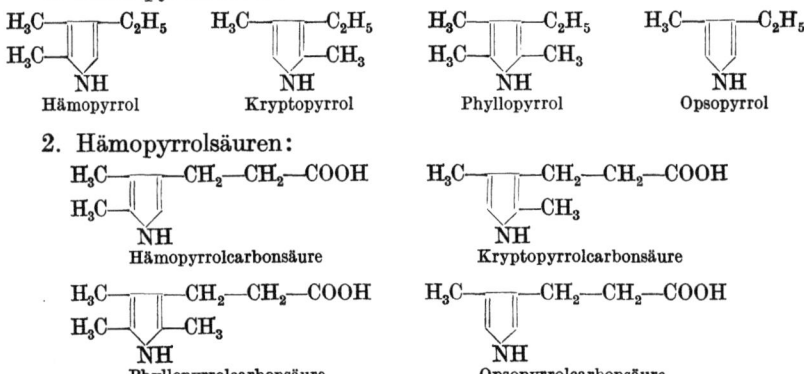

2. Hämopyrrolsäuren:

Die Hämopyrrolcarbonsäuren tragen also an Stelle der Äthylgruppe der Hämopyrrolbasen einen Propionsäurerest.

Bei der oxydativen Spaltung des Hämin und der Porphyrine sowie der Oxydation des ursprünglichen Gemisches der Hämopyrrolverbindungen, die zuerst von Küster[4] angegeben wurde, hat man folgende Pyrrolverbindungen gefunden:

---

[1] Vgl. z. B. Piloty: Liebigs Ann. 366 (1910). — Piloty, Dormann: Ber. dtsch. chem. Ges. 45, 2592 (1910). — [2] R. Willstätter und A. Stoll: Untersuchungen über Chlorophyll, Kapitel 22. — [3] H. Fischer, Eismayer: Ber. dtsch. chem. Ges. 47, 1820 (1914). — H. Fischer, Bartholomäus: Ber. dtsch. chem. Ges. 45, 467, 1315 (1912). — H. Fischer, Röse: Ber. dtsch. chem. Ges. 47, 791 (1914); Z. physiol. Chem. 87, 39 (1913). — [4] Küster: Ber. dtsch. chem. Ges. 35, 2948 (1902); 40, 2017 (1907).

Hämatinsäure[1] konnte synthetisiert werden, Methyl-äthyl-maleinimid entsteht aus ihm durch Kohlendioxydabspaltung, ebenso läßt sich die carboxylierte Hämatinsäure zu Hämatinsäure decarboxylieren[2], die Konstitution des Imides vom Smp. 64° ist bestimmt[3], Citraconimid[4] und Bromcitraconimid[5] beschließen die Reihe.

Aus den Befunden bei der Oxydation war die Konstitution der reduktiven Bestandteile festgelegt, der endgültige Beweis gelang durch Synthese sämtlicher Spaltstücke[6]. Die Synthesen[7] bauen sich auf die Acetessigestersynthese von Knorr auf, welche zum Dimethyl-dicarbäthoxypyrrol (I) führt.

Aus dem Abbau des Hämin zu diesen Spaltstücken geht hervor, daß Pyrrolverbindungen die Bausteine des Häminmolekül sein müssen und damit auch der Porphyrine. Hämin kennzeichnet sich weiter als eine Dicarbonsäure, die Molekulargewichtsbestimmung[8] deutet auf 4 Pyrrolkerne, das gleiche gilt für die Porphyrine. Darauf weist auch die Tatsache hin, daß alle bekannten Porphyrine der Analyse nach 4 Stickstoffatome aufweisen.

$$\begin{array}{c} H_3C\text{———}COOC_2H_5 \\ H_5C_2OOC\text{———}CH_3 \\ NH \end{array} \quad (I)$$

Tabelle der Porphyrine.

Ätioporphyrin $C_{32}H_{38}N_4$ (Stammsubstanz)
Deuteroporphyrin $C_{30}H_{30}O_4N_4$
Protoporphyrin $C_{34}H_{32}O_4N_4$ = Ooporphyrin = Kämmerers Porphyrin
Hämatoporphyrin $C_{34}H_{36}O_6N_4$
Mesoporphyrin $C_{34}H_{38}O_4N_4$
Koproporphyrin $C_{36}H_{38}O_8N_4$
Konchoporphyrin $C_{37}H_{38}O_{10}N_4$
Uroporphyrin $C_{46}H_{38}O_{16}N_4$

Synthetisch lassen sich, wie später gezeigt wird, beliebig viele Porphyrine darstellen; in der obigen Tabelle sind die physiologisch wichtigen zusammengestellt. Zu den einzelnen Gliedern der Tabelle ist zu sagen:

Mesoporphyrin[9] entsteht aus Hämin mit Eisessig und Jodwasserstoff.

---

[1] Küster, Weller: Ber. dtsch. chem. Ges. **47**, 532 (1914). — [2] Zur Konstitution vgl. H. Fischer: Ber. dtsch. chem. Ges. **60**, 2611 (1927), und zwar S. 2615. — [3] Küster: Z. physiol. Chem. **163**, 270 (1927); **168**, 295 (1927). — H. Fischer, Hummel: Z. physiol. Chem. **185**, 33 (1929). — [4] H. Fischer, Lindner: Z. physiol. Chem. **161**, 18 (1926). — [5] H. Fischer, Kotter: Ber. dtsch. chem. Ges. **60**, 1862 (1927). — [6] Hämopyrrol: Piloty, Blömer: Ber. dtsch. chem. Ges. **45**, 3749 (1912); Kryptopyrrol: Knorr, Hess: Ber. dtsch. chem. Ges. **44**, 2758 (1911). — H. Fischer, Schubert: Ber. dtsch. chem. Ges. **56**, 1202 (1923); **57**, 610 (1924); Phyllopyrrol: Willstätter, Asahina: Liebigs Ann. **385**, 188 (1911). — H. Fischer, Bartholomäus: Ber. dtsch. chem. Ges. **45**, 466 (1912); Opsopyrrol: H. Fischer, Halbig: Liebigs Ann. **450**, 151 (1926). — H. Fischer, Friedrich: Liebigs Ann. **461**, 244 (1928); Hämopyrrolcarbonsäure: H. Fischer, Treibs: Ber. dtsch. chem. Ges. **60**, 377 (1927); Kryptopyrrolcarbonsäure: H. Fischer, Weiß: Ber. dtsch. chem. Ges. **57**, 602 (1924); Phyllopyrrolcarbonsäure: H. Fischer, Nenitzescu: Liebigs Ann. **439**, 175 (1924); Opsopyrrolcarbonsäure: H. Fischer, Treibs: Ber. dtsch. chem. Ges. **60**, 377 (1927). — H. Fischer, Lamatsch: Liebigs Ann. **240** (1928); vgl. auch H. Fischer: Ber. dtsch. chem. Ges. **60**, 2611 (1927), und zwar S. 2619. — [7] Einzelheiten noch H. Fischer: Ber. dtsch. chem. Ges. **60**, 2611 (1927), und zwar S. 2619 und 2620 (Tabelle). — [8] H. Fischer, Hahn: Ber. dtsch. chem. Ges. **46**, 2308 (1913). — [9] Nencki, Zaleski: Ber. dtsch. chem. Ges. **34**, 997 (1901).

Hämatoporphyrin[1] entsteht aus Hämin mittels Eisessig und Bromwasserstoff.

Protoporphyrin[2] erhält man durch Eingießen von Blut in konz. Salzsäure, besser durch Einwirkung von Ameisensäure und Eisen auf Hämin[3], es ist identisch mit Kämmerers Porphyrin, das man durch Bakterieneinwirkung auf Blutfarbstoff[4] erhält und mit Ooporphyrin[5], dem Pigment der gefleckten Eierschalen der im Freien brütenden Vögel.

Uroporphyrin[6] sowie auch Koproporphyrin[7] sind Ausscheidungsprodukte, welche unter pathologischen Umständen im menschlichen Organismus auftreten, Uroporphyrin findet sich außerdem noch als Kupfersalz (Turacin) in den Schwungfedern der Helmvögel[8], ferner in den Muschelschalen von Pteria vulgaris[9]; Konchoporphyrin[10] wurde aus den Muschelschalen von Pteria radiator erhalten, endlich wird Deuteroporphyrin[11] aus dem entsprechenden Hämin gewonnen, das bei der Fäulnis des Blutes bei alkalischer Reaktion entsteht. Ätioporphyrin[12] ist die carboxylfreie Stammsubstanz der ganzen Reihe. Aus den Eigenschaften der Porphyrine, ihren analytisch festgelegten Formeln und aus dem Einblick, den die Chemie der Spaltstücke gibt, ließen sich Konstitutionsformeln im Sinne einer Arbeitshypothese ableiten, von denen die im Jahre 1912 von Küster[13] aufgestellte Formel des Hämin schon ein im wesentlichen richtiges Bild gab. Heute stehen die Porphyrinformeln und die Häminformel durch die später zu besprechenden Synthesen fest. Zugleich sind diese Untersuchungen die Grundlage für die neuere Entwicklung der Chemie des Chlorophyll gewesen.

Als Grundverbindung kann ein hypothetisches Porphin angenommen werden.

Porphin

Ätioporphyrin I

Man sieht ohne weiteres, daß vom Porphin sich 4 verschiedene Ätioporphyrine ableiten, die durch verschiedene Anordnung der Substituenten entstehen, das obige ist von H. Fischer als Ätioporphyrin I bezeichnet

---

[1] Nencki, Sieber: Arch. f. exper. Path. 24, 430 (1888). — [2] Laidlaw: J. Physiol. 31, 465 (1904). — [3] H. Fischer, Pützer: Z. physiol. Chem. 154, 39 (1926). — [4] Kämmerer: Dtsch. Arch. klin. Med. 145, 257 (1924). — [5] H. Fischer, Kögl: Z. physiol. Chem. 131, 241 (1923); 138, 262 (1924). — H. Fischer, Lindner: Z. physiol. Chem. 142, 140 (1925). — [6] Baumstark: Arch. Physiol. 9, 568 (1874). — H. Fischer: Ber. dtsch. chem. Ges. 60, 2611 (1927), und zwar S. 2626. — [7] H. Fischer: Ber. dtsch. chem. Ges. 60, 2611 (1927), und zwar S. 2627. [8] H. Fischer, Hilger: Z. physiol. Chem. 138, 49 (1924). — [9] H. Fischer, Haarer: Z. physiol. Chem. 204, 101 (1932). — [10] H. Fischer, Jordan: Z. physiol. Chem. 190, 75 (1930). — [11] H. Fischer, Lindner: Z. physiol. Chem. 161, 18 (1926). — [12] Willstätter, M. Fischer: Z. physiol. Chem. 87, 423 (1913). — [13] Küster: Z. physiol. Chem. 82, 463 (1913).

worden. Die Formeln für die 4 Ätioporphyrine lassen sich durch die folgenden abgekürzten Formeln wiedergeben:

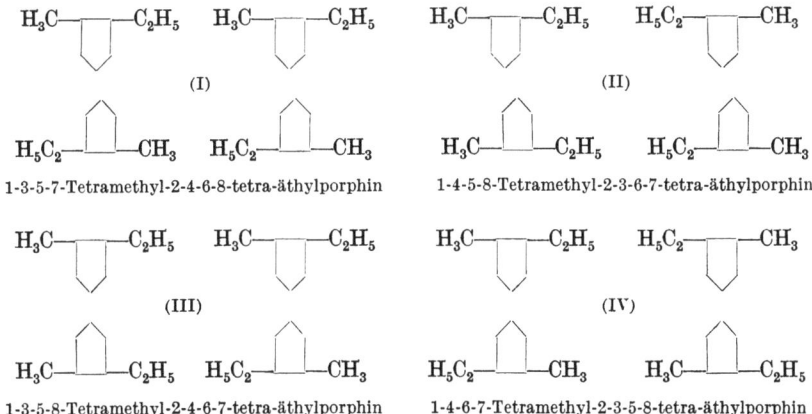

Diese sind sämtlich synthetisiert worden. Hämin[1] hat, wie vorweg genommen sei, die Formel:

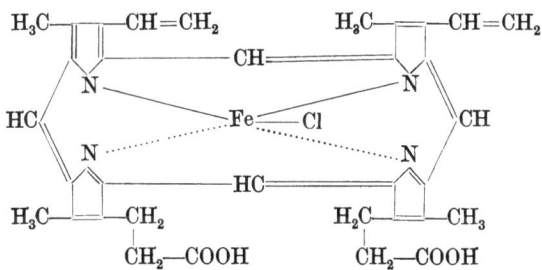

leitet sich also von Ätioporphyrin III ab.

4 Pyrrolkerne, und zwar 1 Pyrrol-, 1-Maleinimid- und zwei Pyrroleninringe sind durch 4 Methingruppen vereinigt. Die in sich geschlossenen konjugierten Bindungen bedingen die Farbe. Die reduktive Spaltung läßt sich an den Methingruppen wie folgt erklären (V):

Es entsteht so das Gemisch der bei der reduktiven Spaltung erhaltenen Pyrrole. Bei der oxydativen Spaltung werden die Methingruppen oxydiert und man erhält Hämatinsäure in einer Ausbeute, die den beiden Pyrrolkernen mit Propionsäureresten entspricht, während die beiden Vinylgruppen tragenden Pyrrolkerne offenbar völlig oxydiert werden.

Die zu Mesoporphyrin führende Reaktion mit Jodwasserstoff besteht in einer Reduktion der beiden Vinylgruppen zu Äthylgruppen, dies zeigt

---

[1] Ältere Formeln, die nur noch geschichtliche Bedeutung haben: Nencki, Zaleski: Ber. dtsch. chem. Ges. **34**, 997 (1901). — Piloty: Liebigs Ann. **388**, 313 (1912); **392**, 215 (1912). — Willstätter: Ber. dtsch. chem. Ges. **47**, 2861 (1914).

sich bei der Oxydation, welche bei dieser Verbindung zu 2 Mol Methyläthyl-maleinimid und 2 Mol Hämatinsäure führt. Der Angriff der Oxydation an den Vinylgruppen ist nicht mehr möglich.

Protoporphyrin kennzeichnet sich lediglich als seines Eisen beraubtes Hämin, es läßt sich wieder in Hämin überführen. Hämatoporphyrin, das mit Bromwasserstoff entsteht, ist der folgenden Reduktion an den Vinylgruppen unterlegen:

$$-CH=CH_2- \rightarrow -CHBr-CH_3- \rightarrow -CH(OH)-CH_3-$$

Dies zeigt sich bei der Oxydation, wo der basische Anteil von den Oxäthylgruppen aus eine Zerstörung erfährt. Verestert man die Oxäthylgruppen, so erhält man beim Abbau das Imid vom Smp. 64°.

Deuteroporphyrin unterscheidet sich von Hämin — abgesehen von der Eisenabspaltung — durch das Fehlen der beiden Vinylgruppen. Die Oxydation liefert Citraconimid, die Bromierung Dibrom-deuteroporphyrin, dessen Oxydation das Bromcitraconimid.

Uroporphyrin gibt bei der Oxydation carboxylierte Hämatinsäure, Koproporphyrin, Hämatinsäure und bei der Reduktion Hämopyrrolcarbonsäure, die basischen Anteile fehlen. Daraus ist der Schluß zu ziehen, daß Koproporphyrin 1-3-5-7-Tetramethyl-2-4-6-8-tetrapropionsäure-porphyrin ist, also alle Äthylgruppen im Ätioporphyrin I durch Propionsäurereste ersetzt sind, während Uroporphyrin wahrscheinlich Bernsteinsäurereste enthält. Die Decarboxylierung führt zu Ätioporphyrin I. In dem Konchoporphyrin liegt, wie schon erwähnt, ein Koproporphyrin vor, das eine Carboxylgruppe mehr enthält.

Gestützt sind diese Vorstellungen durch Synthesen, welche die Porphyrine umfassen und sich auch auf Hämin selbst erstrecken. Die Einwirkung von Brom[1] auf Kryptopyrrol führt zu einem Dipyrrylmethen:

Die Einwirkung von Brom führt aber bei freier α-Stellung zum Eintritt von Brom in diese Stellung. Das Brom ist locker gebunden. Ein solches Methen gibt bei der Behandlung mit Säuren[2] (z. B. Ameisensäure) ein Ätioporphyrin (I, S. 187).

Wie die Formel zeigt, muß bei der Synthese eine Dehydrierung[3] eintreten. Die Porphyrinsynthese aus einfachen kernbromierten Methenen durch Kondensation zweier Moleküle läßt sich auch auf verschiedenartige Methene übertragen, wobei ferner in einem der beiden Methene

---

[1] H. Fischer: Sitzgsber. bayer. Akad. Wiss., Math.-physik. Kl. 1915, 401. — H. Fischer, Scheyer: Liebigs Ann. 434, 237 (1923). — H. Fischer, Halbig: Liebigs Ann. 447, 123 (1926). — H. Fischer, Ernst: Liebigs Ann. 447, 139 (1926). — [2] H. Fischer, Klarer: Liebigs Ann. 448, 178 (1926). Anschaulich geschildert bei H. Fischer: Ber. dtsch. chem. Ges. 60, 2611 (1927), und zwar S. 2637. „Es herrschte eine fieberhafte Erregung im Laboratorium, bei welchem Doktoranden wohl zuerst Porphyrinbildung eintreten würde." — [3] Diskussion des Reaktionsmechanismus: H. Fischer: Ber. dtsch. chem. Ges. 60, 2611 (1927), und zwar S. 2628.

statt Brom eine freie α-Methingruppe stehen kann. Diese Synthese kommt für Porphyrin-monopropionsäuren in Anwendung.

Bei der Bromierung entstehen z. B. aus Kryptopyrrol auch zweifach bromierte Dipyrrylmethene, die besonders wichtig für die folgende Synthese sind:

Ferner kann die Synthese auch aus Carbonsäuren[1] erfolgen:

Methandicarbonsäure von Kryptopyrrol   Ätioporphyrin II (Isoätioporphyrin)

Endlich kann man aus Opsopyrrol[2] mit Hilfe von Formaldehyd und Ameisensäure oder Chlormethyläther ein Gemisch zweier isomerer Ätioporphyrine erhalten, wobei anzunehmen ist, daß in der Reaktion Umlagerung erfolgt. Nach diesen Methoden sind eine ganze Anzahl Porphyrine[3] synthetisiert worden.

---

[1] H. Fischer, Halbig: Liebigs Ann. **448**, 193 (1926). — H. Fischer, Wallach: Liebigs Ann. **450**, 164 (1926). — H. Fischer, Andersag: Liebigs Ann. **450**, 201 (1926). — [2] H. Fischer, Sturm, Friedrich: Liebigs Ann. **461**, 244 (1928). — [3] Synthesen von Porphyrinen: H. Fischer, Andersag: Liebigs Ann. **458**, 117 (1927). — H. Fischer, Treibs: Liebigs Ann. **450**, 132 (1926); Ber. dtsch. chem. Ges. **60**, 377 (1927). — H. Fischer, Heisel: Liebigs Ann. **457**, 83 (1927). — H. Fischer, Lindner: Z. physiol. Chem. **161**, 1 (1926). — H. Fischer, Halbig, Wallach: Liebigs Ann. **452**, 268 (1927). — H. Fischer, Stangler: Liebigs Ann. **459**, 53 (1927); **462**, 251 (1928). — H. Fischer, Friedrich, Lamatsch, Morgenroth: Liebigs Ann. **466**, 147 (1928). — H. Fischer, Kirstahler: Liebigs Ann.

188 Heterocyclische Verbindungen.

Verwirrend und erschwerend für die Synthese ist der Umstand, daß, wie oben an der Ätioporphyrinformel gezeigt, vier Stellungsisomere bei zwei verschiedenen β-Substituenten möglich sind; genau so liegt der Fall z. B. bei den Koproporphyrinen mit vier Propionsäureresten und vier Methylgruppen. So konnten zwei natürliche Koproporphyrine bei gleicher pathologischer Stoffwechselerkrankung (Porphyriefall) nachgewiesen werden.

Die Feststellung der Reihenfolge der Substituenten im Hämin ist durch Synthese entsprechender Mesoporphyrine[1] festgestellt worden. Es sind hier 15 Isomere möglich, deren Ableitung so geschieht, daß man in den vier Ätioporphyrinen an Stelle zweier Äthylreste zwei Propionsäurereste setzt. Natürliches Mesoporphyrin wurde so als identisch mit dem 1-3-5-8-Tetramethyl-2-4-diäthyl-6-7-dipropionsäure-porphin befunden, leitet sich also vom Ätioporphyrin III ab. Damit ist der Weg zur Synthese des Hämin[2] frei gewesen, er führt über die Synthese des Deuteroporphyrin, des 1-3-5-8-Tetramethyl-6-7-dipropionsäureporphin. In dieses wird Eisen eingeführt und das entstandene Deuterohämin durch Einfügung von 2-Acetylgruppen[3] in Stellung 2 und 4 in das Diacetyldeuterohämin verwandelt, das Eisen abgespalten und das gebildete Diacetyl-deuteroporphyrin zu Hämatoporphyrin reduziert und letzterem durch Wasserabspaltung 2 Mol Wasser entzogen. Es entstand so das die zwei Vinylgruppen tragende Protoporphyrin, welches durch Einführung von Eisen in ein mit natürlichem Hämin identisches Eisensalz verwandelt wurde.

Diese Synthese bedeutet eine Totalsynthese[4] und da die zugehörigen Pyrrolbausteine aus Acetessigester aufgebaut werden, so ist die Frage gerechtfertigt, ob der Organismus, dem Acetessigester, wie der pathologische Stoffwechsel der Zuckerkranken beweist, zur Verfügung steht, nicht auch auf diesem Wege den Blutfarbstoff aufbaut.

Deuteroporphyrin

466, 178 (1928). — H. Fischer, Lamatsch: Liebigs Ann. **462**, 240 (1928). — H. Fischer, Bäumler: Liebigs Ann. **468**, 58 (1929). — H. Fischer, Weichmann, Zeile: Liebigs Ann. **475**, 241 (1929). — H. Fischer, Kirrmann: Liebigs Ann. **475**, 266 (1929). — H. Fischer, Platz, Morgenroth: Z. physiol. Chem. **182**, 265 (1929). — H. Fischer, Jordan: Z. physiol. Chem. **191**, 36 (1930). — H. Fischer, Riedl: Liebigs Ann. **482**, 232 (1930). — H. Fischer, Siebert: Liebigs Ann. **483**, 1 (1930). — H. Fischer, Goldschmidt, Nüßler: Liebigs Ann. **486**, 1 (1931); **491**, 162 (1931). — H. Fischer, Hierneis: Z. physiol. Chem. **196**, 155 (1931). — H. Fischer, Kirstahler, v. Zychlinski: Liebigs Ann. **500**, 1 (1932). — H. Fischer, Riedl: Z. physiol. Chem. **207**, 193 (1932). — H. Fischer, Bertl: Z. physiol. Chem. **229**, 37 (1934). — H. Fischer, Haarer: Z. physiol. Chem. **229**, 55 (1934). — H. Fischer, von Holt: Z. physiol. Chem. **227**, 124 (1934); **229**, 93, 124 (1934).

[1] H. Fischer, Stangler: Liebigs Ann. **459**, 53 (1927). Im ganzen sind 12 Mesoporphyrine synthetisiert worden. — [2] H. Fischer, Zeile: Liebigs Ann. **468**, 98 (1929). — [3] Die Einfügung von Acetylgruppen gelingt im Eisensalz leichter als in den Porphyrinen. — [4] Es ist Abstand genommen worden, Einzelheiten dieser und anderer Synthesen zu bringen. Dafür ist die Literatur sorgsam zusammengestellt. Die Porphyrine sind Verbindungen, welche durch ein charakteristisches

Gallenfarbstoff.

Bilirubin, das biologische Abbauprodukt des Blutfarbstoffes, ist der wahrscheinlich an Eiweiß gebundene Farbstoff der Galle, der auch im Urin gefunden wird. Man erhält ihn am besten aus Rindergallensteinen. Die Verwandlung des Blutfarbstoffes in den Gallenfarbstoff findet in der Leber unter Abspaltung des Eisens statt. Der Farbstoff zeichnet sich im Gegensatz zum Hämin durch keinerlei spektroskopische Erscheinungen aus, dagegen ist das Farbenspiel bei der Gmelinschen Reaktion einer Oxydation mit salpetriger Säure typisch, deren Mechanismus enträtselt ist.

Bilirubin[1] hat die Formel $C_{33}H_{36}O_6N_4$, besitzt also ein Kohlenstoffatom weniger als Hämin. Allerdings stimmen die Analysen besser auf C_{32}, und es wäre im Rohbilirubin die Annahme von kohlenstoffärmerem Material denkbar. Bilirubin gibt bei der energischen Oxydation[2] nur Hämatinsäure (I), basische Imide fehlen, bei der Reduktion[3] Kryptopyrrol (II):

Die Reduktion verläuft in Stufen; katalytisch führt sie zu Mesobilirubin[4] $C_{33}H_{40}O_6N_4$, mit Natriumamalgam über ein farbloses Zwischenprodukt Dihydromesobilirubin[5] $C_{33}H_{42}O_6N_4$ zu Mesobilirubinogen $C_{33}H_{44}O_6N_4$, welches früher den Namen Hemibilirubin führte und identisch mit dem im Harn vorkommenden Urobilinogen ist, aus welchem durch Luftoxydation das Urobilin des Harnes entsteht.

Mesobilirubin wie Mesobilirubinogen[6] geben bei der Oxydation neben Hämatinsäure Methyläthylmaleinimid.

Energische Reduktion lieferte aus Bilirubin neben wenig Kryptopyrrol und Kryptopyrrolcarbonsäure als Hauptprodukt

Smp. 287° (IV)
Xanthobilirubinsäure

Spektrum ausgezeichnet sind. — Über ein Hämin und Porphyrin der Spirographiswürmer: Warburg, Negelein, Haas: Biochem. Z. **227**, 17 (1930). — Warburg, Negelin: Biochem. Z. **244**, 10, 239 (1932). — Cytochrom besteht aus einem Komplex von 3 Hämochromogenderivaten (a, b und c) mit weiter Verbreitung in Tier- und Pflanzenreich. Die Komponente c ist ein Derivat des Ätioporphyrin III. Keilin: Proc. roy. Soc. Lond. B **98**, 312 (1925). — Hill, Keilin: Proc. roy. Soc. Lond. B **107**, 286 (1930). — Zeile: Z. physiol. Chem. **207**, 35 (1932). — Zeile, Piutti: Z. physiol. Chem. **218**, 52 (1933). — Zeile, Reuter: Z. physiol. Chem. **221**, 101 (1933).

[1] Zusammenstellung der gesamten Literatur: Abderhalden: Biochemisches Handlexikon, VI, 277; IX, 388, 407; X, 383, 919; XIV, 776. — [2] Küster: Ber. dtsch. chem. Ges. **30**, 1831 (1897); Z. physiol. Chem. **59**, 63 (1909). — [3] H. Fischer, Röse: Ber. dtsch. chem. Ges. **45**, 3274 (1912). — [4] H. Fischer: Ber. dtsch. chem. Ges. **47**, 2330 (1914); Z. Biol. **65**, 163 (1914). — [5] H. Fischer, Baumgarten: Z. physiol. Chem. **216**, 260 (1933). — [6] H. Fischer: Z. physiol. Chem. **73**, 204 (1911). — H. Fischer, Meyer-Betz: Z. physiol. Chem. **75**, 232 (1911). — H. Fischer, Meyer: Z. physiol. Chem. **75**, 339 (1911).

die Bilirubinsäure[1] (III, S. 189), deren Dehydrierungsprodukt die Xanthobilirubinsäure[2] ist (IV, S. 189).

Es hat sich aber später erwiesen, daß die aus Bilirubin und Abkömmlingen erhaltene Xanthobilirubinsäure (sog. analytische Xanthobilirubinsäure[3]) ein Gemisch aus der obigen Säure und einer als Isoxanthobilirubinsäure[4] bezeichneten Säure ist (I). Die Konstitution der Bilirubinsäure[5] ergibt sich aus der Aufspaltung mit Kaliummethylat, die zu Trimethylpyrrol-propionsäure führt, während Erhitzen mit Natriummethylat die Xanthobilirubinsäure liefert. Erhitzen von Bilirubin mit Natriummethylat lieferte ebenfalls Xanthobilirubinsäure und Trimethylpyrrolpropionsäure (die Isoxanthobilirubinsäure war damals noch nicht aufgefunden). Nachdem auf analytischem Wege die beiden Formeln[6] bewiesen wurden, ist durch die Synthese die Konstitution völlig sichergestellt worden. Aus 4-3'-5'-Trimethyl-3-äthyl-5-brom-4'-propionsäurepyrromethenbromid[7] (II) wurde durch Austausch des labilen Bromatom mit Kaliumacetat die Xanthobilirubinsäure[8] erhalten. Mit Natriumamalgam wurde daraus synthetische Bilirubinsäure[9] gewonnen.

Aus Bilirubinsäure wie auch aus Mesobilirubinogen ließ sich ein Mesoporphyrin[10] durch Synthese erhalten, was mit der angenommenen Struktur eines Dipyrrylmethanderivates in Übereinstimmung steht.

---

[1] H. Fischer, Röse: Ber. dtsch. chem. Ges. **45**, 1579 (1912) (dort noch nicht die richtige Konstitution); Z. physiol. Chem. **82**, 391 (1902). — Piloty, Thannhäuser: Liebigs Ann. **390**, 191 (1912). — [2] H. Fischer, Röse: Ber. dtsch. chem. Ges. **46**, 439 (1913). — Piloty: Ber. dtsch. chem. Ges. **46**, 1000 (1913). — [3] Siedel, H. Fischer: Z. physiol. Chem. **214**, 145 (1933). — [4] Synthese: H. Fischer, Hartmann: Z. physiol. Chem. **226**, 116 (1934). — [5] H. Fischer, Bartholomäus: Z. physiol. Chem. **83**, 50 (1913); **87** 255 (1913). — H. Fischer, Röse: Z. physiol. Chem. **89**, 255 (1913); Ber. dtsch. chem. Ges. **47**, 791 (1914); Z. physiol. Chem. **91**, 184 (1914). — H. Fischer, Eismayer: Ber. dtsch. chem. Ges. **47**, 2019 (1914). — Piloty, Stock, Dormann: Liebigs Ann. **406**, 342 (1914). — [6] H. Fischer, Heß: Z. physiol. Chem. **194**, 193 (1931). — [7] H. Fischer, Berg: Liebigs Ann. **482**, 189 (1930). Vorarbeiten dazu: H. Fischer, Fröwis: Z. physiol. Chem. **195**, 49 (1930). — H. Fischer, Yoshioka, Hartmann: Z. physiol. Chem. **212**, 146 (1932). — [8] H. Fischer, Adler: Z. physiol. Chem. **197**, 237 (1931); Aufbau von Verbindungen vom Typus der Xanthobilirubinsäure: H. Fischer, Loy: Z. physiol. Chem. **128**, 59 (1923); ältere Arbeiten: Küster: Z. physiol. Chem. **94**, 136 (1915); Arch. Pharmaz. **253**, 457 (1915); Z. physiol. Chem. **99**, 86 (1919); **121**, 80, 94, 110 (1922). — Küster, Maag: Ber. dtsch. chem. Ges. **56**, 55 (1923). — H. Fischer: Barrenscheen: Z. physiol. Chem. **115**, 94 (1921). — H. Fischer, Niemann: Z. physiol. Chem. **127**, 317 (1923). — H. Fischer, Schubert: Ber. dtsch. chem. Ges. **56**, 2379 (1923). — H. Fischer, Müller: Z. physiol. Chem. **132**, 72 (1923); **135**, 108 (1924). — H. Fischer, Niemann: Z. physiol. Chem. **137**, 293 (1924); **146**, 196 (1925). — [9] H. Fischer, Röse: Ber. dtsch. chem. Ges. **46**, 441 (1913). — H. Fischer, Adler: Z. physiol. Chem. **197**, 237 (1931). — [10] H. Fischer, Lindner: Z. physiol. Chem. **161**, 1 (1926).

Die Resorcinschmelze[1] des Mesobilirubin ergibt Neoxanthobilirubinsäure (I) neben der isomeren Isoneoxanthobilirubinsäure[2] (II): die durch katalytische Reduktion in Neobilirubinsäure (III) und Isoneobilirubinsäure (IV) übergehen:

H_3C—⫿—C_2H_5 H_3C—⫿—CH_2—CH_2—COOH
HO—⫿=CH—⫿
     N   NH
         (I) Smp. 245°

H_5C_2—⫿—CH_3 H_3C—⫿—CH_2—CH_2—COOH
HO—⫿=CH—⫿
     N   NH
         (II) Smp. 247°

Die Synthese[3] ist nach Aufklärung der Isomerieverhältnisse gelungen. Daraus ergibt sich der Schluß, daß 17 Kohlenstoffatome durch Bilirubinsäure, 16 Kohlenstoffatome durch Neoxanthobilirubinsäure bzw. das Isoderivat gestellt werden. Damit sind 33 Kohlenstoffatome, wie durch die Formel verlangt, nachgewiesen. Der Abbau des synthetischen und natürlichen Mesobilirubin und die Untersuchung der Spaltprodukte führt nun zu der schon durch obige Formeln ersichtlichen Feststellung, daß das Bilirubin und seine Abkömmlinge sich von einer Grundverbindung (V):

H_3C—⫿—C_2H_5 H_3C—⫿—CH_2—CH_2—COOH
HO—⫿ CH_2 ⫿
     NH   NH
         (III) Smp. 179°

H_5C_2—⫿—CH_3 H_3C—⫿—CH_2—CH_2—COOH
HO—⫿ CH_2 ⫿
     NH   NH
         (IV) Smp. 194°

```
   2  3            4  5     (V)   6  7            8  9
  ⫿    \          ⫿    \          ⫿    \          ⫿
 1  19  CH_2— 17  16  CH_2— 14  13  CH_2— 11  10
  NH    18     NH      15     NH      12     NH
```

ableiten.

Tatsächlich gelingt es auch Mesobilirubine, wie schon erwähnt (die Isomeren unterscheiden sich durch die Anordnung der Seitenketten, insgesamt sind 52 Mesobilirubine[4] und ebensoviel Bilirubine möglich) zu synthetisieren, z. B. aus einem Brompyromethenbromid ein symmetrisches Mesobilirubin[5] (I, S. 192) oder aus Neo-

H_3C—⫿—C_2H_5 H_3C—⫿—CH_2—CH_2—COOH
H_3CO—⫿=CH—⫿
     N   NH   (VI)

xanthobilirubinsäuremethyläther (VI) mit Natriumäthylat oder aus Neoxanthobilirubinsäure selbst mit Formaldehyd.

---

[1] H. Fischer, Heß: Z. physiol. Chem. **194**, 193 (1930). — Siedel, H. Fischer: Z. physiol. Chem. **214**, 145 (1933). — Die spaltende Resorcinschmelze besteht im Eintragen der betreffenden Verbindung in siedendes Resorcin. — [2] Synthese: H. Fischer, Hartmann: Z. physiol. Chem. **226**, 116 (1934). — [3] H. Fischer, Adler: Z. physiol. Chem. **200**, 212 (1931). — Siedel, H. Fischer: Z. physiol. Chem. **214**, 145 (1933). — [4] 15 Hämine sind möglich [H. Fischer, Stangler: Liebigs Ann. **459**, 62 (1927)], aus jedem durch Spaltung 4 Bilirubine bzw. 4 Mesobilirubine, bei Vorhandensein einer Symmetrieebene 3 Isomere, bei zwei Symmetrieebenen 2 Isomere; XIII bedeutet die Beziehung zum Hämin, der griechische Buchstabe Ringöffnung z. B. an der α-Methinbrücke des Hämins. — [5] Siedel, H. Fischer: Z. physiol. Chem. **214**, 145 (1933); dort auch Nomenklatur-

Heterocyclische Verbindungen.

$$H_3C-\!\!=\!\!C_2H_5 \quad H_3C-\!\!-CH_2-CH_2-COOH \quad HOOC-H_2C-H_2C-\!\!-CH_3 \quad H_5C_2-\!\!=\!\!CH_3$$
$$Br-\!\!\!\!\underset{N.HBr}{\diagdown}\!\!=\!\!CH-\quad \underset{NH}{\diagdown}\quad \overset{+}{\underset{\text{Kaliumacetat}}{\downarrow}} \quad \underset{NH}{\diagdown}\quad -CH=\!\!\underset{N.HBr}{\diagdown}\!\!-Br$$

$$H_3C-\!\!=\!\!C_2H_5 \quad H_3C-\!\!-CH_2\cdot CH_2-COOH \quad HOOC-H_2C-H_2C-\!\!-CH_3 \quad H_5C_2-\!\!=\!\!CH_3$$
$$HO-\!\!\underset{N}{\diagdown}\!\!=\!\!CH-\quad \underset{NH}{\diagdown}-CH_2-\underset{NH}{\diagdown}-CH=\!\!\underset{N}{\diagdown}\!\!-OH$$

(I) Mesobilirubin XIIIα

Das aus dem Gallenfarbstoff erhaltene Mesobilirubin hat danach die Formel:

$$H_3C-\!\!=\!\!C_2H_5 \quad H_3C-\!\!-CH_2-CH_2-COOH \quad HOOC-H_2C-H_2C-\!\!-CH_3 \quad H_3C-\!\!=\!\!C_2H_5$$
$$HO-\!\!\underset{N}{\diagdown}\!\!=\!\!CH-\quad \underset{NH}{\diagdown}-CH_2-\underset{NH}{\diagdown}-CH=\!\!\underset{N}{\diagdown}\!\!-OH$$

Mesobilirubin IXα.

Die Synthese steht noch aus. Dem um zwei Wasserstoffatome reicheren Dihydromesobilirubin[1] dürfte die Formel

$$H_3C-\!\!=\!\!C_2H_5 \quad H_3C-\!\!-CH_2-CH_2-COOH \quad HOOC-H_2C-H_2C-\!\!-CH_3 \quad H_3C-\!\!=\!\!C_2H_5$$
$$HO-\!\!\underset{N}{\diagdown}\!\!=\!\!CH-\quad \underset{NH}{\diagdown}-CH_2-\underset{NH}{\diagdown}-CH_2-\underset{NH}{\diagdown}-OH$$

zukommen. Für Mesobilirubinogen (Urobilinogen) als der Leukoverbindung des Mesobilirubin käme dann die Formel

$$H_3C-\!\!=\!\!C_2H_5 \quad H_3C-\!\!-CH_2-CH_2-COOH \quad HOOC-H_2C-H_2C-\!\!-CH_3 \quad H_3C-\!\!=\!\!C_2H_5$$
$$HO-\!\!\underset{NH}{\diagdown}-CH_2-\underset{NH}{\diagdown}-CH_2-\underset{NH}{\diagdown}-CH_2-\underset{NH}{\diagdown}-OH$$

in Betracht. Für Urobilin, das durch Luftoxydation von Mesobilirubinogen entsteht und das bisher noch nicht in eine Beziehung zu Mesobilirubin gebracht werden konnte, wird entweder eine mit Mesobilirubin isomere Formel die richtige Deutung oder etwa die folgende[2] anzunehmen sein:

$$H_3C-\!\!=\!\!C_2H_5 \quad H_3C-\!\!-CH_2-CH_2-COOH \quad HOOC-H_2C-H_2C-\!\!-CH_3 \quad H_3C-\!\!=\!\!C_2H_5$$
$$O=\!\!\underset{NH}{\diagdown}=CH-\quad \underset{NH}{\diagdown}-CH=\underset{N}{\diagdown}-CH=\!\!\underset{NH}{\diagdown}=O$$

Bezüglich der Konstitution des Bilirubin ergibt sich daraus das Folgende: Zweifellos werden bei der katalytischen Reduktion des Bilirubin Doppelbindungen gelöst und die Annahme zweier Vinylgruppen an Stelle zweier Äthylgruppen ist gerechtfertigt schon aus der Ableitung des Gallenfarbstoffes vom Blutfarbstoff, wenn nicht bei der Nitritoxydation des Bili-

---

fragen; schon in früheren Arbeiten sind Mesobilirubinsynthesen enthalten, z. B. H. Fischer, Adler: Z. physiol. Chem. **200**, 227 (1931); das erste sogenannte K-Mesobilirubin [H. Fischer, Heß: Z. physiol. Chem. **194**, 193 (1930)] war ein Gemisch. — Weitere synthetische Versuche: H. Fischer, Aschenbrenner: Z. physiol. Chem. **229**, 71 (1934).

[1] H. Fischer, Baumgarten: Z. physiol. Chem. **216**, 260 (1933). — [2] H. Fischer, Adler: Z. physiol. Chem. **206**, 187 (1932); vgl. auch H. Fischer, Kürzinger: Z. physiol. Chem. **196**, 213 (1931).

Gallenfarbstoff.

rubin die Verbindung (I) entstünde, deren Konstitution durch die Bildung von II bei der katalytischen Oxydation von I erwiesen sein dürfte: Außerdem ist die spielend leichte Reduktionsfähigkeit des Bilirubin mit Natriumamalgam auffallend, während Hämin mit seinen Vinylgruppen auf diese Reduktionsmittel nicht anspricht. Endlich ist zu beachten, daß der Übergang von Hämin zu Bilirubin durch Aboxydation der α-Methinbrücke unter Bildung von zwei Oxygruppen an den Kernen I und IV erfolgt. Daher ist bei der Ableitung aus der Häminformel die gleiche Reihenfolge der β-Substituenten wie im Hämin schon wahrscheinlich und heute auch durch die Auffindung der Isosäurereihe bei dem Abbau der Bilirubinderivate gestützt. So kann die folgende Formel aufgestellt werden, wobei aber noch

dahingestellt ist, ob nicht dem Pyrrolkern IV durch dehydrierende Ringbildung zwischen β-Oxy- und β-Vinylgruppe ein Furanring angegliedert ist. Für die Anordnung der Seitenketten mit entscheidend und für die letztere Frage bedeutungsvoll ist die oben geschilderte Bildung der Verbindung I bei der Oxydation mit Nitrit. Die synthetischen Versuche[1] über Bilirubin sind noch nicht abgeschlossen.

Die eingangs erwähnte Gmelinsche Reaktion, welche über den chinoiden Zustand des Molekül Auskunft gibt, ist ebenfalls einer eingehenden Untersuchung[2] gewürdigt worden. Sie besteht in der Dehydrierung eines Systems von vier Pyrrolkernen, wobei verschiedene Oxydationsstufen auftreten. Beispielsweise läßt sich für das Mesobilirubin IX α der Farbübergang von grün über blau nach rot wie nachstehend angegeben darstellen.

---

[1] H. Fischer, Adler: Z. physiol. Chem. **200**, 209 (1931); **210**, 139 (1932). —
[2] H. Fischer, Adler: Z. physiol. Chem. **206**, 187 (1932). — Siedel, H. Fischer: Z. physiol. Chem. **214**, 145 (1933).

194   Heterocyclische Verbindungen.

$$\begin{array}{c}
H_3C\!-\!\!-\!C_2H_5 \quad H_3C\!-\!\!-\!CH_2\cdot CH_2\cdot COOH \quad HOOC\cdot H_2C\cdot H_2C\!-\!\!-\!CH_3 \quad H_3C\!-\!\!-\!C_2H_5 \\
HO\!\cdot\!\!\diagdown\!\!=\!CH\!-\!\!-\!\!-\!\!-\!\!-\!\!-\!CH\!=\!\!=\!\!-\!\!-\!\!-\!\!-\!CH\!=\!\!\diagdown\!:O \\
N \qquad\qquad NH \qquad\qquad\qquad\qquad N \qquad\qquad NH \\
(C)
\end{array}$$

$$\begin{array}{c}
H_3C\!-\!\!-\!C_2H_5 \quad H_3C\!-\!\!-\!CH_2\cdot CH_2\cdot COOH \quad HOOC\cdot H_2C\cdot H_2C\!-\!\!-\!CH_3 \quad H_3C\!-\!\!-\!C_2H_5 \\
O:\!\!\diagdown\!\!=\!CH\!-\!\!-\!\!-\!\!-\!\!-\!\!-\!CH\!=\!\!=\!\!-\!\!-\!\!-\!\!-\!CH\!=\!\!\diagdown\!:O \\
NH \qquad\qquad NH \qquad\qquad\quad\downarrow-H_2\quad N \qquad\qquad NH \\
(D)
\end{array}$$

blaue Phase

$$\begin{array}{c}
H_3C\!-\!\!-\!C_2H_5 \quad H_3C\!-\!\!-\!CH_2\cdot CH_2\cdot COOH \quad HOOC\cdot H_2C\cdot H_2C\!-\!\!-\!CH_3 \quad H_3C\!-\!\!-\!C_2H_5 \\
O:\!\!\diagdown\!\!=\!CH\!-\!\!-\!\!-\!\!-\!\!-\!\!-\!C\!=\!\!=\!\!-\!\!-\!\!-\!\!-\!CH\!=\!\!\diagdown\!:O \\
NH \qquad\qquad N \qquad\qquad\qquad\qquad N \qquad\qquad NH
\end{array}$$

rote Phase

A, B, C, D sind Isomere

Daß diese Vorstellung richtig ist, geht aus dem Verhalten eines Mesobilirubin-dimethyläther der Konstitution:

$$\begin{array}{c}
H_3C\!-\!\!-\!C_2H_5 \quad H_3C\!-\!\!-\!CH_2\!-\!CH_2\!-\!COOH \quad HOOC\!-\!H_2C\!-\!H_2C\!-\!\!-\!CH_3 \quad H_5C_2\!-\!\!-\!CH_3 \\
H_3CO\!\!\diagdown\!\!=\!CH\!-\!\!-\!\!-\!\!-\!\!-\!\!-\!CH_2\!-\!\!-\!\!-\!\!-\!\!-\!CH\!=\!\!\diagdown\!OCH_3 \\
N \qquad\qquad NH \qquad\qquad\qquad\qquad NH \qquad\qquad N
\end{array}$$

aufgebaut z. B. aus Neoxanthobilirubinsäuremethylester mit Formaldehyd, hervor, bei welchem eine Umwandlung in eine chinoide Form nicht eintreten kann und bei welchem auch tatsächlich die Gmelinsche Reaktion in der Grünphase stehen bleibt. Mesobilirubin läßt sich mit Eisenchlorid zu einem Eisendoppelsalz eines Dehydro-mesobilirubin[1] umsetzen, das den Namen Ferrobilirubin erhalten hat; daraus entsteht mit Soda das eisenfreie blaue Glaukobilin, dessen Struktur durch Synthese aus Neoxanthobilirubinsäure aufgeklärt ist. Glaukobilin geht bei 215° in Mesobilirubin über. In seinem Molekül muß schon die chinoide Struktur vorliegen, es dürfte also der blauen Phase (C oder D der Formelreihe) entsprechen, enthält also eine oder zwei Ketogruppen.

Das Uteroverdin[2], der Farbstoff der grünen Säume der Hundeplacenta, wird von Lemberg für Dehydrobilirubin gehalten, aber neuerdings von H. Fischer[3] folgendermaßen formuliert:

$$\begin{array}{c}
H_3C\!-\!\!-\!CH\!=\!CH_2 \quad H_3C\!-\!\!-\!CH_2\!-\!CH_2\!-\!COOH \quad HOOC\!-\!H_2C\!-\!H_2C\!-\!\!-\!CH_3 \quad H_3C\!-\!\!-\!CH\!=\!CH_2 \\
HO\!-\!\!\diagdown\!\!=\!CH\!-\!\!-\!\!-\!\!-\!\!-\!\!-\!CH\!=\!\!=\!\!-\!\!-\!\!-\!\!-\!CH\!=\!\!\diagdown^{IV}\!OH \\
N \qquad\qquad NH \qquad\qquad\qquad\qquad N \qquad\qquad N
\end{array}$$

oder auch

$$\begin{array}{c}
H_3C\!-\!\!-\!CH\!=\!CH_2 \quad H_3C\!-\!\!-\!CH_2\!-\!CH_2\!-\!COOH \quad HOOC\!-\!H_2C\!-\!H_2C\!-\!\!-\!CH_3 \quad H_3C\!-\!\!-\!CH\!=\!CH_2 \\
HO\!-\!\!\diagdown\!\!=\!CH\!=\!\!=\!\!-\!\!-\!\!-\!\!-\!CH\!=\!\!=\!\!-\!\!-\!\!-\!\!-\!CH\!=\!\!\diagdown^{IV}\!OH \\
NH \qquad\qquad N \qquad\qquad\qquad\qquad N \qquad\qquad N
\end{array}$$

wobei noch die Angliederung eines Furanringes an Pyrrolkern IV diskutierbar ist.

---
[1] H. Fischer, Baumgarten, Heß: Z. physiol. Chem. 206, 201 (1932). — [2] Lemberg, Bancroft, Keilin: Nature (Lond.) 128, 967 (1931). — Lemberg, Bancroft: Proc. roy. Soc. Lond. B 110, 362 (1932). — Lemberg: Liebigs Ann. 499, 25 (1932). — [3] Siedel, H. Fischer: Z. physiol. Chem. 214, 145 (1933); vgl. Lemberg: Liebigs Ann. 505, 151 (1933).

Sehr nahe scheint auch diesen Verbindungen das Oocyan[1], der blaugrüne Farbstoff mancher Vogeleierschalen zu stehen, mit dem sich schon viele Forscher beschäftigt haben. Aus dem Ester des Farbstoffes der Möveneierschalen läßt sich die Formel $C_{36}H_{42}O_4N_4$ ableiten.

Den Gallenfarbstoffen verwandt scheinen nach unabgeschlossenen Arbeiten von Lemberg[2] auch die Chromoproteide der Rotalgen zu sein. Sie führen den Namen Phycoerythrin und Phycocyan und ihre vielleicht eiweißfreien Spaltstücke sind Phycoerythrobilin und Phycocyanobilin; für letzteres wird die Formel $C_{34}H_{44}O_8N_4$ vorgeschlagen. Phycoerythrobilin scheint bei der Oxydation in Phycocyanobilin überzugehen, beide Farbstoffe sollen in Mesobilirubin überführbar sein.

Es sei ferner hingewiesen auf das Sterkobilin[3] aus menschlichem Kot, das mit Urobilin identisch sein soll. Urobilin ist krystallisiert[4] erhalten worden, ihm wird die Formel $C_{33}H_{42}O_6N_4$ (vgl. S. 192) zuerteilt.

Chlorophyll[5].

Der Name Chlorophyll für den grünen Farbstoff des Blattes rührt von Pelletier und Caventou her und die Konstitution des Farbstoffes hat viele Forscher, z. B. schon Berzelius[6] beschäftigt. Stokes[7] hat spektroskopisch das Chlorophyll als Gemisch erkannt und ein Verfahren der Entmischung — nämlich der Verteilung zwischen Alkohol und Schwefelkohlenstoff — zur Trennung angewandt, das von Sorby[8] und später von Kraus[9] aufs Neue benutzt und ausgebildet wurde. Verdeil[10] hat eine Verwandtschaft zwischen Blut- und Blattfarbstoff vermutet, eine Hypothese, welche von Hoppe-Seyler[11], von Schunck[12] und Marchlewski[13] weiter verfolgt wurde. Damit sind einige Tatsachen aus der Fülle der Arbeiten über den Blattfarbstoff berichtet.

Seit den Versuchen von Hoppe-Seyler[14] und Gautier[15] war die Isolierung von Chlorophyll nicht mehr angestrebt worden mit Rücksicht auf die Veränderlichkeit, die chemische Indifferenz und die

---

[1] H. Fischer, Kögl: Z. physiol. Chem. 131, 241 (1923); dort die ältere Literatur. — H. Fischer, Lindner: Z. physiol. Chem. 145, 202 (1925). — Lemberg: Liebigs Ann. 488, 74 (1931). — [2] Lemberg: Liebigs Ann. 461, 46 (1928) (dort auch die ältere Literatur, die Nomenklatur und Angaben über ähnliche Farbstoffe); Liebigs Ann. 477, 195 (1930); 505, 151 (1933); vgl. auch Boresch: Algenfarbstoffe in Klein: Handbuch der Pflanzenanalyse, III, 2, S. 138f. — [3] Watson: Z. physiol. Chem. 204, 57 (1932); 208, 101 (1932); 221, 145 (1933). — [4] Heilmeyer, Krebs: Z. physiol. Chem. 228, 33 (1934). — [5] Ältere Literatur s. R. Willstätter u. A. Stoll: Untersuchungen über Chlorophyll. Berlin: Julius Springer 1913. — R. Willstätter u. A. Stoll: Untersuchungen über die Assimilation der Kohlensäure. Berlin: Julius Springer 1918. — Willstätter: Ber. dtsch. chem. Ges. 47, 2831 (1914), zusammenfassender Vortrag über seine Arbeiten. Neuere Zusammenstellungen: Armstrong: J. Soc. chem. Ind. 52, 809 (1933). — H. Fischer: Liebigs Ann. 502, 175 (1933). — H. Fischer: J. chem. Soc. Lond. 1934, 245. — [6] Berzelius: Liebigs Ann. 27, 296 (1838). — [7] Stokes: Proc. roy. Soc. Lond. 13, 144 (1864); vgl. auch Tswett: Die Chromophylle in der Pflanzen- und Tierwelt. Warschau 1910. — [8] Sorby: Proc. roy. Soc. Lond. 15, 433 (1867); 21, 442 (1873). — [9] Kraus: Zur Kenntnis der Chlorophyllfarbstoffe und ihrer Verwandten. Stuttgart 1872. — [10] Verdeil: C. r. Acad. Sci. Paris 33, 689 (1851). — [11] Hoppe-Seyler: Z. physiol. Chem. 4, 193 (1880). — [12] Schunck: Proc. roy. Soc. Lond. 39, 348 (1885); 44, 448 (1888). — [13] Marchlewski: Chemie der Chlorophylle. Braunschweig 1909. — [14] Hoppe-Seyler: Z. physiol. Chem. 3, 339 (1879). — [15] Gautier: C. r. Acad. Sci. Paris 89, 861 (1879).

Leichtlöslichkeit des mit so vielen farblosen und gelben Begleitern vermengten Farbstoffes.

Chlorophyll findet sich in der Pflanze nur in eigenen plasmatischen Gebilden, den Chloroplasten (Chlorophyllkörnern) und zwar von den Algen bis zu den Blütenpflanzen in allen belichteten krautigen Organen, besonders in Blatt und Rinde und zwar in den höheren Pflanzen neben Carotinen und Xanthophyllen in einem konstanten Gemisch.

Die Isolierung des Chlorophyll ist Willstätter[1] im Jahre 1911 gelungen, sie stützt sich auf die colorimetrische Bestimmung des Reinheitsgrades seiner Lösungen und beruht auf der systematischen Steigerung der Entmischungsmethoden. Als Ausgangsmaterial diente Brennesselmehl. Der Blattfarbstoff kann auf diese Weise so leicht isoliert werden wie ein Zucker oder ein Alkaloid aus Pflanzen. Alle bisher untersuchten Pflanzen enthalten das gleiche Blattgrün. Es besteht aus zwei Komponenten:

$$\text{Chlorophyll a } C_{55}H_{72} (\pm 2)O_5N_4Mg \text{ und}$$
$$\text{Chlorophyll b } C_{55}H_{72} (+2)O_6N_4Mg$$

Von Winterstein und Stein[2] sind mit Hilfe der chromatographischen Analyse unter Verwendung von Saccharose als Adsorptionsmittel reinere Präparate als bisher möglich hergestellt worden, für welche die Nachprüfung der Summenformeln die obigen Werte als zutreffend ergab.

Die Adsorptionsbanden sind (in Äther):

$$\text{Chlorophyll a: } 663\text{-}623\text{-}607\text{-}577\text{-}534\text{-}507\text{-}494\text{-}432 \text{ m}\mu$$
$$\text{Chlorophyll b: } 644\text{-}614\text{-}594\text{-}567\text{-}542\text{-}503\text{-}456\text{-}428 \text{ m}\mu$$

Die beiden Chlorophylle[3] ergänzen sich weitgehend bezüglich des Adsorptionsspektrum, wodurch die Pflanze die gebotene Sonnenenergie im gesamten Bereich des Spektrum ausnutzen kann. Das Verhältnis von a zu b in den Pflanzen ist etwa 1 : 2,9. Beide Farbstoffe sind mikrokrystallin, a bildet beim langsamen Eindunsten lanzettförmige Blättchen.

Durch ein die grünen Pflanzenteile begleitendes Enzym, das zu den Esterasen zählt, die Chlorophyllase, werden die Chlorophylle in eine Carbonsäure und einen Alkohol gespalten[4], so daß sich z. B. die Formel des Chlorophyll a wie folgt auflösen läßt.

$$C_{55}H_{72}O_5N_4Mg + H_2O = \underset{\text{(Chlorophyllid a)}}{C_{34}H_{33}O_3N_4MgCOOH} + \underset{\text{(Phytol)}}{C_{20}H_{39}OH}$$

Die Säure, das Chlorophyllid a beobachtete schon Borodin[5]. Unter krystallisiertem Chlorophyll wird hauptsächlich der dem natürlichen

---

[1] Willstätter, Mieg: Liebigs Ann. 380, 177 (1911); verbesserte Methoden bei R. Willstätter u. A. Stoll: Untersuchungen über Chlorophyll, Kapitel III und IV. — [2] Winterstein, Stein: Z. physiol. Chem. 220, 263 (1933); vgl. Zscheile jr.: J. physic. Chem. 38, 95 (1934); Bot. Gaz. 95, 529 (1934); Chem. Zbl. 1934 II, 2085; zu den Chlorophyllformeln vgl. Stoll, Wiedemann: Helvet. chim. Acta 16, 739 (1933). — [3] Conant, Dietz [Nature (Lond.) 131, 131 (1933)] glauben, daß von Chlorophyll a und b wiederum je zwei Formen existieren; vgl. hierzu Zscheile jr.: Bot. Gaz. 95, 529 (1934); Chem. Zbl. 1934 II, 2085. — [4] Willstätter, Benz: Liebigs Ann. 358, 267 (1907), dort die ältere Literatur; Synthese von Chlorophyll aus Chlorophyllid und Phytol: Willstätter, Stoll: Liebigs Ann. 380, 148 (1911). — [5] Borodin: Bot.-Ztg 40, 608 (1882).

Phytylester entsprechende Äthylester verstanden. Nimmt man nämlich die Behandlung in einer alkoholischen Lösung vor, so beobachtet man nicht die Bildung des Chlorophyllid, sondern eine Umesterung, indem sich der Ester des als Lösungsmittel verwandten Alkohol bildet z. B. Methylchlorophyllid a $C_{34}H_{33}O_3N_4MgCOOCH_3$.

Die Aufklärung der Konstitution des Phytol ist von Willstätter[1] begonnen und von F. G. Fischer[2] zu Ende geführt worden. Der Ozonabbau des Phytol liefert ein Keton $C_{18}H_{36}O$ und Glycolaldehyd. Das Keton wurde aus Farnesol aufgebaut und erwies sich als 2-6-10-Trimethyl-14-pentadecanon (I). Die Synthese gelang wie folgt:

$$CH_3-\underset{\underset{CH_3}{|}}{C}=CH-CH_2-CH_2-\underset{\underset{CH_3}{|}}{C}=CH-CH_2-CH_2-\underset{\underset{CH_3}{|}}{C}=CH-CH_2-OH \xrightarrow{3\,H_2}$$
Farnesol

$$CH_3-\underset{\underset{CH_3}{|}}{CH}-CH_2-CH_2-CH_2-\underset{\underset{CH_3}{|}}{CH}-CH_2-CH_2-CH_2-\underset{\underset{CH_3}{|}}{CH}-CH_2-CH_2-OH \xrightarrow{Br}$$

$$CH_3-\underset{\underset{CH_3}{|}}{CH}-CH_2-CH_2-CH_2-\underset{\underset{CH_3}{|}}{CH}-CH_2-CH_2-CH_2-\underset{\underset{CH_3}{|}}{CH}-CH_2-CH_2-Br \xrightarrow{\text{Acetessigester}}$$

$$CH_3-\underset{\underset{CH_3}{|}}{CH}-CH_2-CH_2-CH_2-\underset{\underset{CH_3}{|}}{CH}-CH_2-CH_2-CH_2-\underset{\underset{CH_3}{|}}{CH}-CH_2-CH_2-CH\!\!<\!\!\begin{array}{l}CO-CH_3\\COOC_2H_5\end{array} \xrightarrow{\text{Verseifung}}$$

$$CH_3-\underset{\underset{CH_3}{|}}{CH}-CH_2-CH_2-CH_2-\underset{\underset{CH_3}{|}}{CH}-CH_2-CH_2-CH_2-\underset{\underset{CH_3}{|}}{CH}-CH_2-CH_2-CH_2-CO-CH_3$$
(I)

Die Synthese des Phytol wurde mit Pseudoionon als Ausgangsmaterial bewerkstelligt:

$$CH_3-\underset{\underset{CH_3}{|}}{C}=CH-CH_2-CH_2-\underset{\underset{CH_3}{|}}{C}=CH-CH=CH-\underset{\underset{CH_3}{|}}{C}=O \xrightarrow{3\,H_2}$$
Pseudoionon

$$CH_3-\underset{\underset{CH_3}{|}}{CH}-CH_2-CH_2-CH_2-\underset{\underset{CH_3}{|}}{CH}-CH_2-CH_2-CH_2-\underset{\underset{CH_3}{|}}{C}=O \xrightarrow{CH\equiv CH}$$
Hexahydro-pseudoionon

$$CH_3-\underset{\underset{CH_3}{|}}{CH}-CH_2-CH_2-CH_2-\underset{\underset{CH_3}{|}}{CH}-CH_2-CH_2-CH_2-\underset{\underset{OH}{|}}{\overset{\overset{CH_3}{|}}{C}}-C\equiv CH \xrightarrow{H_2}$$
2-6-Dimethyl-10-äthinyl-undecanol-(10)

$$CH_3-\underset{\underset{CH_3}{|}}{CH}-CH_2-CH_2-CH_2-\underset{\underset{CH_3}{|}}{CH}-CH_2-CH_2-CH_2-\underset{\underset{OH}{|}}{\overset{\overset{CH_3}{|}}{C}}-CH=CH_2 \xrightarrow{\text{Essigsäureanhydrid}}$$
2-6-Dimethyl-10-vinyl-undecanol-(10)

---

[1] Willstätter, Hocheder: Liebigs Ann. **354**, 205 (1907). — Willstätter, Mayer, Hüni: Liebigs Ann. **378**, 73 (1910). — Willstätter, Schuppli, Mayer: Liebigs Ann. **418**, 121 (1918). — [2] F. G. Fischer: Liebigs Ann. **464**, 69 (1928). — F. G. Fischer, Löwenberg: Liebigs Ann. **475**, 183 (1929).

$$\underset{\text{2-6-10-Trimethyldodecen-10-ol-(12)}}{CH_3-\underset{\underset{CH_3}{|}}{CH}-CH_2-CH_2-CH_2-\underset{\underset{CH_3}{|}}{CH}-CH_2-CH_2-CH_2-\underset{\underset{CH_3}{|}}{C}=CH-CH_2-OH} \xrightarrow{PBr_3}$$

$$\underset{\text{2-6-10-Trimethyldodecenylbromid-(12)}}{CH_3-\underset{\underset{CH_3}{|}}{CH}-CH_2-CH_2-CH_2-\underset{\underset{CH_3}{|}}{CH}-CH_2-CH_2-CH_2-\underset{\underset{CH_3}{|}}{C}=CH-CH_2-Br} \xrightarrow{\text{Acetessig-ester}}$$

$$CH_3-\underset{\underset{CH_3}{|}}{CH}-CH_2-CH_2-CH_2-\underset{\underset{CH_3}{|}}{CH}-CH_2-CH_2-CH_2-\underset{\underset{CH_3}{|}}{C}=CH-CH_2-CH\underset{CO-CH_3}{\overset{COOR}{<}} \xrightarrow{KOH}$$

$$\underset{\text{2-6-10-Trimethylpentadecen-10-on-(14)}}{CH_3-\underset{\underset{CH_3}{|}}{CH}-CH_2-CH_2-CH_2-\underset{\underset{CH_3}{|}}{CH}-CH_2-CH_2-CH_2-\underset{\underset{CH_3}{|}}{C}=CH-CH_2-CH_2-CO-CH_3} \xrightarrow{H_2}$$

$$\underset{\text{2-6-10-Trimethylpentadecanon-(14)}}{CH_3-\underset{\underset{CH_3}{|}}{CH}-CH_2-CH_2-CH_2-\underset{\underset{CH_3}{|}}{CH}-CH_2-CH_2-CH_2-\underset{\underset{CH_3}{|}}{CH}-CH_2-CH_2-CH_2-\underset{\underset{CH_3}{|}}{C}=O} \xrightarrow{CH\equiv CH}$$

$$\underset{\text{2-6-10-Trimethyl-14-äthinyl-pentadecanol-(14)}}{CH_3-\underset{\underset{CH_3}{|}}{CH}-CH_2-CH_2-CH_2-\underset{\underset{CH_3}{|}}{CH}-CH_2-CH_2-CH_2-\underset{\underset{CH_3}{|}}{CH}-CH_2-CH_2-CH_2-\underset{\underset{OH}{|}}{\overset{\overset{CH_3}{|}}{C}}-C\equiv CH} \xrightarrow{H_2}$$

$$\underset{\text{2-6-10-Trimethyl-14-vinyl-pentadecanol-(14)}}{CH_3-\underset{H}{\overset{\overset{CH_3}{|}}{C}}-\underset{H_2}{C}-\underset{H_2}{C}-\underset{H_2}{C}-\underset{H}{\overset{\overset{CH_3}{|}}{C}}-\underset{H_2}{C}-\underset{H_2}{C}-\underset{H_2}{C}-\underset{H}{\overset{\overset{CH_3}{|}}{C}}-\underset{H_2}{C}-\underset{H_2}{C}-\underset{H_2}{C}-\underset{\underset{OH}{|}}{\overset{\overset{CH_3}{|}}{C}}-C=\underset{H_2}{C}} \xrightarrow{\text{Essigsäure-anhydrid}}$$

$$\underset{\text{Phytol}}{CH_3-\underset{\underset{CH_3}{|}}{CH}-CH_2-CH_2-CH_2-\underset{\underset{CH_3}{|}}{CH}-CH_2-CH_2-CH_2-\underset{\underset{CH_3}{|}}{CH}-CH_2-CH_2-CH_2-\underset{\underset{CH_3}{|}}{C}=CH-CH_2-OH}$$

Phytol könnte in einer cis- und trans-Form auftreten, welcher Form das natürliche angehört, ist unbekannt. Ebenso ist optische Aktivität möglich, Willstätter und Hocheder haben auch an nicht destilliertem Material eine Drehung festgestellt, aber F. G. Fischer hat den Versuch nicht reproduzieren können. Wagner-Jauregg[1] glaubt, daß das natürliche undestillierte Phytol entweder optisch inaktiv ist oder eine schwache Drehung besitzt. Auf die genetischen Beziehungen des Phytol zu den Carotinfarbstoffen ist bei den Carotinfarbstoffen eingegangen worden.

Behandelt man Chlorophyll mit Säuren, z. B. vorsichtig mit Oxalsäure, so kann man das Magnesium entfernen und erhält die Phaeophytine, z. B. Phaeophytin a[2] $C_{34}H_{35}O_3N_4COOC_{20}H_{39}$. Es besitzt nur schwach

---

[1] Wagner-Jauregg: Z. physiol. Chem. **222**, 21 (1933). — [2] Die Trennung von Chlorophyllderivaten z. B. von Phaeophytin a und b kann mit Hilfe der Salzsäurefraktionierung geschehen. Willstätter erkannte die starke Änderung des Verteilungsverhältnisses zwischen Äther und Salzsäure verschiedener Konzentration für die einzelnen Chlorophyllderivate. Als Salzsäurezahl bezeichnet er den Prozentgehalt derjenigen Säure, die einem ihr gleichen Volum ätherischer Lösung beim Durchschütteln ungefähr zwei Drittel der gelösten Substanz entzieht. Willstätter, Mieg: Liebigs Ann. **350**, 1 (1906).

basische Natur. Das Magnesium ist wieder unter Rückbildung von Chlorophyll einführbar[1]. Die Verseifung mit stärkerer Säure spaltet noch Phytol ab und es entstehen Phaeophorbide z. B. Phaeophorbid a [2] $C_{34}H_{35}O_3N_4COOH$. In alkoholischer Lösung beobachtet man wieder Umesterung, z. B. mit Methylalkohol die Entstehung von Methylphaeophorbid a $C_{34}H_{35}O_3N_4COOCH_3$.

Eine zweite Carboxylgruppe ist mit Methylalkohol verestert. Die Formeln des Chlorophyllid a und des Phaephorbid a lassen sich daher wie folgt weiter auflösen: Chlorophyllid a $C_{32}H_{30}ON_4Mg(COOH)(COOCH_3)$ und Phaeophorbid a $C_{32}H_{32}ON_4(COOH)(COOCH_3)$.

Unterwirft man nämlich Phaeophytin oder Phaeophorbid einer alkalischen Hydrolyse, so erhält man bei der a-Reihe Phytochlorin e (kurz als Chlorin e bezeichnet) und bei der b-Reihe Phytorhodin g (Rhodin g)[3]. Neben der Abspaltung von Phytol und Methylalkohol ist aber infolge tiefgreifender Umformung des Moleküls noch eine weitere Carboxylgruppe in Erscheinung getreten, denn Chlorin e bildet z. B. einen Trimethylester der Formel[4] $C_{31}H_{33}N_4(COOCH_3)_3$. Der Name Chlorin rührt daher, weil die Verbindung in indifferenter Lösung olivgrüne Farbe zeigt, während Rhodin in solcher Lösung eine rote Farbe besitzt.

Chlorophyll ist danach ein Diester mit Phytol und Methylalkohol, welcher an Magnesium gebunden ist.

Reduktion[5] von Chlorin e oder Äthylchlorophyllid liefert

| Hämopyrrol | Kryptopyrrol | Phyllopyrrol |

Oxydationsprodukte[6] sind

| Methyl-äthyl-maleinimid | Hämatinsäure |

Bei der energischen Einwirkung von Alkali auf z. B. Chlorin e werden Porphyrine[7] erhalten, welche mit derselben Vorsilbe bezeichnet werden wie die magnesiumhaltigen entsprechenden Phylline. Der Abbau vollzieht sich stufenweise, so entsteht zuerst Verdoporphyrin[8], dann Rhodoporphyrin, bei höherer Temperatur Pyrroporphyrin und Phylloporphyrin.

---

[1] Willstätter, Forsén: Liebigs Ann. **396**, 180 (1913). — [2] Chlorophyllid a aus Phaeophorbid a: H. Fischer, Spielberger: Liebigs Ann. **510**, 156 (1934). — [3] R. Willstätter u. A. Stoll: Untersuchungen über Chlorophyll, S. 15. — [4] Treibs, Wiedemann: Liebigs Ann. **466**, 264 (1928). — [5] Nencki, Marchlewski: Ber. dtsch. chem. Ges. **34**, 1687 (1901). — Willstätter, Asahina: Liebigs Ann. **385**, 188 (1911). — H. Fischer, Merka, Plötz: Liebigs Ann. **478**, 283 (1930). — [6] Marchlewski: Bull. Acad. Sci. Cracovie **1902**, 1. — Willstätter, Asahina: Liebigs Ann. **373**, 227 (1910). — Treibs, Wiedemann: Liebigs Ann. **466**, 264 (1928). — [7] Schunck: Proc. roy. Soc. Lond. **50**, 302 (1891). — Schunck, Marchlewski: Proc. roy. Soc. Lond. **57**, 314 (1895); Liebigs Ann. **284**, 81 (1894). — Willstätter, Fritsche: Liebigs Ann. **371**, 33 (1909). — H. Fischer, Treibs: Liebigs Ann. **466**, 188 (1928). — Treibs, Wiedemann: Liebigs Ann. **466**, 264 (1928). — [8] Treibs, Wiedemann: Liebigs Ann. **471**, 146 (1929); vgl. auch Conant, Hyde, Moyer, Dietz: J. amer. chem. Soc. **53**, 359 (1921); **55**, 795 (1933). — H. Fischer, Klebs: Liebigs Ann. **490**, 44, 88 (1931).

Verdoporphyrin ist eine Dicarbonsäure, ebenso Rhodoporphyrin; Pyrroporphyrin und Phylloporphyrin sind Monocarbonsäuren. Zur Bestimmung der Konstitution konnten die beim Abbau des Hämin gemachten Erfahrungen zu Hilfe genommen werden. Da die Oxydation[1] von Brompyrroporphyrin und Bromphylloporphyrin Bromcitraconimid:

$$\text{H}_3\text{C}-\!\!=\!\!-\text{Br} \atop O=\underset{\text{NH}}{\rule{0pt}{0pt}}\!\!=\!\!O$$

lieferte, so war der Beweis erbracht, daß in einem Pyrrolring eine freie β-Stellung ist, während Rhodoporphyrin an dieser Stelle eine Carboxylgruppe trägt. Die Konstitution von Rhodoporphyrin, Phylloporphyrin und Pyrroporphyrin ist in jeder Weise durch Abbau und Synthese[2] erwiesen:

Rhodoporphyrin

Pyrroporphyrin

Phylloporphyrin (γ-Methylpyrroporphyrin)

Die Synthese des Phylloporphyrin ist durch nachfolgendes Bild[3] (A) gekennzeichnet:

---

[1] H. Fischer, Treibs: Liebigs Ann. **466**, 188 (1928). — [2] H. Fischer, Hummel, Treibs: Liebigs Ann. **471**, 237 (1929). — H. Fischer, Schormüller: Liebigs Ann. **473**, 211 (1929). — H. Fischer, Berg, Schormüller: Liebigs Ann. **480**, 109 (1930). — H. Fischer, Helberger: Liebigs Ann. **480**, 235 (1930). — H. Fischer, Schormüller: Liebigs Ann. **482**, 232 (1930). — H. Fischer, Siedel, Le Thierry d'Ennequin: Liebigs Ann. **500**, 137 (1933). — [3] Fischer, Helberger: Liebigs Ann. **480**, 235 (1930). Über die Schwierigkeiten der Beweisführung unterrichtet die Überlegung, daß von Tetramethyl-triäthylporphin-monopropionsäuren 8 Isomere existieren, welche synthetisiert wurden. Nimmt man eine Äthylgruppe heraus, so entsteht die Form des Pyrroporphyrin, von dem 24 Isomere existieren, da jeweilig aus den 8 obigen Isomeren je eine Äthylgruppe herausgenommen werden kann.

Man kann in Pyrroporphyrin die Propionsäuregruppe decarboxylieren und gelangt zu dem entsprechenden Ätioporphyrin (I), welches sich von Ätioporphyrin „III" [Formel II] dem Abbauprodukt des Blutfarbstoffes nur durch das Fehlen einer β-ständigen Äthylgruppe unterscheidet:

Es gelang[1] ferner, ein Wasserstoffatom im Pyrroporphyrin an der richtigen Stelle (6) durch eine Propionsäuregruppe zu ersetzen und zum Mesoporphyrin aus der Häminreihe zu kommen (III).

Damit war der Zusammenhang[2] zwischen Blut- und Blattfarbstoff hergestellt. Mit diesen Feststellungen war so viel erreicht, daß von den 55 Kohlenstoffatomen des Chlorophyll a 20 durch die Konstitutionsaufklärung des Phytol, 1 durch den Nachweis von Methylalkohol und 32 durch die Konstitutionsermittlung des Phylloporphyrin festliegen, zusammen 53 Atome, so daß noch Unklarheit über 2 Kohlenstoffatome und die dazu gehörigen Seitenketten-Wasserstoff- und Sauerstoffatome herrschte. Außerdem war zu erweisen, daß die im Phylloporphyrin vorliegende Porphinkonstitution im Chlorophyll und seinen nächsten Derivaten vorhanden war. Als Ort der Bindung der Seitenkette wurde die γ-Methingruppe vermutet (IV).

Ein Fortschritt in dieser Richtung wurde erzielt mit der Untersuchung des Phylloerythrin, das im Magen-Darmkanal der Wiederkäuer aus Chlorophyll entsteht, und welches von Loebisch und Fischler[3], sowie von Marchlewski[4] aus Rindergalle erhalten worden war (andere

---

[1] H. Fischer, Riedl: Liebigs Ann. **486**, 178 (1931). — [2] Vgl. auch H. Fischer, Ebersberger: Liebigs Ann. **509**, 19 (1934). — [3] Loebisch, Fischler: Monatsh. Chem. **24**, 335 (1903). — H. Fischer: Z. physiol. Chem. **96**, 292 (1915). — [4] Marchlewski: Z. physiol. Chem. **43**, 464 (1904/05).

synonyme Namen sind Choleohämatin, und Bilipurpurin). H. Fischer[1] konnte diese schwer zugängliche Substanz aus Phaeophytin, Chlorophyllid und Phaeophorbid u. a. mit wässeriger Salzsäure erhalten und ihre Konstitution aufklären. Durch die Beziehung zum Phylloporphyrin wird der nahe Zusammenhang zwischen Chlorophyll und Porphyrinen noch deutlicher, zumal sich auch die Überführung von Chlorphyllderivaten in Porphyrine mit bakteriologischen Mitteln hatte bewirken lassen[2], während der Abbau zu Phylloporphyrin, Pyrroporphyrin und Rhodoporphyrin bisher unter solchen Bedingungen vollzogen worden war, daß immerhin die Möglichkeit sekundärer Synthesen nicht auszuschließen war. Als eine weitere milde Methode[3] kommt die Einwirkung von Jodwasserstoff in Eisessig in Frage, die z. B. bei Phaeophorbid Phaeophorphyrine, bei Chlorin e Chloroporphyrine liefert.

Die auf der Tabelle (S. 203) verzeichneten Abbauprodukte sind wichtig für die Konstitutionsaufklärung des Chlorophyll. Die Zahlen an den Buchstaben beziehen sich auf den Sauerstoffgehalt. Es ist jeweils nur die Teilformel mit der γ-Methinbrücke abgedruckt, weil nur diese Veränderungen hier interessieren. Durch eine Anzahl Pfeile ist versucht, ein Bild von den überaus verwickelten Beziehungen der Verbindungen untereinander zu geben, wobei zu berücksichtigen ist, daß die Einwirkung bestimmter Reagenzien oft ganz verschieden von der Erfahrung bei anderen Verbindungsklassen verläuft. Bei den Summenformeln ist mit Ausnahme von Formel (XI) die Estergruppe nicht mitgezählt, um das Bild klarer zu gestalten.

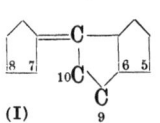

Zur Nomenklatur sei noch nebenstehende Bezifferung gegeben (I).

Alle diese Umsetzungen, wie sie durch die Pfeile gekennzeichnet sind — Oxydations- und Reduktionsreaktionen — zeigen den Zusammenhang in der angenommenen Struktur der Seitenketten. Auch die funktionellen Eigenschaften der einzelnen Gruppen sind z. B. durch Ketonreagenzien sichergestellt.

Phylloerythrin selbst ist in Rhodoporphyrin-γ-carbonsäure überführbar, besitzt eine Ketogruppe und läßt sich zu Desoxophyllerythrin reduzieren. Dadurch wurde die Formel (V) wahrscheinlich[4], schließlich ist auch die Synthese[5] (I, S. 204) gelungen.

Die Hydrierung des isocyclischen Ringes erfolgt dabei durch Nebenreaktionen, das gebildete Desoxophyllerythrin[6] (VI) geht durch Oxy-

---

[1] H. Fischer, Filser, Hagert, Moldenhauer: Liebigs Ann. 490, 1 (1931); vgl. auch H. Fischer, Merka, Plötz: Liebigs Ann. 478, 283 (1930). — H. Fischer, Bäumler: Liebigs Ann. 480, 197 (1930). — H. Fischer, Süß: Liebigs Ann. 482, 225 (1930). — H. Fischer, Moldenhauer, Süß: Liebigs Ann. 486, 107 (1931). —
[2] H. Fischer, Hendschel: Z. physiol. Chem. 198, 33 (1931); 222, 250 (1933). —
[3] H. Fischer, Bäumler: Liebigs Ann. 474, 65 (1929); 480, 197 (1930). — H. Fischer, Moldenhauer, Süß, Hagert, Filser: Liebigs Ann. 478, 54 (1930).— H. Fischer, Moldenhauer: Liebigs Ann. 481, 132 (1930). — H. Fischer, Moldenhauer, Süß: Liebigs Ann. 485, 1 (1931); 486, 107 (1931). — H. Fischer, Hagert, Moldenhauer: Liebigs Ann. 490, 1 (1931). — [4] H. Fischer, Moldenhauer, Süß: Liebigs Ann. 485, 1 (1931). — [5] H. Fischer, Riedmair: Liebigs Ann. 490, 91 (1931); 497, 181 (1932); 499, 288 (1932). — H. Fischer, Heckmaier, Riedmair: Liebigs Ann. 494, 86 (1932). — H. Fischer, Speitmann, Meth: Liebigs Ann. 508, 154 (1934). — [6] Desoxophyllerythrin und das zugehörige Ätioporphyrin kommen in Bitumen und Erdöl vor: Treibs: Liebigs Ann. 509, 103 (1934); 510, 42 (1934).

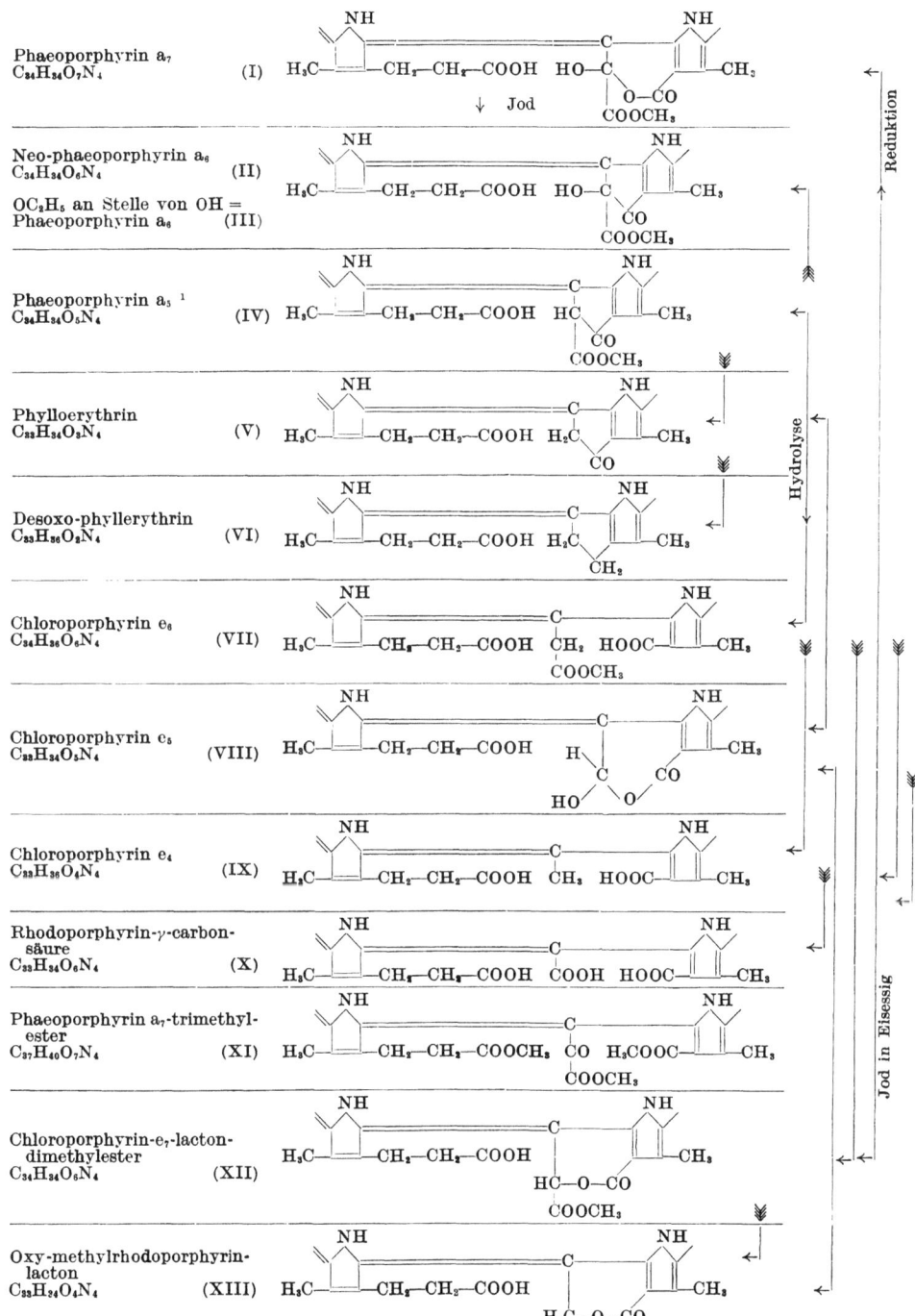

[1] Wichtigste Verbindung vgl. H. Fischer, Süß: Liebigs Ann. 482, 225 (1930); 485, 1 (1931); 486, 107 (1931). — Oxydationsprodukte: H. Fischer, Heckmaier: Liebigs Ann. 508, 250 (1934).

[Structural formulae showing reaction scheme with compounds labeled (I) and (A)]

dation in Phylloerythrin (A) über. Damit war der isocyclische Ring im Phylloerythrin nachgewiesen.

Methylphaeophorbid a geht unter Verlust der Carbomethoxygruppe in Methylpyrrophaeophorbid a[1] über, letzteres ist isomer mit Phylloerythrin und läßt sich durch Jodwasserstoff in letzteres verwandeln. Auch durch diese milde Reaktion ist der gleiche isocyclische Ring für Phylloerythrin und Chlorophyll wahrscheinlich gemacht.

Es haben sich weiter folgende Beziehungen ergeben: Chlorin e gibt einen Trimethylester, der isomer mit dem Triester von Chloroporphyrin e_6 (VII) ist[2]. Methylphaeophorbid ist isomer mit Phaeophorphyrin-a_5-dimethylester (IV). Chlorin e-trimethylester läßt sich in Pyrophaeophorbid umwandeln, das Produkt der Decarboxylierung von Phaeophorbid. Diese Umwandlung entspricht der Umwandlung von Chloroporphyrin e_6 (VII) in Phaeoporphyrin a_5 (IV) nur mit dem Unterschied, daß die Carbomethoxygruppe in Stellung 10 hier intakt bleibt, während sie in dem ersteren Falle abgespalten wird. Dies muß an einer besonderen konstitutionellen Eigentümlichkeit des Phaeophorbid liegen.

Es muß daher eine Verschiedenheit im Aufbau der Porphyrine einerseits und der Phorbide und Chlorine andererseits bestehen. Die Natur dieser Isomerie scheint aufgeklärt durch die Ergebnisse bei der Reduktion mit farblosem Jodwasserstoff in Eisessiglösung in der Kälte[3]. Es werden auf diese Weise Oxoporphyrine erhalten. Diese „Oxoreaktion" ist eine allgemeine Reaktion der Phorbide und Chlorine, Porphyrine geben sie nicht; es muß daher bei den Verbindungen, welche die Reaktion eingehen, eine besondere Konstitution vorliegen. Als Ursache wird ein Isoporphinring angesehen. Für die Konstitution dieser Verbindungen kommen Gruppen wie (II) in Frage. Da die synthetisch dargestellten Formylporphyrine[4] in ihren Eigenschaften von den Oxoporphyrinen abweichen, wurde das Vorliegen von Acetylresten erwogen. Die bisher bekannten Reaktionen lassen sich mit dem Vorhandensein einer Acetylseitenkette in Einklang bringen. Auch weitere Stützpunkte für die Annahme sind vorhanden. Der Verlauf der Oxoreaktion könnte durch folgende Formel-

O=C—H (II) O=C—CH_3

Formylgruppen oder Acetylgruppen

---

[1] Conant, Hyde: J. amer. chem. Soc. **51**, 3668 (1929), und zwar S. 3673. — H. Fischer, Filser, Hagert, Moldenhauer: Liebigs Ann. **490**, 31 (1931). — [2] H. Fischer, Siebel: Liebigs Ann. **494**, 73 (1932). — Stern, Klebs: Liebigs Ann. **505**, 295 (1933). — [3] H. Fischer, Riedmair: Liebigs Ann. **505**, 87 (1933). — H. Fischer, Riedmair, Hasenkamp: Liebigs Ann. **508**, 224 (1934); H. Fischer, Hasenkamp: Liebigs Ann. **513**, 107 (1934). — [4] H. Fischer, Schwarz: Liebigs Ann. **512**, 239 (1934).

reihe ausgedrückt werden, wobei die Auffassung gerechtfertigt ist, daß der Acetylrest nur aus einem Äthylidenrest entstanden sein kann.

$$\underset{H_3C}{\overset{H}{HC=C-}} \rightarrow \underset{H_3C}{\overset{}{JHC-C-}} \rightarrow \underset{H_3C}{\overset{J}{JHC-C-}} \rightarrow \underset{H_3C}{\overset{}{HO-HC-C-}} \rightarrow \underset{H_3C}{\overset{J}{HO-C=C-}} \rightarrow \underset{H_3C}{\overset{}{O=C-C-}}$$

Zunächst lagert sich Jodwasserstoff an die Doppelbindung der Methingruppe an. Dann erfolgt Substitution des tertiären Wasserstoffatom durch Jod, Austausch durch die Hydroxylgruppe, Abspaltung von Jodwasserstoff und Umlagerung zur Acetylgruppe unter gleichzeitiger Isomerisation zum Dihydroporphyrin. Weitere Untersuchungen bezweckten durch Abspaltung der Carbonylgruppe die von ihr eingenommene Stellung im Molekül zu erfahren. Die Ergebnisse deuten auf Stellung 2 in Kern I. Damit ist für das Chlorophyll selbst eine Äthylidengruppe in dieser Stellung anzunehmen, wobei noch darauf hinzuweisen ist, daß Chlorophyll und seine nächsten Abkömmlinge katalytisch hydrierbar sind[1]. Für Methylphaeophorbid a[2] stehen danach zwei Formeln (I u. II) zur Wahl, von denen Formel I bevorzugt wird.

(I)   (II)

Dann würde sich die Konstitution von Chlorin e mit dem Übergang in Oxochloroporphyrin e_5 wie folgt darstellen:

Chlorin e   Oxochloroporphyrin e_5

---

[1] Stoll, Wiedemann: Naturwiss. **20**, 791 (1932). — H. Fischer, Lakatos: Liebigs Ann. **506**, 123 (1933). — H. Fischer, Lakatos, Schnell: Liebigs Ann. **509**, 201 (1934). — [2] Synthese des Chlorophyllid a aus Methylphaephorbid a (Einführung von Magnesium): H. Fischer, Spielberger: Liebigs Ann. **510**, 156 (1934).

Von Bedeutung war weiter die Beobachtung, daß der isocyclische Ring durch eine Behandlung mit Methylalkohol und Diazomethan aufgespalten werden kann, so gibt Phaeophorbid a Chlorin-e-trimethylester [1]. Methodisch wichtig erscheint auch die calorimetrische Analyse [2], welche für die Ermittlung der Formel oft sichere Ergebnisse liefert als die Bestimmung von Kohlenstoff und besonders Wasserstoff. Aus diesen über viele Jahre sich erstreckenden Untersuchungen hat H. Fischer nach mehrfacher Abänderung schließlich (23. 8. 1934) die folgende Formel [3] für Chlorophyll a[3] aufgestellt:

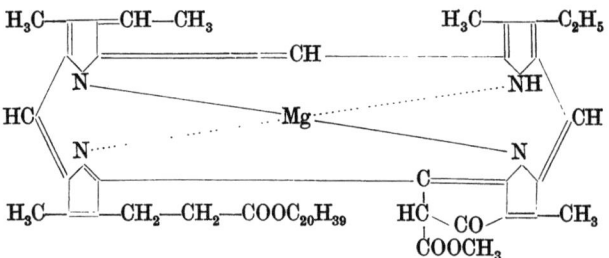

Eine frühere ähnliche Formel von H. Fischer wurde von Stoll [4] bis auf kleine Einzelheiten [5] als der beste Ausdruck für die Eigenschaften des Chlorophyll bezeichnet. Es ist ein Isoporphinsystem mit eingebautem isocyclischen, fünfgliedrigen Ring angenommen. Das Magnesium ist an zwei Pyrrolstickstoffatome gebunden und mit den anderen beiden Pyrrolstickstoffatomen komplex abgesättigt.

Die Anwesenheit asymmetrischer Kohlenstoffatome bedingt optische Aktivität, welche auch nachgewiesen ist [6]. Für Chlorophyll a beträgt $[\alpha]\frac{25}{720} = -260^0$ ($\pm 25^0$). Die Racemisierung tritt schnell ein.

In diesen Untersuchungen spielt noch die sog. Phasenprobe und die Allomerisation eine Rolle. Das natürliche Gemisch der Chlorophylle a und b gibt beim Schütteln mit konzentrierter methylalkoholischer Kalilauge vorübergehend einen Farbumschlag nach Braun, die reine Komponente a nach Gelb, die reine Komponente b nach Rot, die sog. Phasenprobe [7]. Man beobachtet nun, daß beim Stehen von Chlorophyll in alkoholischer Lösung, wie auch bei Chlorophyllid in alkoholischer Lösung Veränderungen vor sich gehen. Ersteres gibt die Phasenprobe nicht mehr,

---

[1] H. Fischer, Riedmair: Liebigs Ann. **506**, 107 (1933). — H. Fischer, Gottschaldt: Liebigs Ann. **498**, 198 (1934). — [2] Stern, Klebs: Liebigs Ann. **505**, 295 (1933). — [3] H. Fischer, Siebel: Liebigs Ann. **499**, 90 (1932). — H. Fischer: Liebigs Ann. **502**, 175 (1933). — H. Fischer, Riedmair, Hasenkamp: Liebigs Ann. **508**, 224 (1934). — H. Fischer, Hasenkamp: Liebigs Ann. **513**, (1934). — [4] Stoll, Wiedemann: Helvet. chim. Acta **17**, 163 (1934); ältere Arbeiten von Stoll, Wiedemann: Naturwiss. **20**, 706, 791 (1933); Helvet. chim. Acta **15**, 1128, 1250 (1932); **16**, 183, 307, 739 (1933); ferner noch **17**, 456 (1934). — [5] Weitere Einwendungen gegen die Fischersche Formel: Armstrong: J. Soc. chem. Ind. **52**, 809 (1933); Formeln von Conant: Conant, Dietz, Bailey, Kamerling: J. amer. chem. Soc. **53**, 2382 (1931). — Conant, Dietz: Nature (Lond.) **131**, 131 (1933). — [6] Stoll, Wiedemann: Helvet. chim. Acta **16**, 307 (1933). — [7] Willstätter u. Stoll: Untersuchungen über Chlorophyll, S. 144, 145. — Willstätter, Utzinger: Liebigs Ann. **382**, 129, 135 (1911). — Willstätter, Stoll: Liebigs Ann. **387**, 317 (1912), und zwar S. 357.

es ist allomerisiert, letzteres hat nach dem Verdampfen des Alkohol seine Krystallisationsfähigkeit verloren und gibt ebenfalls keine Phasenprobe mehr. Bei der alkalischen Verseifung und Fraktionierung mit Salzsäure erhält man viel schwächer basische Chlorine und Rhodine. Conant[1] fand, daß bei der Allomerisation ein Molekül Sauerstoff verbraucht wird. Die Allomerisation kann auch durch Benzochinon[2] hervorgerufen werden. Fischer[3] glaubt, daß bei der Allomerisation eine Doppelbindung zwischen dem γ-Kohlenstoffatom und dem Kohlenstoffatom 10 entsteht. Die braune Phase stellt sich dann so dar, daß die Carbonylgruppe in Stellung 9 sich enolisiert, wobei das Wasserstoffatom in Stellung 10 wandert. So ist die Möglichkeit für die Bildung eines Alkalisalzes gegeben. Allomerisiertes Chlorophyll hat kein Wasserstoffatom mehr in Stellung 10, daher ist keine Enolisierung und keine Bildung eines Alkalisalzes möglich.

Das Phytol haftet am Propionsäurerest des Pyrrolkern IV, wie in der Formel angezeigt. Der Beweis[4] stützt sich auf die Tatsache, daß Phaeophorbid a in Pyridin erhitzt freies Phylloerythrin und Phaeoporphyrin a_7 gibt. Die Methoxygruppe muß daher ursprünglich an der Carboxylgruppe des isocyclischen Ringes gestanden haben und für den Phytolrest bleibt nur die Stellung an dem Propionsäurerest übrig.

Die Konstitution des Chlorophyll b steht noch nicht völlig fest. Der alkalische Abbau[6] hat ein entsprechendes Ergebnis wie bei Chlorophyll a gezeitigt. Die Übertragung der Oxoreaktion[7] ist gelungen. In der zuletzt von Fischer[8] aufgestellten Formel war eine Oxymethylengruppe angenommen, neuerdings[9] wird auch hier eine Äthylidengruppe in Erwägung gezogen; der isocyclische Ring ist in gleicher Anordnung wie bei Chlorophyll a, weil durch Methanolyse Rhodin-g-trimethylester entsteht.

Die Bearbeitung des ganzen Gebietes ist durch die ungemein leichte Veränderlichkeit des Chlorophyll und seiner Derivate erschwert; so ist z. B. beim Arbeiten mit allen magnesiumfreien Chlorophyllderivaten Glas als Arbeitsgerät nicht immer brauchbar, weil in Berührung mit Alkali und gleichzeitig Schwermetallen leicht Komplexsalz gebildet wird, das die Präparate verunreinigt. Es ist aussichtslos, ohne Nach-

---

[1] Conant, Kamerling, Steele: J. amer. chem. Soc. 53, 1615 (1931). — [2] H. Fischer, Süß, Klebs: Liebigs Ann. 490, 38 (1931). — [3] H. Fischer, Riedmair: Liebigs Ann. 506, 107 (1933). — [4] H. Fischer: Liebigs Ann. 502, 175 (1933), und zwar S. 197. — Vgl. aber Stoll, Wiedemann: Helvet. chim. Acta 17, 163 (1933), und zwar S. 167. — [5] Vgl. hierzu noch H. Fischer, Hasenkamp: Liebigs Ann. 513, 107 (1934) und zwar S. 115. — [6] Vgl. Treibs, Wiedemann: Liebigs Ann. 471, 146 (1929); ferner Conant, Dietz, Werner: J. amer. chem. Soc. 53, 4436 (1931). — Warburg, Negelein: Biochem. Z. 244, 9 (1932); neuere Arbeiten über Chlorophyll b: H. Fischer, Broich, Breitner, Nüssler: Liebigs Ann. 498, 228 (1932). — H. Fischer, Breitner, Hendschel, Nüssler: Liebigs Ann. 503, 1 (1933). — H. Fischer, Hendschel, Nüssler: Liebigs Ann. 506, 83 (1933). — [7] H. Fischer, Riedmaier, Hasenkamp: Liebigs Ann. 508, 224 (1934), und zwar S. 226. — [8] H. Fischer, Breitner: Liebigs Ann. 510, 183 (1934); 511, 183 (1934); vgl. auch Stoll, Wiedemann: Helvet. chim. Acta 17, 456 (1934). — [9] H. Fischer, Hasenkamp: Liebigs Ann. 513, 107 (1934), und zwar S. 114.

arbeitung bekannter Methoden und dadurch erlangte Übung Aufgaben aus dem Chlorophyllgebiet bearbeiten zu wollen. Aus diesem Grunde ist hier von Einzelheiten bei der Schilderung des Abbaues usw. ganz abgesehen worden [1].

Die Rolle, welche die beiden Chlorophyllkomponenten bei der Assimilation chemisch spielen, ist noch ungeklärt, obwohl auch hier neuere Arbeiten [2] vorliegen. Erschwert wird die Lösung des photochemischen Problems durch die Tatsache, daß der photochemische Effekt der Assimilation außerhalb der Pflanze nicht reproduzierbar ist. Im Hinblick darauf ist es interessant, daß die Chlorophyllkomponenten mit Zinkstaub [3] in Pyridinlösung unter Zusatz von Eisessig ihre grüne Farbe verlieren und ein braunes Filtrat geben, das offenbar Leukochlorophylle enthält und bei Zutritt von Sauerstoff wieder tiefgrüne Farbe mit roter Fluorescenz annimmt. Die Untersuchung zeigt, daß im wesentlichen wieder Chlorophyll zurückgebildet wird. Danach könnte für die Assimilation das System Chlorophylle $\rightleftarrows$ Leukochlorophylle in Betracht kommen, in denen die braunen Leukochlorophylle den Wasserstoff für die Reduktion liefern.

In Pflanzen, welche im Dunkeln gezogen worden sind, findet sich in geringer Menge ein grüner Farbstoff [4] Protochlorophyll (Pringsheim 1874, Monteverde und Lubimenko 1894), der sich spektroskopisch von Chlorophyll unterscheidet und bei Belichtung offenbar in dieses übergeht. Als Ausgangsmaterial dienen die grünen Häute des Kürbissamen. Der Farbstoff enthält Magnesium, Phytol ist nicht nachgewiesen. Mit Säuren entsteht ein magnesiumfreier roter Farbstoff, ein Protophaeophytin, aus dem mit methylalkoholischer Salzsäure ein Trimethylester $C_{36}H_{42}O_6N_4$ erhalten wird.

Von dem Chlorophyll nahestehenden Farbstoffen seien erwähnt:

Phyllobombicin [5], $C_{34}H_{36}O_6N_4$, das aus dem Kot der Seidenraupe Bombyx mori erhalten wurde; der Abbau führt zu Rhodoporphyrin.

Bakteriochlorophyll [6] (Bakteriochlorin) ist der Farbstoff der Purpurbakterien Beggiatoa purpurea, die zur Photosynthese befähigt sind. Er hat die gleiche Formel wie Chlorophyll b $C_{55}H_{72}O_6N_4Mg$, scheint aber als Hydrat vorzuliegen und wahrscheinlich in der Bakterie als Gemisch mit einem Chlorophyll a, weil man beim Abbau 2 Phaeophorbide gefunden hat. Der Quotient zwischen a und b scheint aber ein anderer zu sein, als beim Blattchlorophyll. Der Farbstoff gibt keine Phasenprobe, dagegen wohl die beiden Phaeophorbide. Er enthält 2 Carboxylgruppen, eine ist mit Methylalkohol verestert, die andere mit Phytol oder einem anderen hochmolekularen Alkohol. Weitere Abbauprodukte sind Rhodin und ein Phaeophytin. Zum Unterschied von Blattchlorophyll werden erst bei weitgehendem Abbau Pyrro- und Phylloporphyrin erhalten.

---

[1] Über die Methodik und Systematik vgl. Treibs in Klein: Handbuch der Pflanzenanalyse, III, 2, S. 1351f. — [2] Conant, Dietz, Kamerling: Science (N. Y.) **73**, 268 (1931). — Stoll: Naturwiss. **20**, 955 (1932). — Willstätter: Naturwiss. **21**, 252 (1933). — [3] Kuhn, Winterstein: Ber. dtsch. chem. Ges. **66**, 1741 (1933). — [4] Noack, Kießling: Z. physiol. Chem. **182**, 13 (1929); **193** 97 (1930); Z. angew. Chem. **44**, 93 (1931). — [5] H. Fischer, Hendschel: Z. physiol. Chem. **198**, 33 (1931); **206**, 255 (1932). — [6] Noack, Schneider: Naturwiss. **21**, 835 (1933). — Schneider: Z. physiol. Chem. **226**, 221 (1934).

Der Farbstoff der Schwefelpurpurbakterien[1], Beggiatoa thiocystis (Gaffron) ist ein spektroskopisch mit Oxyphaeoporphyrin identisches Porphyrin.

5-6-Chinon- der 2-3-Dihydro-indol-2-carbonsäure[2] (I).

Ein roter Farbstoff $C_9H_7O_4N$, soll in der Oberhaut eines Wurmes Halla parthenopaea Costa enthalten sein. Er liefert bei der Destillation mit Natronkalk ein Pyrrolin, bei der Oxydation mit Wasserstoffsuperoxyd Pyrroltricarbonsäure, mit p-Bromphenylhydrazin ein Hydrazon, unter der Einwirkung von schwefliger Säure 5-6-Dimethoxyindol und die 2-Carbonsäure.

Indigo[3] (II). Der Indigo $C_{16}H_{10}O_2N_2$ findet sich als Glucosid Indican $C_{14}H_{17}O_6N$, Nadeln vom Smp. 180°, in verschiedenen Arten von Indigofera, einer Papilionatae, so in Indigofera tinctoria, pseudotinctoria, anil, disperma und argentea. Die ursprüngliche Heimat der Pflanze ist Ostasien vom 20.—30. Grade, sie gedeiht aber auch in China, Japan, auf den Phillipinen, in Zentralamerika, Brasilien und Java. Isatis tinctoria, der Färber-Waid aus der Familie der Cruciferae wurde früher in Europa angebaut, er liefert aber geringere Mengen Indican wie Indigofera; ferner ist in Polygonum tinctorium, im Färberknöterich, Indican enthalten, er wurde in China und im Kaukasus angebaut. Auch ein Oleander Nerium tinctorium enthält Indican, wie viele andere Pflanzen z. B. auch Lonchocarpus cyanescens[4], die Gara von Sierra Leone und dem westlichen Sudan. Die wichtigste Marke ist der Bengalindigo, Javaindigo ist der feinste. Betreffs des Zerfalls des Indican und der chemischen Eigenschaften des Indigo vgl. Bd. I, S. 212f.

Als Beimengung findet sich im natürlichen Indigo Indirubin (Indopurpurin, Indigrot), $C_{16}H_{10}O_2N_2$ in einer Menge von 2—4% (ostindische Indigosorten) und von 15% bisweilen in javanischen.

Im Harn der Säugetiere findet sich Harnindican[5], es ist das Kaliumsalz der Indoxylschwefelsäure (III). Offenbar verdankt es seine Entstehung[6] der Reaktion, daß das durch Darmfäulnis abgespaltene Indol hydroxyliert und an Schwefelsäure gebunden wird.

---

[1] H. Fischer, Riedmair, Hasenkamp: Liebigs Ann. 508, 224 (1934), und zwar S. 236. — [2] Mazza, Stolfi: Arch. Sci. biol. 16, 183 (1931). — Friedheim: Biochem. Z. 259, 257 (1933). — [3] Geschichte des Indigo: v. Georgievics: Der Indigo vom praktischen und theoretischen Standpunkt. Leipzig u. Wien: Franz Deuticke 1892; Einzelheiten über Kultur und Gewinnung: Rawson: J. Soc. chem. Ind. 18, 467 (1899). — van Lookeren-Campagne: Plantageindigo. Wageningen 1901. — Schultz: Farbstofftabellen, 7. Aufl., Bd. I, S. 642, Nr. 1384. — Ullmann: Enzyklopädie der technischen Chemie, 2. Aufl., Bd. 6, S. 244; Nachweis und Darstellung von Indican, Rosenthaler in Klein: Handbuch der Pflanzenanalyse, III, 2, S. 1060. Verbreitung und Vorkommen der Glucoside: Hadders in Klein: Handbuch der Pflanzenanalyse, III, 2, S. 1062. — [4] A. G. Perkin: J. Soc. chem. Ind. 26, 389 (1907). — [5] Literatur: V. Meyer-P. Jacobson: Lehrbuch der organischen Chemie, II, 3, 247. — Stanford hält es für unwahrscheinlich, daß das Indican des menschlichen Harnes die obige Zusammensetzung habe [Z. physiol. Chem. 87, 188, 198 (1913)]. — [6] Literatur: V. Meyer-P. Jacobson: Lehrbuch der organischen Chemie, II, 3, S. 248.

210 Heterocyclische Verbindungen.

Von dem im Menschenharn isolierten Indiggrün[1] wird angenommen, daß es der Struktur (I) entspricht.

Antiker Purpur[2], $C_{16}H_8O_2N_2Br_2$. Die an den Küsten des Mittelmeeres heimische Schnecke Murex brandaris liefert ein Drüsensekret, das bei der Belichtung 6-6'-Dibromindigo (II) ergibt, welcher der wesentliche Bestandteil des antiken Purpurs (Friedländer) ist. Denselben Farbstoff liefert Murex trunculus, doch ist bei dieser Schnecke noch die Anwesenheit einer gewissen Menge eines sich ähnlich verhaltenden mehr blauvioletten Produktes festgestellt worden. Die Vermutung, daß es sich um N-Methylderivate[3] des Dibromindigo handelt, konnte nicht bewiesen werden. Purpura haemostoma[4] von der phönizischen Küste liefert offenbar den gleichen Farbstoff, ebenso die Schnecke Purpura aperta (Blainv.) von der mexikanischen Westküste, wenn auch hier absolut sichere Identifikation nicht möglich war. Eine europäische Purpurschnecke Purpura lapillus[5], die an den Felsküsten des atlantischen Ozeans (Bretagne, Wales, Norwegen) stellenweise häufig vorkommt, scheint auch den gleichen Farbstoff zu liefern.

In keinem Falle konnte aber bisher festgestellt werden, welches Vorprodukt die Drüse der Schnecke enthält.

Die Färbungen zeigen ein rotstichiges Violett von unschönem Ton.

Aus 12000 Schnecken Murex brandaris wurde 1,4 g Farbstoff erhalten.

c) Abkömmlinge des Pyridin.

Berberin[6]:

Carbinolform   Aldehydform   Ammoniumform

---

[1] Benedicenti: Z. physiol. Chem. **53**, 181 (1907). — Rastelli: Arch. internat. Pharmacodynam. Therap. **40**, 482 (1931). — [2] A. Dedekind: Ein Beitrag zur Purpurkunde. Weitere Literatur: Schultz: Farbstofftabellen, 7. Aufl., Bd. 1, S. 641, Nr. 1383; hauptsächlich: Friedländer: Monatsh. Ch. **28**, 991 (1907); Ber. dtsch. chem. Ges. **42**, 765 (1909); **55**, 1655 (1922); Verh. Ges. dtsch. Naturforsch. 1908. — [3] Ettinger, Friedländer: Ber. dtsch. chem. Ges. **45**, 2074, 2081 (1912). — [4] Lacaze-Duthiers: Archives de Zool. (3) **4** (1896). — [5] Ältere Untersuchungen: Letellier: C. r. Acad. Sci. Paris **109**, 82 (1891); **111**, 307 (1891). — Schunk: J. chem. Soc. Lond. **35**, 589 (1879). — Friedländer: Ber. dtsch. chem. Ges. **55**, 1655 (1922). — [6] Literatur: Schultz: Farbstofftabellen, 7. Aufl., Bd. 1, S. 633, Nr. 1873. — Winterstein-Trier: Alkaloide, 2. Aufl., S. 575. Berlin: Gebr. Bornträger 1931. Gewinnung: Ullmann: Enzyklopädie der technischen Chemie, 2. Aufl., Bd. 2, S. 290. Vorkommen: Rupe: Naturfarbstoffe, I, S. 240.

$C_{20}H_{19}O_5N$, gelbe Nadeln vom Smp. 144⁰ findet sich in den Wurzeln von Berberis vulgaris, dem Sauerdorn, in Hydrastis canadensis, einer amerikanischen Ranunculaceae und vielen anderen Pflanzen. Die Berberinbase ist unbeständig und geht in die Aldehydform, das Berberinal über, die Salze leiten sich von der Ammoniumform ab. Berberin ist sowohl durch Abbau wie durch Synthese in seiner Konstitution bestimmt. Vorstehend die Synthese von W. H. Perkin[1] und Späth[2].

d) Abkömmlinge des Pyrazin.

Chlororaphin[3]. Bei der Züchtung von Bacillus chlororaphis G und S auf einem Nährboden, der außer anorganischen Salzen nur Glycerin und Asparagin enthält, entsteht ein Farbstoff Chlororaphin, $C_{26}H_{20}O_2N_6$, grüne Krystalle Smp. 229—230⁰ (unter Stickstoff). Der Farbstoff oxydiert sich an der Luft zu Oxychlororaphin, hellgelbe Nadeln, Smp. 241⁰, das die Formel $C_{13}H_9ON_3$ besitzt; beim Kochen mit Kalilauge wird 1 Mol Ammoniak abgespalten, es bildet sich eine Carbonsäure $C_{13}H_8O_2N_2$, die bei der Destillation mit Natronkalk Phenazin liefert. Oxychlororaphin ist demnach Phenazin-α-carbonsäureamid (I):

dessen Synthese über die Carbonsäure aus Nitrobenzol und Anthranilsäure gelang. Bei der Reduktion geht es in eine grüne chinhydronartige Verbindung über, die mit dem Farbstoff identisch ist (II). Das in der Literatur genannte Xanthoraphin ist identisch mit Oxychlororaphin.

---

[1] W. H. Perkin, Râ y, Robinson: J. chem. Soc. Lond. **127**, 740 (1925); vgl. auch Pictet, Gams: Ber. dtsch. chem. Ges. **44**, 2480 (1911) und W. H. Perkin jun., Rankin: J. chem. Soc. Lond. **125**, 1686 (1924). — [2] Späth, Quientsky: Ber. dtsch. chem. Ges. **58**, 2267 (1925). — [3] Kögl, Postowsky: Liebigs Ann. **480**. 280 (1930), dort Inhaltsangabe der Arbeit von Lasseur u. Girardet. — Kögl, Tönnis: Liebigs Ann. **497**, 265 (1932), dort Diskussion der Chinhydronformel im Hinblick auf mögliche Radikalstruktur.

212 Heterocyclische Verbindungen.

Pyocyanin[1] (I). Der Farbstoff $C_{26}H_{20}O_2N_4$, blaue Nadeln vom Smp. 133°, ist ein Produkt des Bacillus pyocyaneus, der ein häufiger Schmarotzer der menschlichen Haut ist und die Blaufärbung des Schweißes, von Eiter usw. bewirkt. Er wird durch Alkalien in das gelbe Hemipyocyanin $C_{12}H_8ON_2$ verwandelt, das mit α-Oxyphenazin durch die Synthese des letzteren als identisch erwiesen wurde. Die Synthese läßt sich wie folgt bewirken:

Erhitzt man α-Oxyphenazin mit Dimethylsulfat und behandelt mit Alkalien so erhält man Pyocyanin:

Gegen die Formel[2] (I) wurde eingewandt, daß Pyocyanin in wässeriger Lösung als ein Semichinoid vorliegen könne. Durch Molekulargewichtsbestimmungen in Eisessig[3] wurde jedoch das für obige Formel notwendige Molekulargewicht erwiesen.

Auffallend ist die leichte Abspaltbarkeit der Methylgruppen durch Jodwasserstoff und Alkalisauerstoff. Eine Chinhydronformel, welche Wrede ablehnt, würde den Eigenschaften besser gerecht.

Die Züchtung des Bacillus geschieht auf Ragitbouillon Merck bei $p_H = 7,8 - 8$ oder besser mit einer Pepton-NaCl-Gelatine-Nährlösung[4].

Lyochrome[5].

Mit diesem Gruppennamen[6] bezeichnet man wasserlösliche, stickstoffhaltige Farbstoffe von gelber Farbe und grüner Fluorescenz, welche in engster Beziehung zu dem Vitamin B_2 stehen. Die einzelnen Farbstoffe werden **Flavine**[7] genannt. Die Identität eines Flavin, des Lactoflavin, mit dem Vitamin B_2 scheint festzustehen, ungeklärt ist die Frage,

---

[1] Wrede, Strack: Z. physiol. Chem. **140**, 1 (1924); **142**, 103 (1925); **177**, 177 (1928); **181**, 58 (1928); Ber. dtsch. chem. Ges. **62**, 2051 (1929). — [2] Friedheim, Michaelis: J. biol. Chem. **91**, 355 (1931). — Elema: Rec. Trav. chim. Pays-Bas **50**, 807 (1931). — Michaelis: J. biol. Chem. **92**, 211 (1931). — [3] Hagemeier: Diss. Greifswald 1933. — [4] Elema, Sanders: Rec. Trav. chim. Pays-Bas **50**, 796 (1931). — [5] Über den Vergleich der Lyochrome und der Lipochrome s. S. 2. — [6] Ellinger, Koschara: Ber. dtsch. chem. Ges. **66**, 315 (1933). — [7] Kuhn, György, Wagner-Jauregg: Ber. dtsch. chem. Ges. **66**, 317 (1933); vgl. zur Nomenklatur Warburg, Christian: Biochem. Z. **266**, 377 (1933) mit dem ablehnenden Standpunkt für die obige Bezeichnung.

ob außer Lactoflavin noch weitere Vertreter existieren, weil die isolierten Verbindungen dem Lactoflavin sehr ähnlich sind.

Zuerst hat Blyth [1] den Farbstoff der Kuhmolke in unreinem Zustand isoliert. Später haben Bleyer und Kallmann [2] einen stickstoffhaltigen Farbstoff aus Milch, das Lactochrom, beschrieben, weiter Banga und Szent-Györgyi [3] ein goldgelbes Atmungs-Cofermentpräparat aus Schweineherz-Kochsaft, das sie Cytoflav nannten. Endlich haben Warburg und Christian [4] aus Hefe ein gelbes Oxydationsferment isoliert.

Das gelbe Ferment besteht danach aus einem kolloiden Träger und aus der Wirkungsgruppe, einem reversiblen gelben Farbstoff, der von dem kolloiden Träger mit Hilfe von Methanol abgelöst werden kann. Die chemische Natur des kolloiden Trägers ist unbekannt. Von der Wirkungsgruppe ist durch Bestrahlen in alkalischer Lösung ein Derivat [5] $C_{13}H_{12}O_2N_4$ (anfänglich war diese Formel nicht ganz sichergestellt) dargestellt worden, das durch Erwärmen mit Barytwasser in Harnstoff und eine Verbindung [6] $C_9H_{10}O_2N_2$ gespalten wird. Das gelbe Ferment ist ein sauerstoffübertragendes Ferment, aber auch ein solches der sauerstofflosen Atmung. Die Sauerstoffübertragung wird nicht durch Kohlendioxyd und Blausäure gehemmt. Soweit gehen die Arbeiten von Warburg und Christian.

Ellinger und Koschara wie Kuhn, György und Wagner-Jauregg sind zu dem gleichen gelben Farbstoff, wie man ihn aus dem Oxydationsferment erhält, gekommen.

Mit der fast gleichzeitig erfolgten Herstellung krystallisierter Präparate [7] durch Ellinger und Koschara einerseits und Kuhn, György und Wagner-Jauregg andererseits ist die Forschung in schneller Entwicklung, die Konstitution des Lactoflavin ist fast völlig aufgeklärt. Die bis jetzt isolierten Lyochrome Lactoflavin, Ovoflavin, Lactoflavin d sind sich sehr ähnlich, ebenso gilt dies für ein Hepaflavin genanntes Präparat aus Leber (s. später) und vielleicht auch für Uroflavin, während es noch nicht feststeht, ob Lactoflavin a—c Individuen sind und ob Toxoflavin zu der Klasse der Lyochrome gehört.

Die Lyochrome finden sich weitverbreitet in Pflanzen und in Tieren. Mit Rücksicht auf die Identität von Lactoflavin mit Vitamin B_2 können

---

[1] Blyth: J. chem. Soc. Lond. 35, 530 (1879). — [2] Bleyer, Kallmann: Biochem. Z. 155, 54 (1925). — [3] Banga, Szent-Györgyi: Biochem. Z. 246, 203 (1932). — [4] Warburg, Christian: Naturwiss. 20, 688, 980 (1932); Biochem. Z. 254, 438 (1932); 257, 492 (1933); 258, 496 (1933); 260, 499 (1933); 263, 228 (1933); 266, 377 (1933) (zusammenfassende Darstellung); vgl. auch Franz. Pat. 765687 (Schering-Kahlbaum A.G.). — [5] Diese Beobachtung deckt sich mit den späteren Angaben von Kuhn, György und Wagner-Jauregg über den Abbau des Lactoflavin durch alkalische Photolyse (s. später). — [6] Kuhn u. Rudy [Ber. dtsch. chem. Ges. 67, 892 (1934), und zwar S. 895] haben die Verbindung $C_9H_{10}O_2N_2$ von Warburg und Christian nicht erhalten können. Sie glauben, daß die Verbindung ein Gemisch einer von Kuhn und Mitarbeitern isolierten Carbonsäure (s. später) und einem Nebenprodukt (Alloxazin) sei. — [7] Ellinger, Koschara: Ber. dtsch. chem. Ges. 66, 315, 808, 1411 (1933). — Kuhn, György, Wagner-Jauregg: Ber. dtsch. chem. Ges. 66, 317, 576, 1034 (1933). — Kuhn, György, Wagner-Jauregg: Ber. dtsch. chem. Ges. 66, 1577 (1933). — Kuhn, Rudy, Wagner-Jauregg: Ber. dtsch. chem. Ges. 66, 1950 (1933); vgl. auch György, Kuhn, Wagner-Jauregg: Naturwiss. 21, 560 (1933); Klin. Wschr. 12, 1241 (1933); die Literatur der einzelnen Flavine ist bei den Farbstoffen selbst aufgeführt.

die früheren Angaben über Vitamin B_2-Gehalt[1] herangezogen werden. Es scheint, daß die Lyochrome dadurch ausgezeichnet sind, daß sie von den auf Vitamin B_2 angewiesenen Tieren nicht synthetisch aufgebaut werden können. Die in höheren Tieren gefundenen Flavine entstammen der Pflanzennahrung. Sie können aber anscheinend von Hefen und Bakterien synthetisiert[2] werden. Die folgenden Tabellen geben Auskunft über das Vorkommen[3] in verschiedenen Bakterien, in Säften, Obst[3], Gemüsen und tierischen Organismen.

Tabelle 1[4].

	Flavin pro kg Trockensubstanz in mg
Essigbakterien	15
Bierhefe	30
Bäckerhefe	36
Milchsäurebakterien	115
Buttersäurebakterien	136

Bei den Werten der Tabellen 1 und 2 ist zu berücksichtigen, daß die Kochsäfte oder Auszüge, welche die Flavine enthalten, bestrahlt wurden und dadurch die Flavine in die chloroformlöslichen Lumiflavine verwandelt wurden. Die Chloroformauszüge wurden dann colorimetrisch bestimmt. Eine Fehlerquelle könnte darin liegen, daß die Flavine auch bei Belichtung in alkalischer Lösung Derivate geben könnten, welche nicht chloroformlöslich sind. Die Tabelle 3 (S. 215) ist auf

Tabelle 2[5].

	Flavin pro kg Trockensubstanz in mg		Flavin pro kg Trockensubstanz in mg
1 l Weißwein	0,125	1 l helles Bier	0,29
1 l Apfelsinensaft	0,089	1 kg Tannenhonig	1,06
1 kg Hagebutten (frisch)	0,069	1 kg Hefe (trocken)	18,0
1 kg Aprikosen (getrocknet)	0,57	1 l Molke (Kuhmilch)	0,45
1 kg Tomatenmark	0,71	1 kg Eieralbumin (trocken)	14,1
1 kg Karotten (frisch)	0,20	1 kg Rindsleber (frisch)	15,9
1 kg Spinat[6] (frisch)	0,57	1 l Menschenharn[7]	0,075
1 kg Kartoffeln	0,075		

Schätzungen durch unmittelbare Fluorescenzmessung gestützt, hier können andere fluorescierende Stoffe Flavine vortäuschen, allerdings sind die lipoidlöslichen Stoffe entfernt worden.

Die Flavine kommen teils in freier Form vor z. B. in der Kuhmilch und den Netzhäuten der Fische[8], teils als gelbes Oxydationsferment von

---

[1] Aykroyd, Roscoe: Biochemic. J. **23**, 483 (1929). — Aykroyd: Biochemic. J. **24**, 1479 (1930). — Chick, Copping: Biochemic. J. **24**, 1764 (1930). — Roscoe: Biochemic. J. **24**, 1754 (1930); **25**, 1205, 2050 (1931). — György, Kuhn, Wagner-Jauregg: Z. physiol. Chem. **223**, 21, 27, 236, 241 (1934). — [2] Warburg, Christian: Biochem. Z. **266**, 377 (1933). — van Veen, Mertens: Rec. Trav. chim. Pays-Bas **53**, 257, 398 (1934). — [3] Z. B. in Hagebutten: Kuhn, Grundmann: Ber. dtsch. chem. Ges. **67**, 341 (1934) oder aus Löwenzahnblüten: Karrer, Schöpp: Helvet. chim. Acta **17**, 771 (1934); Isolierung aus Grünmalz: Karrer, Schöpp: Helvet. chim. Acta **17**, 1013 (1934). — Vgl. hierzu Stern: Nature (Lond.) **133**, 178 (1934). — [4] Warburg, Christian: Biochem. Z. **266**, 377 (1933). — [5] Kaltschmitt nach Wagner-Jauregg: Angewandte Chem. **47**, 318 (1934). — Kuhn, Wagner-Jauregg, Kaltschmitt: Ber. dtsch. chem. Ges. **67**, 1452 (1934). — [6] Nachweis und Bestimmung: H. v. Euler, Adler, Schlötzer: Z. physiol. Chem. **226**, 88 (1934). — [7] Wagner-Jauregg, Wollschitt: Naturwiss. **22**, 107 (1934). Das Urochrom, dem der normale Harn seine Farbe verdankt, gehört sicherlich nicht zur Gruppe der Flavine. — [8] v. Euler, Adler: Z. physiol. Chem. **228**, 1 (1934).

Tabelle 3[1].

	Gesamtflavingehalt in γ pro g Frischgewicht
Leber, Niere, Nebenniere, Corpus luteum (Rind)	5 —10
Gehirn, Ovarium (Stroma) von Rind	1 —5
Milz, Lunge, Hypophyse, Vorderlappen (Rind)	0,5—1
Placenta (Mensch)	0,5—1
Auge, Netzhaut (Rind oder Schaf oder Huhn)	1 —5
Auge (Fische)	10 —20
Blut (Rind)	0,025

Warburg, das Flavin ist dabei an Protein[2] gebunden, von dem es abgespalten werden kann; ebenso ist in der Leber ein Flavoprotein[3], das vielleicht mit dem gelben Ferment identisch ist.

Die Gewinnungsmethoden sind Fällungsverfahren[4] am besten mit Reinigung über Schwermetallsalze oder Adsorptionsverfahren[5], wobei neuerdings trotz der Wasserlöslichkeit die chromatographische Analyse[6] Verwendung hat finden können.

Die chemischen Eigenschaften der Lyochrome, ihr Farbstoffcharakter, ihre Fluorescenz, ihre Beständigkeit gegen Oxydationsmittel, der Wechsel zwischen Farbstoff- und Leukoverbindungen und ihre physiologische Bedeutung rechtfertigen das große Interesse.

Lactoflavin. Ellinger und Koschara[7] haben aus der Kuhmilch und zwar der Molke 3 Farbstoffe Lactoflavin a, b und c isoliert, welche sich durch Krystallbild und Analyse unterscheiden; diese Farbstoffe zeigen das zuerst von Warburg und Christian[8] an einem Präparate des gelben Oxydationsferment beobachtete Verhalten, durch Belichtung in chloroformlösliche Farbstoffe überzugehen.

Kuhn, György und Wagner-Jauregg[9] haben ebenfalls aus Molke einen Farbstoff isoliert, der dem von ihnen vorher erhaltenen Ovoflavin aus Eiklar (s. d.) außerordentlich ähnlich war. Den Unterschied der Präparate von Ellinger-Koschara und Kuhn-György-Wagner-Jauregg führt Kuhn darauf zurück, daß erstere die Adsorption an Fullererde bei neutraler Reaktion vornahmen, während letztere saure Reaktion bevorzugten. Bei letzterer Arbeitsweise ist mit der Abspaltung von Farbstoff aus komplizierteren Vorstufen zu rechnen, so daß die Ellinger-Koscharaschen Farbstoffe den ursprünglichen entsprechen oder nahestehen könnten, vorausgesetzt, daß sie einheitlich sind.

---

[1] H. v. Euler, Adler: Z. physiol. Chem. 223, 105 (1934), und zwar S. 108.
[2] Theorell: Naturwiss. 22, 289, 290 (1934). — [3] Kuhn, Wagner-Jauregg: Z. physiol. Chem. 233, 241 (1934). — [4] Guha: Biochemic. J. 25, 945 (1931). — György, Kuhn, Wagner-Jauregg: Z. physiol. Chem. 223, 21, 27, 236, 241 (1934). — [5] Ältere Literatur bei Wagner-Jauregg (zusammenfassendes Referat): Angew. Chem. 47, 318 (1934); weiteres Referat: Ellinger, Koschara: Nature (Lond.) 133, 553 (1934). — [6] Über die Bedeutung der chromatographischen Analyse s. S. 7. — [7] Ellinger, Koschara: Ber. dtsch. chem. Ges. 66, 808 (1933). Abbildungen der Krystalle der Lactoflavine: Ellinger, Koschara: Ber. dtsch. chem. Ges. 66, 808 (1933); Analysen und Eigenschaften: Ellinger, Koschara: Ber. dtsch. chem. Ges. 66, 1411 (1933). — [8] Warburg, Christian: Naturwiss. 20, 980 (1932). — [9] Kuhn, György, Wagner-Jauregg: Ber. dtsch. chem. Ges. 66, 1034 (1933).

Auffallend ist die geringe Farbstärke[1] der von Ellinger und Koschara anfänglich erhaltenen Farbstoffe. Ein Lactoflavin d der genannten Forscher scheint mit dem Lactoflavin von Kuhn und Mitarbeitern identisch zu sein.

Einen Schritt vorwärts brachte die Reinigung über Silber- und Thalliumverbindungen[2], wodurch sich auch die Ausbeute steigerte (aus 5400 l Molke fast 1 g Farbstoff). Völlig reines Lactoflavin krystallisiert in sternförmig angeordneten Nadeln, hat den Schmelzpunkt 278°, die Formel $C_{17}H_{20}O_6N_4$ und ist offenbar mit Vitamin B_2 identisch. Es ist löslich in Wasser; die neutrale Lösung zeigt intensive Fluorescenz, welche auf Zusatz von Alkali oder Mineralsäure verschwindet. Die Absorptionsbanden sind 445—372—269—225 mμ. Optische Aktivität zeigt es nur in alkalischer Lösung, [α] in n/20 NaOH-Lösung = — 125°. Gegen Säure, Oxydationsmittel und Brom sowie salpetrige Säure ist Lactoflavin beständig, heißes Alkali zerstört es. Mit Reduktionsmitteln (Natriumhydrosulfit, Zinkstaub, katalytisch erregtem Wasserstoff) entsteht Leuko-lactoflavin, das beim Schütteln mit Luft Lactoflavin zurückbildet. Das Reduktionsoxydationspotential ist bei p_H = 7,0 E = 0,21 Volt[3]. Demnach ist der Farbstoff ein sehr schwaches Oxydationsmittel, die Leukoverbindung ein starkes Reduktionsmittel. Bei der Einwirkung von Zink, Zinn und Natriumamalgam in mineralsaurer Lösung tritt eine rote Zwischenstufe[4] auf, die eine radikalartige Monohydroverbindung darstellt.

Zwei Eigenschaften eröffnen einen Einblick in die Konstitution: die Empfindlichkeit gegen Licht und die Unbeständigkeit gegen Alkalien. Es ergeben sich so im Molekül drei gut abtrennbare Molekülteile:

1. Ein solcher mit 2 Stickstoffatomen, der durch Alkalien zerstört wird.

2. Ein sauerstoffreicher, hydroxylhaltiger Molekülteil, der bei der Belichtung abgespalten wird.

3. Ein verhältnismäßiger beständiger Molekülteil mit 2 schwach basischen Stickstoffatomen, beteiligt an den farbgebenden Doppelbindungen. Die drei Molekülteile erscheinen folgendermaßen verknüpft

2—3—1

2 bewirkt Unlöslichkeit in Chloroform; Acetylierung der Hydroxylgruppen wie Abspaltung von 2 (durch Photolyse) hat Übergang in chloroformlösliche Derivate zur Folge. Erhitzen mit Alkalien bewirkt Zerstörung von 1 unter Harnstoffbildung, der übrig bleibende hellgelbe Farbstoff ist in Chloroform unlöslich. Daraus ist zu schließen, daß 2 an 3 und nicht an 1 haftet, so wie oben dargestellt. Lactoflavin nimmt 4 Acetylgruppen auf, Lumi-lactoflavin, die Verbindung, welche durch Photolyse entsteht

---

[1] Kuhn, Wagner-Jauregg: Ber. dtsch. chem. Ges. **66**, 1577 (1933); vgl. auch Koschara: Ber. dtsch. chem. Ges. **67**, 761 (1934), und zwar S. 763 und Anm. 2 dort. — [2] Kuhn, Rudy, Wagner-Jauregg: Ber. dtsch. chem. Ges. **66**, 1950 (1933). — [3] Kuhn, Wagner-Jauregg: Ber. dtsch. chem. Ges. **67**, 361 (1934). — Kuhn, Moruzzi: Ber. dtsch. chem. Ges. **67**, 1220 (1934); vgl. auch Stern: Nature (Lond.) **132**, 784 (1933); **133**, 178 (1934). — Bierich, Lang, Rosenbohm: Naturwiss. **21**, 496 (1933). — Bierich, Lang: Z. physiol. Chem. **223**, 180 (1934); vgl. Stern: Ber. dtsch. chem. Ges. **67**, 654 (1934). — [4] Kuhn, Wagner-Jauregg: Ber. dtsch. chem. Ges. **67**, 361 (1934). — Kuhn, Moruzzi: Ber. dtsch. chem. Ges. **67**, 888 (1934). — Holiday, Stern: Ber. dtsch. chem. Ges. **67**, 1352 (1934).

und die Formel $C_{13}H_{12}O_2N_4$ besitzt, ist nicht acetylierbar. Aus dem Vergleich beider Formeln ist zu schließen, daß auf die abgespaltenen 4 Kohlenstoffatome beim Übergang in Lumi-lactoflavin 4 acetylierbare Hydroxylgruppen anzunehmen sind.

Die Oxydation von 1 Mol Lactoflavin mit Bleitetraacetat liefert 0,775 Mol Formaldehyd, während Lumi-lactoflavin keinen flüchtigen Aldehyd abspaltet. Es folgt daraus, daß beim Lactoflavin eine primäre Hydroxylgruppe in Nachbarschaft zu einer weiteren Hydroxylgruppe vorliegt und der sauerstoffhaltige Molekülteil die Konstitution —CH(OH)—CH(OH)—CH(OH)—CH$_2$(OH) besitzt. Bei der alkalischen Photolyse wird die Seitenkette $C_4H_9O_4$ durch ein Wasserstoffatom ersetzt:

$$C_{17}H_{20}O_6N_4 - C_4H_8O_4 = C_{13}H_{12}O_2N_4.$$

Lactoflavin bildet zwei verschiedene Leukoverbindungen, das Leukolactoflavin bei der Reduktion mit Natriumhydrosulfit und anderen Reduktionsmitteln[1] und das Deutero-leuko-lactoflavin beim Belichten unter Luftabschluß im Hochvakuum. Leuko-lactoflavin bildet beim Schütteln mit Luft Lactoflavin zurück, Deutero-leuko-lactoflavin beim Schütteln mit Luft einen neuen Farbstoff, das Deutero-lactoflavin, welches durch Einwirkung von Natronlauge im Dunkeln chloroformlöslich wird. Danach kann die Lichtreaktion in drei Stufen zerlegt werden:

1. Bildung von Deutero-leuko-lactoflavin durch Belichten von Lactoflavin unter Ausschluß von Sauerstoff,

2. Dehydrierung des Deutero-leuko-lactoflavin zu Deutero-lactoflavin,

3. Umwandlung von Deutero-lactoflavin in Lumi-lactoflavin mit verdünntem Alkali.

Lumi-lactoflavin hat, wie oben gezeigt, die Formel $C_{13}H_{12}O_2N_4$, bildet Prismen vom Smp. 320—321° und ist optisch inaktiv.

Durch die Zerewitinoff-Bestimmung ist ein aktives Wasserstoffatom[2] nachgewiesen. Beim Erwärmen mit Barytwasser wird Harnstoff[3] abgespalten, bei der Behandlung mit Natronlauge entstehen gelbe Spaltprodukte. Das hauptsächlichste hat die Zusammensetzung $C_{12}H_{12}O_3N_2$, es geht beim Sublimieren unter Kohlendioxydabspaltung in eine Verbindung $C_{11}H_{12}ON_2$, gelbe Prismen vom Smp. 169—170° über. Die Bildung aus dem Lumi-lactoflavin entspricht somit der Gleichung:

$$C_{13}H_{12}O_2N_4 + 2\,H_2O = CO(NH_2)_2 + CO_2 + C_{11}H_{12}ON_2$$

und die Abspaltung von Harnstoff läßt sich mit der Entstehung der 2-Oxychinoxalin-3-carbonsäure aus Alloxazin:

[1] Vgl. z. B. Reduktion mit Schwefelwasserstoff: Ellinger, Koschara: Ber. dtsch. chem. Ges. **66**, 1411 (1933). — [2] Kuhn, Rudy: Ber. dtsch. chem. Ges. **67**, 892, 1298 (1934); vgl. auch Stern, Holiday: Ber. dtsch. chem. Ges. **67**, 1104 (1934). — [3] Warburg, Christian: Biochem. Z. **258**, 496 (1933); **263**, 228 (1933).

vergleichen. Es ist ferner festgestellt, daß Lumi-lactoflavin eine Alkylimidgruppe[1] enthält. Schließlich wurde z. T. durch Abbau[2] die nebenstehende Formel ermittelt, welche sich auch durch eine Synthese[2], die durch die nachfolgenden Formelbilder gekennzeichnet ist, erhärten ließ.

Bei der Belichtung neutraler[3] oder schwach saurer Flavinlösungen durch Tages- oder Sonnenlicht bei Luftzutritt erhält man ein weiteres Bestrahlungsprodukt, das Lumichrom[4] $C_{12}H_{10}O_2N_4$, strohgelbe Krystalle vom Smp. oberhalb 300°, das methoxyl- und methylimidfrei und mit 6-7-Dimethylalloxazin (I) identisch ist. Danach kann die Konstitutionsformel[5] (II) für das Lactoflavin gegeben werden.

---

[1] Kuhn, Rudy: Ber. dtsch. chem. Ges. **67**, 1298 (1934); Bestimmung von Alkylimid: Kuhn, Roth: Ber. dtsch. chem. Ges. **67**, 1458 (1934). — [2] Kuhn, Reinemund, Weygand: Ber. dtsch. chem. Ges. **67**, 1460 (1934). — Kuhn, Reinemund: Ber. dtsch. chem. Ges. **67**, 1932 (1934). Vorarbeiten hierzu (Synthese eines 9-Methyl-iso-alloxanthin): Kuhn, Weygand: Ber. dtsch. chem. Ges. **67**, 1409, 1459 (1934); vgl. auch Stern, Holiday: Ber. dtsch. chem. Ges. **67**, 1442 (1934). — [3] Kuhn, Rudy, Wagner-Jauregg: Ber. dtsch. chem. Ges. **66**, 1950 (1933). — [4] Karrer, Salomon, Schöpp, Schlittler, Fritzsche: Helv. chim. Acta **17**, 1010 (1934). — Kuhn, Rudy: Ber. dtsch. chem. Ges. **67**, 1936 (1934). — [5] Karrer, Salomon, Schöpp, Schlittler: Helvet. chim. **17**, 1165 1934); Kuhn, Wagner-Jauregg: Ber. dtsch. chem. Ges. **67**, 1770 (1934). — Kuhn, Rudy: Ber. dtsch. chem. Ges. **67**, 1826 (1934), dort Angaben bezüglich der Priorität; vgl. dazu Karrer: Ber. dtsch. chem. Ges. **67**, 2061 (1934).

Andererseits wurde gezeigt, daß die photochemische Zersetzung[1] von: (I)

$$\text{CH}_2\text{—CH(OH)—CH(OH)—CH}_2\text{(OH)}$$

(I)   (II)   (III)

in neutraler Lösung zu Alloxazin (II), in alkalischer zu 9-Methylisoalloxazin (III) neben Alloxazin führt, womit obige Formel an Sicherheit gewinnt.

Die Stammsubstanz[2] mit 2 Stickstoffatomen bestimmt das Reduktionsvermögen. Die Angliederung[3] des alkalilabilen Ringsystem und die weitere Angliederung der zuckerähnlichen Komponente ändern daran fast gar nichts. Das die Gruppierung N-CO-NH-CO enthaltende Ringsystem ist für die Farbe allein ausschlaggebend; die zuckerähnliche Seitenkette bedingt die Vitaminnatur, die Bindung an Protein verleiht dem Farbstoff Fermentcharakter.

Die Reindarstellung[4] des Lactoflavin erfolgt, wie oben gesagt, über die Schwermetallsalze.

Die biologische Bedeutung des Lactoflavin[5], wie der Lyochrome überhaupt, mag in ihrer Fähigkeit liegen, unter Übergang in eine Leukoform von Donatoren Wasserstoff aufzunehmen und denselben unter Reoxydation auf Acceptoren zu übertragen. Es ergibt sich die wichtige Tatsache, daß dem Stoffwechsel Reduktionsmittel von deutlich abgestuftem immer negativerem Potentialbereich zur Verfügung stehen: Ascorbinsäure–Glutathion–Lactoflavin. Äußerlich kommt die Vitaminwirkung des Lactoflavin dadurch zum Ausdruck, daß es wie Flavinpräparate überhaupt bei mit Vitamin B_2-freier Kost ernährten Ratten Wachstum[6] hervorruft. Die gleiche Wirkung hat das Acetat, sowie Warburgs gelbes Oxydationsferment. Die quantitative Übereinstimmung der Wirkung von Lactoflavin, der Flavine aus Eiklar und Eigelb sowie Leber ist festgestellt[7]. Das hochmolekular gebundene und nicht dialysierbare Flavin (Flavinenzym) aus Leber und das Flavin aus Gras hat analoge B_2-Wirkung. Deutero-lactoflavin ist weniger wirkungsvoll, Lumi-lactoflavin wirkungslos.

Lactoflavin ist also nach dem Stande der Erkenntnis eine Vorstufe des gelben Warburgschen Oxydationsfermentes, das ein Flavin an Protein

---

[1] Siehe Anm. 5 S. 218. — [2] Vgl. neben der unter Anm. 5, S. 218 zuerst genannten Literaturstelle auch die ältere Arbeit von Kuhn, Baer: Ber. dtsch. chem. Ges. **67**, 898 (1934), wo die photochemische Zersetzung von 2-Tetra-oxybutyl-chinoxalin beschrieben ist. Vgl. zur Konstitution weiter Kuhn, Rudy: Ber. dtsch. chem. Ges. **67**, 1125 (1924). — [3] Kuhn, Moruzzi: Ber. dtsch. chem. Ges. **67**, 1220 (1934). — Wagner-Jauregg, Rauen, Möller: Z. physiol. Chem. **228**, 273 (1934). — [4] Kuhn, György, Wagner-Jauregg: Ber. dtsch. chem. Ges.. **66**, 1037 (1933). — Kuhn, Rudy, Wagner-Jauregg: Ber. dtsch. chem. Ges. **66**, 1054 (1933). — [5] Wagner-Jauregg, Ruska: Ber. dtsch. chem. Ges. **66**, 1298 (1933). — [6] Vgl. hierzu H. v. Euler, Karrer, Adler: Ark. Kemi, Mineral. Geol. Serie B **11** Nr 33 (1934). — [7] H. v. Euler, Karrer, Adler, Malmberg: Helv. chim. Acta **17** (1934).

gebunden darstellt und für den Zellstoffwechsel von allgemeiner Bedeutung ist. Das Oxydationsferment wird offenbar aus dem mit der Nahrung aufgenommenen Flavin aufgebaut.

Es kann bei anderen Flavinen mit folgenden Variationsmöglichkeiten gerechnet werden:

1. Bei den am Benzolkern haftenden Methylgruppen.
2. Bei der zuckerähnlichen in ihrer Konstitution noch nicht endgültig aufgeklärten Seitenkette.

Es trifft sich günstig, daß die 6—7-Stellung der Methylgruppen sich erweisen läßt: Durch Einwirkung von 20%iger Natronlauge im Rohr werden beide Heteroringe aufgespalten und es entstehen o-Diamine der Benzolreihe. Das 1-2-Dimethyldiaminobenzol gibt nun von allen isomeren Xylylen-o-diaminen allein mit Ferrichlorid eine grünblaue Farbreaktion[1], ebenso wie sein 5-methylsubstituiertes Derivat.

Auch Synthesen[2] sind in Angriff genommen: z. B.

$$\begin{array}{c}H_3C-\bigcirc-Cl\\H_3C--NO_2\end{array} + \begin{array}{c}NH_2-CH_2-[CH(OH)]_3-CH_2OH\\\text{(Amin aus Pentose-oxim von}\\\text{l-Arabinose oder d-Xylose)}\end{array} \rightarrow \begin{array}{c}H_3C-\bigcirc-NH-CH_2-[CH(OH)]_3-CH_2OH\\H_3C--NO_2\end{array} \xrightarrow{\text{Red.}}$$

$$\begin{array}{c}H_3C-\bigcirc-NH-CH_2-[CH(OH)]_3-CH_2OH\\H_3C--NH_2\end{array} + \begin{array}{c}N\\HO-C\diagup\diagdown CO\\O=C\diagdown\diagup NH\\CO\end{array} \rightarrow \begin{array}{c}CH_2-[CH(OH)]_3-CH_2OH\\|\\NN\\H_3C-\bigcirc\diagup\diagdown CO\\H_3C-\diagdown NH\\NCO\end{array}$$

Der Farbstoff aus l-Arabinose besitzt etwa dieselbe Wachstumswirkung wie Lactoflavin. Die beiden Methylgruppen am Benzolrest scheinen für die Wirkung notwendig zu sein.

Ovoflavin. Der Farbstoff[3] ist das aus dem Eiklar isolierte Flavin, orangene Nadeln vom Smp. 265° und der Zusammensetzung $C_{17}H_{20}O_6N_4$, dessen Spektrum mit dem des Lactoflavin übereinstimmt. Das Tetraacetat schmilzt wie das Lactoflavin bei 242°, der Mischschmelzpunkt zeigt keine Erniedrigung. Ovoflavin dürfte nach der gegenwärtig herrschenden Ansicht nicht ganz reines Lactoflavin sein.

Die Darstellung geschieht aus frisch geschlagenem Eiklar oder aus käuflichem getrocknetem Eieralbumin mittels Methanolauszuges, Adsorption an Fullererde und Eluierung mit verdünntem Pyridin. Aus 30 kg Eieralbumin = 10000 Eiern erhält man 30 mg dreimal umkrystallisiertes Ovoflavin. Karrer[4] isolierte aus 1000 frischen Eiern ein Ovoflavin, lange Nadeln vom Smp. 284° in einer Ausbeute von 15 mg.

Flavin aus Leber (früher Hepaflavin genannt). Der Farbstoff[5] ist das Flavin aus Leber, z. B. Pferdeleber $C_{17}H_{20}O_6N_4$, braune Nadeln vom Smp. 280°, vielleicht auch nur die prothetische Gruppe des natürlichen

---

[1] Kuhn, Wagner-Jauregg: Ber. dtsch. chem. Ges. **67**, 1770 (1934). — [2] Kuhn, Weygand: Ber. dtsch. chem. Ges. **67**, 1939, 2084 (1934). — Vgl. auch Kuhn, Weygand: Ber. dtsch. chem. Ges. **67**, 1941 (1934) (dort Synthese des 6-7-Dimethyl-9-n-amyl-flavin). — [3] Kuhn, György, Wagner-Jauregg: Ber. dtsch. chem. Ges. **66**, 377, 576 (1933). — [4] Karrer, Schöpp: Helvet. chim. Acta **17**, 735 (1934). — [5] Karrer, Salomon: Helvet. chim. Acta **17**, 419 (1934); vgl. auch Stern: Ber. dtsch. chem. Ges. **66**, 555 (1933).

Pigmentes (s. unter Lactoflavin). Als Absorptionsbanden[1] werden an gegeben 442—365—263 mμ. Die alkalische Spaltungsprobe (Farbreaktion) und die optische Aktivität stimmt ebenfalls mit Lactoflavin überein, so daß Kuhn und Wagner-Jauregg[2] die aus Leber und Milch isolierten Flavine für identisch halten. Die Möglichkeit, daß neben Lactoflavin noch andere Flavine in der Leber vorkommen, bleibt offen; in krystallisierter Form ist bisher nur ein geringer Teil des in der Leber enthaltenen Flavin erhalten worden.

Uroflavin. Der Farbstoff[3] ist von Koschara aus Harn isoliert worden. Er hat die Zusammensetzung $C_{18}H_{22}O_7N_4$ (?) und bildet rotgelbe Nadeln vom Smp. 272°. Es ist zweifelhaft, ob es sich nicht vielleicht ebenso wie bei Ovoflavin um ein nicht ganz reines Lactoflavinpräparat handelt. Die Aufarbeitung aus Harn, welche nach einer einfachen Adsorption sich der chromatographischen Analyse bedient, läßt darauf schließen, daß im Harn wahrscheinlich insgesamt 4 Lyochrome[4] vorkommen.

Toxoflavin. Aus Bongkrekbakterien sind zwei Giftstoffe[5] isoliert worden, von denen einer, ein gelber Farbstoff $C_6H_6O_2N_4$ vom Smp. 172° schwache grüne Fluorescenz zeigt. Bongkrek ist ein aus Kokosnüssen dargestelltes in Mitteljava verwendetes Nahrungsmittel, das aus bisher unbekannten Ursachen Giftwirkung zeigen kann. Der Farbstoff zeigt Beständigkeit gegen Oxydationsmittel und reversible Reduzierbarkeit. Er enthält eine Methylimidgruppe und ist isomer mit Methylxanthin.

e) Farbstoffe unbekannter Konstitution.

Violacein[6]. Der Farbstoff ist im Chromobacterium violaceum enthalten, er bildet nach Kögl und Tönnis[7] tiefviolette grünlich schimmernde Nadeln von der Zusammensetzung $C_{35}H_{25}O_6N_5$ oder $C_{42}H_{30}O_7N_6$. Wrede und Kohlhaas[8] haben den Farbstoff ebenfalls untersucht. Er krystallisiert nach deren Angaben in fast schwarzen Nadeln und der Zersetzungspunkt liegt oberhalb 350°. Als Summenformel wird $C_{42}H_{35}O_6N_5$ oder $C_{50}H_{42}O_8N_6$ angegeben. Von Mineralsäuren wird ein Mol addiert, daher hat nur ein Stickstoffatom basischen Charakter. Die katalytische Hydrierung mit Pd-Kohle in Eisessig zeigte die Aufnahme von 14 oder 16 Atomen Wasserstoff an. Der Farbstoff enthält keine Methoxy- oder Methylimid-

---

[1] Stern: Z. physiol. Chem. **212**, 207 (1932); Nature (Lond.) **132**, 784 (1933); dort hat Stern aus der Gleichheit der Absorptionsbanden auf die Identität mit dem Photospaltungsprodukt von Warburgs gelbem Oxydationsferment geschlossen; vgl. auch Bierich, Lang, Rosenbohm: Naturwiss. **21**, 496 (1933). — [2] Kuhn, Wagner-Jauregg: Ber. dtsch. chem. Ges. **67**, 1772 (1934). — [3] Koschara: Ber. dtsch. chem. Ges. **67**, 761 (1934); dort auch Literatur über die Farbstoffe des Harns; vgl. auch dort die Bemerkungen zu einer Arbeit von Stern, Greville: Naturwiss. **21**, 720 (1933), wie solche zu der gleichen Arbeit von Wagner-Jauregg, Wollschitt: Naturwiss. **22**, 107 (1934). Uroflavin ist als Name schon für einen pathologischen Harnfarbstoff von Reinwein [Z. exper. Med. **42**, 228 (1924)] belegt worden. Vgl. noch zu Uroflavin: Stern: Nature (Lond.) **133**, 178 (1934); ferner Koschara: Z. physiol. Chem. **229**, 103 (1934), wonach neben Uroflavin ein weiteres Flavin, das Aquoflavin im Harn enthalten ist. — [4] Vgl. auch György, Kuhn: Naturwiss. **21**, 405 (1933). — [5] van Veen, Mertens: Rec. Trav. chim. Pays-Bas **53** 257, 398 (1934). — [6] Reilly, Pyne: Biochemic. J. **21**, 1059 (1927). — [7] Kögl, Tönnis in Klein: Handbuch der Pflanzenanalyse, III, 2, S. 1443. — [8] Wrede, Kohlhaas: Z. physiol. Chem. **233**, 113 (1934).

gruppen; Alkali löst mit grüner Farbe, die Lösung zersetzt sich bald. Die Acetylverbindung des Violacein hat die Formel $C_{35}H_{18}O_6N_5(C_2H_3O)_5$ oder $C_{42}H_{22}O_7N_6$ $(C_2H_3O)_6$; die der Acetylverbindung zugrunde liegende Base wäre $C_{35}H_{23}O_6N_5$ oder $C_{42}H_{28}O_7N_6$, so daß Acetolyse des Farbstoffes eingetreten ist. Das gleiche kann man mit Alkali erzielen.

Bombichlorin[1] ist der färbende Bestandteil der grünen japanischen Seidenraupe. Der Farbstoff ist in Wasser löslich (vgl. auch Phyllobombicin S. 208).

Bücher.

Abderhalden: Handbuch der biologischen Arbeitsmethoden. Berlin u. Wien: Urban & Schwarzenberg.
P. Brigl: Die chemische Erforschung der Naturfarbstoffe. Braunschweig: Friedr. Vieweg & Sohn 1921.
P. Brigl: Pflanzliche Farbstoffe. Berlin 1926.
N. J. Demjanow u. W. M. Feofilaktow: Die Chemie der Pflanzenstoffe. Moskau-Leningrad 1933 (Snabtechisdat).
Klein: Handbuch der Pflanzenanalyse, III, 2. Berlin: Julius Springer 1932.
E. Lederer: Les Caroténoides des Plantes. Paris: Hermann & Cie. 1934.
V. N. Lubimenko u. V. A. Brilland: Färbung der Pflanzen. Leningrad 1924.
V. Meyer u. Paul Jacobson: Lehrbuch der organischen Chemie, II, 5, 1. Berlin: de Gruyter & Cie. 1929.
L. S. Palmer: Carotinoids and related Pigments. New York 1922.
A. G. Perkin and A. E. Everest: The natural organic colouring matters. London: Longmans Green and Co. 1918.
H. Rupe: Die natürlichen Farbstoffe, Bd. 1, 1900; Bd. 2, 1909. Braunschweig: Friedr. Vieweg & Sohn.
G. Schultz: Farbstofftabellen, 7. Aufl., Bd. 1. Leipzig: Akademische Verlagsgesellschaft 1931.
V. Thomas: Les matières colorantes naturelles. Paris 1902.
M. Tswett: Die Chromophylle in der Pflanzen- und Tierwelt. Warschau 1910.
Ullmann: Enzyklopädie der technischen Chemie. Berlin u. Wien: Urban & Schwarzenberg 1928/32 (einzelne Abschnitte).
Wheldale: The Anthocyanine pigments of plants. Cambridge: University Press.
H. Willstaedt: Bakterien und Pilzfarbstoffe, Carotinoide. Stuttgart: Ferdinand Enke 1924.
R. Willstätter u. A. Stoll: Untersuchungen über das Chlorophyll. Berlin: Julius Springer 1913.
R. Willstätter u. A. Stoll: Untersuchungen über die Assimilation der Kohlensäure. Berlin: Julius Springer 1918.
L. Zechmeister: Carotinoide. Berlin: Julius Springer 1934.

Die Literatur ist in diesem Bande bis zum 21. November 1934 [Chem. Zbl. II, Nr 23, 3473—3580 (1934)] berücksichtigt. Einzelne Abhandlungen aus leicht zugänglichen Zeitschriften sind darüber hinaus verwertet, soweit das Erscheinungsdatum der Zeitschriften vor obigem Termine liegt.

---

[1] Jucci, Manunta: Atti Accad. naz. Lincei (Roma) (6) **15**, 473 (1932). — Jucci: Boll. Soc. Biol. sper. **7**, 163 (1934).

Zusätze und Berichtigungen zum ersten Band.

Zu S. 20 Nr. 3. Eine besondere Klasse der Walkfarbstoffe sind die chromhaltigen Beizenfarbstoffe [Neolanfarbstoffe (Ciba) und Palatinechtfarbstoffe (I. G.)], welche sehr gut egalisieren und licht- und waschechte Färbungen liefern.

Zu S. 37 Z. 15 v. o. die linksstehende Formel ist zu ersetzen durch (I) vgl. Fries, Waltnitzki: Liebigs Ann. **511** 267 (1934).

$$H_5C_6-N_2-\underset{N_2-C_6H_5}{\overset{(I)}{\bigcirc}}-N_2-C_6H_5$$
$$H_2N--NH_2$$

Zu S. 42 Z. 3 v. o. muß es heißen: sekundäre unsymmetrische Disazofarbstoffe.

Zu S. 50 Z. 5 v. u. Anm. zu Neolanfarbstoffe: grundlegendes Patent D. R. P. 416379 (Ciba) Frdl. **14**, 1500.

S. 58 Z. 8 v. o. ,,gelbe" fällt weg.

Zu S. 59 Z. 13 v. o. ,,von m-Nitrobenzoylchlorid" statt ,,von p-Nitrobenzoylchlorid".

Zu S. 59 Z. 4 v. u. zu streichen und zu ersetzen durch ,,komplexen Kupferverbindungen von direktziehenden o-Oxyazofarbstoffen. Solche Produkte sind die Chlorantinlichtviolettmarken, Chlorantinlichtbraunmarken und Chlorantinrubin".

Zu S. 62 Z. 19 v. u. Chlorantinlichtgrün BBL statt G und GB.

S. 66 unten nach Z. 3 v. u. ist die Sulfazonformel zu verbessern:

$$\bigcirc\begin{matrix}SO_2\\CH_2\\CO\\NH\end{matrix}$$

S. 79 vor Z. 6 v. u. ist die Gleichung zu ersetzen durch:

$$\underset{(CH_3)_2N-C_6H_4}{(CH_3)_2N-C_6H_4}\!\!>\!\!C\!\!<\!\!\underset{Na}{ONa} + Cl-C_6H_5 = \underset{(CH_3)_2N-C_6H_4}{(CH_3)_2N-C_6H_4}\!\!>\!\!C\!\!<\!\!\underset{C_6H_5}{ONa} + NaCl$$

S. 97. Die Violamin R-Formel ist zu ersetzen durch:

S. 97 Z. 26 v. o. ,,nebenstehende" in ,,nachfolgende" zu ändern.

S. 127 Z. 4 v. o. 1887 statt 1897.

S. 145 Z. 5 v. u. die Formel zu ändern in:
$$C_6H_5-N=CH-C(Halog)=CH-NH-C_6H_5$$

224　Zusätze und Berichtigungen zum ersten Band.

S. 147 Formel III unter ändern in:

S. 150 Formel III links zu ändern in

S. 155 Anm. 2 A.P. 1284888 v. 17. 2. 1917 statt des angegebenen.
S. 182 Nach Maki: J. Soc. chem. Ind. Jap. **37**, 222 B (1934) ist die Entscheidung bei den beiden Formeln unter III für die rechtsstehende gefallen.
S. 226 Z. 3 v. u. ist nach „haben" hinzuzufügen: welches die Darstellung neuer höher halogenierter Farbstoffe gestattet.
S. 227 Z. 4 v. u. statt 6-6'-Diaminoindigo 5-5'-Diaminoindigo.
S. 228 Anm. 2 (1914) statt (1913).

S. 228 neue Formel für Cibagelb (I): de Diesbach, de Bie, Rubli: Helv. chim. Acta **17**, 113 (1934).

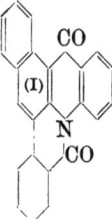

S. 230 Anm. 2 zu ergänzen D.R.P. 570364 (Ciba).
S. 231 oben bei Schwefelsäure in der Formel „und nachfolgende Kalischmelze".
S. 233 Z. 4 v. u. statt Cibarosa B Cibarosa BL.
S. 235 Z. 2 v. u. Diketodihydrothionaphthen zu streichen.
Z. 238 Z. 2 v. o. Mayer statt Meyer.
S. 238 Z. 2 v. u. 5-7-Dibromisatin-α-chlorid statt 5-7-Dibromisatin.

Zum Literaturverzeichnis:
Schultz: Farbstofftabellen, herausgegeben von L. Lehmann, Erg.-Bd. 1, umfassend Literatur bis 31. 12. 1933. Leipzig: Akademische Verlagsgesellschaft 1934.
I. M. Kogan: Die Chemie der Farbstoffe. Moskau-Leningrad: Goschimtechisdat 1933.

Zusätze und Berichtigungen zum zweiten Band.

S. 27 Z. 5 v. o. Phytoxanthine statt Phyloxanthine.
S. 70 Alkannin hat die Zusammensetzung $C_{17}H_{18}O_5$, derbe dunkelfarbige Krystalle vom Smp. 109°; ihm wird die Formel:

zuerteilt, wobei die Stellung der Methoxygruppe noch ungewiß ist.
Raudnitz, Stein: Ber. dtsch. chem. Ges. **67**, 1955 (1934) dort in der Formel ein Druckfehler.

Sachverzeichnis.

Absorptionsspektra 6.
Acacetin 112, 113, 139.
Acacia-Arten 118.
Acacetinidin 139.
Acaciin 112.
3-Acetyl-4'-methoxy-5-7-dioxyflavon 113.
Actinia equina 56.
Actinioerythrin 58.
Adipinsäure 65.
Adsorptionsaffinität 7.
Adsorptionsanalyse, chromatographische 7, 9.
Aganda-Aloe 84.
Agkhak 175.
Akazie, falsche 112.
Alcanna, falsche 70.
Alcanna tinctoria 70.
Alcannawurzel, echte 70, Anm. 1.
Algenchromoproteide 38.
Algenfarbstoffe 38, Anm. 1.
Alizarin 71, 72, 73.
Alizarincarbonsäure 77.
Alizarin-cellobiosid 72.
Alizarin-diglucosid 73.
Alizarin-2-β-gentiobiosid 72.
Alizarin-maltosid 73.
Alizarin-α-methyläther 73.
Alkannin 70, 224.
Allantoin 177.
Allomerisation 206.
Alloxan 177.
Alloxazin 213, 217, 219.
Aloe 83.
— arborescenz 83.
— linguaformis 83.
— lucida 83.
— socotrina 83.
— spicata 83.
— vulgaris 83.
— von Natal 84.
Aloe-emodin 83.
Aloefarben 71, Anm. 5.
Aloepflanzen 71.
Aloin 83.
Alpenveilchen 149.
Alpinia officinarum 113, 119.
Althaea rosea 149.
Althaein 149.

Amanita muscaria 65.
Ambrosia artemisifolia 121.
Ampelopsin 149.
Ampelopsis quinquefolia Michx 149.
β-n-Amylpyrrol 180.
Analyse, chromatographische 196, 215.
Anchusa tinctoria 70.
Andropogon sorghium var. vulgaris 96.
Anhydro-brasilsäure 152, 157.
Anhydro-fukugetin 130.
Anhydro-gossipol 170.
Anotto 48.
Antedon rosacea 56.
Anthocyanbildung 27.
Anthocyan, gelbes 135.
Anthocyane 134.
Anthocyanidine 109, 134.
— färberische Eigenschaften 143.
— 6-Oxyderivate 138, Anm. 2.
Anthocyanine 134.
Anthos 134.
Anthoxanthidine 108, 139.
Anthoxanthine 138.
Anthracen 87, 89, 94.
Anthracenfarbstoffe 71.
Anthragallol 90.
Anthragallol-dimethyläther A 76.
— B 77.
Anthrapurpurin 81.
Antirrhininchlorid 146.
Antirrhinum majus 146.
Apfelsine 20.
Apfelsinensaft 214.
Apigenidin 139, 143.
Apigenin 111, 113, 127, 139.
Apiin 111.
Aprikose 23, 214.
Aquinia equina 58.
Aquoflavin 221, Anm. 3.
Ararobapulver 76.
Arctostaphylos uva ursi 122.
Aronstab 23.
Arum maculatum 23.

Aryane 129.
Asbarg 121.
Ascorbinsäure 219.
Aesculetin 163.
Astacin 5, 6, 33, 56, 58.
Astacindioxim 57.
Astacus gammarus 56.
Aster chinensis 144.
Asteria rubens 58.
Asterinchlorid 144.
Asterinsäure 58.
Asteroidea-Arten 56.
Äthylchlorophyllid 199.
Äthyldipulvinsäure 169.
Ätioporphyrin 183, 188, 201, 202, Anm. 3.
Ätioporphyrin I 184, 186.
— II 187.
— III 185, 188, 201.
Atmungs-Coferment 213.
Atriplex hortensis 135, 150.
Atrocarpus integrifolia 126.
Atromentin 63.
Atromentinsäure 63.
Atromentinsäure-lacton 63.
Attalo 48.
Auge (Fische) 215.
— (Rind, Schaf, Huhn) 215.
Aurorafalter 179.
Ausbleichung 10.
Autumn carotins 27.
Awobonapapier, Farbstoff des 147.
Azafran 53.
Azafranillo 53.
Azafrin 5, 8, 15, 17, 53.
Azafrinon 16, 54, 55.
Azafrinonamid 16.
Azafrinonmethylester 55.
Azelainsäure 34.

Bacillus chlororaphus G und S 211.
— prodigiosus 180.
— pyocyaneus 212.
Bäckerhefe 214.
Bacterium brunneum 175.
— halobium 58.
Bakterien 23.
Bakteriochlorin 58, 208.
Bakteriochlorophyll 208.

Mayer, Farbstoffe. 3. Aufl. Bd. II.

α-Bakteriopurpurin 58.
β-Bakteriopurpurin 58.
α-Bakterioruberin 58.
β-Bakterioruberin 58.
Bahiaholz 150.
Baicalein 111.
Baicalin 111.
Balaeoptera musculus 58.
Bananenschalen 19, Anm. 14, 26.
Baphia nitida 94, 96.
Baphiin 95.
Baphniton 95.
Barbaloin 74, 83.
β-Barbaloin 84.
Barholz 96.
Basidiomyceten 97.
Baumwollblüten 121, 123.
Baumwollsamen 170.
Beeren, persische 122.
Beggiatoa purpurea 208.
— thiocystis 209.
Bengalindigo 209.
Benzal-cumaranone 105.
Benzal-o-oxyacetophenon 107.
Benzidinderivate 60.
Benzimido-acetonitril 106.
Benzochinonverbindungen 61.
α-β-Benzo-γ-pyran 100.
Benzopyryliumsalz 100.
Berberin 210.
Berberinal 211.
Berberis vulgaris 211.
Bernsteinsäure 18, 24, 50.
Beta vulgaris 150.
Betanidin 150.
Betanin 135, 150.
Bethabarraholz 67, 165.
Bier, helles 214.
Bierhefe 214.
Bignoniaceae 67, 166.
Bignonia chika 129.
— tecoma 68.
Bilipurpurin 202.
Bilirubin 189.
Bilirubinsäure 190.
Birkenknospen 113.
Bitumen 204.
Bixan 52.
Bixa orellana 48.
Bixin 4, 5, 8, 39, 46, 48.
— I 50, 53.
— II 50, 53.
— labiles 53.
— stabiles 53.
β-Bixin 50, 53.
Bixindialdehyd 25.
Bixindialdoxim 25.
Bixindinitril 25.
Blastenin 85.
Blattfarbstoff 195, 201.

Blattgelb 8.
Blätter, etiolierte 6.
— grüne 26.
Blauholz 99.
Blauholzbaum 158.
Blauholzextrakt 166.
Blauholzfarbstoff .150.
Blauwal 58.
Blut (Rind) 215.
Blutbuche 142.
Blutfarbstoff 181, 192, 201.
Bluthasel 142.
Blutholzbaum 158.
Blutserum 19, Anm. 14.
Blütenfarbstoffe, blaue 99, 109.
— gelbe 99.
— rote 99, 109.
Bocksdorn 34.
Bohnenblatt 6.
Boletol 77.
Boletus badius Fr. 77.
— cyanescens Bull. 77.
— lupinus Fr.
— luridus Sch. 77.
— pachypus Fr. 77.
— satanas Lenz 77.
Bombichlorin 222.
Bombyx mori 208.
Bongkrekbakterien 221.
Boragineae 70.
Bougainvillaea 135.
Brasan 155.
Brasilein 150.
Brasilholz 150.
Brasilin 150.
Brasilinsäure 153, 157.
Brasilsäure 152.
braza 150.
Braunalgen 38.
Brennessel 19, 30.
Brennesselblätter 19.
Brennesselmehl 32.
Brombeerstrauch 145.
α-Bromcarmin 86, 89, 90, 91.
Bromcitracon-imid 182, 186, 200.
1-Brom-2-6-dimethyl-heptanol-7-methyläther 35.
α-Bromlaccain 93.
β-Bromlaccain 93.
Bromphylloporphyrin 200.
Brompyrromethenbromid 191.
Brompyrroporphyrin 200.
Bryonia dioica 23.
Bucheckern 135.
Buddleia variabilis 113.
Buddleoflavonol 113.
Buddleoflavonolosid 113.
Bupleurum falcatum 121.

Butan-2-2-4-tricarbonsäure 12.
Butea frondosa 115.
Butein 115.
Butein-trimethyläther 156.
Butin 115, 139.
Butinidin 139.
Butterfett 19.
Buttersäurebakterien 214.

Caesalpinia brasiliensis 150.
Caesalpinia crista 150.
— echinata 150.
— sapan 150.
Caesalpiniaceae 150, 158, 168.
Calainsäure 92.
Calendula officinalis 23, 30, 36.
Caliaturholz 94.
Callistephinchlorid 138, 143.
Callistephus chinensis 143.
Calyciaceae 100, 126, 168, 169.
Calycin 168.
Calycium chrysocephalum 168.
Camholz 96.
Cancer pagurus 56.
Capparis spinosa 121.
Capsanthin 5, 41.
Capsicum anuum 19, 41.
— frustescens japonicum 41.
Capsorubin 5, 41.
Carajura 123.
Carajuretinjodid 129.
Carajurin 123.
Carajuron 129.
Carica Papaya L. 29.
Caricaxanthin 29.
Carmin 85.
Carminazarin 89.
Carminsäure 85, 86, 88, 89, 164.
Carnaubasäure 41.
Carneru 129.
Carraturholz 94.
Carotin 2, 8, 22, 26, 34, 57, 196.
— Hydrierung des 10.
— Vorkommen 19.
α-Carotin 5, 9, 18, 19, 20, 27, 32, 41.
— Konstitution des 17.
β-Carotin 3, 5, 9, 19, 20, 27, 29, 33, 39, 40, 41, 42, 54, 55, 56, 58.
β-Carotindijodid 20.
β-Carotin, Formel des 12.

γ-Carotin 5, 9, 18, 20, 27, 30, 42.
— Konstitution des 17.
δ-Carotin 9, 18.
Carotine, physikalische Eigenschaften der 10.
— Trennung der 10.
Carotinfarbstoffe 2, 198.
— Ermittlung der Konstitution der 7.
— thermische Veränderung der 8.
Carotinoide 2.
β-Carotinon 14, 15, 20, 39.
β-Carotinonoxyd 20.
Carotinoxyd 14.
α-Caroton 18, 20.
Carr-Pricesche Reaktion 6.
Carthamidin 132.
Carthamin 131.
Carthamus tinctorius 131.
Cascara sagrada 80.
Cassia bijuga 75.
— angustifolia 118.
Catechin 109, 126.
Catenarin 78, Anm. 2.
Cedrela toona 48.
Celoria cristata 135.
Celosa cristata 150.
Centaurea Cyanus 144, 145.
— Jacea 133.
Centaureidin 133.
Centaurin 133.
Cerotincerylester 88.
Cetraria juniperina 101.
— pinastri 101.
— tubulosa 100.
Chalkone 105, 106, 108.
Chaywurzel 72, 73, 74, 77, 80.
Chaywurzeltypus 72, 76.
Chikarot 129.
chillies 41.
Chinesisch Grün 166.
Chinizarin 88.
Chinizarin-carbonsäure 77.
Chinizarindichinon 88.
Chiodictin 169.
Chiodecton rubrocinctum 168.
— sanguineum 168.
Chiodectonsäure 168.
Chirettakraut 162.
Chlorin e 199, 202, 204, 205.
Chlorin e-trimethylester 199, 204, 206.
Chlorophyll 4, 6, 8, 27, 34, 142, 184, 195.
— krystallisiertes 196.
— a 196, 206, 208.
— b 196, 207, 208.
Chlorophyllase 196.

Chlorophyllid a 196, 199, 202.
Chlorophyllkörner 196.
Chloroplasten 28, 196.
Chloroporphyrin e_4 203.
— e_5 203.
— e_6 203, 204.
Chloroporphyrin-e_7-lacton-dimethylester 203.
Chlororaphin 211.
Choleohämatin 202.
Chromatophore 6.
Chromobacterium violaceum 221.
Chromolipoide 2.
Chromon 100, 104.
Chromoncarbonsäure 104.
Chrysanthemin 143, 144, 145, 146.
Chrysanthemum indicum 144.
Chrysaron 81.
Chrysin 110, 139.
— 7-Methyläther des 110.
Chrysinidin 139.
Chrysocetrarsäure 101.
Chrysoeriol 117.
Chrysophanein 75, 76.
Chrysophanol 75, 76.
Chrysophansäure 74, 75, 81.
Chrysophyll 10, 31.
Citracon-imid 182.
Citrinin 65.
Citromyces 133.
Citromycetin 133.
Citronen 119.
Citronenfalter 176, 179.
Citronetin 114.
Citronin 114.
Citrus poonensis Hort. 29.
Citrusarten 119.
Citrus decumana 113.
— limon Burm. f. Ponderosa Hort. 114.
— nobilis deliciosa 123.
Cladonia destricta 169.
— fimbriata 82.
Clusioideae 171.
Cocablätter 164.
Cocacetin 164.
Cocacitrin 164.
Cocafarbstoffe 164.
Cocaflavetin 164.
Cocaflavin 164.
Cocaose 164.
Coccinin 87, 89.
Coccinon 87, 89.
α-Coccinsäure 87.
β-Coccinsäure 87.
Coccus cacti 85.
— ilici 88.
— laccae 92.

Cochenille 71, 72, 85, 86, 89, 92.
Cochenillesäure 86, 89, 90.
Colias-Arten 179.
Commelina communis 147.
Coniocylsäure 101.
Convallaria majalis 9, 25.
Copaifera bracteata 168.
— pubiflora 146.
Co-Pigmente 142, 147.
Coralin 58.
Cornicularsäure 99.
Corpus luteum 19.
— — (Rind) 215.
— rubrum 19.
Cotinin 119.
Crajura 129.
Crocetan 43.
Crocetin 2, 5, 42, 49, 53.
α-Crocetin 42.
β-Crocetin 42.
γ-Crocetin 42.
Crocetin I 42, 43.
— II 43.
Crocetin-dimethylester 42, 46, 47.
Crocetin, labiles 43.
— stabiles 43.
trans-Crocetin 42.
Crocin 2, 42, 47.
Crocus sativus 42.
Crotaceae 172.
Cruciferae 209.
Crustaceen 56, 57.
Crustaceorubin 56.
Cucumis Citrullus 23.
Cumaranone 107.
Cumarine, methoxylierte 137.
Cupressus Naitnocki 39.
Curbitaxanthin 32.
Curcubita maxima Duch. 19.
Curcubiten 19.
Curcuma 59.
— aromatica Salisb. 59, Anm 3.
— domestica 59, Anm. 3.
— longa 59.
— rotunda 59.
— tinctoria 59.
— viridiflora 59.
Curcumapapier 59.
Curcumin 59.
Cyanidin 134, 135, 142, 144.
Cyanidin-3-5-diglucosid 141.
Cyanidin-3-7-diglucosid 141.
Cyaninchlorid 145.
Cyanomaclurin 126.
Cyclamen europaeum 149.

Cyclamin 149.
Cyclopenten, Derivate des 16.
Cyclopterus lumpus 58.
Cynarocephaleae 131.
Cynodontin 78.
Cypheliaceae 100.
Cytochrom a, b, c 189, Anm. 4.
Cytoflav 213.

Dactylis glomerata 180.
Dahlia variabilis 144.
Dahlie, gelbe 112.
— scharlachrote 144.
Daidzein 123.
Daidzin 123.
— 4-Methyläther des 124.
Daidzu 123.
Daphne alpina 163.
— mezereum 163.
— odora Thunberg 163.
Daphnetin 100, 163.
Datisca cannabina 117.
Datiscetin 117, 139, 162.
Datiscetinidin 139.
Datiscin 117.
Daucus carota 9, 19.
Decamali-Gummi 170.
Decarboxy-kermessäure 90.
Decarbo-usninsäure 102.
Dehydro-azafrinonamid 15, 16, 55.
Dehydrobilirubin 194.
Dehydrolapachon 68.
Dehydro-mesobilirubin 194.
Delphinidin 134, 135, 146, 148.
Delphinidin-3-monoglucosid 147.
Delphininchlorid 147.
Delphinium consolida 118, 147.
— zalil 121.
Dermocybe cinnabarina 82.
— sanguinea Wulf 82.
Dermocybin 82.
Desimino-leukopterin 178.
Desmethoxymatteucinol 115.
Desoxo-phyllerythrin 202, Anm. 3, 204.
Desoxy-carminsäure 87, 88, 89.
Desoxy-carminsäure, Dichinon der 88.
Desoxy-isosantalin 96.
Desoxy-santalin 94, 95.
Des-tetramethylshibuol 165.

Destrictinsäure 169.
Deutero-lactoflavin 217, 219.
Deutero-leuko-lactoflavin 217.
Deuterohämin 188.
Deuteroporphyrin 183, 185, 186, 188.
Diacetyl-deuterohämin 188.
Diacetyl-xylindein-dimethyläther 98.
Dianisyl-hydrochinon 64.
Diaroyl-methanverbindungen 58.
Dibenzyl-octatetraen 4.
Dibixan 52.
Dibrom-deuteroporphyrin 186.
6-6′-Dibromindigo 210.
Dibromphenol-tricarbonsäure 93.
Diferuloylmethan 59.
Digitalisblätter 116.
Digitoflavin 116.
Dihydrobixin 4, 39.
Dihydro-β-carotinon 40, 41.
Dihydro-crocetindimethylester 47.
Dihydro-homopterocarpine 96.
2-3-Dihydro-indol-2-carbonsäure, Chinon der 209.
Dihydro-mesobilirubin 192.
Dihydro-porphyrin 205.
Dihydro-rhodoxanthin 39, 40, 41.
1-6-Diketone 16.
3-4-Dimethoxy-benzalmethoxychromanon 154.
5-6-Dimethoxyindol 209.
3′-5′-Dimethoxygesnerin 143.
Dimethoxy-methyl-benzopyron 134.
6-7-Dimethyl-alloxazin 218.
2-(γ-γ-Dimethylalloxy)-1-4-naphthochinon 67.
2-(γ-γ-Dimethylallyl)-3-oxy-1-4-naphthochinon 67.
6-7-Dimethyl-9-n-amylflavin 220.
2-6-Dimethyl-10-äthinyl-undecanol-(10) 197.
4-8-Dimethyl-9-äthoxy-nonansäure 45.

α-α-Dimethylbernsteinsäure 8, 11, 13, 18, 31, 33, 37, 42.
O-Dimethyl-citromycetin 134.
3-8-Dimethyldecan-1-10-dioldiäther 45.
1-2-Dimethyl-diaminobenzol 220.
2-6-Dimethyl-1-7-dibrompropan 51.
Dimethyl-dicarbäthoxypyrrol 183.
4-9-Dimethyldodecan-1-12-dicarbonsäure 45.
α-α-Dimethylglutarsäure 11, 13, 18, 31.
2-6-Dimethyl-heptandiol (1-7) 45.
6-11-Dimethyl-hexadecan-2-15-dion 44, 45.
Dimethylmalonsäure 8, 11, 13, 38, 42.
1-6-Dimethylnaphthalin 15, 22.
2-6-Dimethylnaphthalin 8, 15.
α-α-Dimethylpimelinsäure 51.
Dimethyltrioxy-anthrachinon 87.
4-8-Dimethyl-undecandisäure-diester 51.
2-6-Dimethyl-10-vinyl-undecanol-(10) 197.
Dimorphoteca aurantiaca 23.
Diosmetin 116.
Diosmin 116.
Diospyros Kaki 23, 33.
Dioxy-methoxy-isoflavonglucosid D 125.
4-5-Dioxy-7-methoxy-2-methylanthrachinon 81.
1-7-Dioxy-3-methoxyxanthon 161.
4-5-Dioxy-2-methylanthrachinon 75.
4-5-Dioxy-2-methylanthron-(10) 76.
Dioxynaphthochinon 175.
Dioxynaphthochinondicarbonsäure 70.
4-5-Dioxy-2-oxymethylanthrachinon 83.
4-5-Dioxy-2-oxymethylanthranol-10 83.
(2-4-Dioxyphenyl)-(3′-4′-methylen-dioxybenzylketon 125.
2-5-Di-(p-oxyphenyl)-3-6-dioxy-1-4-benzochinon 63.

Sachverzeichnis.

(2-4-Dioxy-phenyl-)-(4′-methoxybenzyl)-keton 124.
(2-4-Dioxyphenyl)-(4′-oxybenzyl)-keton 124.
(2-3-Dioxyphenyl)-(?-?-oxymethoxybenzyl)-keton 125.
4-6-Dioxy-2-3-5-trimethyl-cumaron 102.
1-7-Dioxyxanthon 161.
Diphenanthrylderivat 99.
Diphenyl-hexadeca-octaen 3.
Diphenyl-hydrochinon 62.
2-3-Dioxyanthrachinon 72.
Dioxy-α-carotin 32.
3-7-Dioxychromon 152, 157.
7-8-Dioxycumarin 163.
5-7-Dioxy-6-8-dimethyl-flavanon 115.
5-7-Dioxy-6-8-dimethyl-4′-methoxyflavanon 115.
3-6-Dioxy-2-5-diphenyl-1-4-benzochinon 62.
7-4′-Dioxyflavanon 111.
Dioxyflavanone 109.
5-6-Dioxyflavon 109.
5-7-Dioxyflavon 110.
Dioxyflavone 109.
5-7-Dioxyflavon 7- oder 5-glucosid 110.
7-4′-Dioxy-isoflavon 123.
5-7-Dioxy-2′-methoxy-flavanon 114.
5-7-Dioxy-4′-methoxy-flavanon 114.
5-4′-Dioxy-7-methoxy-flavanon 114.
5-4′-Dioxy-7-methoxy-flavon 112.
5-7-Dioxy-4′-methoxy-flavon 112.
5-7-Dioxy-8-methoxy-flavon 111.
5-8-Dioxy-4′-methoxy-flavon 112.
Diphenyl-octatetraen 4.
α-γ-Diphenylpropan 108.
Dipyrrylmethen 186, 187.
Dividivischoten 66.
Doss 165.
Dossetin 165.
Doyo-hatiya 165.
Dracaena Draco 169.
Draceensäure 169.
Dracosäure 169.
Drosera-Arten 69.
Drosera binata 69.
— binata, Farbstoffe aus 69.

Drosera Whittakeri 69.
— — Farbstoffe aus 69.
Durasantalin 96.

Edelkastanie 66.
Eibe 39, 135, 146.
— Arillus der 39.
Eieralbumin 214.
Eierpflanze 147.
Eijitzu 118.
Einleitung 1.
Ellagsäure 66.
Emodin 76, 80.
Emodin-anthranol 80.
Emodinglucosid 75.
Emodinmethyläther 76.
Emodinmono-methyläther 81.
Emodintypus 72.
Endococcin 85.
Entmischungsmethode 6.
Enzian, stengelloser 146.
Enzianwurzel 161.
Epanorin 101.
Epicatechin 126, 139.
epiphasisch 7.
Erdöl 204.
Ergochrysin 174.
Ergoflavin 174.
Ergoflavonsäure 174.
Eriodictyol 119.
Eriodictyon glutinosum Benth. 117, 119.
Erodium 142.
Erythrolaccin 93.
Erythrophyll 10.
Escholtzia california Cham. 121.
Escobedia linearis 53.
— scabrifolia 53.
Essigbakterien 214.
Etiolin 10.
Euphorbiaceae 166, 172.
Euxanthinsäure 161.
Euxanthon 161.
Evonymus europaeus 33.
Excoecaria glandulosa 165.
Excoecarin 165.
Excoecaron 166.

Fagara flava 168.
Fagaragelb 168.
Fagus silvatica 145.
— — Bucheckern der 146.
Färbeginster 116, 124.
Färbereiche 121.
Färberknöterich 118, 209.
Färbermaulbeerbaum 120.
Färberröte, gemeine 71.
Färbertraube 148.
Färberwaid 209.

Farbstoff aus Bethabarra-Holz 165.
— des kanarischen Drachenblutbaumes 169.
Farbstoffe aus Blättern 164.
— aus Blüten 163.
— aus Pilzen 174.
— aus Flechten 168.
— aus Harzen, Drogen 169.
— aus Holz und Rinden 165.
— mit fünfgliedrigem Ring 101.
— noch nicht völlig in ihrer Konstitution aufgeklärte, von Flavoncharakter 127.
— stickstofffreie, unbekannter Konstitution 163.
— unbekannter Konstitution 221.
Farbwachs 5, 7, 28, 36, 37.
Fard de la chine 132.
Farnesol 197.
Faulbaumrinde 80, 81.
Feldkarotten 19, Anm. 7.
Feldrittersporn 147.
Fernambukholz 150.
Ferrobilirubin 194.
Fische, Netzhäute der 214.
Fisetholz 109, 119.
Fisetin 109, 119, 139.
Fisetinidin 139.
Fisetoldimethyläther 152.
Flavan 104.
Flavanon 104, 105, 106, 107.
Flaven 104.
Flavin 121.
— aus Gras 219.
— aus Leber 220.
Flavine 212.
Flavinenzym 219.
Flavokermessäure 92.
Flavon 100, 104, 106, 108, 109, 139.
Flavonabkömmlinge 134.
Flavonderivate, optisch aktive 115.
Flavonfarbstoffe 104, 142.
Flavonole 104, 107, 109, 139.
Flavoprotein 215.
Flavoxanthin 5, 27, 35, 36, 38.
Flavyliumfarbstoffe 142.
Flavyliumsalz 100.
Flechten-chrysophansäure 81.
Flemingia congesta 170.

Flemingin 170.
Fliegenpilz 65.
Florentine Orris Root 126.
Flußkrebs 56.
Form-onetin 124.
Formylporphyrine 204.
Fragara vesca 144.
Fragarin 144.
Fragilin 85.
Frangula-emodin 82.
Frangulanol 80.
Frangularinde 80, 81.
Frangularosid 80.
Frangulin 80.
Früchte, tropische 23.
Frühlingskreuzkraut 35.
Fuchsflechte 100.
Fuchsie 142.
Fucoxanthin 5, 36, 38.
Fucus vesiculosus 38.
— virsoides 38.
Fukugenetin 130.
Fukugetin 129, 131.
Fukugi 131.
Furfuracinsäure 169.
Fusariumarten 19, Anm. 14.
Fustel 119.
Fustik 119.
— junger 119.
Fustin 119.
Fustintannid 119.

Galangawurzel 113, 119.
Galangin 113, 139.
— Monomethyläther des 113.
Galanginidin 139, 141.
Galega officinalis 116.
Galeopsis Tetrahit 116.
Galläpfel 66.
Galle 189.
Gallenfarbstoff 189.
Gallensteine 19.
Gallussäure 66, 142.
Galuteolin 116.
Gambir 126.
Gara 209.
Garcinia mangostina 162.
— morella 171.
— spicata 129.
Garcinin 131.
Garcinol 130.
Garcinolsäuren 171.
Gardenia grandiflora 48.
— lucida 170.
Gardenin 170.
Gardeninsäure 170.
Gartennelke 144.
Gartenpetunie 148.
Gartenraute 121.

Gartenstiefmütterchen 147.
Gehirn (Rind) 215.
Gelbbeeren 109, 122.
— chinesische 121.
Gelbholz 109, 120.
— ungarisches 119.
Gelbwurz 59.
Gemmatein 174.
Gemswurz 33.
Genista tinctoria 124.
Genistein 124.
Genkwa 112.
Genkwanin 112.
Gentiana acaulis 146.
— lutea 161.
Gentianinchlorid 146.
Gentisin 161.
Gerberbaum 119.
Geronsäure 8, 11, 13, 15, 17, 18, 54.
Gesnera cardinalis 143.
— fulgens 143.
Gesneridin 135, 136, 143.
Gesnerin 134, 143.
Gewebe, parenchymatische 109.
Glaukobilin 194.
Gleditschia monosperma 122.
Globin 181.
Globulariacitrin 121.
Glucofrangulin 80.
5-β-Glucosidyl-hirsutidin-chlorid 149, Anm. 10.
3-β-Glucosidyl-malvidin-chlorid 148.
Glutathion 219.
Glycymerin 58.
Glycyrrhiza glabra L. 111.
Gnetum 39.
Goapulver 76.
Goldlack, brauner 141.
Goldmelisse 144.
Gonepteryx rhamni 176, 179.
Gonocaryum obovatum 9.
— pyriforme 9.
Gossipol 170.
Gossipolacetat 171.
Gossipolon 171.
Gossipolsäure 171.
Gossypetin 123, 145, 164.
Gossypitrin 123.
Graebeit 82.
— a 82.
— b 82.
Granatbaum 144.
Gras 19, 30.
Greenhartholz 67.
Grönhartholz 67.
Grünmalz 214.
Gummigutt 171.

Gummilack 92.
Gunari 48.
Guttiferae 162, 171.

Hagebutten 22, 30, 214.
Hahnenfuß 35.
Hahnenkamm 150.
Halla parthenopaea Costa 209.
Hämatein 150, 158.
Hämatin 150.
Hämatinsäure 182, 186, 189, 199.
— carboxylierte 182, 186.
Hämatoporphyrin 183, 184, 186, 188.
Hämatoxylin 150.
Hämatoxylinsäure 158.
Hämatoxylon campechianum 158.
Hämin 181, 184, 188, 189, 191, 193, 200.
Hämochromogen 181.
Hämoglobin 181.
Hämopyrrol 182, 183, Anm. 6, 199.
Hämopyrrolbasen 182.
Hämopyrrolcarbonsäure 182, 183, Anm. 6.
Hämopyrrolsäuren 182.
Harnindican 209.
Harnsäure 177.
Hautkopf, blutroter, Farbstoffe des 82.
Hefe 214.
Heidelbeerfarbstoff 149.
Helenien 33.
Helenium 30.
— autumnale 33.
Helianthus 30.
Helminthosporin 72, 78.
Helminthosporium cynodontis 78.
— gramineum Rabenhorst 78.
— tritico vulgaris 78.
Helmvögel 184.
Hemibilirubin 189.
Hemipyocyanin 212.
Henna 66.
Hentriakontan 33.
Hepaflavin 213, 220.
Heptamethyl-hexahydro-thelephorsäure 97.
Heracleumblätter 19.
Herbstxanthophylle 27, 28.
Heringskönig 58.
Hesperidin 120.
Hesperitin 119.
Hexa-acetyl-tetrahydro-leuko-xylindeinsäure-dimethylester 99.

Hexahydro-crocetin 44.
Hexahydro-muscarufin 65.
Hexahydro-norbixin 50.
Hexahydro-pseudojonon 197.
Hexa-oxyanthrachinon 82.
3-5-6-7-3'-4'-Hexa-oxyflavon 123.
3-5-7-8-3'-4'-Hexa-oxyflavon 123.
3-5-7-3'-4'-5'-Hexa-oxyflavon 123.
Hexa-oxyflavone 123.
3-5-7-3'-4'-5'-Hexaoxyflavyliumchlorid 135, 146.
Hibiscetin 163.
Hibiscin 164.
Hibiscinchlorid 145.
Hibiscus Sabdariffa 145, 163.
Hippoglossus hippoglossus 20.
Hirsutidin 135.
Hirsutidin-3-5-diglucosid 138.
Hirsutinchlorid 149.
Hirsuton 149.
Hollunderblüten 121.
Hollunder, schwarzer 146.
Holzindigo 98.
Homo-eriodictyol 119.
Homoflemingin 170.
Homonataloin 84.
Homopiperonylamin 211.
Homopterocarpin 95, 96.
Homorottlerin 174.
Homovitexin 127.
Hong pi lo chou 166.
Hopfen 121.
Hornisse 179.
Hortensiablüten 118.
Hostien 180.
Huflattich 37.
Hühnereidotter 26, 30.
— Farbstoff des 26, 30, 33, 35.
Hummer 56.
Hundeplacenta 194.
Hydnum ferrugineum Fr. 97.
Hydrastis canadensis 211.
Hydrocarthamin 132.
α-Hydrojuglon 67.
β-Hydrojuglon 67.
Hydrophyllaceae 117, 119.
Hydropolyen-carbonsäureester 40.
Hymenorhodin 85.
Hypericin 164.
Hypericum perforatum 164.

Hypericumrot 164.
hypophasisch 7.
Hypophyse (Rind) 215.
Hyssopin 116.
Hyssopp-Pflanzen 117.
Hystazarin-dimethyläther 74.
Hystazarin-monomethyläther 74.

Idaeinchlorid 145.
Ilex 88.
— Mertensii Maxim 165.
Impatiens noli me tangere 37.
Imid Smp. 64° 182.
Incarnatrin 121.
4-3-Indeno-benzopyranol 156.
Indican 209.
Indigo 118, 209.
Indigofera anil 209.
— argentea 209.
— arrecta 118.
— disperma 209.
— pseudotinctoria 209.
— tinctoria 209.
Indiggrün 210.
Indigogelb 118.
Indigorot 209.
Indirubin 209.
Indischgelb 161.
Indopurpurin 209.
Inosit 108.
Indoxylschwefelsäure 209.
Insektenfarbstoffe 85.
Ipé-tabaccoholz 68.
Iretol 125.
Iridin 126.
Irigenin 126.
Iris florentina 126.
— germanica 126.
— pallida 126.
— tectorum Max. 125.
Isatis tinctoria 209.
Iso-ätioporphyrin 187.
Isobarbaloin 84.
Isobixin 53.
Isobrasilein 156, 158.
Isobrasileinchlorid 156.
Isobutylen 67.
Isocarotin 10, 18, 20, 25.
Isocarthamidin 132.
Isocarthamin 132.
Isocyclische Verbindungen 61.
Isoemodin 78.
Isoflavon 100, 109.
— E 125.
Isoflavonderivate 109.
Isoflavone 123.
Isoflavonfarbstoffe 104.

Isogeronsäure 8, 13, 17, 18.
Isomerie, cis und trans 5.
Isoneo-bilirubinsäure 191.
Isoneo-xanthobilirubinsäure 191.
Isoporphinring 204.
Isopren 3, 4, 66.
Isoquercitrin 121.
Isorhamnetin 121, 122.
Isorottlerin 174, Anm. 1.
Isosakuranetin 113, 114.
Isosantalin 96.
Isosequein 168.
Iso-xanthobilirubinsäure 190.

Jacaranda ovalifolia 166.
Jacarandin 165.
Jackbaum 126.
Jafferabad-Aloe 84.
Jagdfasan, Papillen des 33.
Java-Coca 164.
Javaindigo 209.
Jcmadophilasäure 169.
Johanniskraut 164.
Jonon 54.
α-Jonon 24.
β-Jonon 24.
Jononrest 11.
Judenkirsche 5, 34.
Juglon 66, 67.
Juniperus virginica 39.

Kagigoma 165.
Kakaorot 134.
Kakifrüchte 23, 33.
Kakischibu 165.
Kakteen 164.
Kaktorubin 164.
Kalikogelb 120.
Kamala 172.
Kämpferid 113, 119.
Kämpferin 118.
Kämpferitrin 118.
Kämpferol 118.
Kanarienvogel, gelber Federnfarbstoff des 32.
Kanarienxanthophyll 32.
Kanwait 97.
Kap-Aloe 84.
Karotten 19, 214.
Kartoffel 214.
Kastanien 19.
Keracyanin 146.
Keracyaninchlorid 145.
Kermes 71, 72, 88.
Kermeseiche 88.
Kermesfarbstoff 88.
Kermessäure 91.
Kettenverkürzung 8.

α-Keto-β-(p-oxyphenyl)-γ-(p-oxyphenyl)-butyrolacton-γ-carbonsäure 64.
Khapliweizen 120.
Kikokunetin 114.
Kino 172.
Kirsche, süße 145.
Klatschmohn 145.
— wilder 145.
Klatschrose, purpurfarbene 145.
Klee, roter 164.
Kohlweißling 176, 177.
Konchoporphyrin 183, 184.
Königskerze, Farbstoff der 48.
Koproporphyrin 183, 184, 186, 188.
Kornblume, blaue 145.
— rosafarbene 144.
Körperfett 19.
Kuhkot 26.
Kuhmilch 214.
Kuhmolke, Farbstoff der 213.
Kürbissamen 208.
Kuromane 145.
Kuromanin 145.
Kranbeere 148.
Krapp 74, 76, 77.
— indischer 76.
Krapptypus 72.
Krappwurzel 72, 73.
Kresotin-glyoxyldicarbonsäure 86.
Kresotinsäure 87.
Kreuzbeerenextrakt 122.
Kreuzdornen 122.
Kronsbeere 145.
Kryptopyrrol 182, 183, Anm. 6, 186, 189, 199.
Kryptopyrrol-carbonsäure 182, 183, Anm. 6, 189.
Kryptoxanthin 5, 27, 28, 29, 30, 41.
Kyanosis 134.

Laburnum 36.
Laccainsäure 92.
Lac-dye 71, 72, 92.
Lachs 58.
Lac-lac 92.
Lactochrom 213.
Lactoflavin 213, 215.
— a 213, 215.
— b 213, 215.
— c 213, 215.
— d 213, 216.
5-Lactosidyl-hirsutidinchlorid 149, Anm. 10.

Languste 56.
Lapachol 67, 68, 165.
Lapacholholz 67.
Laurinsäure 34.
Lävulinaldehyd 24.
Lävulinsäure 24.
Lawson 66.
Lawsonia alba Lam 66, 70, Anm. 1.
— inermis L 66.
Leander serratus 56.
Lebensbaum 39.
Leber (Rind) 215.
Lecanoraceae 101.
Lecanora sordida 169.
Lecideaceae 169.
Lederkoralle, stinkende 97.
Leguminosen 93, 150.
Leinkraut, gemeines 146.
Leontodon autumnale 37.
Lepidopterine 176.
Lepraria-Arten 168.
Letharia vulpina 100.
Leuko-anthocyanine 142, 146.
Leuko-chlorophylle 208.
Leuko-lactoflavin 216.
Leukopterin 177.
— a 179.
— b 179.
Liane, malaiische 126.
Limaholz 150.
Linaria vulgaris 146.
Lipochrome 2.
Lipoxanthine 2.
Liquiritigenin 111.
Liquiritin 111.
Lithospermium Erythrorhizon 68.
Locacetin 167.
Locansäure 167.
Locao 166.
Locaonsäure 166.
Locaose 167.
Lokandi 97.
Lomatia ilicifolia 68.
— longifolia 68.
Lomatiol 68.
Lonchocarpus cyanescens 209.
Lophius piscatorius 58.
Lotoflavin 117, 139.
Lotoflavinidin 139.
Lotus arabicus 117.
Lotusin 117.
Löwenmaul, großes 146.
Löwenzahn 26, 30, 37.
Löwenzahnblüten 214.
Lumichrom 218.
Lumilactoflavin 216, 217, 219.
Lunge (Rind) 215.
Luridussäure 77.

Lutein 5, 26, 27, 28, 30, 33, 34, 35, 36, 37, 41.
Luteine 2.
Luteolin 109, 116, 124, 139.
Luteolinidin 139.
Lycium halimifolium 34.
Lycoperdon gemmatum Batsch 175.
Lycopersicum esculentum 22.
Lycopin 2, 5, 11, 18, 22, 30, 41, 42, 50, 53, 54.
Lycopinal 24, 25, 39.
Lyochrome 2, 212.

Maclurin 120.
Mahagonibaum, indischer 48.
Maiglöckchen 9, 23.
Mais 26, 33.
Maisblatt 6.
Mais, gelber 29, 30.
— weißer 29.
Maja squinado 56.
Mallotoxin 172, Anm. 2.
Mallotus phillipinensis 172.
Malva silvestris 149.
Malve, schwarze 149.
— wilde 149.
Malvidin 135, 148.
Malvidin-3-galactosid 149.
Malvin 136.
Malvinchlorid 149.
Malvon 136.
Mandarine 20, 36.
Mangifera indica 161.
Mang-Koudu 79.
Mangostin 162.
St. Martha-Rotholz 150.
Matteucia orientalis 115.
Matteucinol 115.
Meconincarbonsäure 211.
Meerschwamm 58.
Mehedi, indischer 66.
Mekocyaninchlorid 145.
Melanargia galatea 179.
Menschenharn 214.
Mesobilirubin 189, 191, 192, 194, 195.
— IX α 192, 194.
— XIII α 191.
Mesobilirubin-dimethyläther 194.
Mesobilirubinogen 189, 190, 192.
Mesoporphyrin 183, 188, 190, 201.
Methoden, colorimetrische 6.
7-Methoxychromanon 154.
7-Methoxy-chromon-3-essigsäure 152.

Sachverzeichnis. 233

Methoxy-dioxy-toluchinon 61.
2-Methoxymethyl-3-6-dioxyanthrachinon 84.
6-Methoxy-5-7-4'-trioxyisoflavon 125.
Methoxyvitexin 129.
α-Methylanthracen 68, 87, 89, 90, 97.
β-Methylanthracen 68, 70, 82.
Methyläther-cochenillesäure-methylester 90.
3-Methyl-5-äthoxy-1-brompentan 45.
3-Methyl-5-äthoxy-pentanol 45.
Methyl-äthyl-maleinimid 182, 189, 199.
Methylbernsteinsäure 44.
Methylbixin 48.
Methylchlorophyllid a 197.
1-Methyl-5-8-dioxyanthrachinon 68, 70.
8-Methyl-2-6-dioxy-1-4-naphthochinon-3-5-carbonsäure 86.
α-Methylglutarsäure 44, 50.
β-Methylglutarsäure 44.
Methylheptenol 162.
Methylheptenon 24, 25.
9-Methyl-iso-alloxanthin 218, 219.
3-Methyl-luteolin 131, Anm. 1.
N-Methyl-methoxy-maleinimid 180.
Methylnaphthochinon 69.
Methyl-nataloe-emodin 84.
2-Methyl-3-oxyanthrachinon 72.
2-Methyl-6-oxyanthrachinon 72.
2-Methyl-7-oxyanthrachinon 72.
Methylphaeophorbid a 199, 204, 205.
C-Methylphoroglucin 102.
Methylpyrrophaeophorbid a 204.
γ-Methylpyrroporphyrin 200.
1-Methyl-3-5-7-8-tetraoxyanthrachinon 92.
1-Methyl-3-5-8-trioxyanthrachinon 92.
2-Methyl-3-5-6-trioxyanthrachinon 81.
Methyltrioxy-anthrachinoncarbonsäure 87.
Methylxanthin 221.
Microconia prolifera 58.

Micromeria Chamissonis Greene 165.
Milchsäurebakterien 214.
Milz (Rind) 215.
Mohrrübe 6, 19.
Mohn, isländischer 135.
Molke 214.
Monarda didyma 144.
Monardaein 144.
Monardin 144.
Monascin 175.
Monascoflavin 175.
Monascorubrin 175.
Monascus purpureus Wentii 175.
Monoacetyl-fukugetin 131.
Monobromcoccin 90, 91.
Morin 109, 120, 126, 139.
Morinda citrifolia 73, 75, 78, 79, 80.
— longiflora 73, 75.
— tinctoria 78.
— umbellata 78, 79, 80.
Morindanigrin 80.
Morindin 78.
Morindon 78.
Morindontypus 72.
Moringersäure 120.
Morinidin 139, 141.
Morus tinctoria 120.
Möveneierschalen, Farbstoff der 195.
Multiflorin 118.
Munjistin 74.
Murex brandaris 210.
Muscarufin 65.
Mutterkorn 174.
Myosotis 142.
Myrica nagi 123.
Myricetin 123.
Myricitrin 123.
Myristinsäure 34, 41.
Myrticolorin 121.
Myrtillin 149.
— a 149.
— b 149.

Nachtschatten, bittersüßer 22.
Naphthalin 67, 68, 86, 89.
Naphthazarin 70.
Naphthochinonverbindungen 66.
Naringenin 113, 114.
Narraholz 96, 97.
Narrin 97.
Nasu 147.
Nataloin 84.
Nekrobiose 27.
Neobilirubinsäure 191.
Neocarminsäure 88.
Neoxantho-bilirubinsäure 191, 192, 194.

Neoxantho-bilirubinsäuremethylester 191, 194.
Nebenniere (Rind) 215.
Nebennieren 19.
Neo-phaeoporphyrin a_6 203.
Nephrobs 56.
Nephromin 85.
Nephromium lusitanicum 85.
Nerium tinctorium 209.
Netzhaut (Rind, Schaf, Huhn) 215.
Niere (Rind) 215.
Nikaragua-Rotholz 150.
Nitrococcussäure 85, 89, 91.
Nitrosantalin-dimethyläther 95.
Nopalea coccinellifera 85.
Norbixin 50, 53.
β-Norbixin 24, 25.
Norscoparin 128.
Nucin 67.
Nyctanthes arbor tristis 48.
Nyctanthin 48.

Ochna alboserrata 168.
Ochsenzungenwurzel 70.
Oenin 149.
Oeninchlorid 148.
Oleaceae 48.
Olenlandia umbellata 72.
Ölsäure 34, 41.
Ononetin 124.
Ononin 124.
Ononis spinosa 124.
Onospin 124.
Oocyan 195.
Ooporphyrin 183, 184.
Ophidiaster ophidianus 56.
Opsopyrrol 182, 183, Anm. 6, 187.
Opsopyrrolcarbonsäure 182, 183, Anm. 6.
Orange 36, 119.
Orangen, bittere 120.
Orcanella 70.
Orenetto 48.
Orlean 48.
Oroberol 164.
Orobol 164.
Orobosid 165.
Orobus tuberosus 164.
α-Oryzaerubin 175.
β-Oryzaerubin 175.
Osyritrin 121.
Ovarium (Rind) 19, 215.
— (Kuh) 19.
Ovochromin 35.
Ovoflavin 213, 220, 221.

Oxochloroporphyrin e_5 205.
Oxoniumbase 140.
Oxoniumsalz 140.
Oxoporphyrine 204.
Oxoreaktion 204.
Oxyanthrachinon-carbonsäure 93.
Oxyanthrapurpurin 90.
Oxy-apiin-methyläther 117.
β-Oxyarylzimtsäuren 106.
α-Oxycarotin 17, 20.
β-Oxycarotin 14, 17, 20, 29.
2-Oxychinoxalin-3-carbonsäure 217.
Oxychlororaphin 211.
Oxycoccicyaninchlorid 147.
Oxycoccus macrocarpus 148.
6-Oxycyanidin 146.
Oxydationsferment 2.
— gelbes 213, 219.
5-Oxy-7-4'-dimethoxyflavon 113.
5-Oxy-7-4'-dimethoxy-2-styrylisoflavon 124.
Oxyflavone 105.
Oxyflavopurpurin 90.
(2-Oxy-4-d-glucosidoxyphenyl)-(4-methoxybenzyl)-keton 124.
Oxy-β-lapachon 68.
7-Oxy-4'-methoxyflavon 110.
Oxymethoxy-naphthochinon-carbonsäure 95.
Oxymethyl-rhodoporphyrinlacton 203.
2-Oxy-1-4-naphthochinon 66.
5-Oxy-1-4-naphthochinon 67.
Oxyphaeoporphyrin 209.
α-Oxyphenazin 212.
2-Oxyxanthon 142.

Paeonia arborea 148.
Paeonidin 135, 147.
Paeonie 148.
Paeoninchlorid 148.
Paeonol 111.
Palinurus vulgaris 56.
Palmitinsäure 33, 34, 41.
Palmiton 33.
Palmöl, rotes 19.
Pampelmuse 114.
Papaver alpinum 135.
— nudicaule 135.
— Phoeas 145.
Papilionaceae 164, 172.

Papilionatae 209.
Pappelknospen 110.
Pappilichakka 97.
Paprica 19, 29.
Parietin 81.
Parmeliaceae 100, 101.
Parmelia parietina 71, 75.
Parmelgelb 81.
Pate de rocou 53.
Paxillus atrotomentosus Batsch 63.
Pecten maximus 58.
Pectonoxanthin 58.
Pectunculus glycymeris 58.
Pelargonidin 134, 135, 143.
Pelargonium zonale 144.
Penicillium citrinum 65.
— spinolosum, Farbstoff aus 61.
2-3-4-6-4'-Pentamethoxychalkon 133.
?-?-?-3-4'-Pentamethoxyflavon 123.
Pentan-2-2-5-tricarbonsäure 12.
2-4-6-3'-4'-Pentaoxybenzophenon 120.
3'-4'-3-5-7-Pentaoxy-6-8-dimethyl-2-3-dihydroflavon 134.
3-5-7-2'-4'-Pentaoxyflavon 120.
3-5-7-3'-4'-Pentaoxyflavon 121.
3-7-3'-4'-5'-Pentaoxyflavon 122.
5-7-3'-4'-5'-Pentaoxyflavon 120.
Pentaoxyflavone 120.
3-5-7-3'-4'-Pentaoxy-flavyliumchlorid 135, 144.
3-5-7-4'-5'-Pentaoxy-3'-methoxy-flavyliumchlorid 135, 148.
Pentaoxy-2-methylanthrachinon 82.
Pentaoxymethyl-anthranol 167.
Pentosido-β-glucosid 73.
Perhydro-astacin 20.
Perhydrobixin-dimethylester 50.
Perhydrocrocetin 8, 44, 46, 52.
Perhydrolutein 31.
Perhydrolycopin 23, 24.
Perhydronorbixin 8, 51, 52.
Perhydronorbixin-diäthylester 51.
Perhydro-violaxanthin 36, 37.
Perhydrovitamin A 20, 21, 22.

Perillaninchlorid 147.
Perilla ocimoides L. var. crispa Benth. 147.
Pelargoninchlorid 144.
Peltogynidin 146.
Peltogynumarten 135, 146.
Pé pi lo chou 166.
Petersilie 112.
Petunia hybrida 148.
Petunidin 135, 148.
Petunidinchlorid 148.
Petunidin-3-5-diglucosid 148.
Petunidin-3-monoglucosid 148.
Peziza aeruginosa 98.
Pfeffer, spanischer 41.
Pfingstrose 148.
Pfirsichblätter 165.
Pflaume 146.
Phaeophorbid a 199, 202, 205.
Phaeophorbide 199, 208.
Phaeophyceen 38.
Phaeophytin a 198, 202.
— b 198.
Phaeophytine 198.
Phaeoporphyrin a_5 203, 204.
— a_7 203, 207.
Phaoeporphyrin-a_7-trimethylester 203.
Phase, postmortale 28.
Phasenprobe 206.
Phenanthren 99.
Phenanthren-2-carbonsäure 98.
Phenanthrenfarbstoffe 97.
2-Phenanthryl-1-butadien 98.
Phenazin-α-carbonsäureamid 211.
Phenoltetracarbonsäure 93.
Phenoxy-fumarsäure 104.
2-Phenyl-phenopyrylium 134.
Phloretin 108.
Phloridzin 108.
Phoenicein 168.
Phoenin 168.
Phycocyan 195.
Phyco-cyanobilin 195.
Phyco-erythrin 195.
Phyco-erythrobilin 195.
Phyllobomicin 208, 222.
Phylloerythrin 201, 202, 203, 204, 207, 208.
Phylloporphyrin 199, 200, 202.
Phyllopyrrol 182, 183, Anm. 6, 199.

Phyllopyrrol-carbonsäure 182, 183, Anm. 6.
Phylloxanthin 38.
Physalien 5, 34.
Physalienon 35.
Physalis Alkekengi 34.
Physalis Franchetti 34.
Physalisarten 29.
Physaliskelche 34.
Physcion 81, 85.
Phytochlorin e 199.
Phytol 4, 25, 196, 197, 198, 199, 201.
Phytolgehalt 34.
Phytorhodin g 199.
Phytoxanthine 27.
Picofulvin 32.
Picrocrocin 42, 46, 47.
Pieris brassicae 177.
Pieris napi 177.
Pinastrinsäure 101.
Pirus Toringo 110.
Pitti 97.
Piuri 161.
Placenta, menschliche 19, 215.
Placodin 85.
Placodolsäure 103.
Platonia insignis Mart. 161.
Polyenalkohole 70.
Polyenfarbstoffe 2.
Polyene, unbekannte 41.
Polygonin 80.
Polygonum cuspidatum 80.
— tinctorium 209.
Polyporeen 61.
Polyporsäure 61.
Polyporus nidulans 61, 62.
— rutilans 61.
Polysaccum crassipes 175.
— pisocarpium 175.
Porphin 184.
Porphyrin, Kämmerers 183, 184.
Porphyrine 181, 199.
Porphyrin-monopropion-säuren 186.
Populus monilifera s. balsamifera 110.
Potamobus astacus 56.
Potamogeton natans 39.
Pratol 110, 164.
Preißelbeere 145, 148.
— amerikanische 148.
Primel, klebrige 149.
— rauhhaarige 149.
Primetin 109.
Primulaceae 109.
Primula hirsuta 149.
— integrifolia 149.
— modesta Bisset et Moore 109.
— polyanthus 148.

Primula sinensis 142, 149.
— viscosa 149.
Prodigiosin 180.
Proteaceae 68.
Protochlorophyll 208.
Protocrocin 47.
Protophaeophytin 208.
Protoporphyrin 183, 184, 186, 188.
Protunus puber 56.
Prunetin 124.
Prunetol 124.
Prunicyaninchlorid 146.
Prunitrin 124.
Prunus armenica 23.
— avium 125, 145.
— domestica 146.
— emarginata 124.
— persica 165.
— serotina 125.
— serrulata 114.
— — Lindl. var. albida Makino subv. speciosa Makino 114.
— spinosa 118, 146.
— yedoensis 114.
Prupersin 165.
Pseudaegle trifoliata Makino 114.
Pseudoalcanna 70.
Pseudo-baptigenin 125.
Pseudo-baptisin 125.
Pseudobase 140.
Pseudojonon 24, 197.
Pseudopurpurin 77.
Pteria radiator 184.
— vulgaris 184.
Pterine 176.
Pterocarpin 96.
Pterocarpus indicus 93.
— marsipium 172.
— santalinus 93.
— spp. 97.
Pterosantalin 94, Anm. 5.
Pulvinsäure 100, 101.
Punica granatum 144.
Punicinchlorid 144.
Puree 161.
Puriribaum 127.
Purpur, antiker 210.
Purpura aperta (Blainv.) 210.
— hämostoma 210.
— lapillus 210.
Purpurbakterien 208.
Purpurholz 168.
Purpurin 73, 76, 77, 88.
Purpuroxanthin 73, 77.
Purpuroxanthin-carbon-säure 74.
Pyocyanin 212.
Pyran 108.
1-2-Pyran 100.

1-4-Pyran 100.
Pyrazin, Abkömmlinge des 211.
Pyridin, Abkömmlinge des 210.
Pyrimidin, Abkömmlinge des 176.
γ-Pyron 161.
α-Pyronfarbstoffe 163.
Pyro-usninsäure 103.
Pyrrol, Abkömmlinge des 180.
Pyrroporphyrin 199, 200, 201, 202, 208.
Pyryliumfarbstoffe 134.

Quebracho colorado 119, 122, 139, 144, 164.
Quercetagetin 123.
Quercetin 109, 121.
Quercetin-monomethyl-äther 122.
Quercetrin 36.
Quercimeritrin 121, 123.
Quercitrin 121.
Quercitron 109, 121.
Quercitronextrakt 121.
Quercus coccifera 88.
— tinctoria 121.

Raktapita 97.
Ranunculaceae 211.
Ranunculus acer 35, 37.
— arvensis 35.
— Steveni Andrz. 35.
Reaktion, Gmelinsche 189, 193.
red dura 96.
Red Sorrel 163.
Reinrose 30.
Regalecus glesné 58.
Regianin 67.
Reis, roter 175.
Reseda luteola 116.
Reso-anthocyanine 138, Anm. 2.
Retinospora plumosa 39.
Rhabarber, chinesischer 74, 75.
— indischer 75.
Rhabarberon 78.
Rhabarberpflanzen 71.
Rhabarberwurzel 78, 80.
Rhamnazin 122.
Rhamnetin 122, 139.
Rhamnetinidin 139.
Rhamnicogenol 167.
Rhamnicosid 167.
Rhamnocathartin 80.
Rhamnoglucosid 80, Anm. 3.

Rhamnoxanthin 80, Anm. 9.
Rhamnus amygdalinus 122.
Rhamnusarten 71, 122.
Rhamnus cathartica 80, 118, 167.
— chlorophorus 166.
— frangula 75, 80.
— oleides 122.
— Purshianus 80.
— saxatilis 122.
— utilis 166.
Rhein 74, 83.
Rheinglucosid 75.
Rheochrysidin 81.
Rheochrysin 75, 81.
Rheopurgarin 75, 76, 81.
Rheum officinale 75.
Rheumpflanzen 71.
Rheum rhaponticum 75, 81.
Rhizocarpinsäure 169.
Rhizocarpon geographicum 169.
Rhizocarpsäure 169.
Rhizoma Rhei 78.
Rhizopogon rubescenz Corda 176.
Rhizopogonsäure 176.
Rhodin e 199.
Rhodobacillus palustris Molisch 58.
Rhodocladonsäure 82.
Rhodophyscin 85.
Rhodoporphyrin 199, 200, 202.
Rhodoporphyrin-γ-carbonsäure 202, 203.
Rhodoxanthin 5, 14, 35, 39.
Rhus cotinus 119.
— rhodanthema 119.
Rhusarten 123.
Riesenkürbis 19.
Rindergalle 201.
Rindergallensteine 189.
Ringelblume 23, 36.
Rindsleber 214.
Robinia pseudacacia 112, 118, 122.
Robinetin 122.
Robinin 118.
Rocou 48.
Rocoubaum 48.
Rosa canina 22, 30.
— damascena 30.
— gallica 145.
— multiflora 118.
— rubiginosa 30.
Rose, rote 121, 142, 145.
Rosocyanin 61.
Roßkastanie 30, 36, 121.

Rotalgen, Chromoproteide der 195.
Rotbuche 145.
Rotholz 99.
Rotholzextrakt 156.
Rotkohl, Farbstoff des 150.
Rottlera tinctoria 172.
Rottlerin 172.
ψ-Rottlerin 173.
Rottleron 172.
Rouge en assiettes 132.
— en feuilles 132.
— en tasses 132.
Ruberythrinsäure 72.
Rubiaceae 71.
Rubiadin 74.
Rubiadinglucosid 75.
Rubiadinmono-1-methyläther 75.
Rubia munjista 74.
— siccimensis 74.
— tinctorum 71.
Rubierythrinsäure 72.
Rubixanthin 5, 27, 30.
Rubrocurcumin 61.
Rubus fructicosus 145.
Rübe, rote 150.
Rumex ecclonianus 75.
— nepalensis 75.
— obtusifolius 75.
Ruta gravoleus 121.
Rutaceae 114.
Rutin 121.

Safflorcarmin 132.
Safflor, Farbstoffe des 131.
Safflorgelb 131.
Safran 6, 42.
Safranal 46, 47.
safran d'Inde 59.
Sakuranetin 114.
Sakuranin 114.
Salmensäure 58.
Salvia coccinea 144.
Salvianin 144.
Salvia patens 147.
— splendens 144.
Salvinin 144.
Sambucin (Alkaloid) 146.
Sambucinchlorid 146.
Sambucus canadensis 121.
— nigra 146.
Sambucyanin 146.
Samtfuß 63.
Sandelholz 93, 96.
Santalin 71, 97.
Sapanholz 150.
Saponaretin 127.
Saponaria officinalis 127.
Saponarin 127.
Sarcinia lutea 58.

Sarcinin 58.
Sauerdorn 211.
Scelerocrystallin 174.
Sceleroxanthin 174.
Schafkot 26.
Scharlachpelargonie 144.
Schellack 93.
Schlehenbeere 146.
Schminkwurzel 70.
Schwarzdorn 135, 146.
Schwarzwurz 22.
Schwefelpurpurbakterien, Farbstoff der 209.
Scintamineae 59.
Scoparein 128.
Scoparin 128.
Scopoletin 163.
Scrophulariaceae 53.
Scutellaria altissima 116.
— baicalensis Georgi 111.
— indica 116.
Scutellarein 116.
Scutellareinidin 129.
Scutellariaceae 116.
Scutellarin 111, 116.
— (Wogonin) 111, 116.
Secalonsäure 174.
Seespinne 56.
Seestern 56, 58.
Seidelbast 163.
Seidenkokons 26.
Seidenraupe 208.
— grüne japanische 222.
— japanische, Kokons der 36.
Selaginella 39.
Semi-α-carotinon 18, 20.
Semi-β-carotinon 13, 20.
Senecio Doronicum 33.
— vernalis 35.
Sennesblätter 71, 75, 118, 121.
Sensibilisatoren 181.
Sequein 168.
Sequeinol 168.
Sequoia sempervirens 168.
Sequoyin 168.
Serum 19.
Shesterin 80.
Shibuol 165.
Shikizarin 68.
Shikonin 68.
Sikhytan 96.
Sinapis officinalis 36.
Sklererythrin 174.
Sklerojodin 174.
Socotra-Aloe 84.
Sojabohne 124.
Sojabohnenart 145.
Soja hispida 123, 124, 125.
Solanaceae 41.
Solanorubin 22.
Solanum dulcamara 22.

Solanum Melongena L.
  var. esculentum 147.
Solorina crocea 82.
Solorinsäure 82.
Solorol 83.
Sombresox saurus 20.
Sommeraster 143, 144.
Sonnenblume 30.
Sophora japonica 121.
Sophorin 121.
Soranjee 78, 79.
Sorbus aucuparia 19.
Souchet 59.
Spartein 128.
Spartium Scoparium 128.
Spinat 19, 30, 214.
Spindelbaum 33.
Spirographiswürmer 189.
Springkraut 37.
Stearinsäure 34, 41.
Steineiche 88.
Sterkobilin 195.
Stickstoffhaltige Verbindungen 176.
Stictaurin 101.
Stiefmütterchen, gelbes 36.
— purpurschwarzes 142.
Stocklack 92.
Stockrose 149.
Streptothrix corallinus 58.
Styphninsäure 95.
Suberites domuncula 56.
Sumach 121.
Suralpattai 97.
Swertia japonica Makino 162.
Syringa 142.
Syringasäure 136, 149.
Syringidin 135, 148.

Tagetes 30, 33.
— patula 123.
Taiguholz 67.
Talebrasäure 169.
Tamarix africana 122.
— gallica 122.
Tamus communis 22.
Tangeretin 123.
Tannenhonig 214.
Tannin 142.
Taraxacum officinalis 37.
Taraxanthin 5, 32, 36, 37.
Taraxanthinester 37.
Taxus baccata 39.
Tecoma ipé 68.
— ochracea 68.
Tecomin 68.
Tectochrysin 110.
Tectoridin 125.
Tectorigenin 125.
Tee 121.

Tee, grüner 20.
Telebolae 175.
Terra merita 59.
— orellana 48.
Terphenyl 61, 63, 65.
Tesu 115.
Tetradeca-hydroazafrin 54.
Tetradeca-hydroazafrinon 54.
Tetrahydrocrocetin 44.
Tetrahydronorbixin 50.
1-3-5-8-Tetramethyl-2-4-
  diäthyl-6-7-dipropion-
  säureporphin 188.
1-3-5-8-Tetramethyl-6-7-
  dipropionsäure-porphin 188.
4-8-13-17-Tetramethyl-
  eikosan 52.
4-8-13-17-Tetramethyl-
  eikosandisäure-(1-20)-
  diäthylester 51.
2-6-11-15-Tetramethyl-
  hexadecan 43.
2-6-11-15-Tetramethyl-
  hexadecan-1-18-diol-
  diäthyläther 46.
3-7-12-16-Tetramethyl-
  octadecan-1-18-dial 51.
Tetramethylshibuol 165.
1-3-5-7-Tetramethyl-2-4-6-
  8-tetraäthylporphin 185.
1-3-5-8-Tetramethyl-2-4-6-
  7-tetraäthylporphin 185.
1-4-5-8-Tetramethyl-2-3-6-
  7-tetraäthylporphin 185.
1-4-6-7-Tetramethyl-2-3-5-
  8-tetraäthylporphin 185.
1-3-5-7-Tetramethyl-2-4-6-
  8-tetrapropionsäure-
  porphyrin 186.
Tetramethyl-triaethyl-
  porphinmonopropion-
  säuren 200.
Tetranitroapigenin 127.
Tetraoxyanthrachinon 175.
2-Tetra-oxybutyl-chin-
  oxalin 219.
3-5-7-4'-Tetraoxy-3'-5'-
  dimethoxyflavylium-
  chlorid 135, 148.
2-4-2'-4'-Tetraoxydiphenyl 174.
5-7-3'-4'-Tetraoxyflavanon 119.
Tetraoxyflavanone 116.
3-5-7-2'-Tetraoxyflavon 117.

3-5-7-4'-Tetraoxyflavon 118.
3-7-3'-4'-Tetraoxyflavon 119.
5-6-7-4'-Tetraoxyflavon 116.
5-7-2'-4'-Tetraoxyflavon 117.
5-7-3'-4'-Tetraoxyflavon 116.
Tetraoxyflavone 116.
3-5-7-4'-Tetraoxy-flavy-
  liumchlorid 135, 143.
Tetraoxy-indeno-chroman 131.
3-5-7-4'-Tetraoxy-3'-
  methoxyflavylium-
  chlorid 135, 147.
Tetraoxy-methoxy-2-
  methylanthrachinon 82.
Tetraoxymethyl-anthra-
  chinon 93.
1-4-5-8-Tetraoxy-2-
  methylanthrachinon 78.
1-3-5-8-Tetraoxy-β-oxy-
  methylanthrachinon 78.
Tetraoxyphenyl-naphtho-
  chinon 164.
Tetraoxyxanthon 118.
Tetronerythrin 56.
Teucrium Chamaedrys 116.
Thelephora caryophyllea Schaeff. 97.
— crustacea Schum 97.
— flabelliformis Fr. 97.
— intybacea Pers. 97.
— laciniata Pers. 97.
— palmata 97.
— terrestris Ehrh. 97.
Telephorsäure 71, 97.
Thiophaminsäure 169.
Thiophansäure 169.
Thuja orientalis 39.
Tokioviolett 68.
Toluol 8, 15, 25, 33, 46, 49, 53.
m-Toluylsäure 8, 49, 53, 54.
m-Toluylsäure-methyl-
  ester 49.
Tomate 6, 22.
— grüne 26.
— purpurne 23.
— rote 23.
Tomatenkonserven 25.
Tomatenmark 214.
Tomatenstengel 121.
Toringin 110.
Torula rubra 58.
Torulin 58.

Toxoflavin 213, 221.
To-Yaku 162.
Tragopogon pratensis 36.
Trauben, blaue 148.
Triacetyl-leuko-muscarufin 65.
Triacetylshikonin 69.
Triacetyl-thelephorsäure 98.
Tricetin 120.
Tricin 120.
Tricyclocrocetin 8, 46.
Trifolin 164.
Trifolitin 164.
Trifolium incarnatum 110, 121.
— pratense 110, 164.
6-4′-5′-Trimethoxy-5-7-3′-trioxy-isoflavon 126.
Trimethyl-anhydrobrasilin 154.
Trimethyl-anhydrobrasilon 155.
2-6-10-Trimethyl-14-äthinyl-pentadecanol-(14) 198.
4-3′-5′-Trimethyl-3-äthyl-5-brom-4′-propionsäurepyrromethenbromid 190.
Trimethylbrasilin 152, 154, 157.
Trimethylbrasilon 152, 154, 157.
Trimethyl-desoxybrasilin 154.
2-6-10-Trimethyldodecen-10-ol-(12) 198.
2-6-10-Trimethyl-dodecenyl-bromid-(12) 198.
6-7-9-Trimethyl-iso-alloxanthin 218.
1-4-8-Trimethyl-octatetraen-1-8-dicarbonsäure-dimethylester 46.
2-6-10-Trimethyl-14-pentadecanon 197, 198.
2-6-10-Trimethylpentadecen-10-on-(14) 198.
Trimethylpyrrolcarbonsäure 190.
2-6-10-Trimethyl-14-vinylpentadecanol-(14) 198.
2-3-6-Trioxyacetophenon 110.
2-4-4′-Trioxychalkon 111.
5-7-4′-Trioxy-3′-5′-dimethoxyflavon 120.
4-3′-6′-Trioxydiphenyl 98.
Trioxyflananole 111.
5-7-4′-Trioxyflavanon 113.
7-3′-4′-Trioxyflavanon 115.

3-5-7-Trioxyflavon 113.
5-6-7-Trioxyflavon 111.
5-7-4′-Trioxyflavon 111.
Trioxyflavone 111.
5-7-4′-Trioxyflavyliumchlorid 136, 143.
5-7-4′-Trioxy-isoflavon 124.
1-5-8-Trioxy-β-methoxyanthrachinon 78, Anm. 2.
3-5-7-Trioxy-4′-methoxyflavon 119.
5-7-3′-Trioxy-4′-methoxyflavanon 119.
5-7-3′-Trioxy-4′-methoxyflavon 116.
5-7-4′-Trioxy-3′-methoxaflavon 117.
3-5-8-Trioxy-methylanthrachinon 78.
1-5-6-Trioxy-2-methylanthrachinon 79.
4-5-7-Trioxy-2-methylanthrachinon 80, 82.
4-5-8-Trioxy-2-methylanthrachinon 78.
Trioxymethyl-anthrachinon-methyläther 80.
Trioxymethyl-naphthochinon 69.
1-4-8-Trioxynaphthalin 67.
4-5-8-Trioxy-2-oxymethylanthrachinon 78, Anm. 1.
3-5-4′-Trioxy-7-3′-5′-trimethoxy-flavyliumchlorid 135, 149.
Triphenylmethanfarbstoffe, Carbinolbase der 140.
Triticosporin 78.
Triticum dicoccum 120.
Trüffel, wilde 176.
Tsuyukusa 147.
Turacin 184.
Turmerick 59.
Tussilago farfara 37.
Typha angustata 121.

Umbelliferaceae 121.
Uncaria gambir 126.
Urobilin 189, 192, 195.
Urobilinogen 189, 192.
Urochrom 214.
Uroflavin 213, 221.
Uroporphyrin 183, 184, 186.
Usnea barbata 103.
Usneaceae 100, 101.
Usneol 102.
Usnetininsäure 103.
Usnetinsäure 102.

Usninsäure 101.
Uteroverdin 194.

Vaccinium macrocarpum 148.
— Myrtillus 149.
— Vitis Idaea 145, 147.
Venezianer Scharlach 88.
Ventilagin 71, 97.
Ventilago madraspatana 80, 97.
Verbindungen, heterocyclische 99.
— sauerstoffhaltige 99.
Verdoporphyrin 199, 200.
Vergilbungsprozeß 27.
Vermillon americanum 129.
Vespa crabro 177, 179.
— germanica 177, 179.
— vulgaris 177, 179.
Vicinchlorid 147.
Violacein 221.
Violaninchlorid 147.
Violaquercitrin 121.
Viola tricolor 36, 147.
Violaxanthin 5, 28, 32, 36, 37, 38.
Vitamin A 2, 15, 20, 22, 29.
— B_2 2, 212.
Vitellolutein 56.
Vitellorubin 56.
Vitexin 127.
Vitex littoralis 127.
Vogelbeeren 19.
Vogeleierschalen, Farbstoff der 195.
Vorderlappen (Rind) 215.
Vulpinsäure 99, 100, 101.

Walderdbeere 144.
Waras 170.
Wars 170.
Wassermelone 23.
Wau 109, 116.
Wauextrakt 116.
Wegedornen 122.
Weinblätter 142.
Weinfarbstoff 149.
Weinlaub 121.
Wein, wilder 149.
Weißwein 214.
Wespen 176, 177, 179.
Wicken, dunkelweinrote 147.
— scharlachrote 147.
Wiesenklee 30.
Winteraster 144.
Winterspinat 150.
Wogon 111.
Wogonin 111.
Wongsky 48.
Wurrus 170.

Xanthobilirubinsäure 190.
Xanthobilirubinsäure, analytische 190.
Xanthocarotin 10.
Xanthocymus ovalifolia 129.
Xanthomicrol 165.
Xanthon 100, 161.
Xanthonfarbstoffe 100, 161.
Xanthophyll 8, 34, 35, 36.
— als Name 26.
— β 35.
Xanthophyll L 31.
— rotes 39.
— von Tswett 31.

Xanthophyll Y 36.
Xanthophylle 26, 196.
Xanthophyllester 26.
Xanthophyll-monoester 31.
Xanthopterin 176.
Xanthopurpurin 73.
Xanthoraphin 211.
Xanthorhamnetin 122.
Xanthoxylum flavum 168.
Xylindein 71, 98.
Xylindeinsäure-dimethylester 99.
m-Xylol 8, 15, 25, 33, 42, 46, 49, 53, 54.
Xylylen-o-diamine 220.

Yellow Cedar 119.
Yerba Buena 165.
— Santa 117.

Zaunrübe 23.
Zea mays 33.
Zeaxanthin 5, 29, 30, 32, 33, 34, 35, 37, 39, 41, 42.
Zeaxanthin-mono-palmitinsäureester 34.
Zoonerythrin 56.
Zwiebelschalen 121.

If you have any concerns about our products,
you can contact us on
ProductSafety@springernature.com

In case Publisher is established outside the EU,
the EU authorized representative is:
**Springer Nature Customer Service Center GmbH
Europaplatz 3, 69115 Heidelberg, Germany**

Printed by Libri Plureos GmbH
in Hamburg, Germany